南岭成矿带典型岩浆热液铅锌多金属成矿作用

王炯辉　著

地质出版社

·北　京·

内容提要

南岭是我国著名的铅锌钨锡多金属成矿集中区，区内铅锌矿床数目众多且开发历史较长，普遍面临资源接续和增储上产的难题。本书在南岭成矿带现有研究基础上，选取南岭成矿带湖南段水口山铅锌铁铜金银多金属矿田和黄沙坪铅锌钨钼多金属矿床进行综合解剖，重点梳理了湖南段典型铅锌钨锡铁铜多金属矿床时空物结构，开展了典型矿床基础地质、成岩成矿年代学、岩石地球化学、矿物地球化学、流体地球化学工作，建立了典型矿床铅锌多金属成矿模式，系统总结了南岭成矿带湖南段铅锌多金属矿成矿规律，提出了适用于华南板块中生代伸展背景的陆内褶断系统全温度域成矿模式。本书还基于“理论突破、观念创新、技术支撑、数据底座”的理念开展了重点矿山边深部找矿工作，预期新增铅锌金属量168万吨，金38吨，银1100吨，钼1.6万吨，钨氧化物5.6万吨，磁铁矿1570万吨，有效延长老矿山服务年限，取得较好的社会经济效益。

本书是老矿山深部找矿理论创新与实践结合的典型案例，是响应我国新一轮找矿突破战略行动的最新成果，可供地质勘查、矿床学等研究人员和技术人员阅读参考。

图书在版编目（CIP）数据

南岭成矿带典型岩浆热液铅锌多金属成矿作用 / 王炯辉著. — 北京：地质出版社，2024.8

ISBN 978-7-116-14106-3

Ⅰ.①南… Ⅱ.①王… Ⅲ.①南岭-铅锌矿床-多金属矿床-成矿作用-研究 Ⅳ.①P618.4

中国国家版本馆CIP数据核字（2024）第085202号

NANLING CHENGKUANGDAI DIANXING YANJIANG REYE QIAN XIN DUOJINSHU CHENGKUANG ZUOYONG

责任编辑：肖莹莹　田　野　顾秋蓓
责任校对：关风云
出版发行：地质出版社
社址邮编：北京市海淀区学院路31号，100083
电　　话：（010）66554646（邮购部）；（010）66554571（编辑室）
网　　址：https://www.gph.clmpg.com
印　　刷：北京地大彩印有限公司
开　　本：787mm×1092mm 1/16
印　　张：15.25
字　　数：380千字
版　　次：2024年8月北京第1版
印　　次：2024年8月北京第1次印刷
定　　价：198.00元
书　　号：ISBN 978-7-116-14106-3

序

南岭成矿带是我国勘探和开发程度较高的成矿区带，集中分布了一系列与岩浆热液活动有关的钨、锡、钼、铅、锌、金、银、铀、稀土矿床，具有空间分布范围广、成矿时代集中、共伴生金属元素多、矿床成因类型复杂的特点，是研究陆内伸展环境复合成矿系统的理想地区。不同于大量产出铜、钼、金、银、铅、锌矿的洋陆俯冲体系，也区别于形成铜、钼、铅、锌、钨、稀土、稀散元素矿床的陆陆碰撞—伸展体系，南岭成矿带既发育与陆壳重熔花岗岩有关的钨锡稀散元素矿床，也产出与俯冲带流体和幔源物质有关的铁铜金银矿床，两者产出位置不同但形成时间接近，显示华南板块内部物质组成的不均一性和沉积构造的差异性。南岭成矿带具有典型的复合成矿特点，高温斑岩-矽卡岩体系钨锡铁铜矿化、中高温矽卡岩系统铅锌矿化、中低温热液系统铅锌金银多金属矿化、浅成低温热液系统金银矿化在同一矿田（床）内规律性分布，指示南岭地区优越的成矿条件和巨大的边深部找矿潜力。

专著诞生于新一轮找矿突破战略行动部署之际，是南岭成矿带重点矿山边深部找矿工作的最新成果。作者应用和扩展了“矿床成矿系列”“全位成矿缺位找矿”理念，系统梳理了南岭成矿带湖南段与岩浆作用有关的铅锌多金属矿床成矿规律，建立了涵盖钨锡钼铜铁铅锌金银矿化的完整演化序列，探索了华南板块中生代俯冲伸展机制下的成矿谱系演变，明确了以铅锌为特色的南岭褶皱断裂系统“全位温度域成矿、缺位温度域找矿”方向。作者系统归纳了典型矿床的成矿理论要素，评估了不同岩浆热液系统在多金属矿化过程中的时空演化特点，将铅锌成矿作用纳入南岭多金属成矿体系之中，建立了由高温斑岩-矽卡岩钨钼铁铜、中高温矽卡岩铅锌、中低温充填交代铅锌金银，到浅成低温热液金银成矿系统的全温度域成矿模式。结合深部探矿新技术和靶区圈定新方法，作者和他的团队在南岭典型铅锌矿田（床）边深部取得找矿新突破，是理论引领实践的典型案例。

作为本书的主要作者，王炯辉研究员在创立以政府指导、公商结合、探采一体、企业运作为特色的“泥河模式”，以整装部署、联合勘查、风险分担、利益共享、快速突破为特色的“嵩县模式”，首先在国内提出“新技术矿产”理念后，进一步建立了以“理论突破、观念创新、技术支撑、数据底座”为指导的边深部找矿方法。该方法基于岩浆热液系统复合成矿规律，解构水口山、黄沙坪等重点矿山成矿要素，最终在老鸦巢—鸭公塘矿区深部探获矽卡岩型铁铜矿体，在康家湾矿区边部探获热液充填型铅锌金银矿体，在黄沙坪深部探获连续分布的矽卡岩型钨钼矿体，进一步指出矿山深部高温斑岩–矽卡岩成矿热液系统、边部中低温热液成矿系统是南岭地区未来勘探找矿的主要方向。

几十年来，王炯辉在理论方法研究、找矿模式创新、资源勘查及资源高质化利用等领域持续探索，取得很好成绩。本书凝练了作者边深部找矿的积累和心得，紧密结合了成矿理论研究与勘探找矿工作，是研究南岭多金属成矿体系不可多得的佳作。本书体现了作者注重成矿规律研究、专注找矿突破的专业能力，为我国新一轮找矿突破战略行动实施提供了典型案例。我期待王炯辉和他的团队在今后的工作中取得更多成果，为我国矿业高质量发展做出更大贡献。

中国科学院院士

前　言

南岭成矿带是中国重要的有色金属和稀有金属资源产业基地，也是全球陆内花岗岩成矿作用最强烈的地区之一，已发现多座大型–超大型钨多金属、锡多金属矿、铅锌多金属矿，如水口山铅锌金银多金属矿田、黄沙坪铅锌钨钼多金属矿、宝山铜铅锌多金属矿、柿竹园钨多金属矿等，前人基于典型矿床的研究建立了许多原创性成矿理论，推动了我国矿床学理论的发展。

南岭地区地质勘探程度高、开发时间长，黄沙坪、水口山等有色金属矿山经历长期高强度开发，保有资源储量严重不足，亟需资源接续，维持矿山稳定生产。老矿山受地形条件、施工条件、井巷工程等影响，深部探矿风险大、成本高。为尽快实现老矿山边深部找矿突破，我们以成矿理论研究为基础，充分吸收历史数据，详细分析矿床成因与控矿因素，对成矿规律再认识，提出了“理论突破、观念创新、技术支撑、数字底座”的边深部找矿理念，采用新理论、新技术、新方法探索深部找矿潜力，短期内取得了较好的找矿成果，开拓了老矿山的“第二找矿空间”。

2018年，作者任南岭边深部找矿总指挥，肩负五矿集团老矿山资源接续的重担，在前人理论研究的基础上，以资源严重危机的黄沙坪、水口山为重点，系统部署边深部找矿科研与资源勘查工作，力推老矿山“增储上产”、“增储稳产”；2022年，组织实施了“南岭成矿带湘中南钨铅锌成矿系统研究”、五矿集团“南岭成矿带深部成矿预测与找矿示范”等科技专项，针对南岭成矿带地质背景复杂、岩浆活动频繁、叠加成矿普遍、矿床类型多样等特点，以南岭湖南段铅锌多金属成矿体系为突破口，以水口山、黄沙坪等铅锌多金属矿为重点研究对象，开展矿田构造、岩浆活动、成矿规律、元素蚀变分带规律等研究，进一步完善了南岭地区多元素共生的全温度域成矿体系。

本著作系统梳理了南岭成矿带湖南段典型铅锌铜钨矿床时–空–物结构，以南岭地区区域成矿动力学背景研究为基础，提炼了南岭成矿带中生代多金属成矿系统的共性规律，初步构建了南岭成矿带湖南段铅锌多金属的成矿作用的时空格架；以“全位温度域成矿”、“缺位温度域找矿”理论为指导，系统开展老矿山成矿理论与控矿体系研究；基于水口山成矿岩浆特点和矿化组合特征，建立了“多期岩浆叠加侵位与全温度域”的成矿模式；结合黄沙坪成矿地质特征，形成了“小岩体、多期次、高侵位/分异、多金属”的成岩成矿模式；以大数据为支撑，厘定了南岭成矿带湖南段中生代多金属成矿作用的岩浆专属性，归纳了区域大地构造背景下沉积、构造样式对成矿系统的影响，提炼了不同金属元素在褶皱断裂系统中的分带成矿规律，提出了适用于华南伸展背景的“陆内褶断系统全温度域成矿模式”。

以水口山铅锌多金属矿田、黄沙坪铅锌钨钼多金属矿为重点，结合矿山生产与勘探数据，建立以数据为驱动的老矿山深部三维找矿预测模型；利用深穿透地球物理方法，精准圈定找矿靶区；依托湖南有色边深部找矿项目对靶区进行系统验证，在取得老矿山成矿理论新认识的同时实现了找矿新突破。主要成果：①首次在康家湾南侧深部揭露厚大铅锌富矿体，突破了F_{22}断裂作为唯一控矿断裂的认识，拓展了康家湾铅锌矿的找矿空间；②在康家湾背斜南倾伏端深部揭露矽卡岩，推断深部可能发育与成矿相关的岩体，提出“每个岩体都可形成完整成矿序列”的成矿理念，完善了水口山矿田多元成矿理论，拓展了康家湾深部“第二找矿空间”；③在老鸦巢–鸭公塘矿区深部探获矽卡岩型铜铁矿体，揭示了区域铜金成矿潜力；④建立了黄沙坪完整的钨钼锡铁铜铅锌分带成矿体系，为区域岩浆成矿专属性研究提供了典型案例；⑤水口山、黄沙坪边深部找矿项目累计投入钻探工作量13万余米，预计新增铅锌金属量168×10^4t、金38t、银1100t、钨氧化物5.6×10^4t、钼金属量1.6×10^4t、磁铁矿1570×10^4t，取得了老矿山边深部找矿新突破。

本著作主要内容基于南岭多年来的科研和勘探成果，是五矿勘查边深部找矿团队老矿山综合理论研究和找矿实践的积累，也是南岭矿产资源勘查产学研用的结晶。湖南有色集团有限公司、水口山有色金属有限责任公司、湖南有色黄沙坪矿业有限公司等企业为靶区验证提供了大力支持。在本书编著和出版过程中，张方华博士协助完成文献调研、数据分析与处理、图件绘制和架构梳理等大量工作；中南大学熊伊曲、邵拥军、张宇团队为样品测试、图像采集等提供大力支持；王勇、李秋实、左昌虎、张喜、江军华、马圣钞、来守华、隆运清、于志峰、左宗、宗志宏等为本书编著提供很多帮助，在此表示由衷的感谢。

本书是对南岭成矿带湖南段带典型铅锌多金属矿的理论研究与老矿山边深部找矿的探索，书中难免存在纰漏和不足之处，请专家和读者批评指正！

王炯辉

2024年1月16日

目　　录

第一章　绪　　论

“矿业之外看矿业，资源之中找资源”，经济、产业、环境、资源关系变化和新兴科技应用引领全球矿业的发展。近年来，国际地缘政治关系深刻影响着全球矿产供应链的稳定，我国为此出台了一系列能源资源安全保障举措，深入推进新一轮找矿突破战略行动的实施，目的是提高我国优势矿产和关键矿产资源的保障能力。丰富和创新找矿理论，加大矿产资源调查力度，开展找矿预测和靶区厘定工作，成为地质勘探领域当前的首要任务。

南岭成矿带地处我国中东部，横跨赣、湘、粤、桂四省区，是我国最主要的有色金属、稀散金属、重稀土资源、铀矿资源保障基地，基础设施完善，具有完整的矿产资源开采冶炼加工基础。南岭成矿带金属矿种繁多，成矿时间集中，矿床类型多样，是开展理论研究与地质找矿的理想区域。随着南岭地区资源不断开发利用，诸多矿山已处于或面临资源性枯竭或效益性亏损阶段，部分矿山甚至“等米下锅”，面临关停风险。为有效解决老矿山资源接续难题，延长矿山服务年限，亟需加强矿山边深部找矿工作，扩展新的找矿空间，摸清共伴生资源禀赋，实现老矿山增储上产。

南岭地区资源接续开发面临诸多难题。理论突破方面，新中国成立以来区内基于钨、锡、钼等优势矿种进行了详细的理论研究，提出了“五层楼+地下室”找矿模型；针对稀土元素迁移富集机制，提出了离子吸附型重稀土矿床成矿模式；根据铀矿床成矿岩浆热液活动特点，提出了火山岩型和花岗岩型铀矿床成矿模式；总结富含钨、锡、钼、铌、钽元素的长英质岩体地球化学特点，提出了小岩体成（大）矿理论。上述成矿理论和找矿模式丰富了对高温岩浆热液体系和表生成矿体系的认识，为南岭现有大型-超大型钨、锡、稀土、铀及其他稀有稀散元素的勘探提供理论指导。对中低温热液成矿体系尤其是铅锌为主的多金属岩浆热液体系的研究相对薄弱，制约了区内全温度域成矿体系的构建。观念创新方面，南岭地区地质演化漫长、构造复杂、岩浆岩发育，单一矿床的形成受地层、褶皱、断裂、岩浆活动等多因复合联合控制，不同矿床类型的成矿机理差异显著，难以使用同一找矿模型指导全域找矿工作。技术支撑方面，我国中东部地区资源开发利用较早，浅表资源基本查明，老矿山边深部和复杂覆盖区勘探工程部署难度较大，资源获取成本陡增，亟需采用新理论、新技术和新方法评估深部潜在资源，对矿山成矿体系再认识，指导勘探找矿工作精细化部署。数据获取方面，随着信息时代的来临和新技术新理念的交叉应用，矿产资源内涵和外延不断丰富，针对矿床地质信息、地球化学信息、地球物理信息综合提取，辅以数字化模型的建立、新技术新方法的应用，可有效提高勘探作业效率和找矿成功率，实现新时代智慧找矿。

有鉴于此，五矿勘查开发有限公司加强找矿勘探团队建设，成立“王炯辉劳模创新工作室”，整合国内外知名勘探专家、技术骨干、科研团队，瞄准南岭地区典型铅锌多金属矿集区，依托中国五矿集团公司科技专项“南岭成矿带深部成矿预测与找矿示范”、五矿勘查“南岭成矿带湘中南铅锌钨多金属成矿规律研究”、水口山与黄沙坪边深部找矿等项目，开展基于理论突破、观念创新、技术支撑、数据底座的重点矿山的边深部找矿工作。以南岭湖南地区印支期-燕山期多金属成矿作用为重点，对区内成矿规律进行总结再认识；以水口山铅锌金银多金属矿田、黄沙坪铅锌钨锡多金属矿为典型矿床进行剖析研究，探索南岭典型铅锌多金属矿成矿过程，构建典型矿床成矿模式；对比区内铅锌、钨锡成矿体系的差异，完善南岭铅锌钨锡铜铁金银多金属全温度域成矿体系；开展典型矿山边深部勘查找矿示范，验证铅锌多金属矿成矿模式，提高老矿山资源保障程度，为南岭其他地区勘查找矿提供理论新思路与找矿新方法。

本书主要内容及成果介绍如下：

1. 南岭成矿带湖南段矿集区成矿规律

南岭成矿带中生代岩浆热液矿床的形成受物质源区、构造背景和热动力环境等因素约束，湘中南地区湖南段岩浆活动频繁，铅锌矿化显著，矿床类型多样，具有显著的成矿代表性。区内主要成矿系统集中分布在连云山-衡阳-零陵断裂、茶陵-郴州断裂、郴州-邵阳断裂、蓝山-新宁断裂、川口-双牌断裂等深大断裂及其次级断裂附近，与区域挤压伸展转换机制密切关联；成矿物质多由印支期-燕山期花岗岩岩浆提供，印支期主要形成与S型花岗岩有关的钨多金属矿床，燕山期发育有与I型、A型花岗岩相关的钨锡铅锌铜金多金属成矿体系。区内前寒武系结晶基底具有较高的W、Sn、Pb、Zn背景值，古生代碳酸盐岩地层破碎带则是矿体良好的就位控制，共同控制了南岭湖南地区多期次、多类型、多金属成矿体系。

2. 水口山矿田“多期岩浆叠加侵位与全温度域成矿模式”

衡阳盆地地处华夏陆块与扬子陆块叠合部位，前寒武纪造山活动频繁、深大断裂发育，中生代经历与秦岭造山带有关的南北向陆内挤压造山活动和古太平洋板块俯冲有关的陆内伸展作用，中晚侏罗世经历大规模岩浆活动。处于构造转换背景下的水口山矿田经历多期次中酸性岩浆脉动侵位，由岩浆分异驱动的含矿流体在岩体不同位置发生接触交代、流体沸腾、流体混合及流体降温作用，形成了以岩体为中心，由下部矽卡岩型铜铁矿化、上部矽卡岩型铅锌矿化、外部热液充填交代型铅锌矿化、到边浅部浅成低温热液型金银矿化的全温度域成矿体系，具有显著的温度、蚀变、元素分带组合特征，构成了水口山多期岩浆叠加侵位与全温度域的成矿模式。

3. 黄沙坪“小岩体、多期次、高侵位/分异、多金属成岩成矿模式”

黄沙坪地处坪宝走廊，位于华夏陆块西北缘与衡阳盆地过渡部位，区内分布有典型的前寒武系地层单元，中生代以来在陆内伸展作用下深大断裂发育，伴随区内构造转换派生了一系列高分异的酸性岩浆岩，沿深大断裂运移至浅表并就位于褶皱、断裂交汇部位。不同类型的岩浆构成互相叠加的矿化体系：早阶段浅部就位的石英斑岩岩体，在深部发育有斑岩型铜钼矿化、矽卡岩型铜铅锌矿化，由深至浅过渡为矽卡岩型铅锌矿化，外围测水组地层下部及碳酸盐岩破碎带则广泛发育充填交代型铅锌矿化；晚阶段深部就位的隐伏花岗斑岩岩体接触带发育矽卡岩型钨钼锡铋多金属矿化，成矿流体强烈改造早期石英斑岩成矿体系，花岗斑岩浅部则可见零星充填交代型铅锌矿化。黄沙坪矿床多期次侵位的酸性小岩体（株）结晶分异显著、与围岩接触交代充分，主导了区内差异性的铜铅锌成矿体系与钨钼锡成矿体系，构成了华夏陆块边缘伸展破坏机制下的“小岩体、多期次、高侵位/分异、多金属”成岩成矿模式。

4. 南岭典型铅锌钨铜多金属矿成矿规律新认识

以南岭典型铅锌多金属矿床水口山、黄沙坪为研究对象，系统对比总结不同矿床成岩成矿时代、成矿岩浆专属性、成矿系统分带特征、成矿金属元素组合，归纳并创新性提出适用于华南板块中生代陆内伸展背景铅锌多金属全温度域成矿模式。该模式强调岩浆-热液成矿系统以伸展背景下不同深度来源的岩浆房供给成矿物质；以浅表继承性深大断裂和复式褶皱提供岩浆流体运移和就位空间；以矽卡岩矿化、中低温热液矿化、浅成低温热液矿化系统构成多金属矿床（田）的矿化样式；以铅锌铁铜钨钼金银高中低温元素构成矿床（田）的矿种组合。依照成矿过程和分带规律，概括南岭岩浆热液型铅锌多金属矿床成矿要素：

1）岩浆物质属性

造山作用挤压伸展转换阶段或俯冲背景下的陆内伸展环境，软流圈上涌促进地壳不同层位发生部分熔融，中上地壳元古宙沉积物经深熔作用产生的花岗质岩浆具有较低氧逸度和较高的 W 含量，高度结晶分异的 S、A 型花岗岩构成了中生代区域钨多金属矿化物质基础。下地壳部分熔融并混染大量地幔物质，形成低演化程度高氧化性的 I 型花岗岩岩浆，富集了 Cu、Au 等成矿元素，是裂陷盆地周缘铜多金属矿化的主要物质来源。

2）层序构造格架

南岭成矿带湖南段地处扬子板块和华夏板块结合部位，自新元古代至中生代发育多期次挤压伸展事件，形成了大量北西向、北东向深大断裂和近南北向复式褶皱，构成了区域主要构造样式。区域性断裂控制了深部岩浆的上涌就位，浅表断裂控制了流体运移方向，背斜滑脱面、钙硅界面、砂页岩隔水层主导了流体远距离汇聚就位空间，是湘中南地区多类型成矿系统发育的前提。

3）热液演化脉络

富集不同成矿金属元素的岩浆侵位并派生中高温岩浆热液，在近岩体碳酸盐岩接触带发育（中）高温矽卡岩矿化，金属元素具有显著水平和垂向分带，中低温流体沿构造断层迁移并受矿区褶皱控制，于构造破碎带中发育中低温热液脉型矿化，继续沿边浅部迁移的低温成矿元素于断裂末端和岩体浅表发育浅成低温热液矿化，共同构成了南岭成矿带湖南段的基本矿化样式。

4）元素分带组合

成矿金属元素在多系统复合成因矿床中具有显著差异的成矿元素组合。近岩体矽卡岩型矿化系统富集中高温 W-Mo-Sn-Bi-Fe-Cu-Au-Pb-Zn 等成矿元素，呈现出下部钨钼矿化、中下部铁铜矿化、中上部铅锌矿化的分带格局，远离岩体的褶皱断裂系统难以富集高温金属元素，主要发育中低温热液脉型 Pb-Zn-Au-Ag 矿化，成矿末端则发育浅成低温热液 Au（Ag）矿化。

该成矿模式解释了南岭成矿带巨量富集铅锌钨多金属的原因，强调了湘中南地区中生代构造格架的多样性和成矿岩浆的特殊性，初步建立了南岭成矿带和钦杭成矿带叠合背景下多金属成矿作用的典型样式，构建了矿田尺度多金属找矿的理论前提，是区内首个基于岩浆热液系统铅锌钨铜金银矿化的综合成矿模型，有望推动新一轮找矿突破战略行动在老矿山边深部及共伴生矿种找矿方面取得新进展，拓展新方向。

5. 典型矿床成矿模式与找矿实践

综合南岭成矿带湖南地区成矿地质背景、矿床分布特点、岩浆成矿专属性、地层构造格架和成矿热液演化过程，以“全位温度域成矿、缺位温度域找矿”为索引，依托水口山“多期岩浆叠加侵位与全温度域成矿模式”，“黄沙坪小岩体、多期次、高侵位/分异、多金属成岩成矿模式”，形成了陆内伸展环境重点矿山边深部找矿技方法组合。通过相关模式集成实践，实现了铅锌金银资产增储上产和铁铜钨钼资源重大突破，预计新增铅锌168万吨，金38万吨，银1100吨，钨氧化物5.6万吨，铜14.4万吨，磁铁矿石1570万吨，实现了水口山黄沙坪资源接续，为新一轮找矿突破战略行动在南岭取得成果贡献了积极力量，提供了新的找矿方向。

第二章　区域成矿地质背景

南岭地区密集分布了一批世界级 W、Sn、REE、Pb、Zn 多金属矿床（图 2-1），是我国最重要的有色金属和稀有、稀散金属成矿区域之一，也是世界上少有的矿床大面积分布、短时限成矿、多金属组合、多成因叠加的成矿区带，其形成与华南中东部地区大规模岩石圈减薄作用和大面积岩浆活动密切相关，是开展陆内岩浆热液系统成矿理论研究的理想区域。前人对南岭成矿带理论研究主要聚焦于 W、Sn、REE、U 等矿种，如基于赣南粤北石英脉型钨矿床特点提出了“五层楼+地下室”和“多位一体”综合成矿模式（吴永乐等，1984；陈毓川等，1989；许建祥等，2008；王登红等，2010），基于钦杭成矿带两侧矿种组成的差异性和岩体物源属性提出了“东钨西锡”的空间分布规律和“南钨北扩”“东钨西扩”的找矿方向（华仁民等，2010；王登红等，2012；王炯辉等，2014），基于南岭中生代高分异花岗岩及酸性火山岩风化壳提出了离子吸附型重稀土矿床成矿模式（陈德潜等，1990；池汝安等，2007），基于粤北地区铀矿床成矿特点提出了花岗岩型铀矿床成矿模式（胡瑞忠，1990；黄国龙等，2006）。以上研究较为全面地总结了南岭地区相关金属矿床成矿规律和找矿方向，但以铅锌为主的有色金属矿床成矿理论研究略显滞后，制约了相关矿种的找矿工作。此外，南岭地区作为我国重要的有色金属工业基地，大型铅锌矿山开发年限较长，普遍面临资源接续难题，在关注铅锌多金属资源开发与综合利用的同时，更需要聚焦上游找矿勘查工作，提高资源保障能力，实现增储上产。

南岭成矿带岩浆热液型铅锌多金属矿床主要分布于赣南、粤北、湘中南、桂北地区（图 2-1），区内湖南段（也即湘中南地区）铅锌多金属矿床共伴生矿化组合复杂、矿床成因多样、成矿时间集中（许以明等，2007；谢焱石等，2008；路睿，2013；柏道远等，2022），是开展铅锌矿床成矿理论研究的理想区域。南岭湖南段以铅锌为主的多金属矿床分布较为集中，典型矿床包括水口山矿田康家湾、老鸦巢矿床，坪宝矿田宝山、黄沙坪矿床，千里山矿田红旗岭、枞树板、柴山矿床等（图 2-2），同时具有扬子板块和华夏板块亲缘性；共伴生矿化组合包括 W、Sn、Mo、Bi、Fe、Cu、Au、Ag 及萤石，不同矿种具有显著分带特征；矿床成因涵盖高温岩浆热液型、中高温矽卡岩型、中低温热液充填脉型和浅成低温热液型，具有复合成矿特点；矿化事件与中生代中酸性岩浆活动密切关联，不同地壳层位来源岩浆成矿专属性差别显著。本书即以南岭成矿带湖南段的水口山矿田和黄沙坪矿床为研究对象，解剖南岭典型铅锌多金属矿床成矿机制，分析衡阳盆地和坪宝地区铅锌多金属矿床成因机制，对比不同类型成矿热液系统分带成矿特点，总结南岭地区与岩浆热液系统有关的铅锌多金属矿成矿规律，提供陆内伸展机制下铅锌多金属矿的找矿模型。

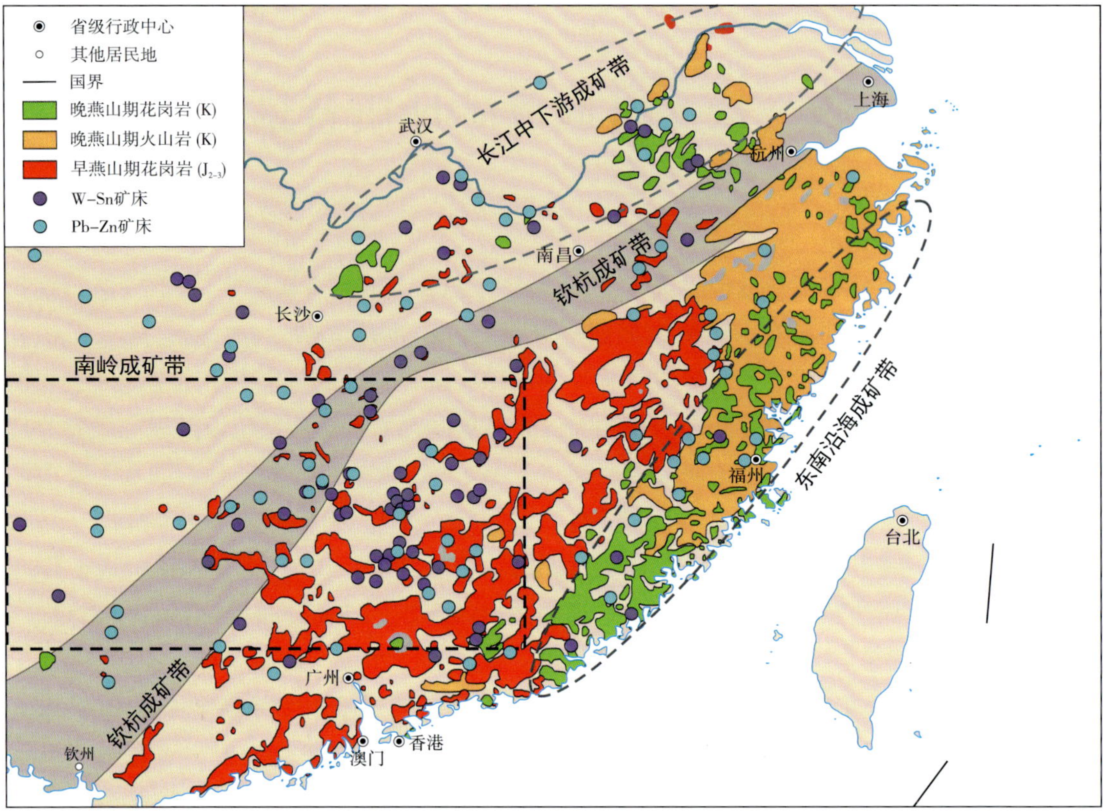

图 2-1 华南中生代岩浆岩及 W-Sn-Pb-Zn 矿床分布
（据 Jiang et al.，2018a 修改）

第一节 区域大地构造背景

南岭成矿带位于华南板块中南部，属于新元古代扬子板块沿江南造山带与华夏板块碰撞拼合形成的华南大陆一部分。古生代以来南岭地区构造运动频繁，发生多期次挤压伸展作用（Yan et al.，2003；Renmin et al.，2005；饶家荣等，2012；舒良树，2012；何卫红等，2014；Guo et al.，2019；Wang et al.，2020；舒良树等，2020；Shu et al.，2021a）。南岭成矿带古生代—新生代主要经历了扬子-加里东期、海西-印支期和燕山-喜马拉雅期三个主要的构造旋回，发育东西向、北西向、北北东向构造框架，并伴随强烈岩浆活动，以及以燕山期为主的大规模成岩成矿作用（Chen et al.，2002；Yan et al.，2003；Zhou et al.，2006；毛景文等，2006；舒良树等，2006；陈毓川等，2007；毛景文等，2007；胡受奚等，2008；Zhao et al.，2017；徐先兵等，2021）。

一、区域构造演化概况

震旦纪至志留纪南岭地区为被动陆缘环境，发育厚层的碳酸盐岩和碎屑岩沉积（舒良树，2012；Wang et al.，2013；何卫红等，2014；Shu et al.，2021b）。加里东期，该区发生强烈的褶皱隆升和绿片岩相-角闪岩相变质作用，新元古代—志留纪地层强烈挤压变形（Shu et al.，2015；Xu et al.，2016）。受特提斯域和印支期造山影响，这一时期南岭成矿带形成了以东西向断裂和褶皱为基础的构造格架（毛景文等，2007；陈绍聪，2022）。至晚中生代（中晚侏罗世—白垩纪），华南板块及南岭地区由特提斯构造域向古太平洋构造域转换，构造线方向也从近 EW 向转变为 NE 向（舒良树，2012）。受古太平洋板块俯冲-弧后伸展和陆内深部构造的联合制约，南岭地区形成了一系列 NNE 向断裂系统，并控制了区内陆相盆地的展布形态（舒良树等，2006；毛景文等，2007）。白垩系时期，在 NE 向断裂的走滑作用影响下，南岭地区形成了一系列以厚层状红层沉积为特征的拉分盆地。这一时期，华南板块东南沿海地区形成的花岗质火山-侵入杂岩带和沉积盆地构成了现今华南盆岭格局的基本面貌（舒良树等，2006；舒良树，2012；Mao et al.，2013）。

南岭湖南段位于南岭成矿带中北部，地理位置上包括湘中及湘南地区，大地构造位置则位于欧亚大陆体系与滨西太平洋体系消减叠合区域，为扬子陆块与华夏陆块拼接过渡区域钦杭结合带中南段（图 2-2，图 2-3），其北以川口-双牌断裂为界，与扬子陆块接壤，区域以南延伸入粤北地区后，以韶关-清远断裂为界，同典型华夏陆块区分。南岭湖南段由早至晚经历了武陵期（冷家溪群沉积期）活动大陆边缘盆地、雪峰期（板溪群沉积期）—南华纪陆内裂谷盆地、震旦纪—早奥陶世被动陆缘盆地、中奥陶世—志留纪前陆盆地、泥盆纪—中三叠世陆表海盆地、晚三叠世—第四纪陆相盆地及地壳抬升等 6 个大的构造阶段，以茶陵-郴州断裂为界细分为桂湘早古生代陆缘沉降带之邵阳坳褶带（Ⅲ级）和云开晚古生代沉陷带之宁远-桂阳坳褶带（Ⅲ级），是中生代陆内伸展裂陷机制和华夏陆块边缘造山伸展作用的产物。

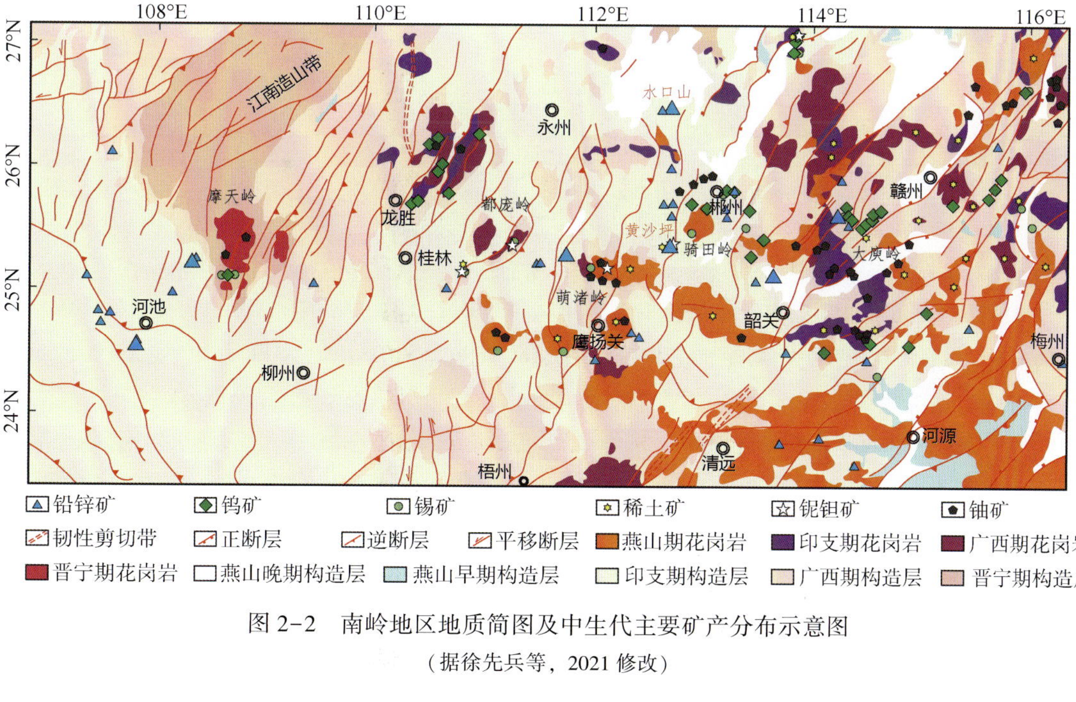

图 2-2　南岭地区地质简图及中生代主要矿产分布示意图

（据徐先兵等，2021 修改）

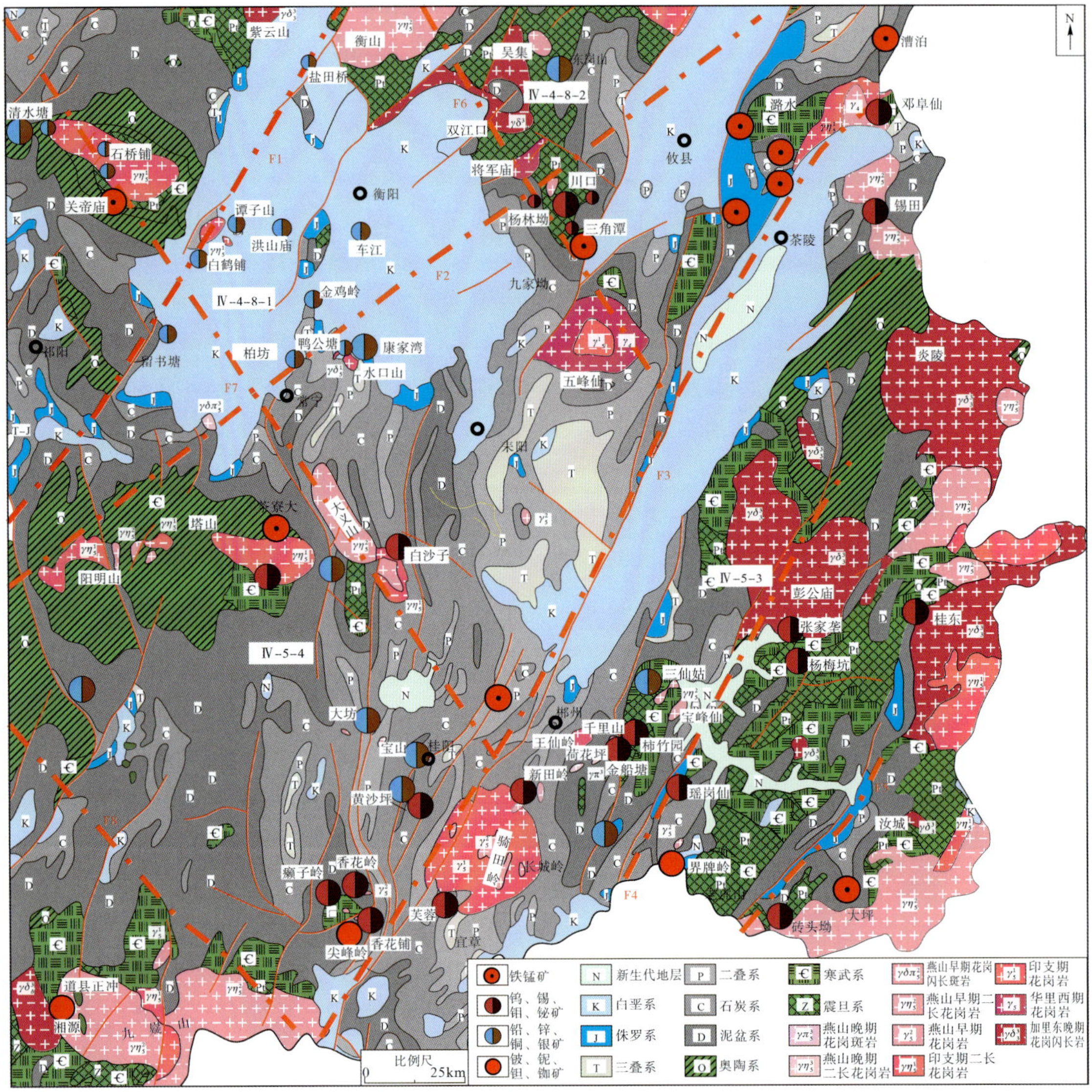

图 2-3　南岭成矿带湖南段地质简图及矿产分布图

（据柏道远等，2022；湖南省地质调查院，2017）

构造单元划分及名称：Ⅳ-4-8-2—醴陵断隆带；Ⅳ-5-3—粤湘赣早古生代沉陷带，Ⅳ-5-4—云开晚古生代沉陷带；主要断裂名称：F_1—连云山-衡阳-零陵断裂；F_2—川口-双牌断裂；F_3—茶陵-郴州断裂；F_4—瑶岗仙断裂；F_5—桂东-汝城断裂；F_6—常德-安仁断裂；F_7—郴州-邵阳断裂；F_8—蓝山-新宁断裂

二、构造背景与成矿类型

南岭成矿带西段、中段、东段构造背景差异显著，矿床成因类型和矿化组合亦有所区别（Zhao et al.，2021b）。南岭成矿带西段主要包括广西中北部九万大山-元宝山和丹池地区、广西西部的“右江褶皱带”及云南东南部的个旧-文山地区，属于湘桂海西-印支坳陷区；中段主要包括湘南至湘东北一带，属于湘粤海西坳陷区；东段涵盖赣南及粤北地区，属于赣粤加里东抬升区（李洪昌等，1985；李建康等，2013）。南岭成矿带成矿事件

集中在燕山期，该时期西段为弱挤压构造环境，中段为弱伸展构造环境，东段为强挤压后的伸展构造环境。伴随区域性挤压伸展作用和岩浆侵位，矿床成因类型和矿化特征亦有所区别。其中，南岭成矿带中东段发育典型矽卡岩型-云英岩型-石英脉型钨矿化，西段主要发育矽卡岩型-石英脉型锡矿化。因构造背景差异，不同矿种集中分布的区域也有所区别（图 2-2）。稀有稀散矿床主要分布于西段摩天岭-都庞岭地区，铀矿床主要分布在东段赣南-粤北-湘南-桂北地区，铅锌多金属矿床则分布于中东段湘南、赣南、桂北地区，以南岭成矿带湖南段最为典型。本书研究区水口山矿田、坪宝矿田即位于南岭成矿带中段湖南地区。研究区铅锌多金属矿床依照成矿区带划分主要包括湘中 Pb-Zn-Sb-Au-W 成矿亚带（水口山）和湘粤 Fe-Mn-Pb-Zn-Ag-Sn-W-Mo-Bi-Cu-REE 成矿亚带（徐志刚等，2008），分别具有亲扬子陆块和华夏陆块的构造演化特点。

第二节　区域地层成矿专属性

一、区域地层分布特征

南岭成矿带出露的地层较为完整，自元古宇到第四系均有发育，以古生界至中三叠统海相沉积地层分布最为广泛（表 2-1）。其中，南岭成矿带湖南段地层总体较为连续，仅下志留统、上三叠统、古近系、新近系等地层局部缺失，呈现以前寒武纪结晶基底和古生代、中生代沉积盖层为特点的双壳结构。其中，震旦系浅变质碎屑岩主要分布于湘东南汝城-炎陵一带的粤湘赣早古生代沉陷带（Ⅳ-5-3）之炎陵-汝城冲断褶隆带（Ⅳ-5-3-1），以及衡阳盆地东北部南岳-衡东一带的邵醴坳-隆带（Ⅳ-4-8）之醴陵断隆带（Ⅳ-4-8-2）。早古生代寒武系-奥陶系浅变质碎屑岩夹碳酸盐岩和硅质岩分布于衡阳断陷盆地周围、炎陵-汝城冲断皱隆带内及塔山-阳明山、九嶷山等近东西向基底隆升带内。晚古生代泥盆系至中生代侏罗系海相碳酸盐岩和碎屑岩等主要出露于云开晚古生代沉陷带（Ⅳ-5-4）内及衡阳盆地西北部，为南岭成矿带湖南段主要的出露地层。白垩系及新生代内陆红层盆地分布于衡阳盆地、茶陵盆地等断陷盆地中部（图 2-3）。

二、典型层位对成矿作用的影响

南岭成矿带湖南段成矿作用受地层约束显著，不同层位在成矿过程中扮演了矿源层、屏蔽层、容矿层的角色，分别在成矿金属元素源区预富集、成矿流体空间迁移、成矿流体就位沉淀中起着关键性作用（表 2-2）。

南岭成矿带湖南段的部分层位为岩浆热液型矿床的成矿物质来源。如，前寒武系—寒武系浅变质砂岩、板岩具有较高的钨背景值，部分层位平均丰度值达到 18.88×10^{-6}（江西省地质矿产局编，1984；刘英俊等，1984；宜昌地质矿产研究所，1987），可能成为区内岩浆-热液型钨矿床的成矿物质来源。南岭成矿带内柿竹园、黄沙坪、川口、邓阜仙等钨多金属矿床成矿岩体均为中生代陆壳重熔型花岗岩，矿体赋存于前寒武系变质岩中，岩浆及成矿热液系统均具有较强的壳源物质属性，推测其源区为浅变质砂岩、板岩。南岭成矿带湖南段部分地层也是沉积型矿床的重要赋矿层位。古生代时期湘中、湘南地区发育大

表 2-1　南岭湘中南地区地层简表

界/宇	系	统	组（阶）	代号	厚度/m	岩性简述
新生界	第四系			Q	0~30	黏土、亚黏土及砂砾层（岩）
	古近系	渐新统	栗木坪组	E_2l	437	泥岩和粉砂岩互层，下部有泥灰岩
		始新统	高岭组	E_2g	400	砂岩、粉砂岩和泥岩组成，含盐岩系
		古新统	茶山坳组	E_2c	245	砂岩、泥岩互层，产石膏和钙芒硝
中生界	白垩系	上统	戴家坪组	K_2d	609	泥岩、砂岩，局部有含铜砂砾岩
		下统	神皇山组	K_1s	1712	长石石英砂岩和含砾砂岩
			东井组	K_1d	10~180	砂岩、砂质泥岩和泥灰岩，底部为砾岩
	侏罗系	上统		J_2	439~707	大部分缺失，局部地区有陆相火山碎屑岩
		中统	石鼓组	J_2s	139	砂质泥岩及长石石英砂岩
		下统	茅仙岭组	J_1m	64~400	砂岩、泥岩夹煤线
			心田门组	J_1x	6~232	砂岩和泥岩
			唐垄组	J_1t	105~111	砂岩、泥岩夹煤层
	三叠系	上统	甘溪组	T_3g	70	粉砂岩、泥岩夹煤线
			杨梅山组	T_3y	>113	砂岩和泥岩
			水牛田组	T_3s	65	砂岩、泥岩夹煤层
		中统		T_2	不详	大部分地区缺失，局部地区为白云质灰岩
		下统	管子山组	T_1g	262~729	粉砂岩、页岩和泥灰岩
			张家坪组	T_1z	200~1384	泥质灰岩、页岩夹粉砂岩
上古生界	二叠系	上统	大隆组	P_2d	50~195	硅质岩和硅质砂岩、灰岩，局部为灰岩
			龙潭组	P_2l	250~1100	砂岩和碳质页岩，中上部夹煤层
		下统	当冲组	P_1d	11~124	硅质岩及硅质页岩
			栖霞组	P_1q	55~174	砂岩、粉砂质和碳质页岩，中上部夹煤层
	石炭系	中上统	壶天群	C_{2+3}	369~680	灰岩、白云质灰岩和白云岩
		下统	大塘阶	C_1d	372~821	灰岩、泥灰岩，局部为砂岩、页岩
			岩关阶	C_1y	222~594	泥灰岩、灰岩、页岩和砂岩
	泥盆系	上统	锡矿山组	D_3x	210~670	下部灰岩、泥灰岩，上部砂岩、页岩
			佘田桥组	D_3s	112~750	灰岩、白云岩和泥灰岩，东部为砂页岩
		中统	棋梓桥组	D_2q	136~690	灰岩、白云岩和泥灰岩
			跳马涧组	D_2t	150~517	石英砂岩、粉砂岩和砂质页岩及石英砾岩
		下统			90~300	东部缺失，西部为砂岩，砂质页岩及石英砾岩
下古生界	奥陶系	上统	上组	O_3	774~3365	石英砂岩、板岩和砂质板岩
		中统	中组	O_2	>1000	薄层硅质岩和碳质板岩
		下统	下组	O_1	195~600	板岩、砂质板岩和碳质板岩
	寒武系	上统	上组	$Є_3$	512~2178	砂岩夹板岩
		中统	中组	$Є_2$	773~2250	砂岩、板岩和碳质板岩夹不稳定的泥灰岩
		下统	下组	$Є_1$	303~800	砂岩夹板岩，上部偶见一层含磷硅质板岩
元古宇	震旦系	上统	上组	Z_2	400~1200	弱变质粉砂岩、长石石英砂岩夹板岩
		下统	下组	Z_1	871	板岩、冰碛砾岩夹砂质页岩
	前震旦系		板溪群（AnZB）		>2272	变质砂、板岩及凝灰质火山碎屑岩
			冷家溪群（AnZL）		>1500	变砂岩、板岩和千枚岩，夹凝灰岩

（据地质部南岭项目花岗岩专题组，1989；伍光英，2005）

表 2-2　区域典型地层与成矿关系

年龄/Ma	地质年代	构造阶段	构造旋回	构造旋回（亚旋回）	构造运动 湘北	构造运动 湘中南	矿产	矿产
2.6	Q	陆相盆地及山体抬升阶段	晚燕山—喜马拉雅旋回	喜马拉雅亚旋回	喜马拉雅运动 II		黏土矿、稀土矿、砂锡矿、金刚石矿等	
23	N				—喜马拉雅运动 I—			
66.5	E			晚燕山亚旋回			沉积型石膏矿、盐矿	
99.6	K_2						沉积–改造型铜矿	
145.5	K_1				—早燕山运动—			
175.6	J_{2-3}		早燕山旋回				有色金属、萤石等热液矿床及长石等岩浆矿床	
199.6	J_1						煤矿	
228.7	T_3				—印支运动—		有色金属、萤石等热液矿床及长石等岩浆矿床	
245.9	T_2	陆表海盆地阶段	华力西—印支旋回					灰岩矿、白云岩矿、砂岩矿、黏土矿
251	T_1							
260.4	P_3					东吴抬升	龙潭组煤矿 孤峰组沉积型锰矿 梁山组煤矿	
270.6	P_2					黔贵抬升		
299	P_1							
318.1	C_2					淮南抬升	测水组煤矿、梓门桥组石膏矿	
359.2	C_1					柳江抬升		
385.3	D_3						岳麓山组、欧家冲组、黄家磴组沉积型铁矿	
397.5	D_2						棋梓桥组沉积型锰矿	
416	D_1							
443.7	S	前陆盆地阶段	扬子—加里东旋回	扬子—加里东亚旋回	—加里东运动（晚幕）—		热液型金、锑、铅锌矿	
488.3	O				—加里东运动（早幕）— (宜昌上升)		烟溪组、天马山组锰矿	白云岩矿、灰岩矿、玉石矿
542	€	被动陆缘盆地阶段			— 桐湾上升		牛蹄塘组钒多金属矿及重晶石矿、石煤矿	
635	Z						陡山沱组沉积型磷矿	
720	Nh	陆内裂谷					大塘坡组沉积型锰矿 富禄组江口式镁矿	
800	Qb*B*	盆地阶段		雪峰亚旋回	— 雪峰运动		马底驿组沉积型锰矿	
	Qb*L*	活动陆缘盆地阶段	武陵旋回		— 武陵运动			
	?							

（据柏道远等，2022）

面积边缘海相地层，局限的古陆边缘海盆接受了大量陆缘物质，沉积了大量煤、锰、磷、铁、石膏等矿床，典型代表如中泥盆统棋梓桥组富锰层位、下石炭统测水组煤层、上二叠统斗岭组煤层等。中新生代以来，区内经历海相沉积向陆相沉积的转变，研究区北部衡阳盆地等地区接受了大量盆地边缘碎屑沉积物，形成了相对富铜、芒硝、石膏的沉积层位，局部富集形成车江、柏坊等铜矿床（点）。

除了作为重要矿床的矿源层或赋矿层位，南岭成矿带湖南段部分地层还因其特殊的力学性质和孔隙度等物性差异，对成矿热液流体的运移和汇聚产生影响。在显生宙多期次构造挤压-伸展过程中，上述地层局部发育构造裂隙或形成圈闭，成为流体运移的通道或流体汇聚的屏蔽层，促进中生代岩浆活动派生的含矿热液远距离运移和特定位置富集成矿。例如，碳酸盐岩和砂岩具有较高的孔隙度和渗透性，有利于流体在地层中弥散，泥岩及页岩地层孔隙度较低，是理想的流体屏蔽层位。因此，同时发育碳酸盐岩和砂页岩的海陆过渡相层位容易成为构造薄弱面和流体迁移界面，如水口山矿田内的二叠系栖霞组、当冲组、斗岭组。上述地层在构造演化过程中发生不同程度的褶皱、断裂或破碎。岩性以碳酸盐岩为主的栖霞组、当冲组脆性较强，在应力作用下发育大量构造角砾，并形成了孔隙度较高的破碎带，构成了深部成矿流体向浅部运移的通道。岩性以碳质页岩为主的斗岭组塑性较强，孔隙发育程度相对较低，在褶皱褶曲转折端的岩层间易形成虚脱空间，且对虚脱部位汇聚的成矿流体具有屏蔽作用，抑制了成矿流体在围岩中耗散。因此，研究区水口山矿田老鸦巢矿区北部的褶皱转折端因岩性塑性差异形成的虚脱三角形空间，为岩浆-热液上侵及成矿流体汇聚提供了有利空间，康家湾矿区二叠系层间构造角砾岩带，为晚期含矿热液就位提供了有利位置；桂阳黄沙坪矿区成矿岩体与上覆测水组碳质页岩组成近三角形空间，上覆页岩层隔挡作用显著，成矿元素在页岩层底部汇聚并发生卸载，形成厚大的铅锌矿体。

第三节　区域构造-岩浆成矿专属性

南岭成矿带湖南段位于扬子陆块和华夏陆块结合部位，主要经历了加里东期-印支期-燕山期共三期次构造运动。上述区域构造演化过程形成了三元时空结构，即奥陶系组成的基底构造层、中上泥盆统—下三叠统组成的褶皱造山带构造层、白垩系组成的断陷盆地构造层。不同构造单元及不同时空分布的岩浆岩具有一定的成矿专属性（表 2-3）。

南岭地区岩浆活动主要活跃于加里东期、印支期、燕山期和喜马拉雅期，而以印支期-燕山期构造岩浆活动最为重要，与区内中生代各类多金属矿产有着密切的成因联系（表 2-3）。其中南岭成矿带湖南段广泛出露印支期和燕山期花岗岩或花岗闪长岩组成的复式岩体，如锡田岩体、龙源坝岩体、黄沙坪岩体、水口山岩体、川口岩体等（陶继华等，2013；焦守涛，2016），围绕上述复式岩体发育有 W、Sn、Pb、Zn、Fe、Cu、Au、Ag 等多金属矿化，构成了以岩体为中心的成矿热液系统。

表 2-3　湘东南矿集区年代学格架与矿化类型

期	阶段		主要岩石类型	代表性岩体	矿化类型	下界年龄/Ma
燕山期	晚期	第二阶段	二长花岗岩 正长花岗岩	上堡	Sn，Nb，Ta，REE	130±5
			花岗斑岩（隐伏）	水湖里	Pb，Zn	
	早期	第三阶段	二长花岗岩（隐伏）	水口山、黄沙坪	Sn，W，Pb，Zn（弱）	145±5
			二长花岗岩 正长花岗岩	宝峰仙、香花岭、骑田岭、荒塘岭、大义山泥板田、千里山	W，Sn，Nb，Ta，REE（弱）	
		第二阶段	二长花岗岩 正长花岗岩	香花岭、姑婆山（乌羊山）金鸡岭	Sn，Pb，Zn，Nb，Ta，REE	170±5
			花岗闪长岩 二长花岗岩 正长花岗岩	骑田岭、千里山、大义山之汤市铺、锡田、西山（禾洞）、瑶岗仙	Sn，W，Pb，Zn，Bi，Cu	
			花岗闪长斑岩 花岗斑岩	宝山、黄沙坪	Pb，Zn，Cu	
			石英闪长岩 花岗闪长岩	铜山岭、何家渡、大坊、水口山	Cu，Pb，Zn，Ni，Bi	
		第一阶段		弱	弱	190±5
印支期		第二阶段	黑云母二长花岗岩 二云母二长花岗岩	王仙岭、阴阳山、大义山南岩体、五峰山、锡田	W，Sn，Pb，Zn，Cu（弱）	220±5
		第一阶段		弱	弱	250±5
海西期			无			360±10
加里东期			黑云母二长花岗岩	万洋山、彭公庙、桂东	极弱	570±10

（据伍光英，2005 补充）

一、加里东期构造-岩浆演化与成矿

南岭湖南段自震旦纪至志留纪为被动陆缘环境，沉积了厚层的碳酸盐岩和碎屑岩（舒良树，2012；Wang et al.，2013；何卫红等，2014；Shu et al.，2021b），并形成了诸多沉积型矿床。加里东期，该区发生强烈的褶皱隆升和绿片岩相-角闪岩相变质作用，新元古代—志留纪地层被强烈挤压变形（Shu et al.，2015；Xu et al.，2016），形成了一系列与加里东运动相关的中酸性岩浆岩，如湖南东南部志留纪桂东岩体、彭公庙岩体和炎陵岩体，以及衡阳盆地东部的衡东岩体、西北部的白马山岩体、西南部的苗儿山岩体等，同时发育有岩浆热液型或充填交代型钨、金、锑、铅、锌等矿（图 2-4），如彭公庙岩体加里东期细晶岩脉中发育岩浆成因的白钨矿、岩体南缘发育张家垄钨矿（张文兰等，2012；郭爱民等，2017），苗儿山岩体北西缘发育加里东期落家冲钨矿（杜云等，2017），万洋山岩体附近的黄上萤石矿等（陈迪等，2016）。矿床类型主要为构造蚀变岩型和石英脉型，含矿构造主要为岩体侵位相关的断裂或裂隙，如落家冲钨矿和张家垄钨矿（杜云等，2017；郭爱民等，2017）。这一时期的矿床数量较小，矿体规模有限。

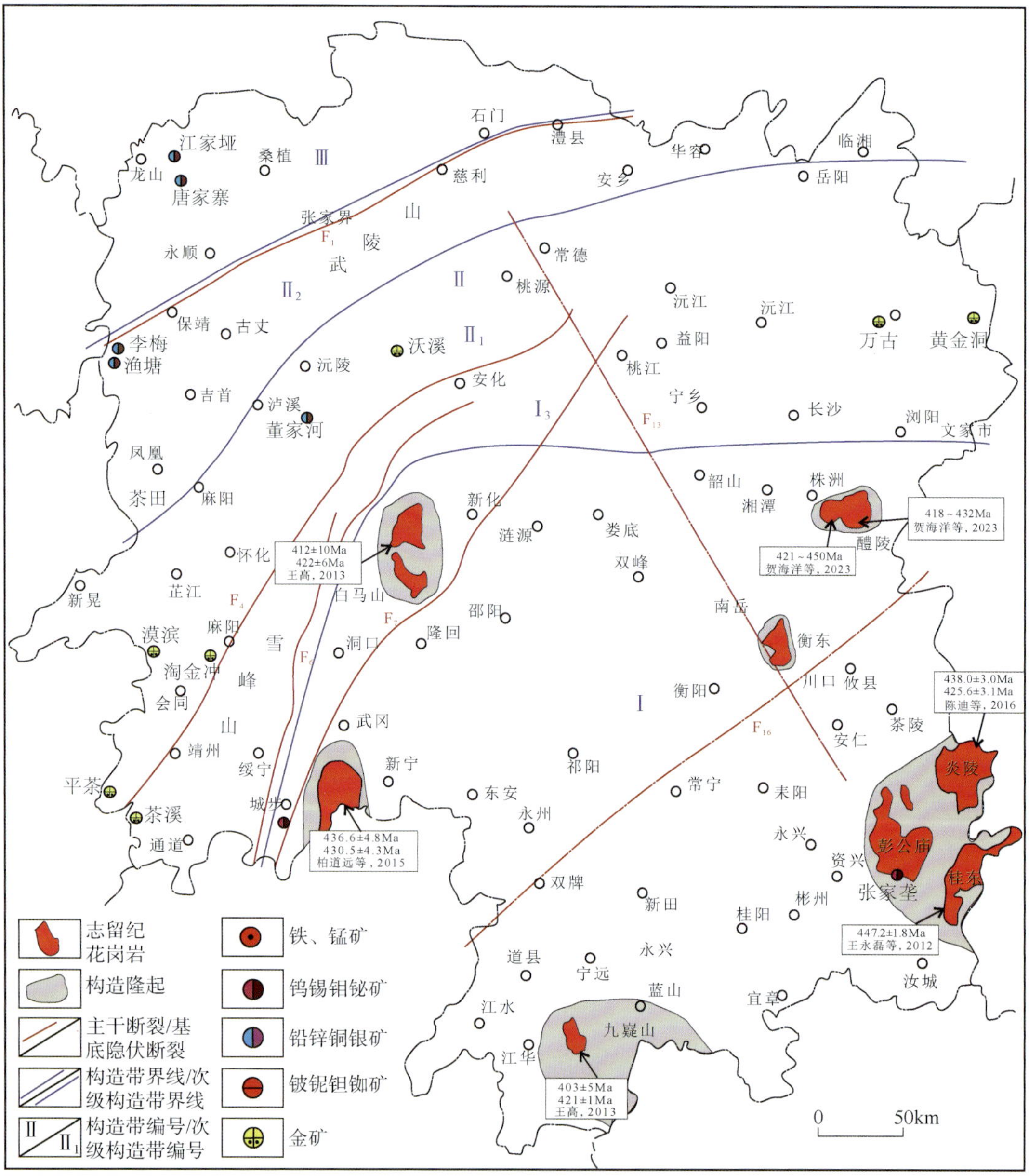

图 2-4 南岭成矿带湖南段加里东期主要构造单元、岩浆活动与矿产分布

（据柏道远等，2022 补充）

Ⅰ—湘中-湘东南构造岩浆岩带；Ⅱ—雪峰构造带；$Ⅱ_1$—雪峰冲断带；$Ⅱ_2$—武陵褶皱带；Ⅲ—湘西北构造抬升带

二、印支期构造-岩浆演化与成矿

印支期继承了加里东期的构造岩浆演化格局，研究区总体受特提斯域和印支期造山作用影响，形成了以东西向断裂和褶皱为基础的构造格架（毛景文等，2007；陈绍聪，2022）。泥盆纪至三叠纪时期区内属陆表海盆地环境或局部伸展拉张环境，在此环境下形成了一系列

沉积型矿床。以晚三叠世—早侏罗世地层与下伏地层之间的不整合为特征的印支运动，形成了典型的基底滑脱、叠瓦式逆冲推覆，并导致了扬子、华夏两个陆块汇聚带及其附近的构造变形，形成一系列推覆体，如永兴推覆体、杨梅山推覆体（图2-5）。上述碰撞造山运动形成的隆起由点状分布转换为带状分布，且与区内岩浆岩分布范围对应。

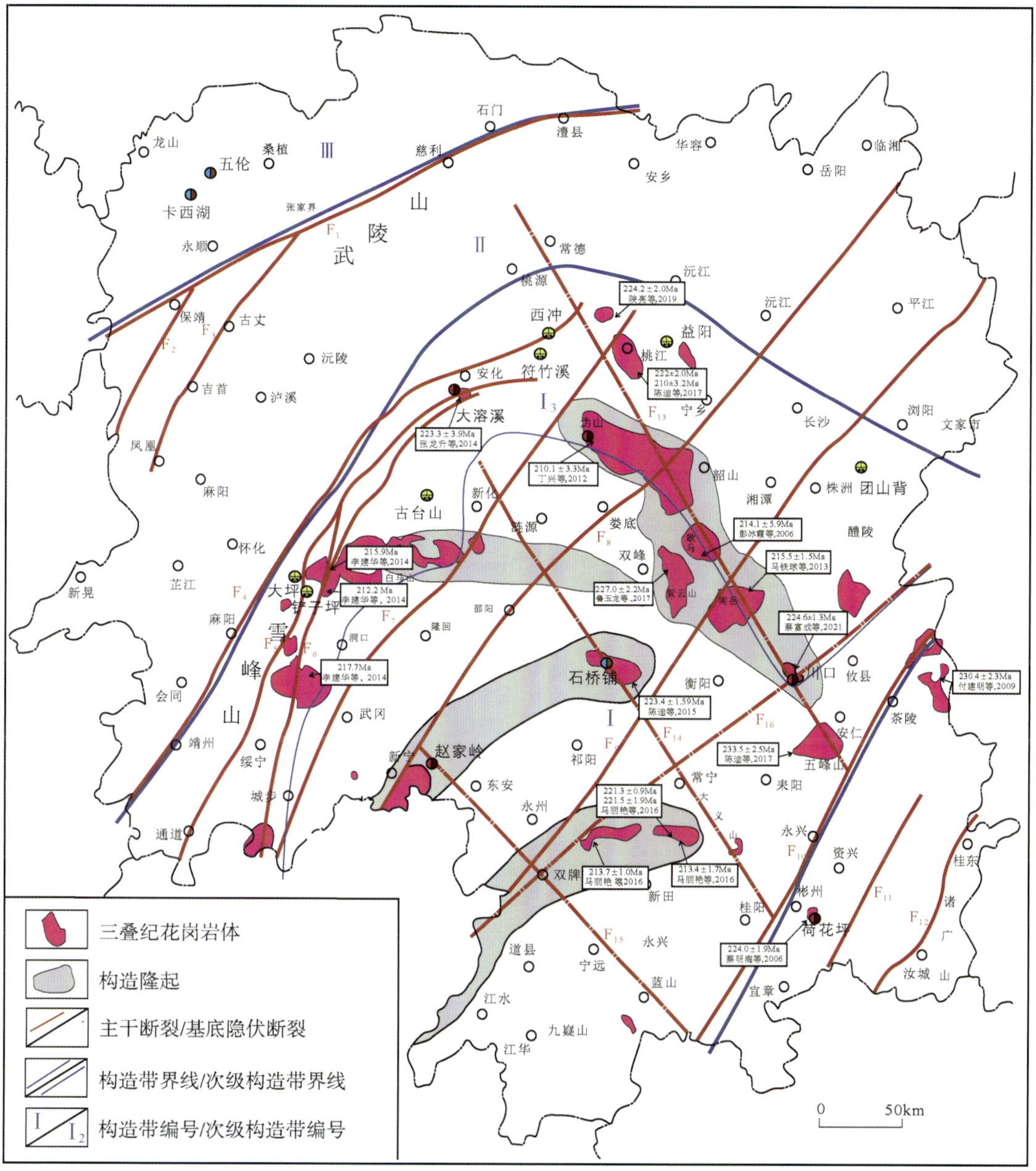

图2-5　南岭成矿带湖南段印支期构造岩浆演化与矿产分布

（据柏道远等，2022补充）

Ⅰ—湘中-湘东南构造岩浆带；$Ⅰ_1$—炎陵-汝城隆起带；$Ⅰ_2$—湘中凹陷带；

$Ⅰ_3$—雪峰东南缘构造岩浆隆起带；Ⅱ—雪峰构造带；Ⅲ—湘西北褶皱带

印支运动伴随强烈的中酸性岩浆活动，主要分布在各深（大）断裂带及其交汇部位。

印支期岩浆岩类型主要有黑云母二长花岗岩、二云母二长花岗岩、黑云母花岗闪长岩、花岗闪长岩等，多形成于碰撞造山及造山后伸展环境（Zhou et al.，2006）。岩体产出形态多以岩基为主，少数为岩株、岩枝，岩浆经演化初步分异，成矿元素初步富集。虽然研究区内与印支期花岗岩直接有关的大规模矿化尚未发现，但年代学研究表明区内存在与印支期花岗岩有关的成矿作用，如荷花坪锡多金属矿（224.0±1.9Ma，蔡明海等，2006），锡田钨锡多金属矿（240～220Ma，焦守涛，2016）、川口钨矿（223.1±0.8Ma，蔡富成等，2021）等。

三、燕山期构造-岩浆演化与成矿

中生代晚期（中晚侏罗世—白垩纪）南岭地区经历了从特提斯构造域向古太平洋构造域的转换，构造线方向也从近 EW 向转变为 NE 向（舒良树，2012），受古太平洋板块俯冲-弧后伸展和陆内深部构造的联合制约，南岭地区形成了一系列 NNE 向断裂系统及陆相盆地（舒良树等，2006；毛景文等，2007）。南岭成矿带湖南段在 NE 向断裂的走滑作用的影响下，也形成了一系列走滑拉分盆地，发育厚层红层沉积（麻沅盆地、茶陵盆地、衡阳盆地），并形成了沉积-改造型铜矿。

这一时期的花岗岩同样沿着活跃的 NE 向断裂以及 NE、NW 向断裂交汇部位产出，按照成岩年龄又可分为燕山早期岩体（180～142Ma）和燕山晚期岩体（142～67Ma，Zhou et al.，2006）。燕山早期花岗岩在研究区内广泛发育，其中南侧茶陵-郴州断裂两侧主要有瑶岗仙、千里山、癞子岭、尖峰岭、骑田岭等岩体，岩石类型主要有黑云母二长花岗岩、二云母二长花岗岩、二云母碱长花岗岩、黑云母正长花岗岩、黑云母花岗闪长岩等（Zhao et al.，2017）。这一区域花岗岩岩浆演化充分，岩体含高丰度的金属元素（W、Sn、Mo、Bi、Nb、Ta、REE、Cu、Pb、Zn、Sb 等）及挥发分元素（F、Cl、B）等（Zhou et al.，2006；李献华等，2007；Wu et al.，2017；Zhao et al.，2017；Mao et al.，2019），对本区 W-Sn 多金属成矿作用具有重要贡献，如瑶岗仙钨矿床、柿竹园钨多金属矿床、香花岭钨锡矿床、香花铺钨铍矿床、新田岭钨矿床、芙蓉锡钨矿床、红旗岭锡矿床等（Chen et al.，2002；毛景文等，2007；Mao et al.，2019）。坪宝地区及其北侧的衡阳盆地周缘多发育花岗闪长岩、石英斑岩岩体及岩脉，整体出露面积大，与有色金属、贵金属成矿关系密切，发育有典型水口山、黄沙坪、铜山岭、大坊等铅锌铜钨多金属矿床（图 2-6）。

燕山晚期花岗岩主要以岩枝、岩株、岩瘤形态产出，岩石类型为黑云母二长花岗岩，这些岩体以准铝质的 I 型为主，少量为过铝质的 S 型岩体（Zhou et al.，2006；李献华等，2007）。或为一些酸性岩脉包括花岗斑岩、石英斑岩等。区域内该时期的成矿作用规模明显小于燕山早期，多为钨锡成矿期后热液活动形成的铅锌铜等矿化，如柿竹园矿集区柴山、蛇形坪、红旗岭等铅锌多金属矿床，皆分布于北东向花岗斑岩岩枝附近，钨锡矿化虽也有报道，但规模较小（付建明等，2013）。

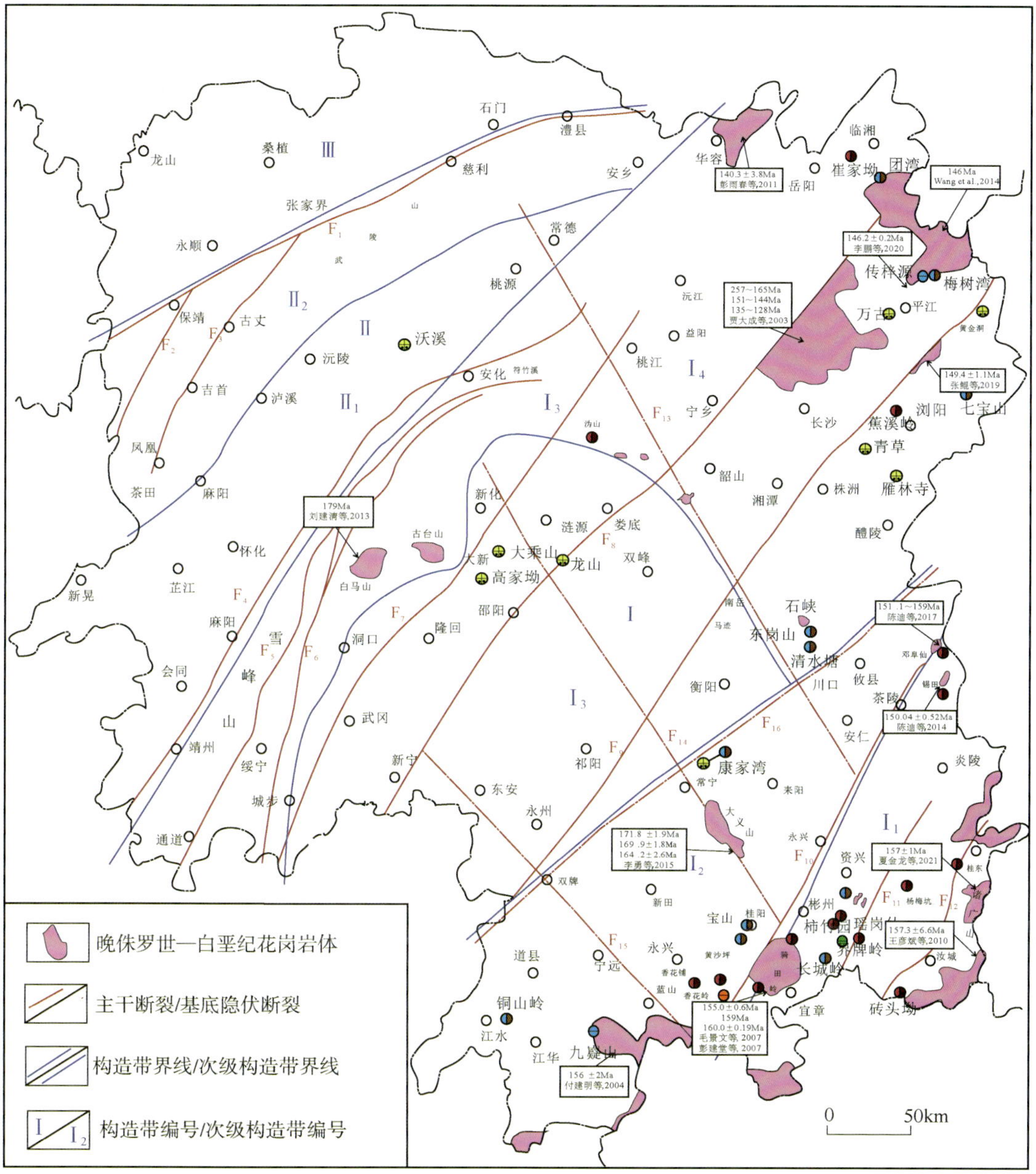

图 2-6　南岭成矿带湖南段燕山期构造岩浆演化与矿产分布

（据柏道远等，2022 补充）

Ⅰ—湘中-湘东构造岩浆带；Ⅰ$_1$—炎陵-汝城冲断褶皱带；Ⅰ$_2$—宁远-桂阳凹陷带；Ⅰ$_3$—邵阳坳褶带；Ⅰ$_4$—雪峰东南构造岩浆隆起带；Ⅱ—雪峰西部构造带；Ⅱ$_1$—怀化-桃源冲断带；Ⅱ$_2$—武陵断弯褶皱带；Ⅲ—湘西北褶皱带

第四节　区域铅锌多金属矿床特征

李洪昌等（1985）汇总统计南岭地区铅锌矿床共计 1659 个，铅锌储量占当时全国储量的 49%。唐攀科等（2018）汇总华南成矿省铅锌资源量分别为 1257×10^{4}t 和 2687×

10^4t，占据全国已查明储量的22%和19%，500m以浅预测资源量约占全国资源量的69%和50%。王登红等（2022）新编《中国矿产地质志·南岭卷》统计共有铅锌矿床（点）278个，其中大型—超大型铅锌矿3处，集中分布于晚古生代碳酸盐岩地层之中。可见，包括研究区在内的南岭成矿带铅锌等有色金属资源禀赋较好，铅锌资源储量全国占比较高，铅锌多金属矿床的矿床成因类型、成矿元素组合、时空分布特征具有一定的典型性和规律性。

一、南岭成矿带铅锌多金属矿床特征概述

南岭地区铅锌矿资源分布具有典型的分带特点，整体呈北东向展布，不同规模铅锌矿床呈面状、带状、串珠状或散乱分布在南岭地区不同构造单元之上（图2-2）。其中，桂北地区铅锌矿床主要分布于桂西北丹池成矿带，受北北西向深大断裂和燕山晚期岩浆活动控制，矿床除铅锌外还大量伴生金、锑、钨、镉等成矿元素，成矿时代约为100~80Ma（赵正等，2014）；粤北地区铅锌矿主要沿东西向或北东向深大断裂分布，含矿热液系统与燕山早期花岗岩浆活动和燕山晚期流体改造泥盆系地层有关，大量共生铁，铜，铅，锌，锑，汞和硫，主成矿时代为中晚侏罗世和白垩纪（刘瑞弟，2002）。赣南地区铅锌矿床分布较少，零星分布于定南-宁都、大余-兴国深大断裂两侧的侏罗纪黑云母花岗岩、二云母花岗岩附近，矿种相对复杂，除铅锌外还共伴生铜、锑、钼、铍、金、银、铟、镓、锗、镉等元素，成矿时代约为170~150Ma。南岭成矿带湖南段铅锌矿床最为发育，以铅锌为主要矿种的多金属矿床带状分布于茶陵-郴州、川口-双牌、郴州-邵阳断裂两侧，围绕衡阳盆地和坪宝走廊边缘中晚侏罗世花岗闪长岩、花岗斑岩、石英斑岩发育，共伴生金、银、铜、铁、钨、锡、钼、铋等多种成矿元素，矿床形成时间为170~130Ma。整体而言，南岭地区铅锌多金属矿床主要受控于区域晚古生代—中生代北西向或北东向深大断裂，分布于中生代花岗闪长岩和黑云母花岗岩岩体周缘，多就位于泥盆系—二叠系碳酸盐岩地层，共伴生矿化组合由桂北、湘南、粤北至赣南为Pb、Zn、Cu、Sb、Au、W→Pb、Zn、Cu、Au、Au、Ag→Pb、Zn、W、Sn、Bi→Pb、Zn、Au、Ag。

中生代南岭地区不同程度的地壳伸展和岩浆侵位活动造就了区内不同类型的铅锌矿化。南岭西段燕山期中晚侏罗世区域处于弱挤压状态，伸展作用相对滞后，至白垩纪才发生大面积铅锌矿化成矿事件，形成了多个中低温热液充填型铅锌矿床。这一区域的成矿热液系统不仅携带大量铅锌，还因前寒武纪地层中的锑、钨等成矿元素的参与，共伴生出现锑、钨、锡等稀有金属元素。南岭湖南段中晚侏罗世处于伸展状态，区内发育厚层盆地沉积地层，局部可见基性岩脉和中酸性岩浆岩侵位于盆地周缘深大断裂两侧，成矿流体具有典型壳幔混合特点，携带了深部来源的Cu、Au和浅部来源的W，形成了中低温热液脉型、高温矽卡岩型铅锌多金属矿床。南岭东段赣南粤北地区地处华夏陆块，中生代经历了显著的挤压伸展转换，前寒武系变质地体在中晚侏罗世伸展转换作用中发生部分熔融，向岩浆热液系统提供了大量W、Sn等主要成矿元素，伴生Pb、Zn、Ag等，在北东向深大断裂两侧形成了多个斑岩型、矽卡岩型、火山岩型铅锌多金属矿床，成矿温度相对较高。

二、南岭湖南段铅锌多金属矿床特征

南岭成矿带常见 Pb-Zn-Au-Ag、W-Sn-Mo、Fe-Cu 三类矿化组合在相近时空分布的特征（吕志成等，2004；石洪召等，2009；蒋少涌等，2020），且以南岭成矿带湖南段最具代表性（王登红等，2007；陈骏等，2014；柏道远等，2022）。该区域的铅锌多金属矿床多分布于深断裂或岩体附近，具体为茶陵-郴州断裂、郴州-邵阳断裂、蓝山-新宁断裂、川口-双牌断裂等深大断裂及其次级断裂两侧，或关帝庙、川口、大义山、骑田岭、千里山等印支期—燕山期大型花岗岩岩基边缘和小岩体。矿区成岩成矿时代多集中于印支晚期—燕山早期（230~210Ma）、燕山中晚期（175~155Ma，华仁民，2005；毛景文等，2008；李勇等，2015；罗鹏等，2021）。南岭成矿带湖南段铅锌多金属矿床矿化组合呈显著过渡特点（图 2-7），区内衡阳盆地周缘 Pb-Zn-Au-Ag 多金属矿体、Fe-Cu 多金属矿床同时空分布特征显著，以水口山矿田老鸦巢、鸭公塘、康家湾等典型 Pb-Zn-Fe-Cu-Au-Ag 矿床为代表，可见独立金矿床（点）。由衡阳盆地至坪宝地区，Pb-Zn 多金属矿床中 Fe-Cu-Au 矿化程度逐渐减弱，W-Sn-Mo-Bi 矿化程度增强，如永州铜山岭、郴州柿竹园、桂阳黄沙坪等矿区（祝新友等，2015；黄文海等，2019；王炯辉等，2019）。各区域铅锌多金属矿化特征分述如下：

（一）衡阳盆地及其邻区

衡阳盆地受耒阳-临武 N-S 向构造带、塔山-阳明山 W-E 构造带和祁阳“山”字型构造限制，属于宁远—桂阳坳褶带（图 2-7），盆地边缘有关帝庙、紫云山、南岳、将军庙、川口、五峰山、大义山、塔山、阳明山等大-中型石英闪长岩-花岗岩岩基；衡阳盆地内见老盟山、龙王山、鸭公塘、仙人岩等花岗闪长岩体（图 2-7）。该盆地及其邻区发育典型的 Pb-Zn-Fe-Cu-Au-Ag 矿床，矿产分布受区域深断裂构造、印支-燕山期岩浆岩、似椭圆形穹窿构造等约束，如清水塘、石桥铺 Pb-Zn 多金属矿分布于关帝庙岩体边缘，盐田桥、白鹤铺、留书塘、谭子山、柏坊、车江等 Cu 多金属矿分布于北东向 F_9、F_{16} 深大断裂附近，杨林坳、塘江沅、毛湾、三角潭等钨多金属矿分布于寒武纪老地层内的燕山期花岗岩边缘。区内铅锌多金属矿床成矿年龄多集中于 173~140Ma（王岳军，2001；Huang et al.，2015；左昌虎，2015；Wang et al.，2023）。

水口山矿田是衡阳盆地，乃至南岭成矿带中段陆内伸展作用机制下最典型的 Pb-Zn-Fe-Cu-Au-Ag 多金属矿田。矿田位于川口-双牌断裂及衡阳盆地边缘，区内发育古生代厚层碳酸盐岩地层和中生代盆地红层沉积。中晚侏罗世发生大规模岩浆活动，花岗闪长岩、花岗闪长斑岩、英安玢岩和流纹斑岩，侵位于石炭系—二叠系碳酸盐岩及硅质岩地层，在岩体接触带、逆冲断裂及地层钙硅界面发育有矽卡岩型 Fe-Cu 矿体、矽卡岩型Pb-Zn 矿体、热液脉型 Pb-Zn-Au-Ag 矿体和浅成低温热液型 Au-Ag 矿体。水口山铅锌矿体的产出严格受限于区域复式背斜和逆冲断裂，成矿岩体具有典型的壳幔混源特点，是华南板块内部伸展作用下铅锌多金属矿床成矿作用的典型案例。

（二）坪宝矿田及邻区

“湘南地区华夏陆块西北缘坪宝走廊地处于邵阳-郴州 NW 向断裂带和茶陵-郴州 NNE 向断裂带的交汇部位，发育独特的 Pb-Zn-W-Sn-Mo-Bi 多金属矿床”（图 2-7）。

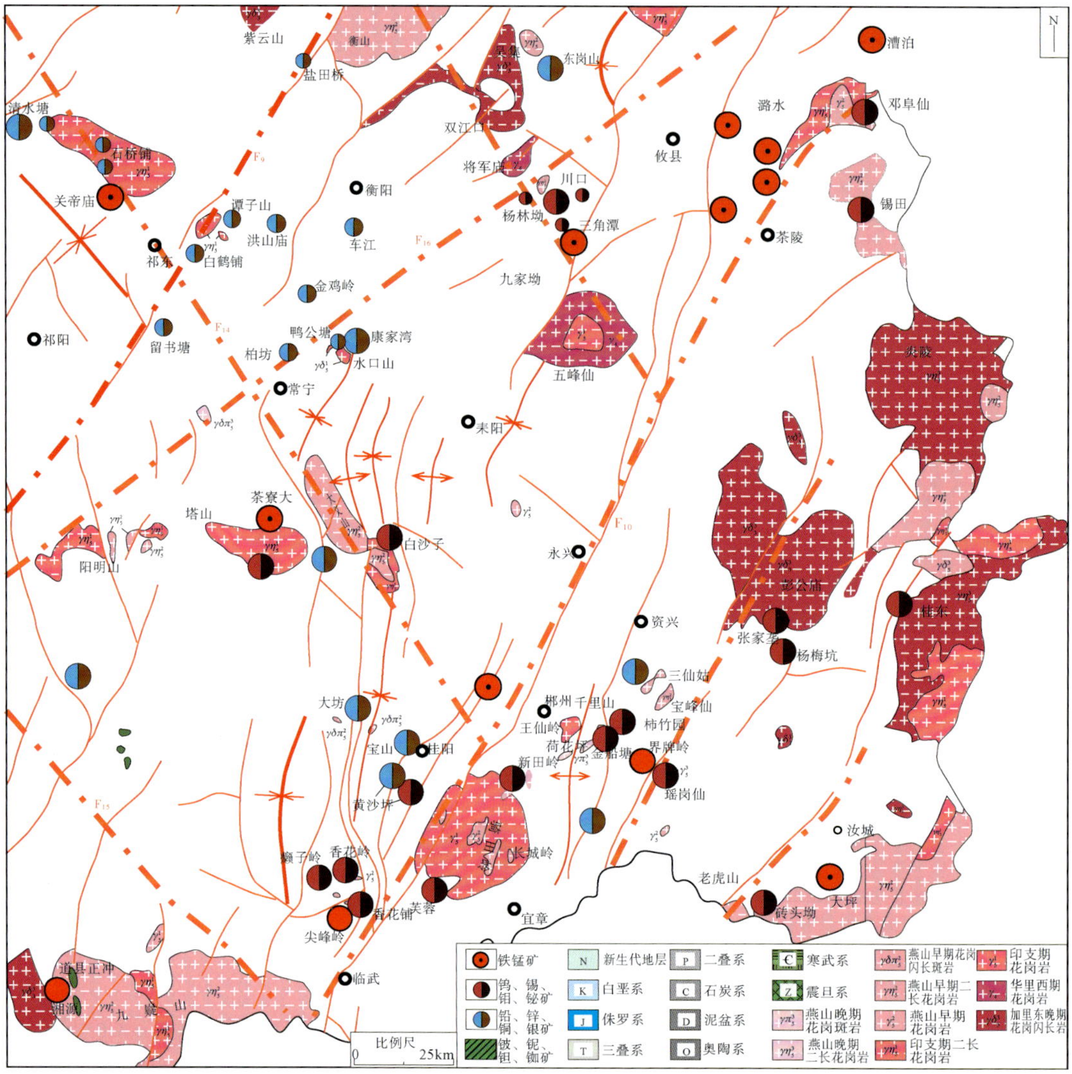

图 2-7　南岭成矿带湖南段典型构造、岩浆及矿产分布图

地层以亲华夏地块的上古生界—下三叠统碳酸盐岩为主。岩体以骑田岭花岗岩岩基为中心，在其外围直距 50km 的范围内，出露癞子岭-尖峰岭、宝岭-观音打坐、宝山、千里山、九峰等花岗（斑）岩-闪长（斑）岩岩基（株）等。矿床空间分布亦受前寒武纪结晶基底、似椭圆状穹窿构造、NE-NW 向断裂带或燕山期花岗岩岩体等要素约束。其中，坪宝矿田西北侧大坊、宝山、黄沙坪等 Cu-Pb-Zn-Ag 多金属矿床位于骑田岭花岗岩岩基外围，受 NE-NW 向断裂构造、燕山期“雁列”状分布的小岩株或岩枝控制，控矿断裂及区域褶皱向北延伸至水口山矿田，黄沙坪矿床可见 W-Sn-Mo 矿化；柿竹园、芙蓉、瑶岗仙、金船塘等 W-Sn 多金属矿床则分别位于燕山期千里山、新田岭、瑶岗仙岩体边缘，伴生 Pb-Zn 矿化，Fe-Cu 矿化程度微弱；香花岭-癞子岭-尖峰岭 Li-Be-Nb-Ta-W-Sn-Pb-Zn 矿集区则分布于穹窿构造核部的前寒武纪老地层内，且受癞子岭、尖峰岭等岩株、岩枝控制，以发育稀散元素矿化、缺失 Fe-Cu 矿化为特点。上述矿床成岩成矿时代多集中于 150~173Ma（华仁民，2005；毛景文等，2008；图 2-8，表 2-4）。

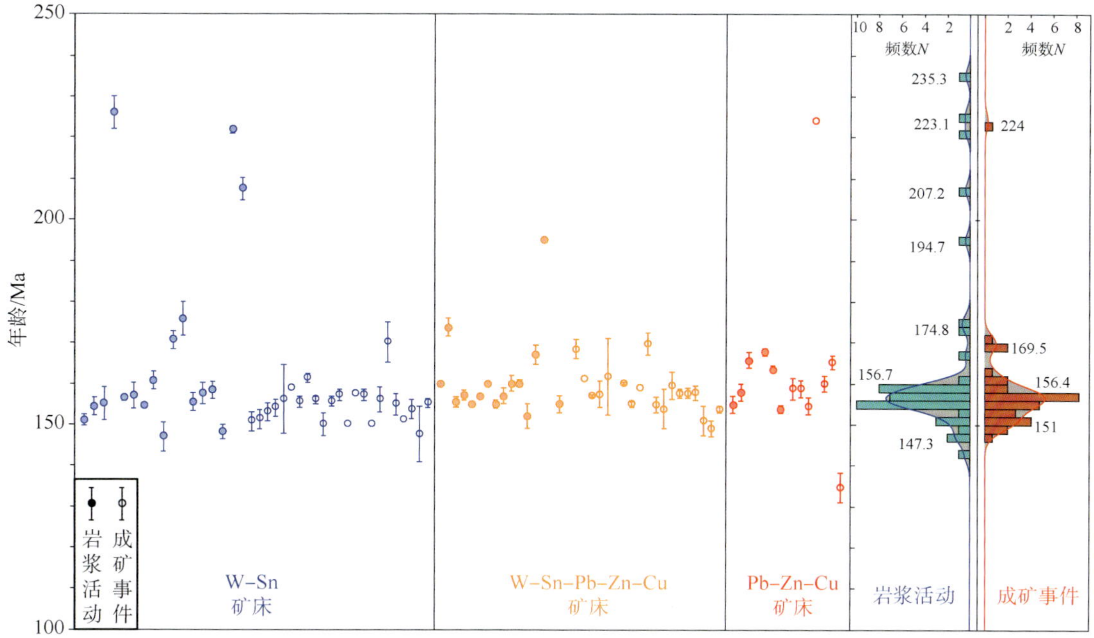

图 2-8　南岭地区湖南段钨锡铅锌多金属矿床成岩成矿年龄（Ma）频率图

（数据来源参考表 2-4）

表 2-4　南岭成矿带湖南段及其邻区典型矿床地质年代学统计表

位置	矿床	成矿岩体	矿床类型	矿化类型	成岩年龄 Ma	方法	成矿年龄 Ma	方法	参考文献
常宁	水口山	花岗闪长岩	热液充填脉型-矽卡岩型-浅成低温热液型	Pb-Zn-Fe-Cu-Au-Ag	158.8±2.1	锆石U-Pb	154.6±2.1	闪锌矿Rb-Sr	Yang et al., 2018
							158.8±2.5	石榴子石U-Pb	左昌虎，2015
	大义山	黑云母花岗岩	热液充填脉型-矽卡岩型	Pb-Zn-Sn-W-Cu	160				伍光英，2005
桂阳	大坊	花岗闪长斑岩	中低温热液破碎-蚀变岩型	Au-Ag-Pb-Zn	155±2	锆石U-Pb			卢友月等，2017
	宝山	花岗闪长斑岩	矽卡岩-热液脉型	Cu-Mo	158±2	锆石U-Pb	160±2	辉钼矿Re-Os	路远发等，2006
	黄沙坪	花岗斑岩	矽卡岩型-热液充填脉型-(斑岩型)	W-Mo-Cu-Pb-Zn	167.0±2.3	锆石U-Pb	157.5±1.1	辉钼矿Re-Os	王登红等，2017
							157.6±1.2		
							157.7±1.9		
							154.8±1.9		马丽艳等，2007
							153.8±4.8		雷泽恒等，2010
							159.4±3.3		Yao et al., 2007
					195		157.5±2.4		
					152±3		157.6±2.3		

续表

位置	矿床	成矿岩体	矿床类型	矿化类型	成岩年龄/Ma	方法	成矿年龄/Ma	方法	参考文献
江永	铜山岭	花岗闪长岩	矽卡岩型	Pb-Zn-Cu	164	锆石U-Pb			Jiang et al., 2009
茶陵	邓阜仙	斑状黑云母花岗岩	热液脉型	W-Sn	222~230	锆石U-Pb	150.7±2.3	辉钼矿Re-Os	陈迪等，2017
		二云母花岗岩							董超阁等，2018
		黑云母花岗岩			151.1±1.5				何苗等，2018
					154.4±2.1	锡石U-Pb			
		二云母花岗岩			151~159	锆石U-Pb			
	锡田	黑云母花岗岩	石英脉-矽卡岩型	Sn-W	151±24	全岩Rb-Sr	150.0±2.7	辉钼矿Re-Os	马丽艳等，2008
							155.6±1.3	白云母Ar-Ar	刘国庆等，2008
					147.0±3.5	锆石U-Pb	157.2±1.4	石英Rb-Sr	付建明等，2012
							150	辉钼矿Re-Os	
桂东	青石岭	黑云母二长花岗岩	蚀变岩型	W-Mo	207.5±2.7	锆石U-Pb	147.6±6.8	辉钼矿Re-Os	王登红等，2017
					148.2±1.7				
		黑云母花岗闪长岩			414.5±4.5				
					417.3±4.8				
郴州	金船塘	黑云母花岗岩	矽卡岩型				164	Pb-Pb	肖红全，2003
	柿竹园	黑云母花岗岩	石英脉型-云英岩型-矽卡岩型	W-Sn-Mo-Bi-Pb-Zn	155±2	锆石U-Pb	151	辉钼矿Re-Os	毛景文等，1995b
					158-159		151.0±3.5	辉钼矿Re-Os	李红艳等，1996
					152±9	全岩Sm-Nd	149±2	白钨矿Sm-Nd	毛景文等，1995a
					137±7		153.7±0.9	白云母Ar-Ar	Chen et al., 2014
		花岗斑岩			158-155	锆石U-Pb			王敏等，2016
					131±1	全岩Sm-Nd			Yu et al., 2020

续表

位置	矿床	成矿岩体	矿床类型	矿化类型	成岩年龄/Ma	方法	成矿年龄/Ma	方法	参考文献
郴州	红旗岭	黑云母花岗岩	石英脉型	W-Sn			153.7±2.4	锡石U-Pb	马收先等，2021
	荷花坪	含电气石黑云母花岗岩	矽卡岩型-蚀变岩型	Pb-Zn			224	辉钼矿Re-Os	蔡明海等，2006
北湖	新田岭	细粒花岗岩	矽卡岩型	W-Mo-Pb-Zn	173.7±2.2	锆石U-Pb	168.4±2.4	石榴子石Sm-Nd	毛景文，2004
宜章							161	辉钼矿Re-Os	赵葵东等，2006
							349	黄铁矿Re-Os	蔡明海等，2008
		黑云母二长岩			145-140	云母Ar-Ar	157.1±0.3	白云母Ar-Ar	袁顺达等，2012
		黑云母花岗岩			155.5±1.3	锆石U-Pb	157.4±3.2	石英Rb-Sr	王登红等，2017
					157.1±1.2		161.7±9.3	辉钼矿Re-Os	
					155±1.0				
					157.0±2.0				
					160.0±2.0				
	淘洗窝	黑云母花岗岩	矽卡岩型	Sn	160.0±2.7	锆石U-Pb	160.1±0.9	白云母Ar-Ar	毛景文等，2007
					156.5±1.8		159.9±0.5	白云母Ar-Ar	彭建堂等，2007
							154.8±0.6	白云母Ar-Ar	单强等，2014
	白蜡水	黑云母花岗岩	矽卡岩型				159.0±1.3	角闪石Ar-Ar	毛景文等，2007
							157.3±1.0	Ar-Ar	彭建堂等，2007
	瑶岗仙	云英岩化花岗岩	云英岩-石英脉型	W	156.0±3.0	石英Rb-Sr	170.0±5.0	辉钼矿Re-Os	王登红等，2017
					175.8±4.1		170.7±2.2	锆石U-Pb	
		粗粒黑云母花岗岩			155.4±2.2	锆石U-Pb	154.9±2.6	辉钼矿Re-Os	Peng et al.，2006
		细粒斑状花岗岩			157.6±2.6		155.1±1.1	白云母Ar-Ar	李顺庭等，2011
		石英斑岩			158.4±2.1				

续表

位置	矿床	成矿岩体	矿床类型	矿化类型	成岩年龄/Ma	方法	成矿年龄/Ma	方法	参考文献
道县	大坳	二云母二长岩	云英岩型为主	W-Sn	156.4±0.7	锆石U-Pb	151.3±2.4	辉钼矿Re-Os	付建明等，2007
			石英脉型次之						
					153.0±2.2				李剑锋等，2021
临武	香花岭	二云花岗岩	矽卡岩型	Sn	157.0±3.1	锆石U-Pb	154.0±2.0	石英Rb-Sr	王登红等，2017
							156.1±8.4	萤石Sm-Nd	
							158.9	黄铁矿Re-Os	
		黑云母花岗岩		W-Sn-Be	155-154		157-154	锡石U-Pb	Yuan et al., 2008
					160.7±2.2		161.3±1.1	白云母Ar-Ar	朱金初等，2011
									Yuan et al., 2007
		铁锂云母二长花岗岩		Pb-Zn-Sn-Ag	155				轩一撒等，2014
									钟江临等，2006
汝城	高坳背	黑云母二长花岗岩	石英脉型	W-Mo	221.8±0.9	锆石U-Pb	157.3	辉钼矿Re-Os	王登红等，2017
	砖头坳	黑云母二长花岗岩	矽卡岩型	W	168~172	锆石U-Pb	151.0±2.0	石英Rb-Sr	
							156.9±3.6	石榴子石Sm-Nd	
	白云仙	黑云母花岗岩	石英脉型	W-Sn-Pb-Zn	146.7±1.5	锆石U-Pb	169.6±2.7	辉钼矿Re-Os	王永磊等，2009
									孙占亮，2014
花桓	李梅		层控碳酸盐岩型	Pb-Zn			464±12	闪锌矿Rb-Sr	周云等，2021
	狮子山		层控碳酸盐岩型	Pb-Zn			410±12	闪锌矿Rb-Sr	段其发等，2014
	柔先山		层控碳酸盐岩型	Pb-Zn			412±6	闪锌矿Rb-Sr	谭娟娟等，2018
仁化	凡口		层控碳酸盐岩型	Pb-Zn			95.4±0.7	锆石U-Pb	杨锋等，2016
岑溪	佛子冲	花岗闪长岩	砂卡岩型	Pb-Zn			134.7±3.5	闪锌矿Rb-Sr	潘烨等，2012

坪宝地区黄沙坪矿床是南岭成矿带中东段挤压伸展转换条件下最典型的 Pb-Zn-W-Sn-Mo-Bi 多金属矿床。该矿床位于茶陵-郴州断裂北侧，受控于区内复式倒转背斜、近东西向正断层和近南北向逆冲断裂，发育有正长斑岩、英安斑岩、石英斑岩、花岗斑岩等多期岩体。岩体侵位于石炭系石磴子组碳酸盐岩地层中，发育矽卡岩型 W-Sn-Mo、矽卡岩型 Pb-Zn-Cu、热液充填脉型 Pb-Zn 矿化，岩体中见有少量斑岩型矿化。黄沙坪矿床这一矿化特点与赣南粤北地区 Pb-Zn、W-Sn 矿床特点类似，是华夏陆块挤压伸展环境下多期次岩浆活动的产物，对南岭成矿带中东段铅锌矿床找矿工作有着指示意义。

第三章　水口山铅锌金银多金属矿田

衡阳盆地周缘是南岭地区重要的铅锌钨铜多金属资源产地（图 3-1），广泛发育的海相碳酸盐岩和盆地砂岩地层、褶皱断裂系统、多期次岩浆活动促使区内发育多种类型有色金属矿床，典型代表有水口山、清水塘、留书塘铅锌多金属矿床，杨林坳、三角潭、毛湾钨矿床，车江、柏坊、盐田桥铜矿床，包金山金矿床等。

区内钨矿床形成时间较早，多分布在盆地东缘川口地区，以石英脉型、云英岩型为主，具有钨矿床典型五层楼分带特征，与区内中晚三叠世二云母花岗岩密切相关；铅锌多金属矿多分布于东西向及北东向深大断裂交汇部位，如水口山、留书塘，发育矽卡岩型、热液脉型多金属矿化，成矿事件与区内中晚侏罗世花岗闪长岩类侵入岩密切相关；铜矿床多分布于衡阳盆地内部深大断裂两侧，具有典型的沉积富集特征，典型代表如柏坊铜矿，属沉积-改造型矿床。此外，区内还发育有与中晚侏罗世岩浆活动有关的金矿床。作为区内最重要的铅锌金银铜铁多金属矿集区，水口山矿田开采已逾百年，浅部铅锌资源开采殆尽，亟需加强理论认识，梳理成矿物质来源，恢复成矿热液系统演化体系，厘清矿床就位机制，系统建立典型找矿标志，探索老鸦巢、鸭公塘、康家湾等矿区边深部铅锌多金属资源，有效延续老矿山服务年限。

第一节　矿田地质概况

水口山矿田位于南岭成矿带北缘，属于钦杭结合带中段，衡阳盆地南缘，耒阳-临武南北向褶皱断裂被北缘（图 3-1；Mao et al.，2011；Zhou et al.，2017），处于衡阳盆地南缘盆-山转换结构岩石圈由薄变厚的幔坡地带，被北东向和东西向深大断裂夹持。水口山矿区地层具有明显的双层结构，基底地层为元古界变质基底，古生界至新生界为沉积盖层，缺失中上志留统、下泥盆统、中三叠统、上侏罗统及新近系。其中，元古宙变质结晶基底分布于衡阳盆地东北缘，原岩为一套浅变质冰川沉积岩，是华夏板块西北缘沉积产物，变质程度不高；早古生代—二叠纪半深海-滨浅海碳酸盐岩和碎屑沉积岩分布范围较广，集中出露于矿区中西部及南部，构成了矿区主要的地层单元，与华南地区早古生代海相沉积序列一致；三叠纪—早侏罗世区域经历抬升剥蚀并发育不整合面，碳酸盐岩地层局部剥蚀严重，上覆侏罗系陆相碎屑岩沉积，是衡阳盆地发育的产物。白垩纪该区域受区域构造影响，沉积环境由海相转陆相，在衡阳盆地内接受沉积，形成白垩系红色陆源碎屑沉积地层。中生代大量中酸性及基性岩浆岩沿衡阳盆地周缘深大断裂侵位，引发区内强烈的岩浆热液活动和成矿事件，形成以水口山为代表的铅锌多金属矿田，主要包括老鸦巢铅锌金矿床、鸭公塘铁铜铅锌矿床和康家湾铅锌金银矿床，矿田边部及邻区发现有龙王山、仙人岩等金银矿床，共同构成了水口山地区铅锌多金属矿成矿系列（图 3-2）。

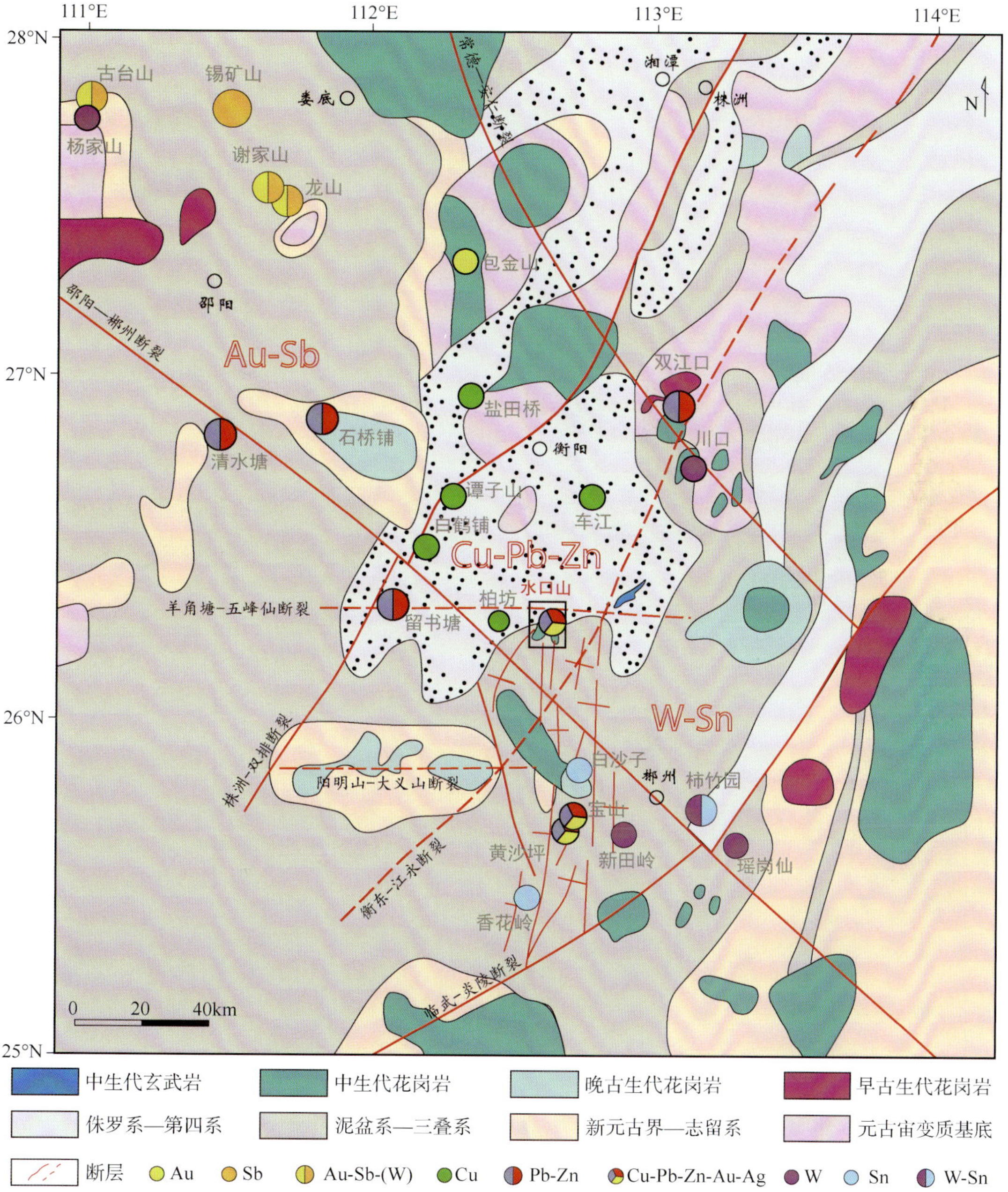

图 3-1　衡阳盆地地质图

（据李能强等，1996 修改）

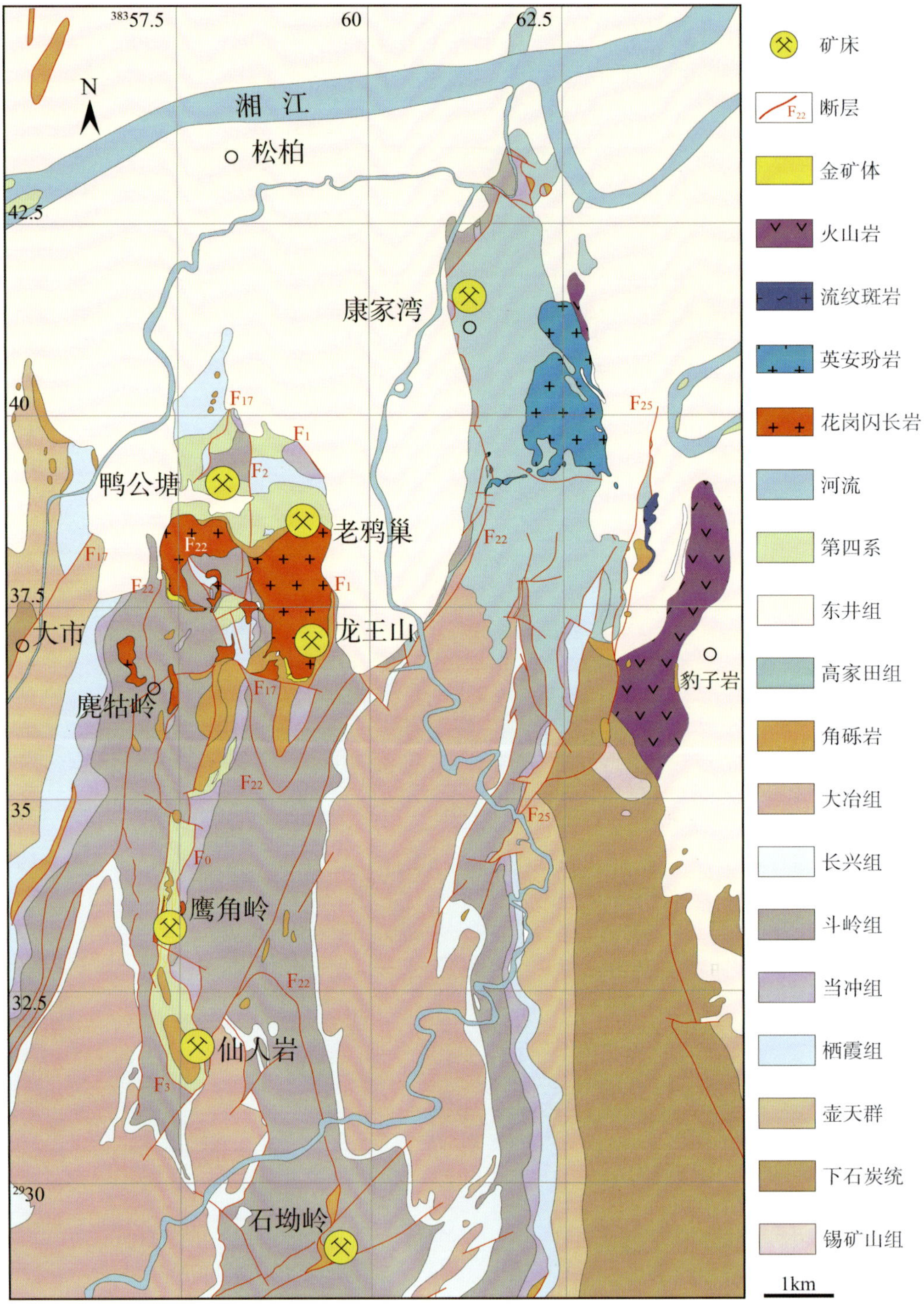

图 3-2　水口山矿田矿区地质图

一、地层成矿专属性

水口山矿田主要由晚古生代至新生代地层组成（李能强等，1996；左昌虎，2015）。晚三叠世以前主要为浅海相碳酸盐岩及碎屑岩建造，其中晚古生代主要发育海陆交互相沉积；侏罗系—白垩系为陆源碎屑岩建造，其中白垩纪发育典型盆地红层沉积。赋矿层位主要为二叠系上统当冲组、斗岭组，次为石炭系中上统壶天群、侏罗系上统高家田组，不同地层在成矿过程中扮演不同角色。

容矿层：水口山矿田铅锌、金、磁铁矿体成矿具有显著选择性，古生代—中生代碳酸盐岩地层为铅锌矿体重要赋存层位。石炭系壶天群（C_{2+3}）群为一套厚层的白云质灰岩，厚300~500m，分布于背斜核部，局部发育小型脉状铅锌矿体。二叠系分布于矿田中部，分为栖霞组、当冲组、斗岭组和长兴组。其中下统栖霞灰岩（P_1q），厚80~120m，主要为含碳质条带状灰岩，含燧石灰岩，不同层位物质组成差异明显，孔隙发育，是本矿区内铅锌金银矿的主要容矿层位之一。当冲组（P_1d）厚35~95m，由一套含锰硅质岩、硅质泥岩、泥灰岩、泥质页岩组成，碳质组分较高，是本区金矿的重要容矿层位。上述地层钙质及硅泥质含量差异明显，在后期构造及热液活动中形成硅化破碎角砾岩层（QB），矿体沿钙硅界面及破碎带连续分布，具有类层控特点。

屏蔽层：水口山矿田成矿屏蔽层主要由斗岭组和侏罗系砂页岩、粉砂岩、碎屑岩地层组成。二叠系上统斗岭组（P_2dl）厚266~426m，为一套碳质页岩、粉砂岩夹煤线或煤层，是矿区成矿主要的屏蔽层。侏罗系高家田（J_1g）与白垩系东井（K_1d）组砂、页岩建造主要分布于矿田东部与北部，与不同时代地层呈不整合接触，构成了矿区另一套重要的流体屏蔽层。

矿区还零星分布有长兴组（P_2c），厚30~80m，为含硅质页岩、粉砂质页岩，钼丰度相对较高，局部出现。三叠系下统大冶群（T_1D），厚220~300m，以灰岩、砂屑泥灰岩、泥页岩为主，含铜丰度高。

二、构造成矿专属性

水口山矿田印支期至燕山期经历多期构造活动，形成一系列以褶皱和逆冲断裂组成的NE走向构造体系。印支期—燕山早中期，受东西向区域挤压作用的影响，使泥盆系—三叠系地层形成一系列大小不一的褶皱和与褶皱相配套的断裂构造。燕山期继承印支期—燕山早中期构造，形成一系列小规模的平缓褶皱。矿田内断裂构造发育，形成走向北东向叠瓦状双层逆冲推覆体系。褶皱与断裂构造联合控制水口山矿田的地层、岩体和矿体的分布。

褶皱构造按规模可分为三级（图3-3）。Ⅰ级褶皱规模较大，延伸超过20km，贯穿整个矿田，轴向呈近南北，局部转向北北东向。如西部的迴水湾背斜，中部的盐湖复式向斜，东部的西岭背斜均为Ⅰ级褶皱。由于后期构造叠加的影响，在翼部发育一系列次级倒转背斜和向斜，按其规模可进一步划分为Ⅱ级和Ⅲ级褶皱。Ⅱ级褶皱与成矿关系不大，轴向延伸长度一般为5~10km，走向南北或北北东。Ⅲ级褶皱与矿田的成岩、成矿有着十分密切的关系，走向近南北、轴向长约1.5~2km，由西向东依次为仙人岩倒转背斜、龙王山倒转背斜、鸭公塘倒转背斜、老鸦巢倒转背斜、康家湾倒转背斜。上述Ⅲ级倒转褶皱构造多呈雁形排列，在背斜不同岩性的接触带界面产生滑脱空间和层间破碎角砾岩带，往往是良好的容矿场所。

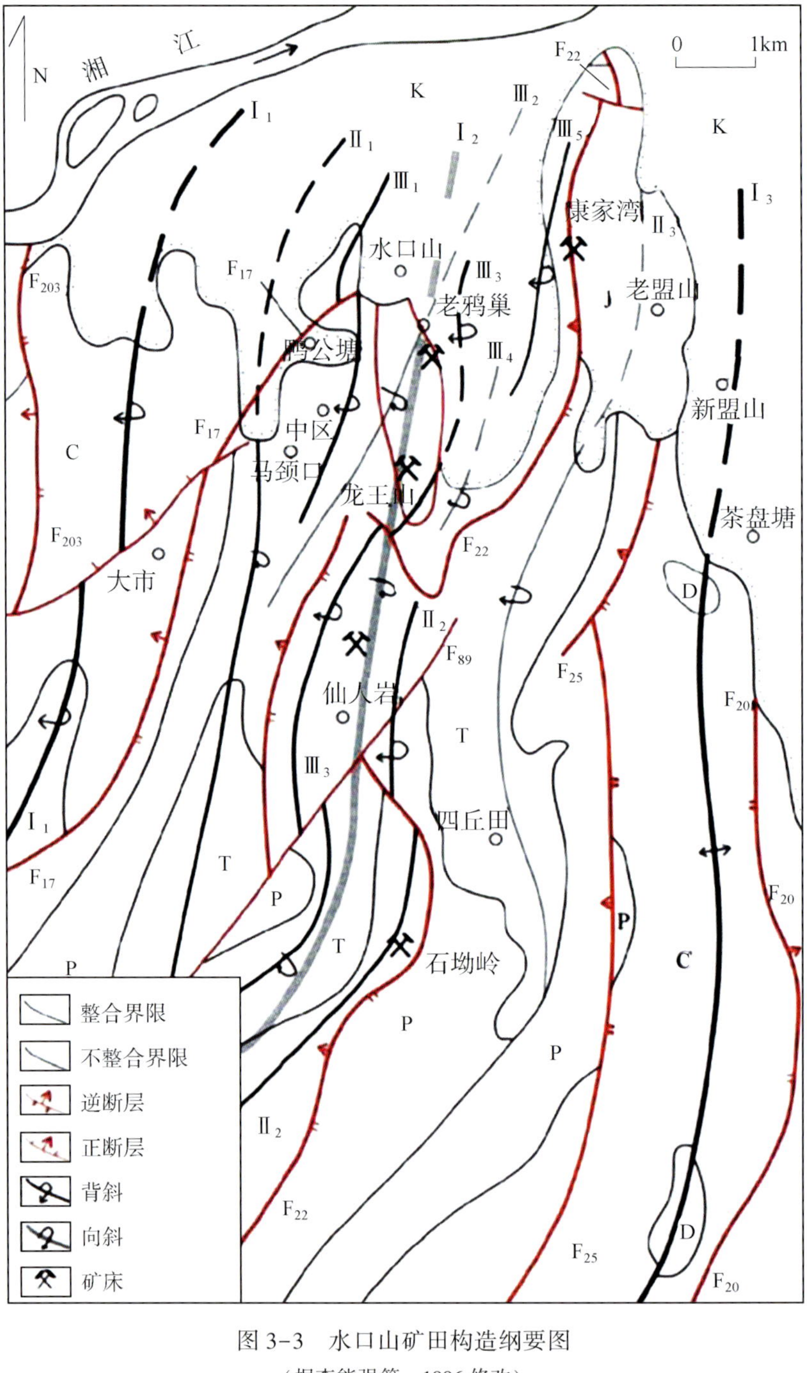

图 3-3 水口山矿田构造纲要图

（据李能强等，1996 修改）

Ⅰ—一级褶皱（Ⅰ1—迴水湾-大市倒转背斜、Ⅰ2 盐湖复式向斜、Ⅰ3—新盟山-西岭背斜），Ⅱ—二级褶皱（Ⅱ1—马颈口倒转向斜、Ⅱ2—烟竹湖-石坳岭倒转背斜、Ⅱ3—四丘田倒转向斜），Ⅲ—三级褶皱（Ⅲ1—鸭公塘-中区倒转背斜、Ⅲ2—杨家岭倒转向斜、Ⅲ3—仙人岩倒转背斜、Ⅲ4—庙门前倒转向斜、Ⅲ5—康家湾隐伏倒转背斜）；K—白垩系，J—侏罗系，T—三叠系，P—二叠系，C—石炭系，D—泥盆系矿田内主要岩体沿Ⅲ级倒转背斜轴部侵入，成矿流体沿褶皱层间破碎带或接触破碎带交代充填，形成有色、贵金属工业矿体（图3-4）。矿区位于一级盐湖复式向斜的北部，在鸭公塘-老鸦巢区构造格架主要由鸭公塘、老鸦巢、康家湾倒转背斜和 F_{22} 推覆断层组成。

图3-4　水口山矿田矿体野外构造特征

水口山矿田内断层发育，可分为南北向、东西向、北西向和近东西向断裂，具有类型复杂、多期次活动的特点（图3-3）。其中南北向断层为主要断裂，控制了区域地层与岩浆岩分布，是矿区重要的控矿断裂。

矿区 F_{22} 逆冲断是区内最重要的导矿与控矿断裂，该断裂形成于印支期东西向挤压阶段，经历燕山期改造。传统观点认为 F_{22} 断层沿走向或倾斜呈"N"式铲式或叠瓦状连续分布。断裂在石坳岭以南呈北东走向，倾向北西，倾角30°；于温塘以北被一后期北东向断层（F_{89}）切割，北段西移至岩子岭；再沿仙人岩倒转背斜西翼延至马颈口，其走向转为南东，倾向北东，倾角35°。该断裂串联起了矿区南部的石坳岭、仙人岩矿床，矿区中部的龙王山、老鸦巢矿床，矿区东北部的康家湾矿床。然而，现有研究表明水口山地区 F_{22} 断裂可能并非弯折分布的连续断裂，其在老鸦巢—康家湾地区深部可能转换为多组平行断裂，现有的断层面可能是多组断裂变形叠加的产物。

F_1 断裂Ⅱ级逆冲断裂，位于老鸦巢倒转背斜东翼，南从胡椒岭呈北东30°延伸至老鸦巢后，再转向北东20°至尾砂坝附近而消失，倾向西，据坑道揭露，断层深部倾角随地层产状变化而变化，地表—Ⅳ中段倾角60°~70°，Ⅳ—Ⅸ中段倾角30°~40°，Ⅸ中段以下倾角大于70°。

F_2 断层位于老鸦巢倒转背斜西翼，南始于胡椒岭以南，沿北东10°~15°延伸至鸭公塘西侧后转为北东10°，在洪水皂以北被白垩系红色砂岩、页岩覆盖。倾向东，倾角与 F_1 基本一致，上、下较陡，倾角60°左右，中部平缓，倾角20°~30°。在XⅢ中段（-460m标高）与 F_1 断层合并，呈铲状分布。老鸦巢倒转背斜东西翼、4号花岗闪长岩沿走向的形态特征及老鸦巢铅锌金矿体的形态均与 F_1 和 F_2 两条相向倾斜"V"字的断裂有着密切关系。

F_{17} 断层位于鸭公塘矿区北西部，属规模较大的推覆断裂，南从陈家岭35°方向伸入矿区至石头排，往北被白垩系覆盖，倾向北西，倾角45°左右。在石头排一带见栖霞组地层逆掩于斗岭组地层之上，在水口山矿田西侧大市一带见石炭系梓门桥组地层直接与孟公坳组和测水组地层接触。

三、岩浆岩成矿专属性

水口山矿田内岩浆岩主要出露于鸭公塘、老鸦巢、老盟山以及仙人岩等地区，主要为沿倒转背斜轴部中浅成侵位的花岗闪长岩和超浅成侵位的英安玢岩、流纹斑岩等，其中与矿田铅锌多金属成矿作用存在密切关联的岩浆活动为花岗闪长岩。

花岗闪长岩主要分布于鸭公塘、老鸦巢一带，分别为3号及4号花岗闪长岩岩体，其中老鸦巢矿区深部钻孔揭露出两期花岗闪长岩（图3-5），早期深部中粗粒花岗闪长岩被晚期中浅部细粒花岗闪长岩穿切（图3-6），与近地表似斑状花岗闪长岩岩石结构差异明显；鸭公塘矿区花岗闪长岩局部可见斑状结构。上述花岗闪长岩岩体具有典型多期脉动侵位特征，岩体多呈灰白色，中—细粒结构、块状构造，主要矿物包括斜长石、钾长石、石英、黑云母，少量角闪石（图3-6），并含有一定量的磷灰石、磁铁矿、榍石、锆石，岩体具有弱的高岭土化、绿泥石化和钾化，并发育有黄铁矿化，表现为岩体内见有浸染状黄铁矿，属后期岩浆热液蚀变早期岩浆岩的产物（图3-6）。其中，老鸦巢岩体受 F_1 和 F_2 断裂控制，呈岩盆状产出，花岗闪长岩体侵位于石炭系—侏罗系地层内，在岩体与围岩接触带见矽卡岩化、角岩化，为老鸦巢、鸭公塘岩体接触带矽卡岩型铁铜多金属矿体、充填交代型铅锌矿体主要赋矿空间（图3-5）。鸭公塘矿区花岗闪长岩体受北东、北西向两组断裂和背斜构造控制，岩体呈蘑菇状产出，岩体顶部膨胀下部收缩，与围岩接触面凹凸曲折。

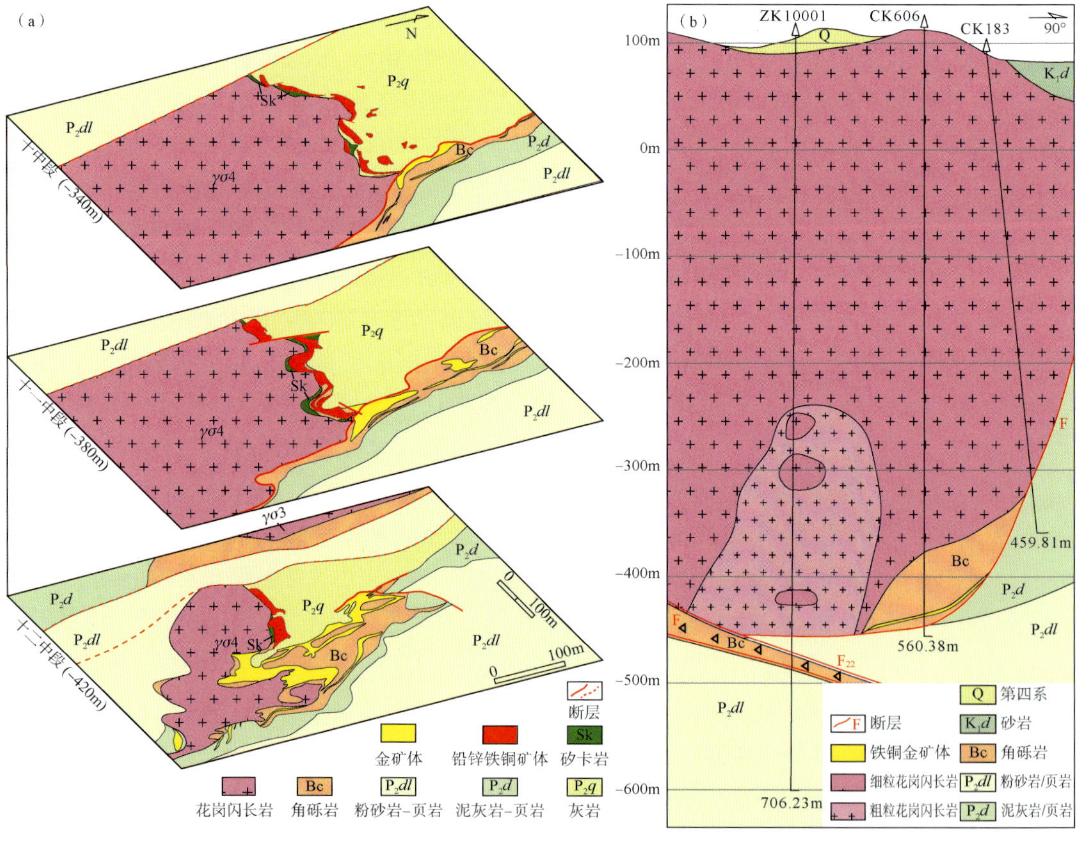

图3-5　水口山矿田老鸦巢矿区花岗闪长岩与矿体关系图

（a）不同中段平面地质图；（b）老鸦巢100线地质剖面图

图 3-6　老鸦巢-鸭公塘矿区深部两期花岗闪长岩及其显微特征

(a)/(b) 细粒花岗闪长岩穿切早期粗粒花岗闪长岩；(c) 粗粒花岗闪长岩发育绿泥石化；(d) 细粒花岗闪长岩发育钾长石化；(e) 细粒花岗闪长岩含粗粒花岗闪长岩包体，发育钾化及硅化蚀变；(f) 粗粒花岗闪长岩单偏光镜下照片，可见黑云母蚀变；(g) 细粒花岗闪长岩正交偏光镜下特征

Kfs—钾长石；Qz—石英；Bi—黑云母；Mag—磁铁矿；Chl—绿泥石；Pl—斜长石

矿区另一类浅成超浅成流纹斑岩和英安玢岩主要分布在新盟山和老盟山一带（图 3-2，图 3-7），呈岩株状侵位于侏罗系高家田组沉积地层内，围岩接触带发育火山角砾岩带，斑晶主要矿物为斜长石、黑云母、角闪石、石英和钾长石，基质为隐晶质或玻璃质，局部可见绢云母化、绿泥石化、泥化蚀变。此类岩体与矿区成矿作用关系尚不明确，仅在老盟山北侧及东侧见零星金矿化或铅锌矿化。

表 3-1 水口山矿区主要岩体特征一览表

岩体编号	岩石名称	规模 km^2	形态	矿物成分	接触关系	岩石蚀变	围岩层位	出露位置
1	英安玢岩	1.4	长条形	斜长石、云母，少量石英、暗色矿物	超覆	硅化、绿石化、碳酸盐化	J_1g	老盟山南西
2	花岗闪长岩	0.7	不规则状	斜长石、钾长石和石英，次为角闪石、黑云母	超覆	高岭土化、绿石化、硅化、黄铁矿化	P_2dl P_1q	鸭公塘
3	花岗闪长岩	1.62	不规则状	斜长石、钾长石和石英，次为角闪石、黑云母	超覆	黄铜、辉钼矿化	P_2dl P_1q	隐伏岩体
4	花岗闪长岩	1.8	蘑菇状漏斗状	斜长石、钾长石和石英，次为角闪石、黑云母	超覆	高岭土化、绿石化、硅化、黄铁矿化	P_2dl P_1q	老鸦巢
13	英安玢岩	100×25	不规则状	长石，次为黑云母、石英，少量角闪石	超覆	高岭土化、绿石化	P_2dl^2	豆山冲东南约200m
14	蚀变英安玢岩	17×7	椭圆	长石、次为黑云母、石英，少量角闪石	不清	粘土化、绢云母化、绿石化、硅化	P_2dl^2	豆山冲东南约300m
33	蚀变英安玢岩	600×50	链状	石英、长石、黑云母	超覆	绿石化、碳酸盐化	J_1g	老盟山岩体西南 600m
64	英安玢岩	20×10	椭圆	石英、黑云母、长石	不清	绿石化	P_2dl^2	豆山冲北东约200m
65	花岗闪长斑岩	80×50	椭圆	长石、黑云母、石英	不清	绿石化、硅化	J_1g	花桥煤矿北约80m
66	英安玢岩	140×22	椭圆	长石、石英、次为云母	不清		P_2dl^2	花桥煤矿南约120m
67	花岗闪长斑岩	100×30	长条形	长石，黑云母、少量石英	超覆	高岭土化、绢云母化	J_1g	花桥煤矿南约80m
68	英安玢岩	60×38	椭圆	黑云母、长石、石英	超覆	碳酸盐化、绢云母化、绿石化	J_1g	花桥煤矿东约450m
69	花岗闪长斑岩	18×2	长条形	斜长石，次为石英、黑云母、角闪石	不清	绢云母化、硅化	J_1g	长塘垄西 60m
70	石英斑岩	10×8	半圆形	石英、长石、白云母	不清	高岭土化、硅化	P_2dl^2	花桥煤矿北约80m

图 3-7　图 3-5 老盟山流纹质英安岩显微特征

(a) 石英斑晶 (—); (b) 黑云母斑晶 (+); (c) 斜长石斑晶 (+)

矿田内还可见少量花岗闪长斑岩岩脉、岩枝状分布仙人岩地区，局部见少量的花岗闪长玢岩、黑云母花岗斑岩、石英闪长斑岩，围岩接触带见矽卡岩化、硅化，偶见辉钼矿化，岩体顶部泥化发育，褐（赤）铁矿化显著，与仙人岩金矿化关系密切。

四、矿田成矿特征

水口山矿田发育系列岩浆-热液系统成矿作用，其中与铅锌有关的成矿作用集中在中部鸭公塘、老鸦巢矿床和东北部康家湾矿床，矿区南侧还有见龙王山、仙人岩等金矿床（图 3-2）。水口山矿田铅锌有关的矿化作用发育显著、共伴生矿种繁多、成因类型复杂，主要包括矽卡岩型矿化和中低温热液充填交代型矿化，局部可见低温热液蚀变，依照矿种工业类型可分为矽卡岩型铁铜（锌）矿体、矽卡岩型铅锌多金属矿体、热液充填交代型铅锌金银矿体。不同矿床的矿体特征和矿石组成简述如下：

（一）康家湾矿床

康家湾铅锌金银多金属矿床主要位于矿区康家湾倒转背斜与 F_{22} 系列断层交汇部位，区内主要分布石炭系壶天群至二叠系斗岭组海相碳酸盐岩、泥页岩及滨海相砂岩地层，上覆侏罗系、白垩系沉积盖层。尚未发现潜在成矿岩体。区内铅锌多金属矿体矿化类型以中低温热液充填交代型为主，南深部可见矽卡岩蚀变，北侧浅部可见典型浅成低温热液蚀变矿物组合。康家湾铅锌矿矿化带呈北北东向展布，长度超过 6000m，矿体南起 108 线，北至 151 线（图 3-8），控制长度 3100m，宽度 150~700m，矿体受康家湾背斜形态以及层间破碎带或构造破碎带的影响产状变化较大。根据矿体的产出位置、层位、规模，划分 7 个矿体群，圈定铅锌矿 69 个，黄铁矿体 9 个。7 个矿体群中，除Ⅵ、Ⅶ号两个矿群产于当冲组下段泥灰岩层间破碎带外，其余Ⅰ、Ⅱ、Ⅲ、Ⅳ、Ⅴ五个矿群产于倒转背斜轴部及两翼硅化破碎带（QB）。

Ⅰ号矿体群为矿区最大规模矿体群（图 3-9），分布 106-123 勘探线之间，主要位于 F_{22} 断层下盘、康家湾倒转背斜的西翼及核部，赋存于层间硅化破碎角砾岩带内，由多个铅锌矿体和硫铁矿体组成，呈现透镜状、囊状、似层状，沿走向、倾向具分支复合、膨胀缩小的趋势。主矿体由Ⅰ-1（1）、Ⅰ-1（2）、Ⅰ-1（3）、Ⅰ-1（4）矿体组成。其中 Ⅰ-1（1）铅锌矿体埋藏深度在-354~-269m 标高，控制长度 800 多米，矿体宽度 10~253m，平均厚度 6.69m，平均品位 Pb 3.06%，Zn 3.88%。Ⅰ-1（2）号矿体位于康家湾倒转背斜东翼，矿体呈似层状产出，赋存于硅化破碎角砾岩带内，矿体控制长度 1134m，宽度 9～168m，平均厚度 6.61m，平均品位 Pb 4.48%，Zn 4.37%。Ⅰ-1（4）号矿体矿体为康家湾第二大矿体，矿体产于背斜东翼，走向近南北向，倾角 20°～55°，控制长度 950m，宽度 19～210m，平均厚度 6.41m，矿体的平均品位 Pb 3.21%，Zn 4.23%。

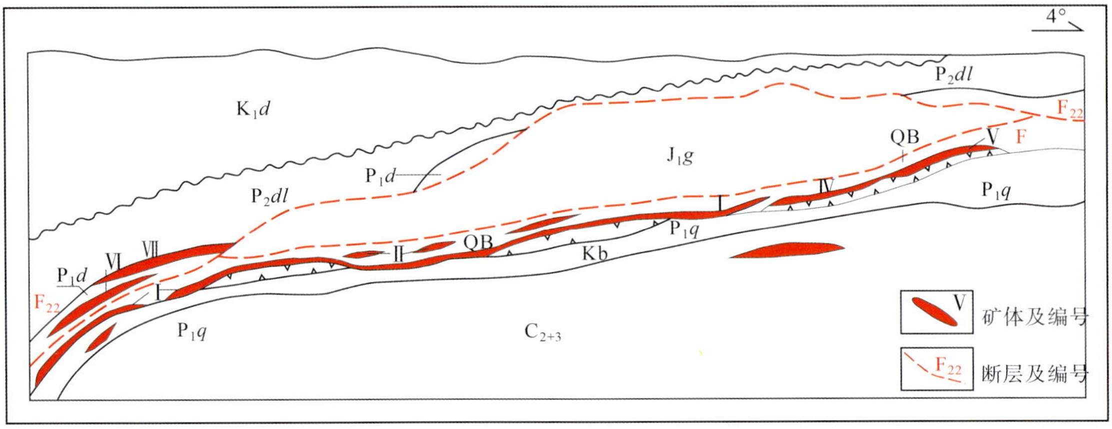

图 3-8 康家湾铅锌多金属纵剖面图

（据左昌虎，2015）

K_1d—白垩系东井组；J_1g—侏罗系高家田组；P_2dl—二叠系斗岭组；P_1d—二叠系当冲组；P_1q—二叠系栖霞组；C_{2+3}—石炭系；Qb—硅化破碎带；Kb—岩溶角砾岩；Ⅰ—矿体及编号；F—断层

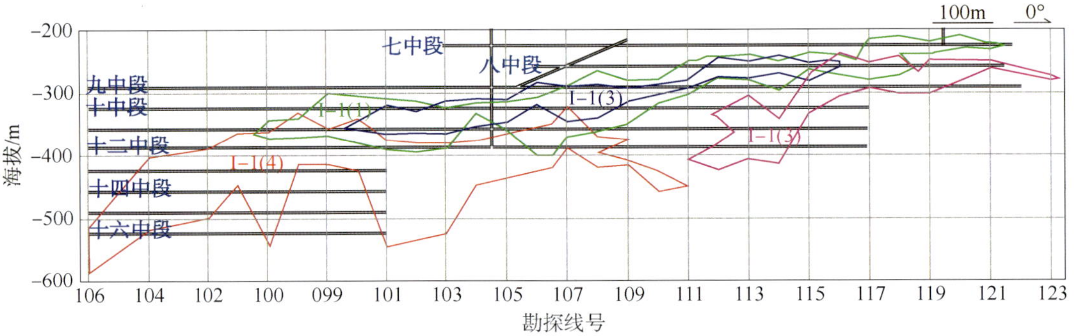

图 3-9 康家湾矿床Ⅰ号矿体群南北向纵剖面图

Ⅳ号矿体群是康家湾目前保有规模最大矿体群（图 3-10），产于康家湾隐伏倒转背斜东翼，赋存于硅化角砾岩带内，由Ⅳ-1（1）、Ⅳ-1（2）、Ⅳ-1（3）、Ⅳ-2、Ⅳ-3 五个矿体组成，Ⅳ-1（1）和Ⅳ-3 为主矿体。Ⅳ-1（1）控制长度 930m，宽度 7～291m，平均厚度 4.76m，矿体产状受倒转背斜东翼（倒转翼）及次级断裂构造的影响，产状变化较大，走向和倾向局部出现分支复合、尖灭再现，矿体平均品位 Pb 3.94%，Zn 4.49%。Ⅳ-3 号矿体是目前矿床内品位最高、规模最大的铅锌多金属矿体，矿体控制长度达到 860m，宽度 33～174m，平均厚度 6m 左右，平均品位 Pb 6.38%，Zn 4.77%，并伴生金、银、硫等多种元素。

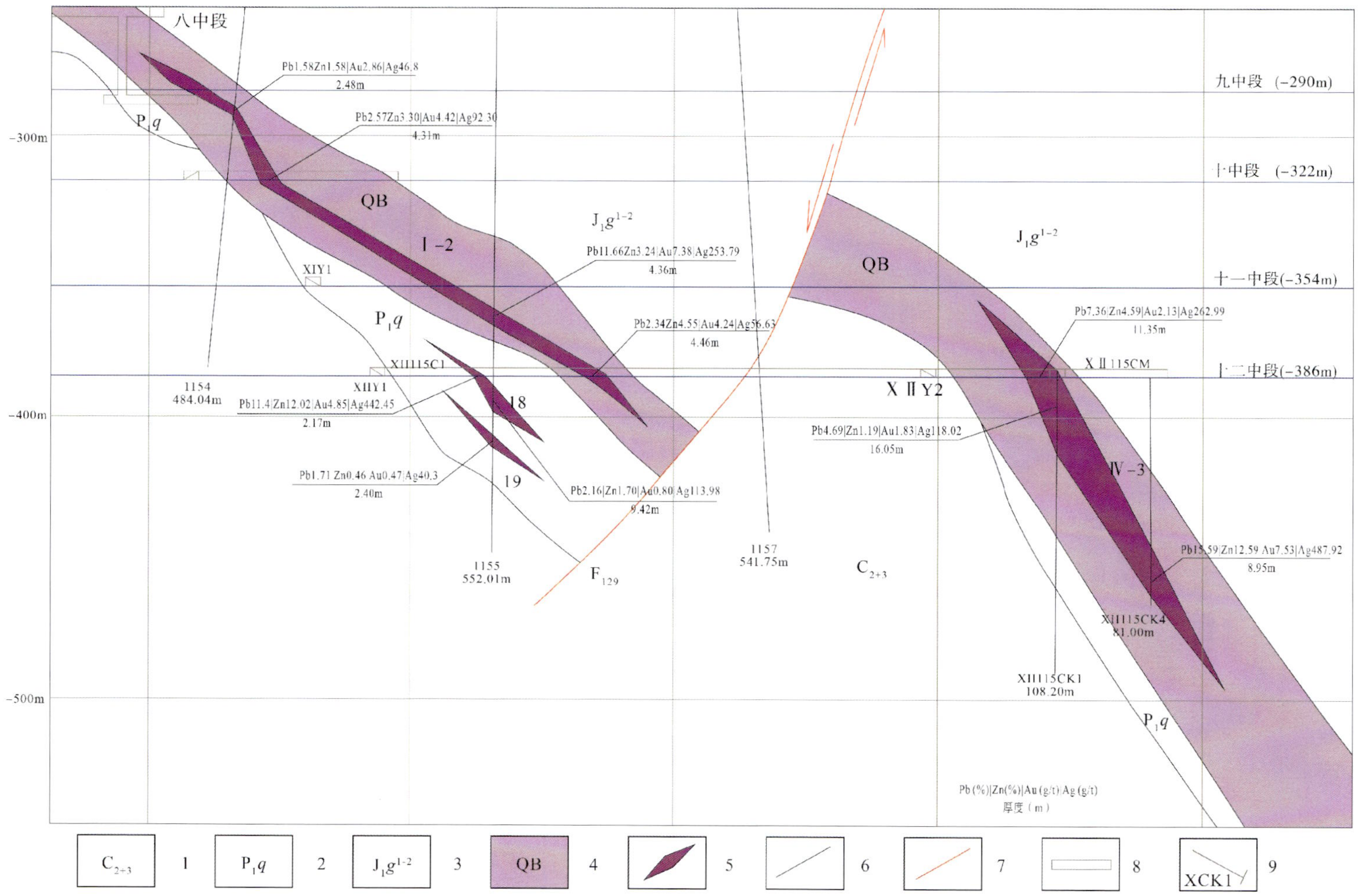

图 3-10　康家湾铅锌金银矿 115 勘探线-290m 标高以下地质剖面图

1—石炭系壶天群碳酸盐岩；2—二叠系栖霞组碳酸盐岩；3—侏罗系高家田组砂岩；4—硅化角砾岩带；5—铅锌金银矿体；6—地层界线；7—断层；8—坑道；9—钻孔

Ⅷ号矿体群是2022年新探获的铅锌多金属矿体群（图3-11）。该矿体分布于109线至100线，产于康家湾南部倒转背斜转折端及东翼（倒转翼）、断裂下盘的以硅质岩为主的当冲组地层中，受断裂构造控制特征明显。矿体呈似层状、透镜状产出，走向北北东，产状随当冲组地层而变化，总体倾向西，倾角多为38°~87°，局部较陡、近乎直立。矿体厚度较稳定，倾向上一般为中间厚、往上下变薄，矿体成似层状连续出露，矿体在100线出现分枝复合。已控制矿体长300m，宽15~43m，延深26~400m，单矿层真厚度0.44~10.75m，矿体加权平均品位Pb 4.99%，Zn 8.56%，Au 0.84g/t，Ag 63.34g/t，S 13.30%，初步估算矿石量142.1×10^4t，铅+锌金属量8.6×10^4t，金金属量1.1t、银金属量48.4t。矿体在102线埋藏较浅、往南北两侧加深，106线最大埋深标高-840m，100线最大埋深标高-860m。

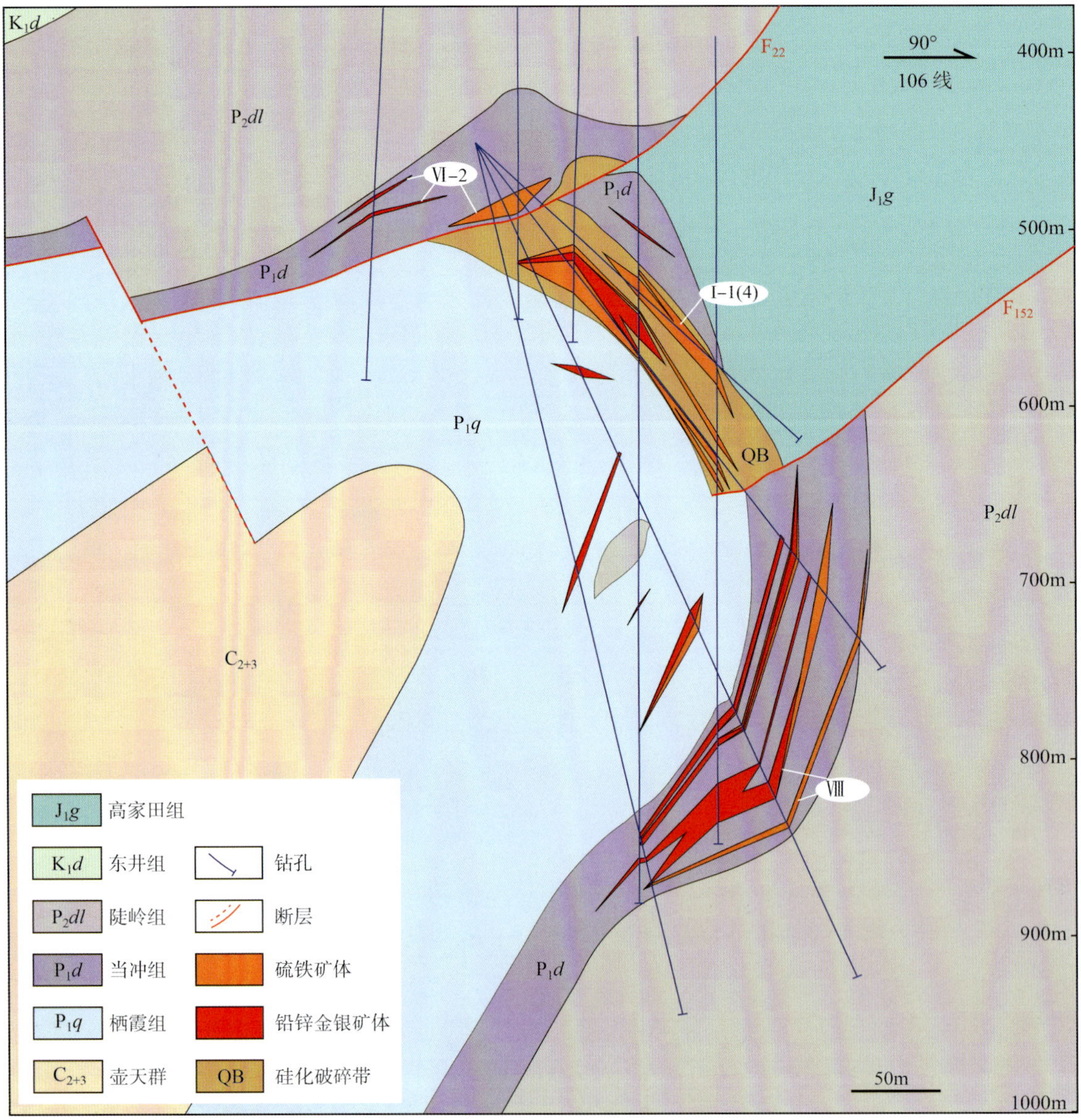

图3-11 康家湾铅锌金银矿106勘探线-400m标高以下地质剖面图

其他矿体群均为次要矿体或小矿体，为铅锌金银多金属矿体或硫铁矿体。矿体规模较小，长度在数十米至数百米之间，产状变化较大，呈透镜状、囊状或似层状，赋存于硅化角砾岩带或次级构造破碎带内。

矿区热液脉发育且彼此穿切，可见早期石英-方解石-黄铁矿脉，中期的石英-方解石-黄铁矿-方铅矿-闪锌矿脉、方解石-石英-黄铁矿-方铅矿-闪锌矿脉以及晚期的方解石脉体，矿化主要见于中期两类脉体。

矿石构造主要为浸染状构造、块状构造、不规则脉状构造、角砾状构造。浸染状构造：黄铁矿、闪锌矿及其他硫化物矿物呈稀疏浸染状散布，是主要的矿石构造类型［图 3-12(a)］。块状构造：矿石中主要由方铅矿、闪锌矿、黄铁矿等金属矿物所组成，脉石矿物有少量石英、方解石等［图 3-12(b)］。脉状构造：是次要的矿石构造类型，主要表现为含晚期闪锌矿、方铅矿的石英脉、石英非金属脉穿插早期硫化物矿石及围岩角砾，黄铁矿等硫化物集合体呈不规则脉状沿裂隙充填［图 3-12(c)］。角砾状构造：主要分布在燧石角砾岩（硅质角砾岩）中。方铅矿、闪锌矿、黄铁矿等充填在角砾之间的胶结物中或作为胶结物胶结燧石角砾［图 3-12(d)］。

（a）浸染状构造　　（b）块状构造

（c）脉状构造　　（d）角砾状构造

图 3-12　康家湾矿床典型矿石构造照片

Gn—方铅矿；Sp—闪锌矿；Py—黄铁矿；Qtz—石英；Cal—方解石

矿石中主要金属矿物有方铅矿、闪锌矿及黄铁矿，其次有少量磁黄铁矿、赤铁矿、毒砂、黄铜矿、斑铜矿、辉铜矿，另有微量辉银矿、深红银矿、淡红银矿、银黝铜矿、杂方辉锑银矿、脆银矿、黝锑银矿、银金矿、金银矿、砷黝铜矿、硫锑铜银矿、硫镉矿、硒铅矿、自然金、自然银、碲银矿、白铁矿等矿物。脉石矿物主要有石英、玉髓，次为方解石、层解石、水云母-绢云母，微量绿泥石、绿帘石、磷灰岩、蒙脱石。矿石的结构有自形至半自形粒状结构、交代残余结构、交代溶蚀结构、乳浊状结构、细脉-网脉交代结构等，以前四种为常见。①自形-半自形结构：常见矿石结构类型。黄铁矿、毒砂及金红石多呈自形-半自形晶粒状产出，闪锌矿亦可呈半自形晶粒状产出［图 3-13(a)-(b)］。②交代残余结构：常见矿石结构类型，主要是早期黄铁矿被闪锌矿、方铅矿交代呈残留体孤立分布在交代矿物内部［图 3-13(c)］。③交代溶蚀结构：是重要的矿石结构类型，晶出较晚的矿物沿晶出较早的矿物边缘、粒间、孔隙充填交代而形成的矿石结构，被交代溶蚀者往往呈港湾状溶蚀边［图 3-13(d)-(f)］。④定向乳浊状-叶片状结构：固熔体分离结构较普遍，主要在闪锌矿和方铅矿中。常见黄铜矿呈乳滴状，个别呈多边粒状，严格局限在早期闪锌矿晶体颗粒内部［图 3-13(g)］。⑤细脉-网脉交代结构：为较少见矿石结构类型，主要是后期闪锌矿与石英方解石一道呈脉状穿插早期闪锌矿图［3-13(h)］。

（二）老鸦巢矿床

老鸦巢铅锌金矿为水口山采矿历史最早的矿山，矿体的产出与区内花岗闪长岩、断裂破碎带及硅化角砾岩、老鸦巢倒转背斜密切相关［图 3-5(a)］。矿区壶天群碳酸盐岩出露较少，主要地层为二叠系栖霞组灰岩、当冲组泥灰岩及页岩、斗岭组砂页岩，上覆侏罗系—白垩系砂岩。矿区主要褶皱构造为老鸦巢倒转背斜，受近南北向 F_1、F_2 断裂及岩体侵位背斜构造破坏严重。矿区矿体主要产于 4 号花岗闪长岩与栖霞组—斗岭组地层超覆接触破碎带中，矿床成因多样，以矽卡岩型、中低温热液充填交代型为主。其中矽卡岩型矿体产于岩体与碳酸盐岩接触带中，下部岩体可见矽卡岩型铁铜矿化，中上部岩体可见矽卡岩铅锌多金属矿化。远离岩体的断层角砾岩带中可见独立的含金硫化物矿体。目前老鸦巢矿区共计圈定 21 个矿体，其中铅锌多金属矿体 17 个，硫铁矿体（金）3 个。

老鸦巢矿的矿体形态极不规则，规模相差悬殊，以筒柱状、囊状为主，次为扁豆状、透镜状等。矿体和矿带的走向、产状变化较大，同超覆花岗闪长岩与碳酸盐围岩接触带的产状基本一致（图 3-14）。整个矿带和矿体可分东、中、西三段。西段走向北东 40°左右，倾向南东，倾角 80°~40°；中段转为北东 60°~70°，在该段花岗闪长岩向北凸出部位，则转向南北；东段转向北西 50°~60°，倾角上陡下缓，变化较大。各矿体长度一般 10~400m，水平厚度 1~38m，延深（斜深）80~680m，平均品位铅 0.34%~6.24%、锌 0.51%~5.74%、硫 5.84%~30.06%、铜 0.03%~0.24%、金（1.00~5.21）$\times10^{-6}$、银（5~30）$\times10^{-6}$。硫铁矿体走向和倾斜均比较稳定。铅锌矿体走向、倾向形态均变化较大，分支复合现象明显。

老鸦巢矿床矿化类型包括铅、锌、金、铁、铜等，其中铅锌矿化产于岩体碳酸盐岩接触带中，而金矿化主要产于硅化角砾岩带内（路睿，2013；欧阳志强等，2021）。老鸦巢矿床围岩蚀变种类繁多，并相互叠加产出，主要有硅化、矽卡岩化、角岩化、碳酸盐化、绿泥石化、绿帘石化、钾化，少量冰长石、萤石化、绢云母化等（图 3-15）。围岩蚀变具较明显的水平分带，由蚀变岩体边缘向外侧围岩依次为钾化、绿帘石化—矽卡岩化—角岩化—硅化—碳酸盐化带，围岩受烘烤局部发生大理岩化。上述蚀变带水平宽度一般为 30~100m，但大理岩化带可宽达 300~500m，由内至外的蚀变分带局部有缺失（黄金川等，2015）。由于多期岩体叠加侵位，老鸦巢矿床早期粗粒花岗闪长岩内部可见岩浆黑云母被晚期热液叠加改造［图 3-6(f)］，粗粒花岗闪长岩局部发育显著绿泥石化和磁铁矿化。老鸦巢矿床铅锌多金属矿化主要赋存于矽卡岩和热液角砾中，与矽卡岩化、硅化、碳酸盐化蚀

（a）富含石英包裹体的自形粗晶黄铁矿2.5×（－）

（b）含自形石英的半自形毒砂、自形金红石及碎裂黄铁矿20×（－）

（c）第一世代黄铁矿被早期闪锌矿交代骸晶10×（－）

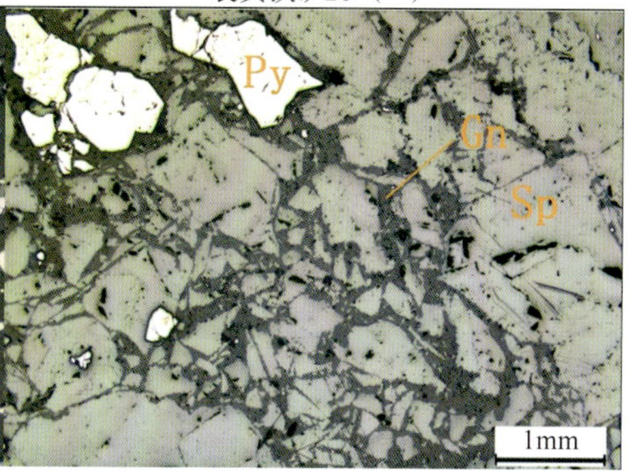

（d）方铅矿沿闪锌矿、黄铁矿界面强烈破碎现象2.5×（－）

（e）溶蚀交代黄铁矿的闪锌矿强溶蚀交代现象20×（－）

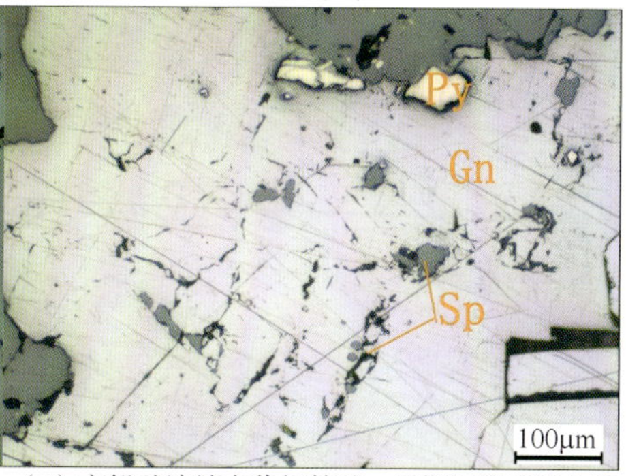

（f）方铅矿溶蚀交代闪锌矿，后期闪锌矿沿方铅矿裂隙充填交代20×（－）

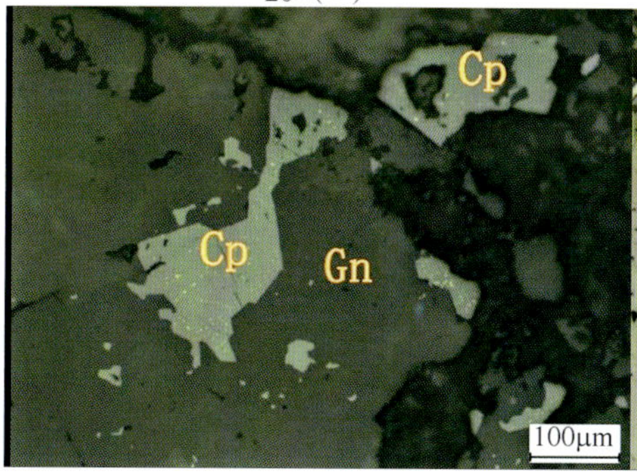

（g）含乳浊状黄铜矿交代方铅矿5×（－）

（h）第二世代闪锌矿与石英方解石一道呈脉状穿插第一世代闪锌矿10×（－）

图 3-13 康家湾矿床典型矿石显微结构特征

Gn—方铅矿；Sp—闪锌矿；Py—黄铁矿；Cp—黄铜矿；Rt—金红石；Apy—毒砂；Qtz—石英

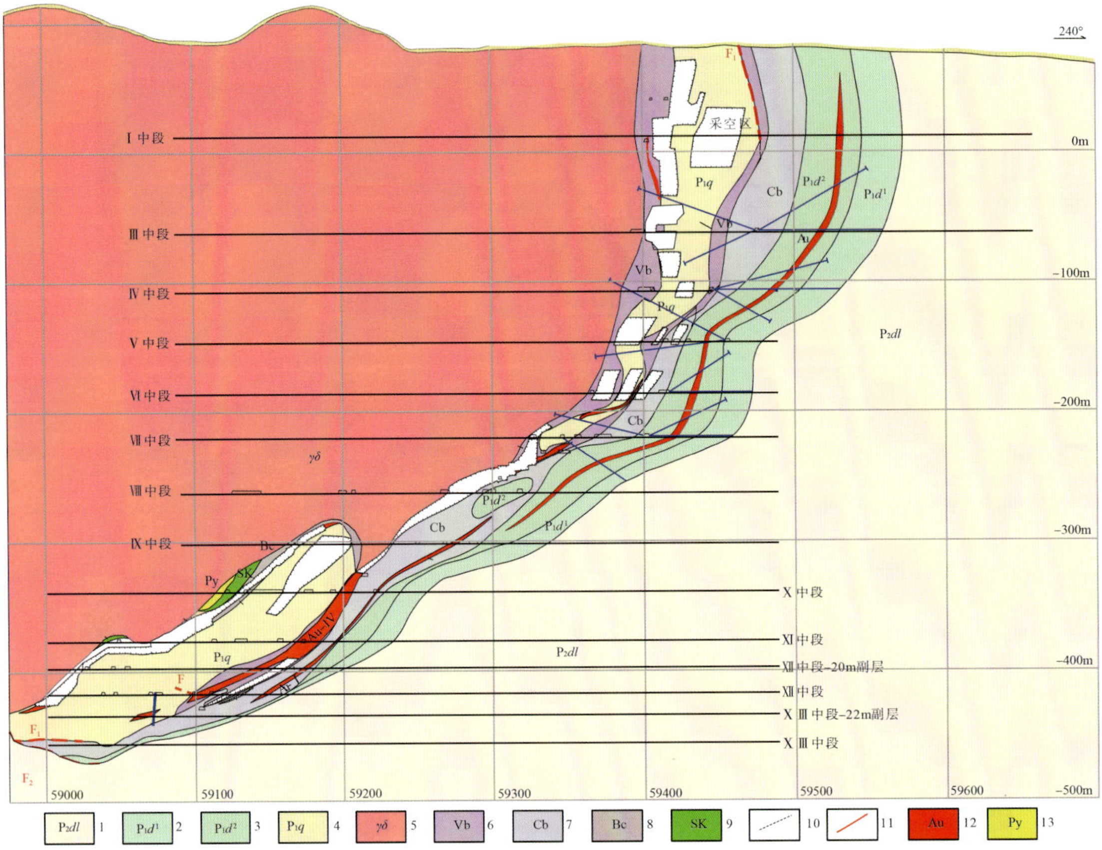

图 3-14　老鸦巢铅锌多金属矿 474 线剖面图

1—二叠系上统斗岭组下段；2—二叠系下统当冲组上段；3—二叠系下统当冲组下段；4—二叠系下统栖霞组；5—花岗闪长岩；6—隐爆角砾岩；7—震碎角砾岩；8—接触角砾岩；9—矽卡岩；10—实测推测地质界线；11—断层；12—金矿体；13—黄铁矿体

变密切相关，矿石结构以自形、半自形粒状结构为主，次为碎裂结构、固溶体分离结构、网脉状结构、脉状结构、交代残余结构、骸晶结构和揉皱结构等（图 3-15）。矿石构造主要为块状构造、条带状构造、浸染状构造、角砾状构造，其次为脉状构造和晶簇状构造等（李永胜等，2012）。

（三）鸭公塘矿床

鸭公塘铅锌矿床位于 3 号岩体接触破碎带中。矿体主要产于鸭公塘倒转背斜岩体侵位超覆于栖霞组和当冲组地层所组成的三角地带中，为盲矿体，属于矽卡岩型矿床。矿体受岩体接触带控制，矿体赋存于岩体于栖霞组与当冲组接触带矽卡岩化带内，矿化带控制长度超过 1000m，宽度 15~250m，倾向延伸超过 1000m。矿化带垂向上具有显著分带性，浅部以铅锌为主，局部见钨矿化体，深部以铜磁铁矿体为主（图 3-16）。

已揭露大型铜磁铁矿 1 个，大小不同的铅锌矿体 7 个。铜磁铁矿体产于岩体外接触带内，矿体呈“S”形产于矽卡岩带内，矿体形态受岩体接触带产状影响，产状与厚度变化较大，倾角一般 46°~60°。控制长度近 700m，平均厚度 30.58m，控制深度超过 1000m，矿体平均品位 mFe 22.20%，Cu 0.6%，局部见铅锌矿化。

Ⅰ号铅锌矿体赋存鸭公塘花岗闪长岩与围岩接触带内，矿体呈透镜状和似层状受鸭公

图 3-15 老鸦巢矿床典型样品及其显微结构特征

(a) 细粒花岗闪长岩叠加钾化并被后期脉体穿切；(b~f) 两类矽卡岩样品及其角砾化形态；(g~h) 含磁铁矿矽卡岩镜下特征；(i~k) 含石榴子石矽卡岩镜下特征；(k~m) 热液充填脉型矿石镜下照片

Gn—方铅矿；Sp—闪锌矿；Py—黄铁矿；Ccp—黄铜矿；Au—自然金；Bn—斑铜矿；Mag—磁铁矿；Hem—赤铁矿；Mag—磁铁矿；Ep—绿帘石；Chl—绿泥石；Cal—方解石；CM—碳质；Grt—石榴子石；Ap—磷灰石；Di—透辉石；Qz—石英

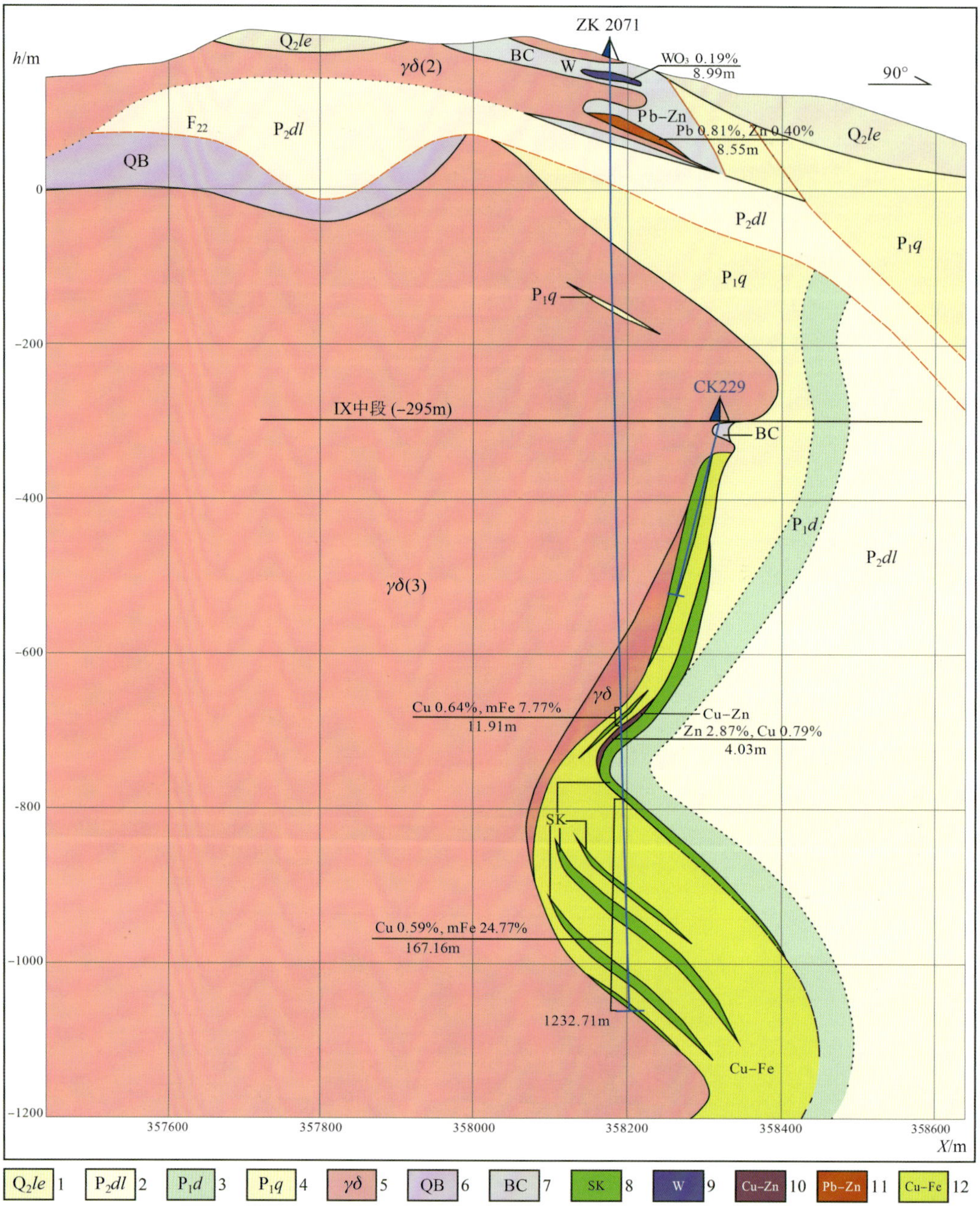

图 3-16　鸭公塘铅锌矿 207 线地质剖面图

1—白垩系下统东井组；2—二叠系下统斗岭组；3—二叠系下统当冲组；4—二叠系下统栖霞组；
5—花岗闪长岩；6—硅化角砾岩；7—破碎带；8—矽卡岩；9—钨矿体；10—铅锌矿体；11—铜铁矿体

塘倒转背斜影响，矿体倾角较缓，东翼矿体东倾，倾角一般再 5°～30°之间，西翼矿体西倾，倾角 5°～15°之间，矿体平均厚度 8.3m，平均品位 Pb 0.98%，Zn 6.04%，Cu 0.61%。

鸭公塘铁铜铅锌矿床矿体形态多为囊状、透镜状，沿接触带控制的矿体多呈似层状，筒状，矿化类型为矽卡岩型的铁、铜、锌、硫等（路睿，2013；Qin et al.，2022）。矿区内主要发育的蚀变为：①（岩体内）绢英岩化、硅化、黑云母化、钾长石化、绿泥石化、泥化、碳酸盐化。蚀变岩体内石英-硫化物脉和硫化物脉十分发育。由热液脉体向岩体边缘，蚀变水平递变规律为：钾长石化—硅化—绢英岩化（±泥化）—黑云母、绿泥石化。岩体内蚀变同样具有垂向分带规律，由上至下发育硅化—泥化—绢英岩化—钾长石化。岩体底部与围岩接触带上可见明显的矽卡岩化现象。②（接触带）矽卡岩化、大理石化、角岩化、碳酸盐化等。岩体内常见强烈硅化和角岩化的斗岭组的粉砂岩捕掳体，岩体与栖霞组和当冲组灰岩接触带上发育石榴子石透辉石矽卡岩（Yang et al.，2016）。主要的矿石矿物组合包括磁铁矿、黄铁矿、闪锌矿，方铅矿、黄铜矿、银黝铜矿。还包含少量辉钼矿、磁黄铁矿、辉银矿、自然金、斑铜矿、褐铁矿、孔雀石等。脉石矿物包括石英、方解石、石榴子石、绿帘石、透辉石、钾长石以及少量的萤石和重晶石等。矿石结构主要为自形—半自形粒状结构、压碎结构、交代结构、交代残余结构及骸晶结构、乳油结构等。矿石构造主要为块状构造、浸染状构造、角烁状构造、胶状构造、条带状构造、脉状网状构造、揉皱构造等（Huang et al.，2015）。

五、矿田成矿序列

水口山矿田热液活动在康家湾、老鸦巢、鸭公塘矿区具有相似性，由岩体至围岩硅化角砾岩带递次发育矽卡岩矿化、热液充填矿化、浅成低温热液矿化，指示不同温度域成矿序列，简述如下：

岩体内高温蚀变：见于老鸦巢、鸭公塘矿床含矿岩体深部，表现为近裂隙和网脉岩体长石、角闪石、黑云母发生流体改造，发育大量磁铁矿、绿帘石、绿泥石、钾长石、石英和少量绢云母，与蚀变带共同发育的石英硫化物脉体中可见少量黄铁矿和黄铜矿，基本不发育碳酸盐矿物（图 3-15）。

矽卡岩铁铜矿化。见于老鸦巢深部和鸭公塘矿床，产于花岗闪长岩和斗岭组碳酸盐岩围岩接触带中，常见于接触带深部，局部可见叠加改造岩体内高温蚀变带，外接触带围岩发生接触变质，大理岩化强烈。典型蚀变矿物组合为石榴子石、透辉石、透闪石、磁铁矿、赤铁矿、黄铁矿、磁黄铁矿、斑铜矿、闪锌矿、石英及少量的辉钼矿、砷黝铜矿和银黝铜矿，大致相当于无水矽卡岩阶段至早期硫化物阶段（图 3-15）。

矽卡岩铅锌矿化。见于老鸦巢浅部和鸭公塘矿床局部，产于花岗闪长岩岩体和栖霞组、斗岭组接触带中，常见于接触带浅部，局部可见叠加改造早期含磁铁矿矽卡岩。主要蚀变矿物组合为绿帘石、绿泥石、阳起石、石英、黄铁矿、闪锌矿、方铅矿和少量黄铜矿、方解石，其中黄铁矿、闪锌矿不同程度交代早期铁氧化物，构成矽卡岩系统晚期硫化物阶段产物。

热液充填铅锌矿化。少见于老鸦巢矿床破碎角砾岩带，多见于康家湾断层破碎带与硅化角砾岩带、碳酸盐岩交汇部位，局部可见矽卡岩角砾化并被铅锌矿脉体穿切。典型蚀变矿物包括大量石英、方解石、黄铁矿、闪锌矿、方铅矿和少量绿泥石、萤石、黄铜矿、自然金、银金矿物。依照脉体穿切关系，可进一步划分为石英—方解石—黄铁矿期、方解石—石英—闪锌矿—方铅矿期、方解石-闪锌矿期和方解石期，自然金主要见于方解石—石英—闪锌矿—方铅矿期（图 3-15）。这一阶段未见典型矽卡岩矿物，石英含量较少。

浅成低温热液金银矿化。少见于康家湾铅锌矿床北侧浅部，多见于区内龙王山等金银矿床。典型蚀变矿物包括冰长石、地开石、方解石、黏土矿物，可见纹层状或多孔状结构，指示成矿温度较低，与金银矿化关系密切。

第二节　成矿岩浆体系研究

一、岩浆活动期次

水口山矿田老鸦巢-鸭公塘矿区经历多期次岩浆侵位，矿区浅部出露有似斑状花岗闪长岩，深部钻孔工作则发现粗粒花岗闪长岩和细粒花岗闪长岩两期侵入岩。本次工作选取以上岩体开展研究，包括老鸦巢矿区十三中段粗粒花岗闪长岩（LZS-1）、十一中段铁铜矿体相关细粒花岗闪长岩（LZS-2）以及浅部铅锌矿体相关花岗闪长岩（LZS-3）。花岗闪长岩中锆石呈柱状、无色透明，个别见有细小包体和裂纹发育，粒径一般 100～220μm，最大者可达 400μm。所有测试锆石颗粒均发育有明显的震荡环带，环带发育较为密集，宽度较窄，反映所测试的锆石颗粒为岩浆成因。锆石 LA-ICP-MS U-Pb 年龄测试数据见附表 1，Th/U 值介于 0.44～1.6，高于变质锆石 Th/U 比值（0.1）。LZS1 样品测试 31 个有效数据，谐和年龄为 167.8±0.8Ma［图 3-17(a)］；LZS2 样品测试 32 个有效数据，谐和年龄为 163.6±0.7Ma［图 3-17(b)］；LZS3 样品测试 23 个有效数据，谐和年龄为 153.1±0.9Ma［图 3-17(c)］。上述测试结果表明与前人报道误差范围内一致（王岳军，2001；左昌虎等，2014；赵增霞，2017；李永胜等，2020），活动时限为 174～153Ma，是燕山期多期岩浆作用的产物，显示水口山矿田花岗闪长岩侵位存在多期多阶段特点。

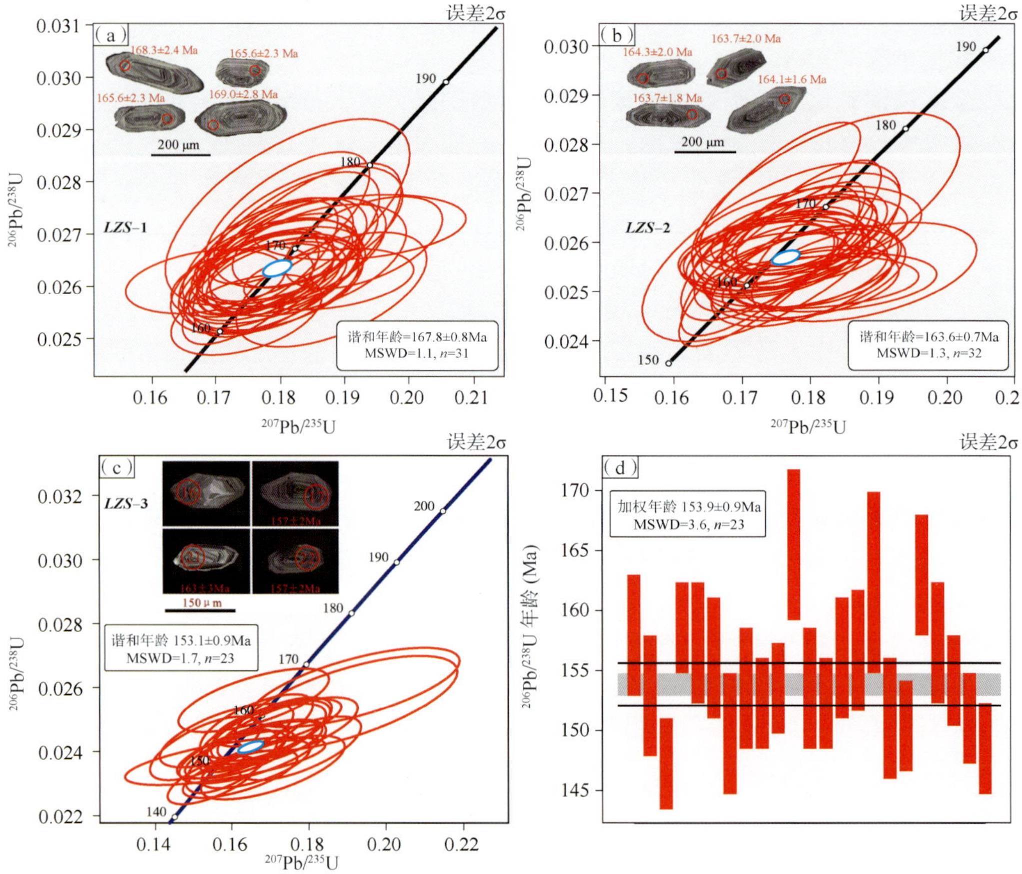

图 3-17　水口山老鸦巢矿区三期花岗闪长岩锆石 U-Pb 定年结果

二、岩浆演化过程

本次针对老鸦巢 ZK10001、ZK10102、ZK2001 钻孔揭露的花岗闪长岩开展地球化学特征研究（表 3-2，表 3-3），三期花岗闪长岩 SiO_2 含量变化范围为 55.78%~66.03%，平均含量 61.09%，全岩 Na_2O 含量 2.05%~3.98%，K_2O 含量 2.42%~4.24%，全碱含量总计 4.47%~8.22%，岩体全碱投图落入二长闪长岩、闪长岩、花岗闪长岩之间（图 3-18），属高钾钙碱性至钾玄质系列，指示该区花岗闪长岩具有富钠、高钾的特征。上述花岗闪长岩 Al_2O_3 含量 14.60%~17.61%，CaO 含量 1.91%~8.51%，全岩铝饱和指数 A/CNK 介于 0.66 至 1.15 之间，早期花岗闪长岩属于弱过铝质岩石，中期花岗闪长岩呈弱过铝状态，晚期花岗闪长岩为准铝质系列，全岩碱度率 AR 范围为 1.64~2.54，平均值 2.05，为钙碱性岩石典型特征，区别于同一岩浆房连续结晶分异的演化趋势。

表 3-2　水口山矿田花岗闪长岩主量元素分析结果

钻孔号	hZK10001			hZK10102	hZK10001					hZK10102
样品编号	9	10	11	4	2	4	5	6	8	1
样品类型	粗粒花岗闪长岩				细粒花岗闪长岩					
SiO_2	62.35	63.14	60.2	61.67	66.03	65.5	64.7	63.98	63.43	63.41
TiO_2	0.62	0.66	0.67	0.64	0.44	0.5	0.49	0.5	0.48	0.45
Al_2O_3	14.6	15.13	15.03	15.43	14.69	15.64	15.3	15.44	15.24	15.11
$Fe_2O_3{}^T$	5.12	5.87	5.71	7.39	4.13	4.86	4.57	4.52	5.53	3.96
Fe_2O_3	2.86	2.9	3.39	3.4	2.31	2.36	2.04	2.12	2.53	1.99
FeO	2.03	2.67	2.09	3.59	1.64	2.25	2.28	2.16	2.7	1.77
MnO	0.06	0.06	0.08	0.14	0.06	0.06	0.05	0.05	0.05	0.07
MgO	1.78	2.01	1.84	2.16	0.84	0.93	1.01	1.07	1.15	0.8
CaO	2.27	2.65	3.26	3.93	1.91	3.03	2.1	3.56	2.47	3.69
Na_2O	2.78	2.77	2.05	2.94	3.98	3.52	3.89	2.91	2.91	2.2
K_2O	3.69	3.58	4.05	2.93	3.24	3.48	3.4	3.49	3.79	4.4
Cr_2O_3										
P_2O_5	0.29	0.31	0.33	0.32	0.17	0.2	0.2	0.2	0.2	0.19
SrO										
BaO										
S	1.54	0.88	1.26	0.25	0.92	0.53	0.92	0.71	1.3	1.3
LOI	2.71	2.12	2.9	2.38	2.06	1.46	1.57	2.49	2	3.8
Total	97.81	99.18	97.38	100.18	98.47	99.72	98.2	98.92	98.55	99.38
A/CNK	0.45	0.52	0.53	0.7	0.32	0.39	0.35	0.4	0.47	0.35
A/NK	0.8	0.94	0.81	1.43	0.75	0.82	0.79	0.76	0.86	0.53
σ	2.16	2	2.16	1.85	2.26	2.18	2.45	1.95	2.2	2.13
τ	19.06	18.73	19.37	19.52	24.34	24.24	23.29	25.06	25.69	28.69
AR	2.24	2.11	2	1.87	2.54	2.2	2.44	2.02	2.22	2.08

续表

钻孔号	ZK2001									
样品编号	1	2	3	4	5	6	7	8	9	10
样品类型	浅部花岗闪长岩									
SiO_2	57.41	56.57	56.62	62.29	55.78	56.23	60.83	60.31	59.83	61.48
TiO_2	0.95	1.13	1.14	0.64	0.53	1.12	0.68	0.71	0.66	0.67
Al_2O_3	16.04	17.61	16.28	15.72	15.76	16.98	15.98	16.01	15.52	15.86
$Fe_2O_3^T$	7.62	7.31	7.67	6.42	7.82	7.38	7.07	7.56	6.3	6.55
Fe_2O_3										
FeO										
MnO	0.13	0.12	0.12	0.12	0.19	0.15	0.13	0.16	0.15	0.14
MgO	3.28	2.91	3.53	2.37	3.85	3.51	2.48	2.47	2.49	2.44
CaO	5.89	5.81	5.3	3.42	8.51	6.47	3.95	4.2	4.36	4.1
Na_2O	2.91	3.04	2.95	2.85	3.43	2.93	2.96	2.89	3.07	2.95
K_2O	3.69	4.04	3.63	4.06	2.42	3.91	3.71	3.53	4.24	3.87
Cr_2O_3	0.01	0.02	0.01	0.01	0.01	0.01	0.01	0.01	0.01	0.01
P_2O_5	0.41	0.38	0.44	0.33	0.41	0.41	0.35	0.41	0.34	0.36
SrO	0.08	0.09	0.07	0.06	0.08	0.09	0.07	0.06	0.06	0.07
BaO	0.1	0.11	0.1	0.08	0.05	0.11	0.08	0.07	0.09	0.1
S										
LOI	0.99	0.79	2.28	1.36	1.09	1.08	1.33	1.87	2.77	1.16
Total	99.51	99.93	100.14	99.73	99.93	100.38	99.63	100.26	99.89	99.76
A/CNK	0.82	0.88	0.88	1.03	0.66	0.81	0.99	0.99	0.88	0.96
A/NK	1.82	1.88	1.85	1.73	1.91	1.87	1.8	1.86	1.61	1.75
σ	3.02	3.69	3.18	2.48	2.68	3.54	2.5	2.38	3.18	2.52
τ	13.82	12.89	11.69	20.11	23.26	12.54	19.15	18.48	18.86	19.27
AR	1.86	1.87	1.88	2.13	1.64	1.82	2.01	1.93	2.16	2.04

测试单位：澳实分析检测（广州）有限公司（2016）；氧化物含量单位为%；A/CKN = Al_2O_3/($CaO+Na_2O+K_2O$)（各氧化物分子数比）；$\sigma=(Na_2O+K_2O)^2/(SiO_2-43)$；$AR=[Al_2O_3+CaO+(Na_2O+K_2O)]/[Al_2O_3+CaO-(Na_2O+K_2O)]$

表 3-3 水口山矿田花岗闪长岩微量元素分析结果（10^{-6}）

样品号	Rb	Sr	Y	Zr	Nb	Ba	La	Ce	Pr	Nd	Sm	Eu	Gd
hZK10001-2	110	314	14.5	192	12.6	871	45.4	79.7	9.41	33.9	6.03	1.97	4.52
hZK10001-4	123	516	13.8	200	15.4	946	50.4	89.9	10	36.5	6.4	2.17	5.1
hZK10001-5	117	444	12.2	199	15.1	900	53.8	92.4	8.82	38.4	6.66	2.08	5.17
hZK10001-6	127	455	14.4	202	14.4	891	54.9	94.6	9.33	39.6	6.62	2.27	5.29
hZK10001-8	136	478	15.2	208	13.8	942	50.2	88.3	10.3	36.9	6.51	2.28	5.22
hZK10001-9	139	358	18	178	14	748	44.2	82.8	9.87	35.9	6.73	2.13	5.33

续表

样品号	Rb	Sr	Y	Zr	Nb	Ba	La	Ce	Pr	Nd	Sm	Eu	Gd
hZK10001-10	129	425	25.9	178	13.8	670	53.3	97	11	41	7.86	2.36	6.49
hZK10001-11	156	426	23.1	186	13.1	754	42.6	77.9	9.74	36.1	6.41	2.17	5.43
hZK10102-1	231	326	13.6	196	12.3	838	52.6	97.1	12	42.5	6.73	2.12	5.36
hZK10102-4	110	468	25	164	15.3	585	43.8	81.7	10.2	39.2	7.21	2.24	6.06
ZK2001-1	126.5	717	22.9	189	9.8	896	37.2	74.2	8.6	33.1	6.15	1.68	5.14
ZK2001-2	145.5	834	20.6	210	10.6	954	39.1	76.4	8.8	33.8	6.41	1.8	4.87
ZK2001-3	128.5	603	20.9	232	12.7	795	40.3	79.1	8.83	34.7	6.2	1.6	5.19
ZK2001-4	149	602	22.7	165	12.8	755	44.9	85.4	9.46	36.3	7.29	1.63	5.22
ZK2001-5	86.3	708	32.8	131	5.8	423	41.8	89.7	10.7	43.3	8.69	2.26	6.77
ZK2001-6	144	794	22.6	197	10.3	952	39.8	78.7	9.09	35.7	7.08	1.75	5.26
ZK2001-7	140.5	636	24.2	178	13.7	743	44.2	85.6	9.7	37.9	7.52	1.7	5.69
ZK2001-8	137.5	625	27.8	177	14.8	671	50	98.9	11.3	44	8.61	1.93	6.95
ZK2001-9	152	534	24	177	13.3	750	40.4	81.8	9.69	37.8	7.61	1.7	5.62
ZK2001-10	134	661	23.3	173	13.3	832	40.5	80.6	9.29	36.4	7.12	1.72	5.54

样品号	Tb	Dy	Ho	Er	Tm	Yb	Lu	Hf	Ta	Th	Eu/Eu*	$(La/Yb)_{CN}$	REE
hZK10001-2	0.59	2.61	0.46	1.12	0.16	1.11	0.23	4.83	1.16	10.3	1.15	29.34	187.21
hZK10001-4	0.65	2.83	0.5	1.24	0.19	1.41	0.29	5.89	1.1	7.92	1.16	25.64	207.58
hZK10001-5	0.65	2.69	0.47	1.16	0.17	1.23	0.24	5.79	1.13	8.25	1.08	31.37	213.94
hZK10001-6	0.71	2.95	0.53	1.31	0.2	1.41	0.3	5.73	1.27	9.46	1.17	27.93	220.02
hZK10001-8	0.7	3.09	0.56	1.41	0.21	1.52	0.31	5.88	1.3	8.6	1.2	23.69	207.51
hZK10001-9	0.78	3.9	0.75	1.98	0.31	2.05	0.34	4.67	1.24	10.6	1.09	15.47	197.07
hZK10001-10	0.98	4.8	0.97	2.53	0.4	2.6	0.43	5.51	1.09	12.1	1.01	14.7	231.72
hZK10001-11	0.9	4.26	0.84	2.26	0.34	2.41	0.4	6.13	1.02	11.9	1.12	12.68	191.76
hZK10102-1	0.77	3.16	0.56	1.42	0.2	1.29	0.22	5.56	1.24	9.35	1.08	29.25	226.03
hZK10102-4	1.03	4.86	0.97	2.62	0.41	2.61	0.42	5.07	1.21	13.6	1.04	12.04	203.33
ZK2001-1	0.76	4.25	0.85	2.49	0.37	2.31	0.36	5.8	0.7	10.5	0.97	16.1	200.36
ZK2001-2	0.69	3.86	0.77	2.08	0.31	2.04	0.31	6	0.8	10.25	1.03	19.17	201.84
ZK2001-3	0.71	4.04	0.75	2.09	0.31	2.08	0.32	6.7	0.9	10.75	0.92	19.38	207.12
ZK2001-4	0.8	4.26	0.86	2.28	0.32	2.07	0.34	4.8	0.9	12.25	0.84	21.69	223.83
ZK2001-5	1.05	6.16	1.26	3.52	0.52	3.45	0.52	4.1	0.9	7.29	0.95	12.12	252.5
ZK2001-6	0.76	4.42	0.86	2.42	0.36	2.29	0.35	5.8	0.8	9.39	0.92	17.38	211.44
ZK2001-7	0.82	4.53	0.89	2.46	0.36	2.38	0.36	5.6	1.1	12.5	0.83	18.57	228.31
ZK2001-8	0.98	5.36	1.04	2.89	0.43	2.65	0.39	5.3	1.1	13.05	0.81	18.87	263.23
ZK2001-9	0.81	4.51	0.93	2.48	0.37	2.42	0.34	5.5	1	13.8	0.83	16.69	220.48
ZK2001-10	0.77	4.58	0.92	2.4	0.36	2.32	0.34	5.4	1	13.35	0.88	17.46	216.16

注：$Eu/Eu^* = Eu_{CN}/(Sm_{CN} * Cd_{CN})$；下脚标 CN 表示球粒陨石标准值。

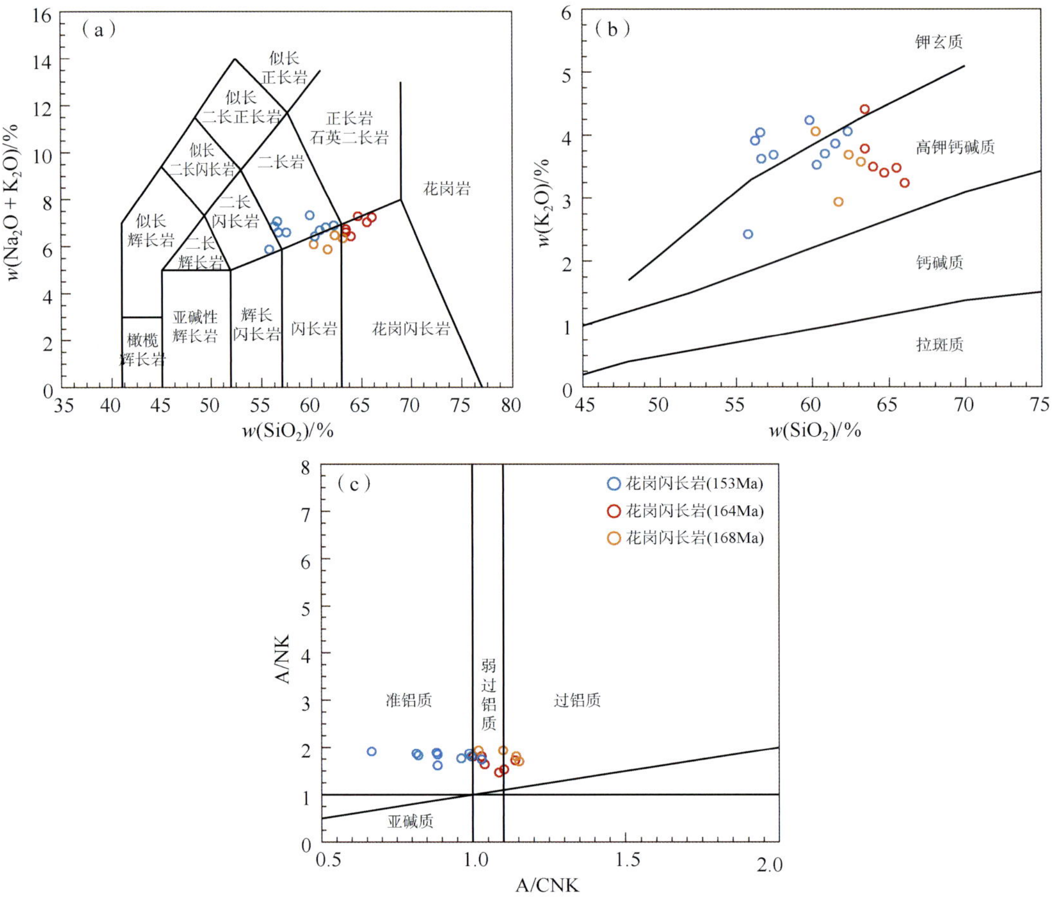

图 3-18　水口山花岗闪长岩体 SiO_2-（Na_2O+K_2O）、SiO_2-K_2O 图解及 A/CNK-A/NK 图解

（分类图解底图参考 Rollinson，1993）

水口山花岗闪长岩体常量元素的 Harker 图解（图 3-19）中大部分元素如 TiO_2、Al_2O_3、MgO、$Fe_2O_3^T$、CaO、K_2O、P_2O_5、MnO 随着 SiO_2 含量升高而升高，Na_2O 含量线性变化，表明上述三类花岗闪长岩形成过程中存在不同比例的矿物结晶分异作用或熔融残余现象。水口山三期花岗闪长岩均富集 Rb、Ba、Th、U 等亲石元素，亏损 Nb、Ta、Ti 等高场强元素[图 3-20(a)]，具有不同程度的 Sr 含量和相对均一的轻稀土元素组成，重稀土差异明显，表明岩石物质来源相似但岩浆演化程度不同［图 3-20(b)］。上述花岗闪长岩稀土总量介于 177.46×10^{-6} 至 235.43×10^{-6} 之间，平均含量 203.48×10^{-6}，其中轻稀土含量为 160.93×10^{-6}～214.74×10^{-6}，重稀土含量为 10.80×10^{-6}～23.25×10^{-6}，轻重稀土比例为 8.45～17.16，平均 12.18，岩石（La/Yb)$_N$ 比值为 8.62～24.02，平均值 15.08，表明花岗闪长岩轻重稀土分馏明显。此外，花岗质岩石 δEu 变化范围为 0.81～1.20，平均 1.00，表明岩石形成过程中 Eu 亏损不明显，不存在显著长石结晶分异作用，全岩（Gd/Lu)$_N$ 比值为 1.61～3.01，平均值 2.05，重稀土分馏不显著，暗示岩石形成过程中存在角闪石、石榴子石的分离结晶或残余。

花岗岩成因类型包括 I、S、A、M 型，其中 I 型花岗岩源岩多为火成岩，主要来自下地壳物质的部分熔融；S 型花岗岩主要源自沉积岩，是上地壳物质直接熔融的产物；A 型花岗岩物源具有多样性；M 型花岗岩则为幔源。研究表明，A 型花岗岩多形成于非造山环境，指示区域或局部伸展作用，具有较高的 Ga/Al 含量（Collins et al.，1982；Whalen et al.，1987）。由水口山浅部花岗闪长岩微量元素测试结果可知，10000×Ga/Al 位于 2.06~2.48 之间，均落于 I、S 型区域，不具有 A 型花岗质岩石较为显著的稀土四分组效应或海鸥型图谱特征（图 3-20，图 3-21）。

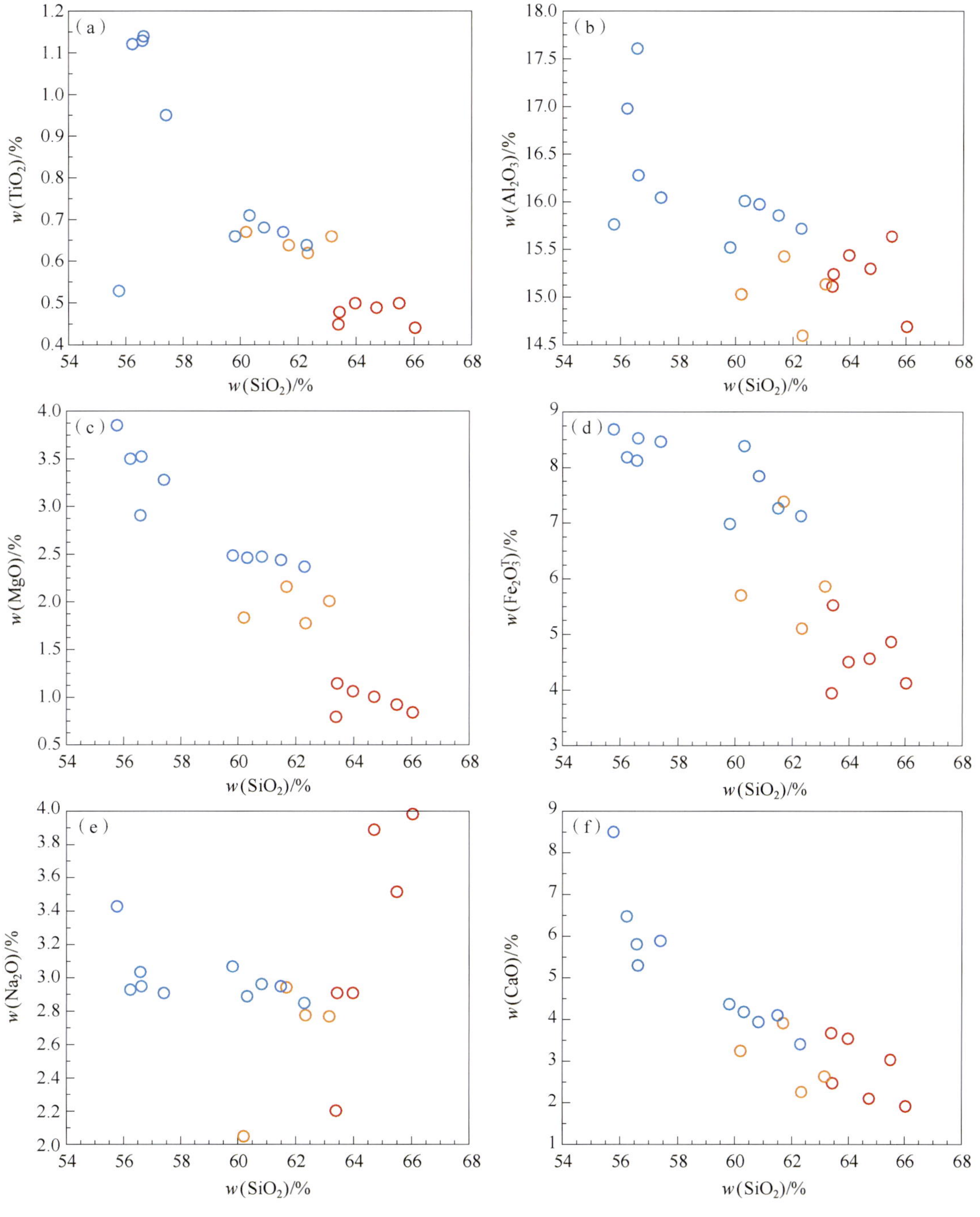

图 3-19　水口山花岗闪长岩主量元素 Harker 图解

○ 花岗闪长岩（153Ma）；○ 花岗闪长岩（164Ma）；○ 花岗闪长岩（168Ma）

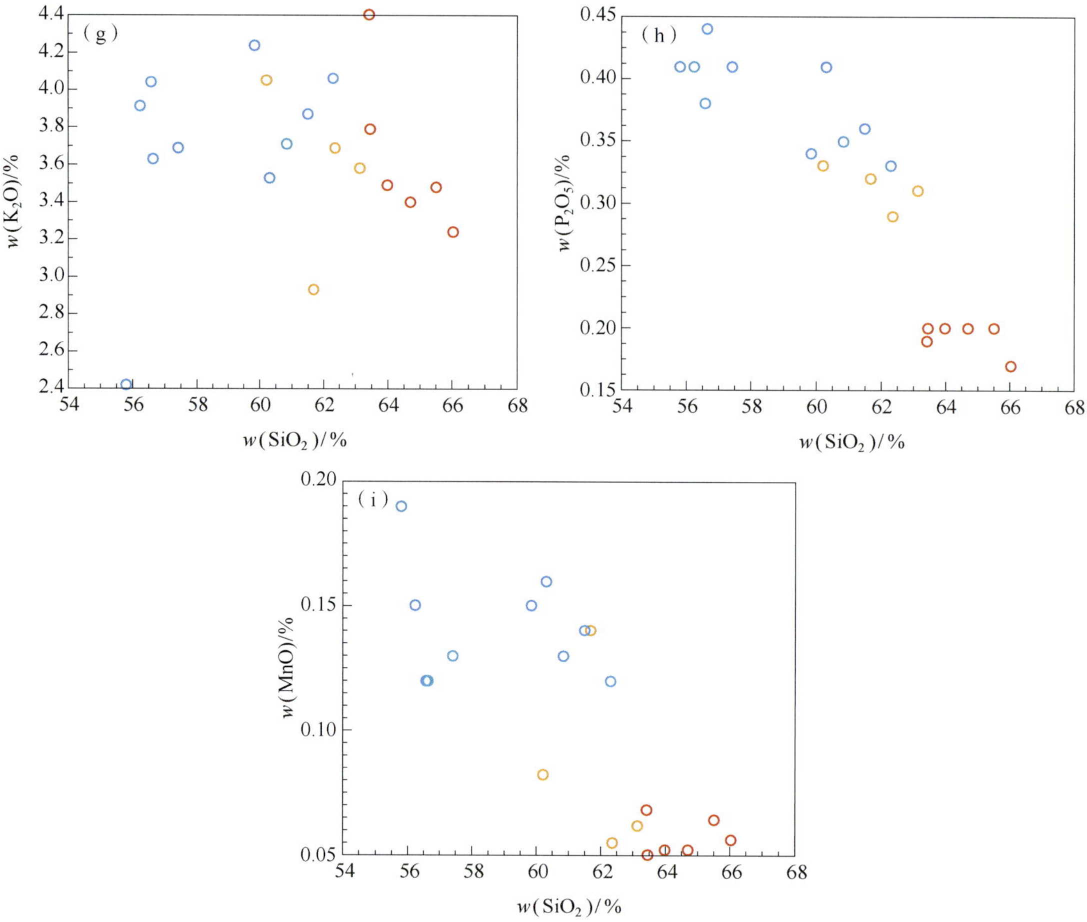

图 3-19　水口山花岗闪长岩主量元素 Harker 图解（续）

○ 花岗闪长岩（153Ma）；○ 花岗闪长岩（164Ma）；○ 花岗闪长岩（168Ma）

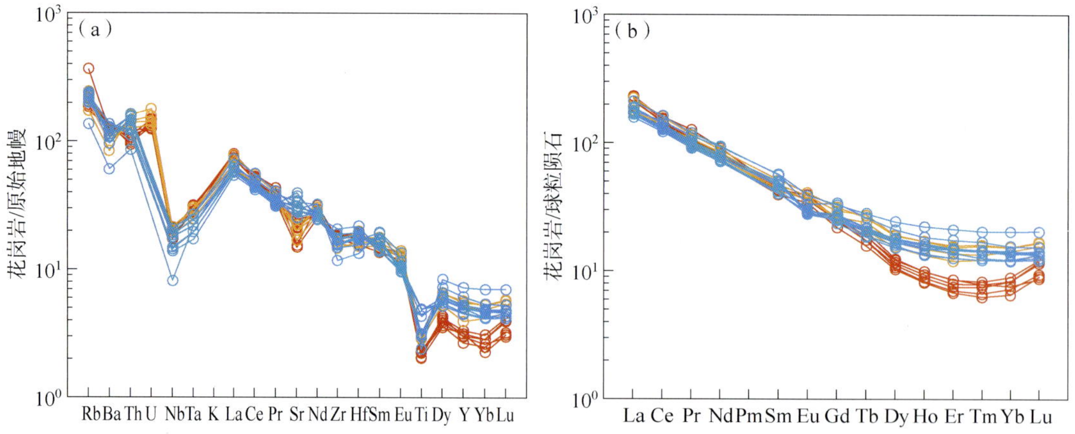

图 3-20　水口山花岗闪长岩体微量元素蛛网图及稀土元素配分曲线图

（原始地幔及球粒陨石数据源于 Sun et al.，1989）

○ 花岗闪长岩（153Ma）；○ 花岗闪长岩（164Ma）；○ 花岗闪长岩（168Ma）

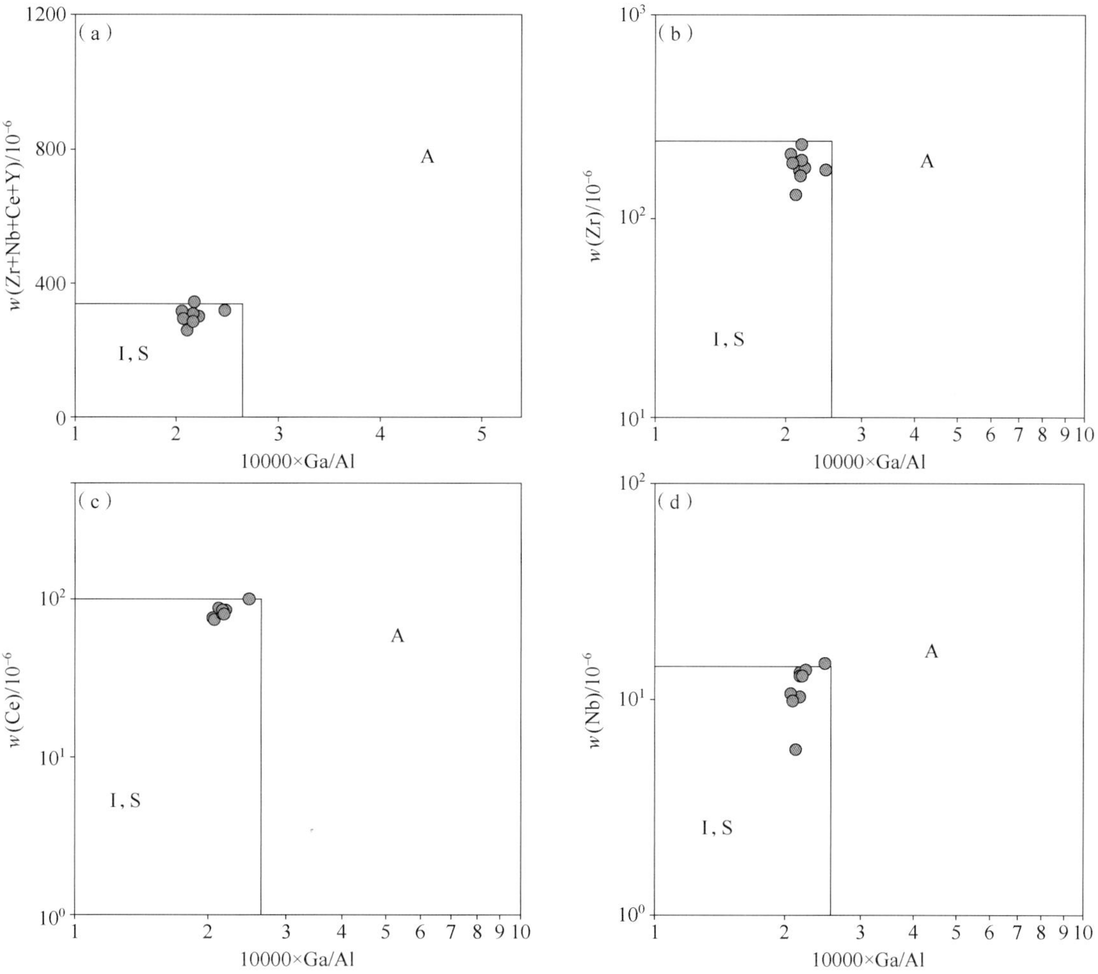

图 3-21　水口山花岗闪长岩成因分类图

（底图参考 Whalen et al.，1987）

Chappell et al.（1992，1999，2001）从矿物成分、化学成分上对 S 型、I 型花岗岩的差异性进行了总结，并认为 S 型花岗岩多为白云母花岗岩、黑云母花岗岩和二云母花岗岩，而 I 型花岗岩多为角闪石花岗岩、二长花岗岩、花岗闪长岩等；岩石化学上，S 型花岗岩比 I 型花岗岩富 Al 分子比，$Al_2O_3/(K_2O+Na_2O+CaO)>1$。对比水口山花岗闪长岩体地质特征及常量元素特征，与 I 型花岗岩特征相符。另外，水口山花岗闪长岩 Harker 图解（图 3-19）显示，P_2O_5与 SiO_2 之间呈负相关性，表明偏酸性花岗闪长岩中并未出现铝的过饱和现象，镜下观察也未发现堇青石等富铝矿物，排除了 S 型花岗岩的可能，大量出现的角闪石和少量出现的钛铁矿表明水口山花岗闪长岩应为典型的 I 型花岗岩岩石。

对比典型的岛弧区花岗质岩石（图 3-22），水口山花岗闪长岩主量元素类似，微量元素差异明显，属于高钾钙碱性岩石，Sr 含量普遍大于 400×10^{-6}，其中细粒花岗闪长岩具有岛弧岩石向埃达克质岩石过渡特征，表明区内岩石形成深部可能存在差异，残余重稀土矿物主导了三类花岗闪长岩成分差异。上述差异进一步为全岩 La/Yb-La 图解证实，三类花岗质岩石呈现出强部分熔融弱结晶分异的特点，指示区内岩浆源于不同位置地壳的部分熔融作用。由于上述岩石普遍具有弱的 Eu 异常和近似平坦的重稀土组成，部分岩石如 ~168Ma和~164Ma 花岗闪长岩相对亏损重稀土，暗示部分熔融区域较深，为角闪石及石榴子石稳定区域地壳部分熔融的产物，上升过程中花岗质岩浆未经历显著的结晶分异作用，是区内伸展环境下不同层位岩浆快速上涌就位的典型代表，不同于区域中晚三叠世 S 型二云母花岗岩，也显著区别于中晚侏罗世 A 型花岗质岩体。这一部分熔融形成的低分异岩浆体系上涌就位于水口山矿田内，主导了区内铅锌多金属矿化作用。

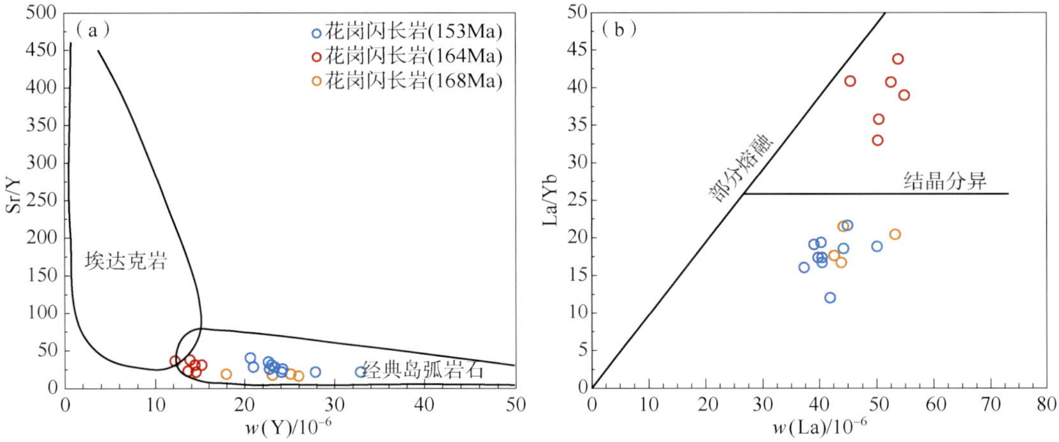

图 3-22　水口山花岗闪长岩 Sr/Y-Y、La/Yb-La 图解

（据 Drummond et al.，1990）

三、岩浆物质来源

选取岩体定年样品开采锆石原位 Hf 同位素分析，Hf 同位素共测得 23 个点（表 3-4），花岗闪长岩锆石^{176}Lu/^{177}Hf 比值为 0.000627～0.001729，平均值为 0.001453，均小于 0.002，表明所测锆石在形成以后具有很少放射性成因 Hf 的积累，因此，测试获得的^{176}Lu/^{177}Hf 比值可以代表锆石结晶时的^{176}Lu/^{177}Hf 比值；^{176}Hf/^{177}Hf 比值范围为 0.282406～0.282481，平均值为 0.282419，明显高于上地壳值（吴福元等，2007）；εHf（T）值介于 -29.2～-7.0 之间，平均值为-9.3（图 3-23）；二阶段 Hf 模式年龄年龄（T_{DM2}）范围为 1.64 Ga～3.02 Ga，平均值为 1.78Ga。

表 3-4　水口山矿田浅部 4 号花岗闪长岩锆石 Hf 同位素分析结果

点号	年龄/Ma	^{176}Yb/^{177}Hf	^{176}Lu/^{177}Hf	^{176}Hf/^{177}Hf	ε_{Hf}（T）	T_{DM1}/Ma	T_{DM2}/Ma
LZS3-1	158	0.043373	0.001518	0.282481	-7	1105	1644
LZS3-2	153	0.046387	0.001656	0.282460	-7.8	1139	1694
LZS3-3	147	0.038990	0.001389	0.282451	-8.3	1144	1715
LZS3-4	159	0.044439	0.001545	0.282406	-9.6	1213	1809
LZS3-5	157	0.039138	0.001379	0.282453	-8	1141	1705
LZS3-6	156	0.047420	0.001629	0.282437	-8.6	1171	1743

续表

点号	年龄/Ma	$^{176}Yb/^{177}Hf$	$^{176}Lu/^{177}Hf$	$^{176}Hf/^{177}Hf$	ε_{Hf}（T）	T_{DM1}/Ma	T_{DM2}/Ma
LZS3-8	150	0.039103	0.001394	0.282449	-8.3	1147	1718
LZS3-9	153	0.035784	0.001210	0.282459	-7.8	1127	1693
LZS3-10	152	0.043828	0.001560	0.282433	-8.8	1175	1754
LZS3-11	153	0.045697	0.001607	0.282414	-9.5	1203	1795
LZS3-12	165	0.057360	0.001714	0.282427	-8.8	1188	1761
LZS3-13	153	0.048127	0.001528	0.282435	-8.7	1171	1748
LZS3-14	152	0.037208	0.001202	0.282460	-7.8	1126	1692
LZS3-15	156	0.046840	0.001515	0.282457	-7.9	1139	1698
LZS3-17	157	0.053740	0.001555	0.282462	-7.7	1133	1687
LZS3-18	162	0.009642	0.000627	0.281848	-29.2	1952	3023
LZS3-19	151	0.017525	0.001729	0.282457	-8	1146	1702
LZS3-20	150	0.053747	0.001702	0.282443	-8.5	1165	1733
LZS3-21	163	0.051073	0.001482	0.282435	-8.5	1170	1743
LZS3-22	157	0.044762	0.001440	0.282457	-7.8	1137	1697
LZS3-23	154	0.039111	0.001108	0.282438	-8.5	1154	1739
LZS3-24	151	0.035516	0.001539	0.282418	-9.4	1196	1787
LZS3-25	148	0.048764	0.001401	0.282447	-8.4	1150	1724

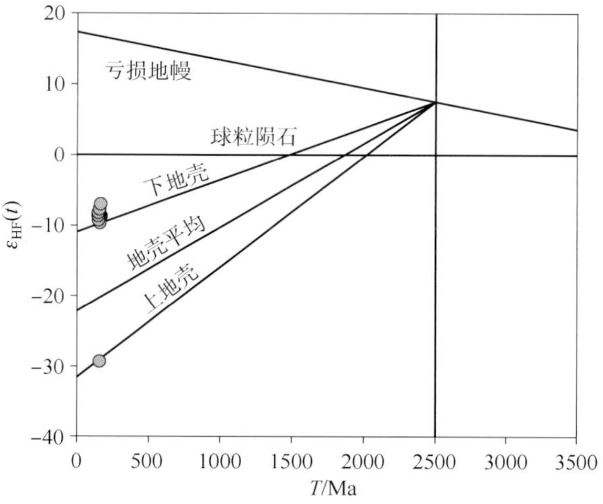

图 3-23　水口山花岗闪长岩锆石 Hf 同位素图解

本区岩石为富碱、高钾的钙碱性岩，铝饱和指数较小，为准铝质-弱过铝质岩石，且具有较高的 Na/K 比，P_2O_5含量随着 SiO_2 含量的增加而降低，具有 I 型花岗质岩类岩石的典型特征。高钾钙碱性，准铝质-弱过铝质 I 型花岗岩已被普遍认为是幔源玄武岩和玄武岩浆底侵引起部分熔融形成的壳源长英质岩浆混合的产物（Collins，1998；Barbarin，1999；Altherr et al.，2002；Dolejš et al.，2004；Karsli et al.，2010；Kaygusuz et al.，

2014；Gao et al.，2016）。花岗闪长岩岩体相对富集大离子亲石元素 Rb 和 K，亏损高场强元素 Nb、Ti 和 Ta；稀土总量较低，轻稀土较为富集，$(La/Yb)_N$ 比值偏高，暗示岩浆源区非单一物质来源。水口山花岗闪长岩 Zr/Hf 比值在 31.8~35.0 之间，平均值为 33.2。接近地幔平均值 36.5（Faure et al.，2005），说明有幔源物质参与的成岩作用。锆石 Hf 同位素图解中绝大部分样品位于下地壳演化线附近（图 3-23），表明岩浆来源为华南板块基性下地壳，具有一定程度的地幔物质影响，同时混染了极少量古老上地壳物质。

四、成岩成矿构造背景

华南地区中生代岩浆活动与岩石圈多次伸展作用密切相关。李献华等（1999）通过总结得出华南侏罗纪—白垩纪主要存在 164~153Ma，146~136Ma，129~122Ma，109~101Ma 和 97~87Ma 五次岩浆活动，且均与华南岩石圈伸展密切相关。谢桂青（2003）则把华南岩石圈伸展划为 6 个阶段，毛景文等（2004）将其归并为 180~155Ma，145~125Ma 和 110~75Ma 等 3 个主要阶段。毛景文等（2007）认为在中晚侏罗世（165~150Ma），古太平洋板块向大陆俯冲，使南岭地区所处的大陆边缘弧后地区出现了一系列 NE 向壳幔相互作用强烈的伸展带。沿着钦-杭结合带分布的侏罗纪—早白垩世 A 型花岗岩和板内的玄武岩的发现（Jiang et al.，2005；Wang et al.，2006；Li et al.，2007a；Li et al.，2007b；Liu et al.，2012；Yang et al.，2012）也为中生代华南岩石圈伸展提供了有力证据。水口山花岗闪长岩的 LA-ICP-MS 锆石 U-Pb 定年显示其成岩时代为 168~153Ma，属于中侏罗世，且位于前人提出的华南地区处于伸展作用的时间段内。因此，认为研究区内岩体的形成与伸展作用有关。

华南地区形成伸展环境的动力学机制主要有两种：①早期为印支运动造山期后的局部伸展-拉张的动力学机制（华仁民，2005）；②与古太平洋板块俯冲有关的陆内伸展-拉张的动力学机制（Jiang et al.，2006；毛景文等，2011；谢银财等，2013；全伟等，2014）。水口山花岗闪长岩在构造环境判别图解（图 3-22）中落入火山弧或后碰撞构造区域，具有典型岛弧火山岩富集大离子亲石元素、亏损高场强元素的特点，表明岩浆源区具有板块俯冲流体混入，是古太平洋板块俯冲的产物。在花岗岩构造判别图解中（图 3-24），上述花岗质岩石均呈现过渡特征，兼具岛弧与后碰撞花岗岩的特点，指示侏罗纪华南板块已由挤压向伸展转换，拉伸作用下水口山地区派生出大量深部来源的低分异岩浆物质，主导了区内成矿作用。

水口山花岗闪长岩锆石稀土总量在 342×10^{-6}~1418×10^{-6} 之间，平均值为 654×10^{-6}（附表 2 水口山矿田花岗闪长岩锆石 LA-ICP-MS 微量元素分析结果（10^{-6}））；锆石轻重稀土分异明显（图 3-25），LREE/HREE 比值为 0.04~0.72，平均值 0.10，与典型岩浆锆石一致，锆石 Eu 异常介于 0.28 到 0.86 之间，平均值 0.54，Ce 异常介于 1.1 到 669 之间，平均值 50.5。两者异常较为明显，指示岩体形成于相对氧化的岩浆环境，岩浆源区应受到俯冲板片流体改造作用。这一流体改造作用和深部石榴子石或角闪石残余下派生出的花岗质岩浆具有较高氧逸度的特点相符。

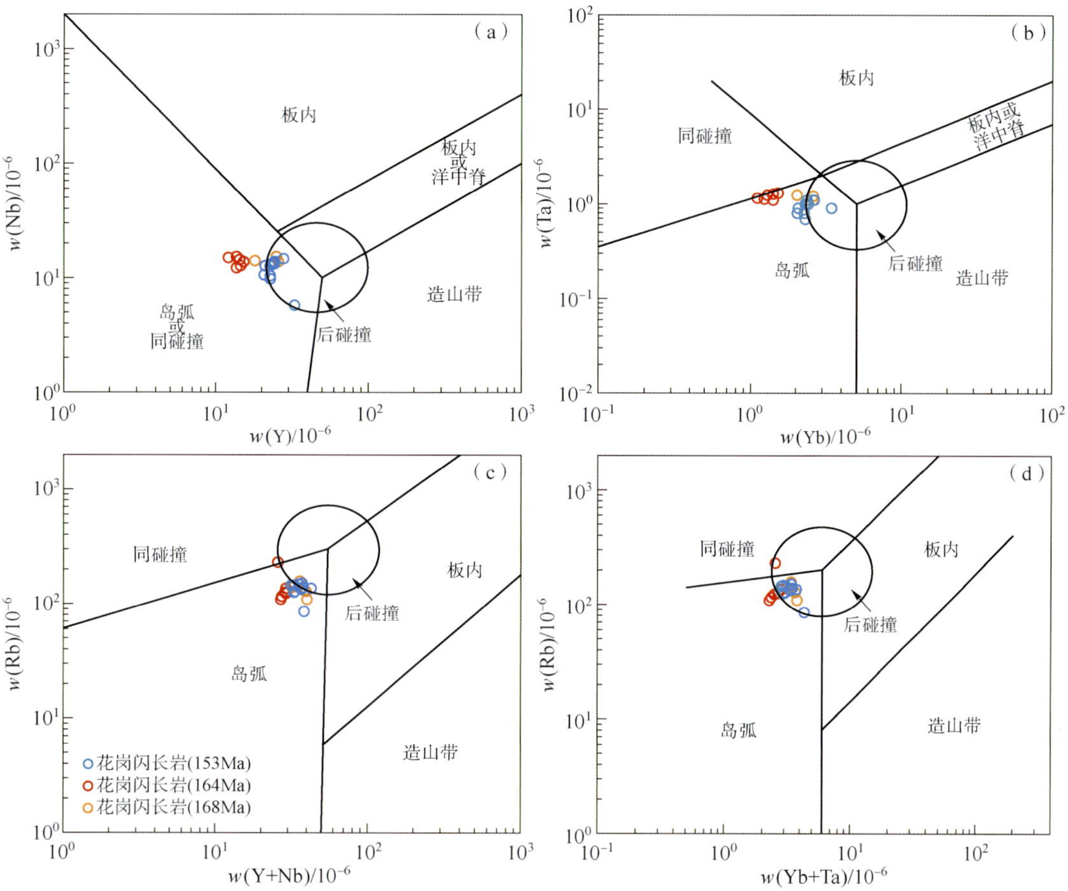

图 3-24　水口山花岗闪长岩 Pearce 构造判别图解

（据 Pearce et al.，1984）

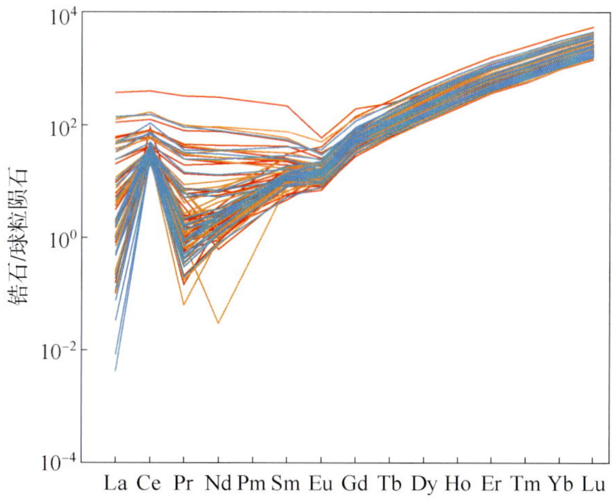

图 3-25　水口山花岗闪长岩锆石稀土元素配分图

第三节　成矿热液体系研究

一、热液活动期次

水口山矿田岩浆热液活动可划分为矽卡岩铁铜成矿体系、矽卡岩铅锌成矿体系、热液充填铅锌多金属成矿体系、浅成低温金银成矿体系。前人针对水口山矿田开展过诸多成矿年代学研究工作，主要包括闪锌矿 Rb-Sr 定年、黄铁矿 Re-Os 定年和石榴子石 U-Pb 定年，不同定年结果均呈现多期次特点，与本次研究识别出的三期花岗闪长岩岩浆活动一致。为此，本研究选取了水口山矿田老鸦巢-鸭公塘矿区与热液活动有关的磷灰石、石榴子石及黄铁矿进行定年工作，约束不同阶段流体活动的时间范围（图 3-26）。

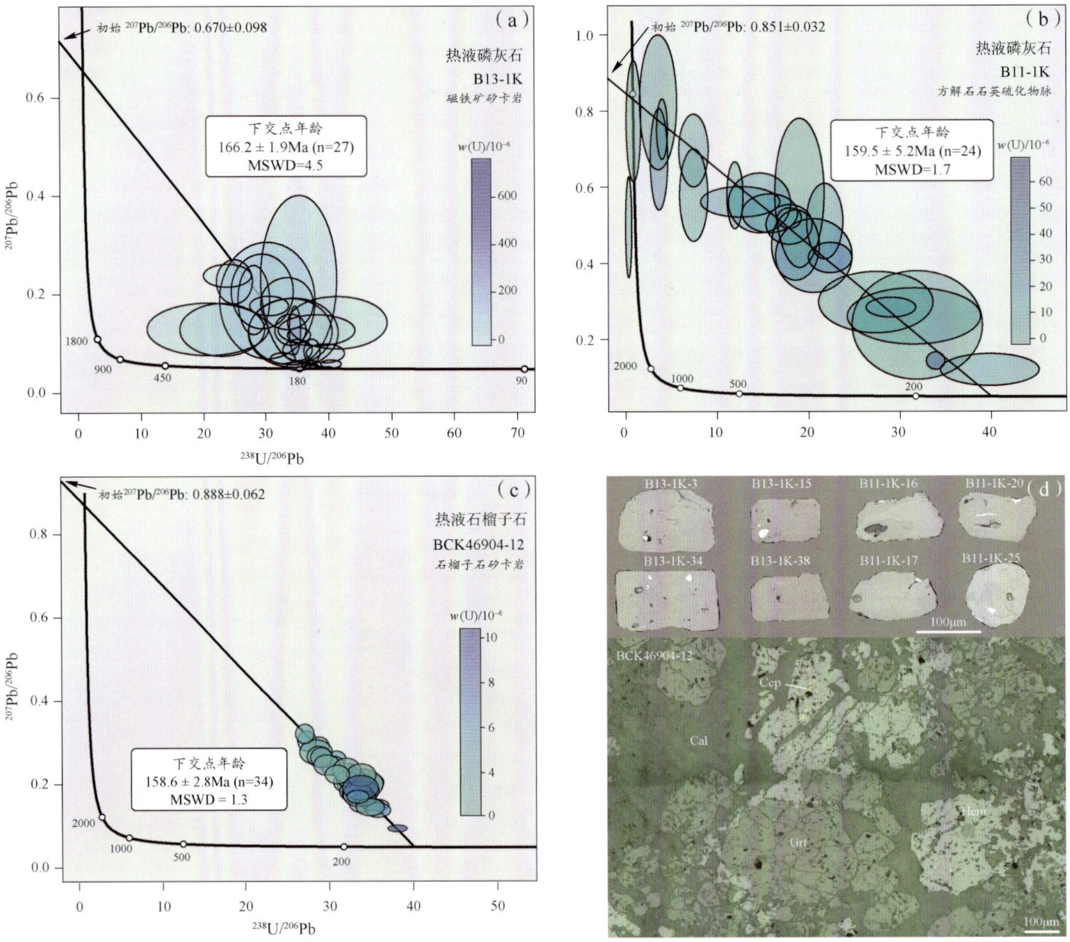

图 3-26　水口山老鸦巢-鸭公塘矿区典型热液磷灰石及石榴子石 U-Pb 定年图解

采自老鸦巢矿区十三中段粗粒花岗闪长岩和当冲组泥质灰岩、硅质岩接触部位的矽卡岩带普遍发育磁铁矿、绿帘石、绿泥石、透闪石和磷灰石，镜下观察发现该类磷灰石与大量磁铁矿、绿泥石、石英共生，局部可见磷灰石包裹大量磁铁矿包体，指示其为热液成因

(图 3-26d)。选取 27 个测试点进行原位 SIMS U-Pb 定年，样品分析结果见附表 3 和图 3-26a。不同磷灰石颗粒元素含量差别较大，其中 U 含量为 $5.11\times10^{-6}\sim733\times10^{-6}$，Th 含量为 $16.9\times10^{-6}\sim387\times10^{-6}$，Th/U 比值平均 2.37。Tera-Wasserburg 图解中磷灰石 U-Pb 下交点年龄为 166.2±1.9Ma（MSWD=4.5，$n=27$），普通铅 $^{207}Pb/^{206}Pb_i$ 为 0.670±0.098，不同磷灰石颗粒普通铅比例 f_{206Pb} 范围为 0.4%～30.5%。^{207}Pb 校正 $^{206}Pb/^{238}U$ 平均年龄为 164.9±1.3Ma（MSWD=6，$n=27$）。

采自老鸦巢矿区十一中段含铜石榴子石矽卡岩的样品来自晚期细粒花岗闪长岩围岩接触带，发育典型磁铁矿-赤铁矿-黄铜矿化相关矽卡岩化蚀变，可见热液石榴子石环带，属典型钙铝榴石。选取与黄铁矿、黄铜矿共生石榴子石颗粒边部进行原位同位素分析，共获得 34 个有效数据，参见附表 4 和图 3-26b。石榴子石 U 含量为 $2.40\times10^{-6}\sim10.1\times10^{-6}$，Th 含量为 $0.07\times10^{-6}\sim3.84\times10^{-6}$，Th/U 平均 0.10。石榴子石 U-Pb Tera-Wasserburg 图解中石榴子石下交点年龄为 158.6±2.8Ma（MSWD=1.3，$n=34$），采用等时线初始 $^{207}Pb/^{206}Pb_i$ 0.888 进行 ^{207}Pb 校正得到石榴子石 $^{206}Pb/^{238}U$ 平均年龄为 157.9±0.8Ma（MSWD=2，$n=37$）。

采自十一中段的含金热液角砾岩普遍发育碳酸盐化和硅化蚀变，高温蚀变作用缺失，选取矿石中热液磷灰石进行定年工作，这类磷灰石普遍具有它形形态和交代蚀变结构，矿物 U 含量显著低于含磁铁矿矽卡岩蚀变带中的磷灰石，平均 U 含量为 11.5×10^{-6}（附表 3，图 3-26）。同位素分析结果指示这类磷灰石普通铅含量变化较大，f_{206Pb} 占比介于 9%到 97%之间，初始 $^{07}Pb/^{206}Pb_i$ 为 0.851，34 颗热液磷灰石 U-Pb 下交点年龄为 159.5±5.2Ma，其形成年代显著早于第三期花岗闪长岩活动，与第二期花岗闪长岩相关的矽卡岩铁铜矿化同期。

本次研究还选取老鸦巢矿床产于花岗闪长岩体与二叠系围岩接触带矽卡岩 5 件代表性样品进行黄铁矿 Re-Os 测年分析（表 3-5，图 3-27）。从黄铁矿 Re-Os 测年结果可以看出（表 3-6），黄铁矿中 $w(Re)$ 变化范围为 $5632\times10^{-12}\sim26898\times10^{-12}$，平均值为 15783×10^{-12}；$w(Os)$ 在 $30.28\times10^{-12}\sim57.48\times10^{-12}$ 之间，平均值为 42.84×10^{-12}；$^{187}Os/^{188}Os$ 比值为 9.79～105.64，平均值为 37.05；$^{187}Re/^{188}Os$ 介于 2026～42709 之间，平均值为 13367。根据黄铁矿 Re-Os 测年结果，计算得到水口山矿床晚期黄铁矿等时线年龄为 140.4±7.5Ma（MSWD=58），属燕山期产物（图 3-27）。

表 3-5　老鸦巢—鸭公塘矿区黄铁矿定年样品采集位置

样号	矿石定名	采样地点	测试矿物
ZK2071-1	块状黄铁矿磁铁矿矿石	钻孔 ZK2071-1（997.82m）	黄铁矿
ZK2071-7	含浸染状黄铜矿黄铁矿的石榴子石矽卡岩	钻孔 ZK2071-1（1094.8m）	黄铁矿
ZK2071-8	块状黄铜矿黄铁矿磁铁矿矿石	钻孔 ZK2071-1（1089.9m）	黄铁矿
ZK2071-10	块状黄铁矿磁铁矿矿石	钻孔 ZK2071-1（1070m）	黄铁矿
ZK2071-11	含石英脉的磁铁矿矿石	钻孔 ZK2071-1（1199m）	黄铁矿

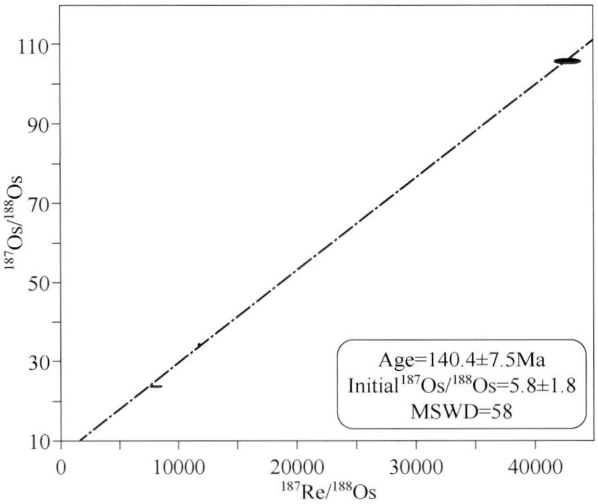

图 3-27　鸭公塘矿区热液黄铁矿 Re-Os 定年结果

表 3-6　老鸦巢—鸭公塘矿区黄铁矿 Re-Os 定年结果

样号	$Re/10^{-12}$	$Os/10^{-12}$	$^{187}Os/^{188}Os$	$^{187}Re/^{188}Os$
ZK2071-1	26898	44. 8	105. 64	42709
ZK2071-7	11001	57. 48	12. 21	2375
ZK2071-8	22230	49. 49	33. 97	11718
ZK2071-10	13155	32. 16	23. 61	8009
ZK2071-11	5632	30. 28	9. 79	2026

近年来，许多学者对水口山-康家湾矿区不同矿段的矿体开展了锌矿的 Rb-Sr、石榴子石 U-Pb 和辉钼矿 Re-Os 定年（左昌虎等，2014；Huang et al.，2015；Qin et al.，2022），其中老鸦巢和鸭公塘矽卡岩型矿体中石榴子石的 U-Pb 年龄为 154±18~158. 8±1. 4Ma，与矽卡岩型钼矿化的 Re-Os 等时线年龄接近（157. 8±1. 4Ma），同时也与康家湾矿区中石榴子石的 U-Pb 年龄（158. 8±2. 5Ma）和闪锌矿的 Rb-Sr 定年（154. 6±2. 1Ma；左昌虎，2015）相似。本次开展的石榴子石、磷灰石 U-Pb 定年工作与水口山花岗闪长岩中锆石的 LA-ICP-MS U-Pb 均显示与多期热液活动关联（154±2~158. 8±0. 8Ma；本书；Huang et al.，2015），表明老鸦巢、鸭公塘和康家湾的铅锌铜铁（金）成矿事件是多期岩浆活动派生的产物，早期粗粒花岗闪长岩侵位伴随矽卡岩型磁铁矿化，中期细粒花岗闪长岩与矽卡岩型铜铁铅锌矿化及角砾岩型金矿化有关，晚期浅部花岗闪长岩则是矽卡岩型、热液充填脉型铅锌矿化的主要物质来源。

此外，本次研究获得的硫铁矿体黄铁矿 Re-Os 等时线年龄为 140. 4±7. 5Ma（MSWD=58），较上述成矿年龄和成岩年龄年轻约 18Ma，与 Li et al.（2021）的分析结果类似。同时，根据内部资料，康家湾矿床同样存在一期 140Ma 左右的热液成矿作用，其成矿相关的方解石 U-Pb 和绢云母 Rb-Sr 年龄均在 140Ma 左右，这表明本区可能还存在一期约 140Ma 的热液叠加矿化事件，且水口山矿田老鸦巢和康家湾矿床均存在两期矿化叠加。根据黄铁矿 Re-Os 测年结果计算得水口山矿床黄铁矿的 $^{187}Os/^{188}Os$ 初始比值为 5.8±1.8。研究表明，球粒陨石中 $^{187}Os/^{188}Os$ 初始比值为 0.096，原始上地幔的 $^{187}Os/^{188}Os$ 初始比值为 0.1296±8，地壳的 $^{187}Os/^{188}Os$ 初始比值远大于 0.1296，最高可达 19.3。水口山矿床黄铁矿的 $^{187}Os/^{188}Os$ 初始比值远大于原始上地幔中 $^{187}Os/^{188}Os$ 初始比值，表明其主要来源于地壳，与花岗闪长岩主要由下地壳来源的特点不符。因此，140Ma 左右的成矿叠加事件应该是花岗闪长岩岩浆的岩浆期后热液的产物。此外，衡阳盆地北缘的衡山岩体和南部的大义山复式岩体也存在~140Ma 的岩浆活动（秦锦华等，2019），附近的茶陵邓阜仙-锡田地区也存在~140Ma 的岩浆热液成岩成矿事件（Xiong et al.，2020），也暗示本区可能普遍存在 140Ma 的岩浆热液成矿事件。

二、热液矿物特征

根据矿脉的穿插关系及矿物组合特征，将老鸦巢-鸭公塘矿区铅锌多金属矿的成矿作用划分为磁铁矿阶段、石榴子石-磁铁矿-赤铁矿-黄铜矿阶段、石英-黄铁矿-黄铜矿-闪锌矿-方铅矿阶段、石英-方解石-方铅矿-闪锌矿阶段、石英-方解石-黄铁矿等共计四个阶段，康家湾铅锌金银多金属矿则包含石榴子石-磁铁矿-赤铁矿-黄铜矿阶段、石英-方解石-方铅矿-闪锌矿阶段和方解石-石英-黄铁矿阶段。本著选择不同热液阶段典型矿物如磁铁矿、黄铁矿、闪锌矿进行对比分析，结果如下：

（一）*磁铁矿*

水口山矿田热液磁铁矿多呈现团块状产于花岗闪长岩的内矽卡岩带内，与黄铜矿、黄铁矿、磁黄铁矿、赤铁矿伴生，局部被黄铜矿和黄铁矿交代充填，指示高温岩浆热液活动。电子探针微区成分分析指示老鸦巢矿区磁铁矿 FeO 含量为 88.51%~92.47%，平均含量为 90.92%；MnO 含量位于 0.10%~0.34%之间，平均含量为 0.24%；CaO 含量为 0~0.12%，平均值为 0.04%（附表 7）；Cr_2O_3 含量为 0~0.22%，平均值为 0.03%；Al_2O_3 含量为 0.06%~0.31%，平均值为 0.14%；另外，磁铁矿中还检测出含有少量的 Na_2O、SiO_2、TiO_2、K_2O 等。磁铁矿元素判别图解指示了与矿物野外产状一致的成因类型，大部分磁铁矿属于热液成因，具有较高的 Al 含量和较低的 Ti 含量（图 3-28），其相对低 Mg 和富 Al 的特点与典型钙矽卡岩成因磁铁矿一致，指示了早期矽卡岩阶段相对高温氧化的状态。少量磁铁矿 TiO_2 含量可达 0.07%，指示闪长岩中产出的岩浆磁铁矿特点，且呈现闪长岩与矽卡岩过渡的特征，说明矽卡岩体系相对高温高氧逸度的条件继承自花岗闪长岩。

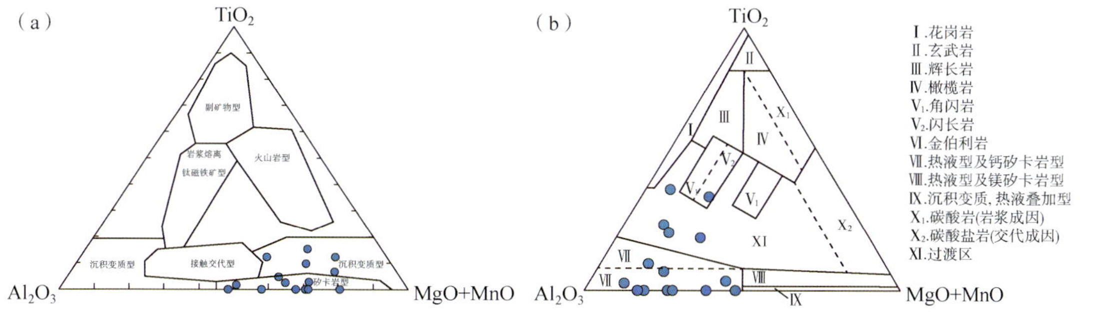

图 3-28　老鸦巢矿床深部磁铁矿元素判别图解

（据林师整，1982；王顺金，1987）

（二）黄铁矿

老鸦巢矿区不同阶段矿物及矿物组构存在差异（图 3-29），石英-黄铁矿-黄铜矿-闪锌矿-方铅矿组合主要分布于岩体与围岩接触带（矽卡岩带）内，石英-方解石-方铅矿-闪锌矿组合主要分布在岩体接触带外（大理岩带内），不同阶段的黄铁矿组分存在较大差异（附表 5，图 3-30），其中矽卡岩带内黄铁矿的 w(S) 位于 51.35%～52.97%范围内，平均值为 52.28%；w(Fe) 介于 44.78%～46.77%之间，平均值为 45.75%；δS 为-3.93～-0.90，平均值为-2.18；δFe 为-3.80～0.40，平均值为-1.72；原子比 N(S)/N(Fe) 为 1.92～2.04，平均值为 2.01。大理岩带内黄铁矿的 w(S) 为 52.09%～53.61%，平均值为 52.91%；w(Fe) 为 46.56%～47.62%，平均值为 47.07%；δS 介于-2.54～0.30 之间，平均值为-1.01；δFe 介于 0.02～2.30 之间，平均值为 1.11；原子比 N(S)/N(Fe) 位于 1.93～2.00 之间。矽卡岩中的热液黄铁矿总体上表现出亏 Fe 富 S 的特征，而充填热液脉中的黄铁矿则表现出亏 S 富 Fe 的特征，表明成矿流体中的硫主要来自岩浆体系，矽卡岩化过程大量消耗游离硫，后期热液阶段中的黄铁矿硫含量偏低。

图 3-29 水口山矿体典型硫化物显微特征

（a）块状黄铜矿黄铁矿磁铁矿矿石；（b）黄铁矿和黄铜矿沿磁铁矿粒间隙充填交代；（c）黄铁矿包含黄铜矿和磁黄铁矿包体；（d）块状黄铁矿方铅矿闪锌矿矿石；（e）自形立方体黄铁矿晶粒；（f）黄铁矿与闪锌矿、黄铜矿共生

此外，石英-黄铁矿-黄铜矿-闪锌矿-方铅矿阶段样品中黄铁矿中包含有黄铜矿和磁黄铁矿包体，石英-方解石-方铅矿-闪锌矿阶段样品中黄铁矿包含有黄铜矿、方铅矿、闪锌矿等包体。黄铁矿中的 S 与 As 具有明显的负相关性，即随着 S 含量的降低，As 含量也降低，表明 As 元素是以类质同象的形式赋存于黄铁矿中。石英-黄铁矿-黄铜矿-闪锌矿-方铅矿阶段黄铁矿的 As、Pb、Zn 等元素是以类质同象的形式赋存于黄铁矿中，而 Cu 元素以独立矿物和类质同象两种形式赋存于黄铁矿中；石英-方解石-方铅矿-闪锌矿阶段样品中黄铁矿的 As 元素以类质同象的形式赋存于黄铁矿中；Cu 和 Zn 元素以独立矿物和类质同象的形式赋存于黄铁矿中；Pb 元素以独立矿物的形式赋存于黄铁矿中。

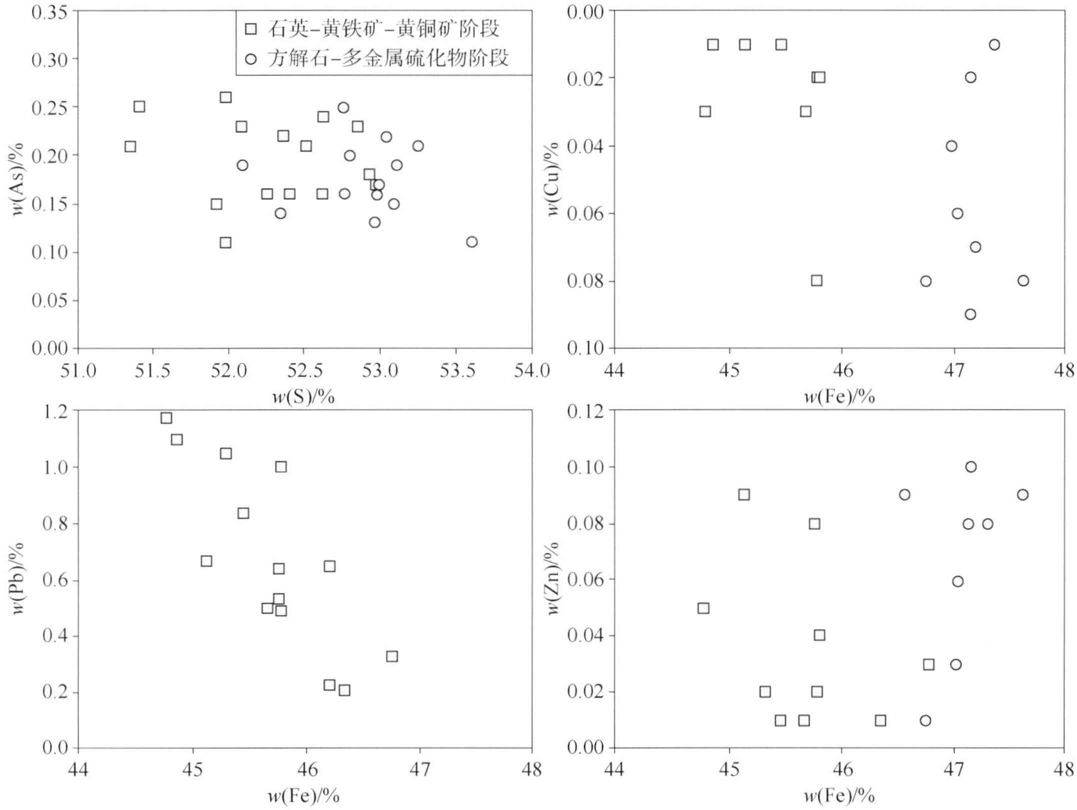

图 3-30　水口山矿床黄铁矿主微量元素关系图解

上述分析结果指示 Cu、Pb、Zn 在成矿过程中的差异性沉淀机制，Cu 大量在早期矽卡岩铁铜矿化阶段以黄铜矿等形式沉淀，Pb、Zn 则可以迁移至更低温的热液成矿体系中发生卸载沉淀，两者具有差异性的流体地球化学行为。

（三）闪锌矿

水口山矿田闪锌矿种类多样且环带发育。老鸦巢闪锌矿样品采自破碎带热液脉中，多与黄铁矿、黄铜矿、方铅矿、磁黄铁矿等金属矿物伴生。可见闪锌矿交代溶蚀黄铁矿而被方铅矿交代溶蚀，并见闪锌矿与黄铜矿构成固溶体分离结构（图 3-29）。这一类型闪锌矿的 *w*(S) 含量为 31.84%～32.49%，平均值为 32.24%；*w*(Zn) 含量介于 62.75%～64.81%之间，平均值为 63.79%；*w*(Fe) 含量为 2.25%～3.34%，平均值为 2.69%；*w*(Cd) 含量为 0.38%～0.55%，平均值为 0.49%；*w*(Mn) 含量为 0.05%～0.18%，平均值为 0.15%。此外，还含有少量的 In（0.01%～0.07%，平均值为 0.03%），Se（0.01%～0.04%，平均值为 0.02%），Ge（0.01%～0.04%，平均值为 0.03%）等微量元素（附表 6）。

与闪锌矿理论组分（S：32.99%，Zn：67.01%，原子比 $N(S)/N(Zn)=1$）对比，老鸦巢闪锌矿具有明显的富 S 亏 Zn 特征，可能是闪锌矿中的 Zn 被 Fe、Cd、Mn 等微量元素以类质同象的形式替换的结果。闪锌矿中 *w*(Zn) 含量与 *w*（Fe+Cd）含量呈明显的负相关性（图 3-31），*w*(Fe) 与 *w*(Cd) 之间也表现出负相关性，表明 Fe、Cd 元素是以类质同象的形式赋存于闪锌矿中，且随着闪锌矿中 *w*(Fe) 含量的增加，*w*(Cd) 含量随之减少。而 w(Mn) 和 w(In) 与 w(Zn) 相关性不明显。

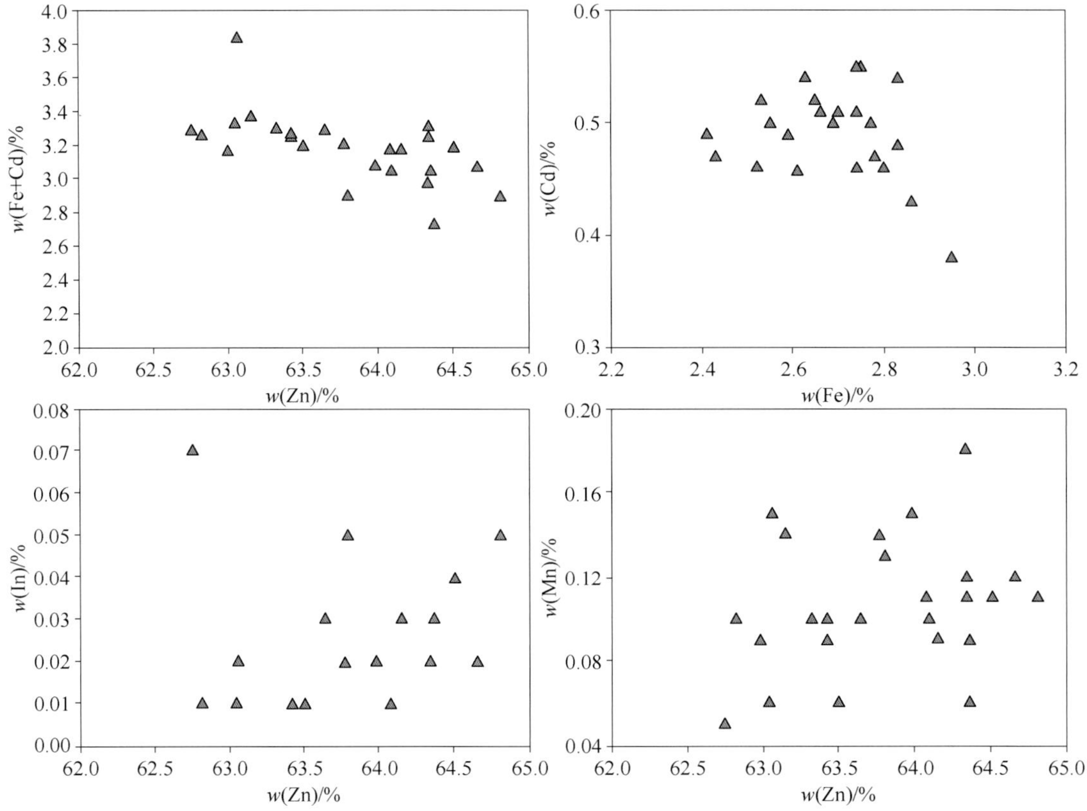

图 3-31 水口山矿田闪锌矿主量元素图解

相比老鸦巢，康家湾矿床中的闪锌矿世代发育显著，可划分出 3 种不同类型的闪锌矿，产于石英-方解石-闪锌矿-方铅矿脉体中的闪锌矿（Sp2）为灰黑色，具有均一的成分组成（即不存在内部环带和交代结构）的闪锌矿［图 3-32(a),(b)］；方解石-闪锌矿-方铅矿脉体中的闪锌矿（Sp3）可进一步细分为：Sp3a 为暗灰黑色，具有均一成分组成的闪锌矿［图 3-32(c),(d)］；Sp3b 为亮灰黑色，沿着晶粒裂隙交代 Sp3a［图 3-32(c),(d)］。

康家湾矿床三类闪锌矿具有相似的 Zn 和 S 的组成（附表 8，图 3-33），相对于 Sp3（平均值为 4.16%），Sp2 具有较高的 Fe 含量（平均值为 5.13%），但是其 Cd（平均值为 0.25%）和 Mn（平均值为 0.80%）含量明显低于 Sp3（平均值分别为 0.3% 和 1.05%）。此外，Sp3b 相对于 Sp3a（平均值分别为 0.27% 和 1.03%）具有更高的 Cd（平均值为 0.34%）和 Mn（平均值为 1.09%）含量，Fe 含量（平均值为 3.70%）则低于 Sp3a（平均值为 4.42%）。

横向对比可以发现，康家湾矿区热液闪锌矿相比老鸦巢矿区热液脉中的闪锌矿具有更高的 Fe、Mn 含量和更低的 Cd 含量，前者具有华南地区典型矽卡岩样品中的闪锌矿特点（Ye et al.，2011），本次采集的康家湾闪锌矿样品形成温度较高且属于矽卡岩后热液阶段的产物，是南深部矽卡岩带流体向北迁移的连续产物。此外，康家湾矿床方解石-闪锌矿-方铅矿脉中闪锌矿 Fe 含量显著降低，指示成矿中晚期流体温度显著降低，Cd 等中低温元素逐步富集。

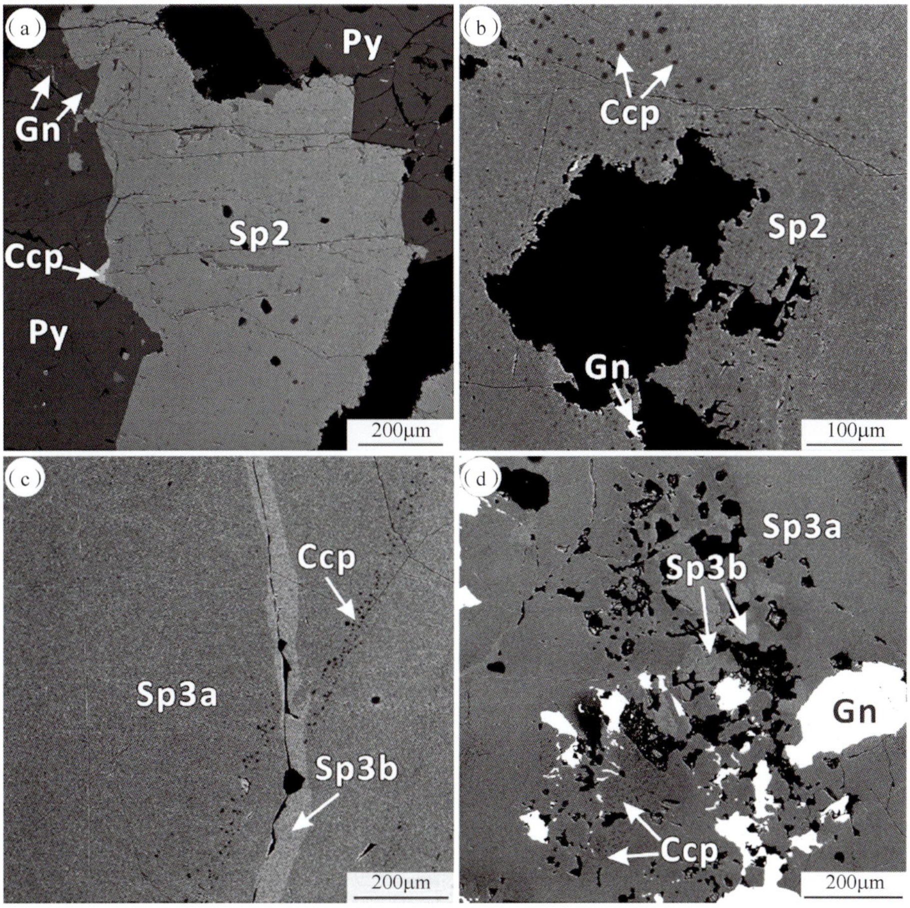

图 3-32　康家湾矿床闪锌矿背散射成像特征

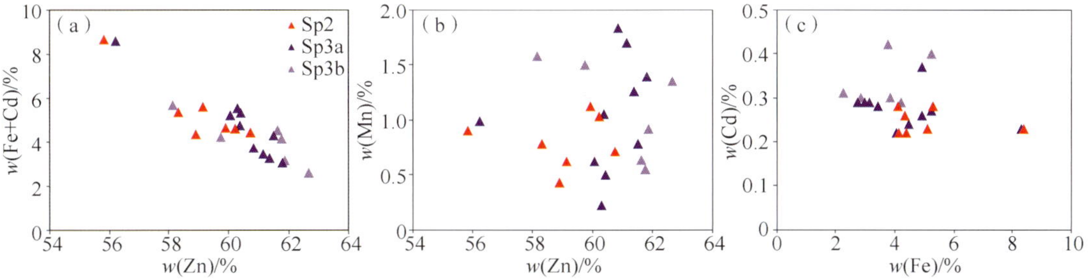

图 3-33　康家湾矿床闪锌矿主量元素图解

综上，选自矽卡岩阶段的磁铁矿指示高温矽卡岩矿化作用，具有岩浆向矽卡岩过渡的特征；选自矽卡岩阶段和中低温热液阶段的黄铁矿中逐步富集 Cu、Pb、Zn 成矿元素，指示高温矽卡岩成矿体系相对富集 Cu，Pb、Zn 仍可迁移到中低温热液体系中富集沉淀；选自破碎带热液脉和钙硅界面中的闪锌矿指示康家湾矿床闪锌矿是南部矽卡岩化派生流体向北迁移并逐渐降温沉淀的产物，沉淀于中低温热液条件的闪锌矿具有较高的 Cd 元素含量。上述热液矿物成分分析显示老鸦巢、康家湾均发育独立的高、中、低温成矿热液体系，早期流体高温高氧逸度携带大量成矿物质，矽卡岩阶段发生铁铜矿化，铅锌矿化可迁移至中低温成矿体系，至流体演化晚期，闪锌矿则能富集镉等稀散元素。

三、成矿流体演化过程

（一）老鸦巢矿床

老鸦巢铅锌铜多金属矿床不同成矿阶段流体包裹体发育情况差别较大，本书选取了与成矿有关的石榴子石-磁铁矿-赤铁矿-黄铜矿阶段（石榴子石）、石英-黄铁矿-黄铜矿-闪锌矿-方铅矿阶段（石英、方解石）、石英-方解石-方铅矿-闪锌矿阶段（方解石）、石英-方解石-黄铁矿（方解石）四个阶段不同类型热液矿物进行流体包裹体测温工作（表3-7）。

表3-7　老鸦巢矿床流体包裹体分析样品采样位置统计

成矿阶段	样号	分析矿物	采样位置
石榴子石-磁铁矿阶段	ZK2001-15	石榴子石	钻孔 ZK2001（962.44m）
	ZK2001-17	石榴子石	钻孔 ZK2001（995.8m）
石英-黄铁矿-黄铜矿阶段	ZK2001-1	石英	钻孔 ZK2001（944.29m）
	ZK2001-11	石英	钻孔 ZK2001（962.3m）
	D016-9（1）	石英	老鸦巢矿区 7 中段 7012 采场
	D016-9（2）	石英	老鸦巢矿区 7 中段 7012 采场
	ZK2071-11	石英	钻孔 ZK2071（1199m）
方解石-多金属硫化物阶段	SKS-2	方解石	老鸦巢矿区 9 中段，六坑井口
	SKS-9	方解石	老鸦巢矿区 04#号矿体采场
	SKS-10	方解石	老鸦巢矿区 04#号矿体采样
方解石阶段	ZK2001-17	方解石	钻孔 ZK2001（995.8m）
	D016-10	方解石	老鸦巢矿区 7 中段 7012 采场
	D016-11	方解石	老鸦巢矿区 7 中段 7012 采场

石榴子石-磁铁矿-赤铁矿-黄铜矿阶段石榴子石的包裹体非常稀少［图3-34(a)］，类型主要为气液两相包裹体。包裹体主要呈孤立状和簇状分布，形态各异，多为近椭圆形、不规则形等，其大小为4.9~10.4μm，气液比在20%~35%范围内；局部可见含子晶包裹体，呈近椭圆形，大小为6.9μm，气液比约30%。富液相水溶液包裹体的冰点温度为-9.6~-8.0℃，平均值为-8.8℃；均一温度介于410~460℃之间，平均值为434℃，均一为液相；盐度为11.70%~13.52%（NaCl eqv），平均值为12.57%（NaCl eqv）；计算可知流体包裹体密度为0.57~0.68g/cm^3，平均值为0.62g/cm^3（图3-35）。

石英-黄铁矿-黄铜矿-闪锌矿-方铅矿阶段石英的包裹体较多［图3-34(b),(c)］，类型主要为气液两相包裹体和纯液相包裹体。气液两相包裹体主要呈孤立状和簇状分布，形态主要有近负晶形、近椭圆形、次圆状、不规则形等，其大小为4.1~13.3μm，气液比在10%~40%范围内。该阶段方解石中包裹体成因类型以原生包裹体为主，主要为富液相包裹体，还有少量的纯液相包裹体；包裹体呈孤立状、簇状分布，形态

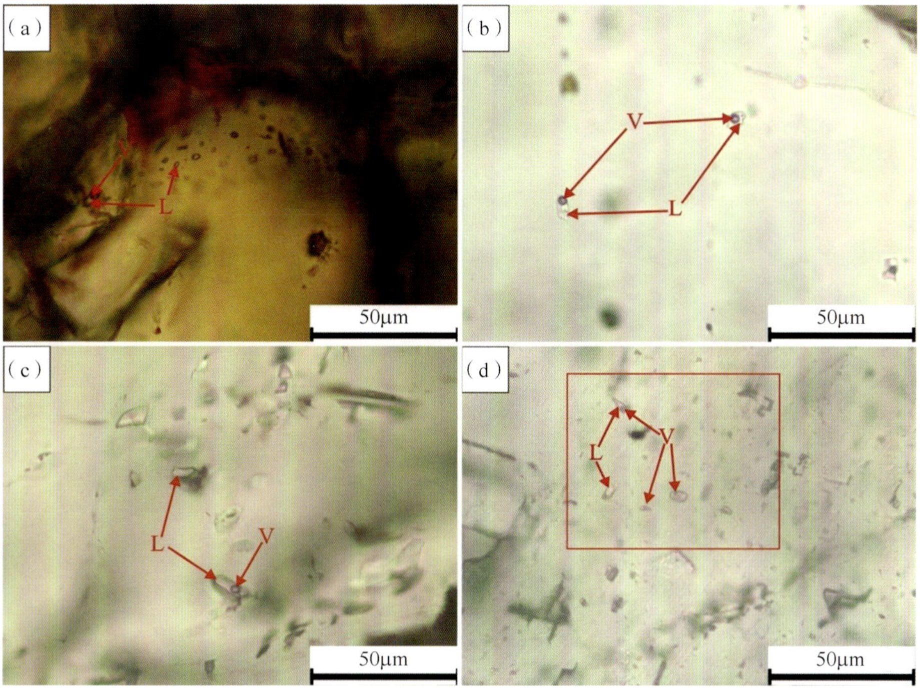

图 3-34　老鸦巢矿床流体包裹体镜下特征

(a) 石榴子石中富液相水溶液包裹体呈簇状分布；(b) 石英中富液相水溶液包裹体；
(c) 富液相水溶液包裹体和纯液相包裹体；(d) 方解石中富液相水溶液包裹体呈簇状分布

以近椭圆状为主，还见有少量的负晶形和不规则状，其大小位于 4.1~20.0μm 范围内，气液比介于 10%~35%之间。富液相水溶液包裹体的冰点温度为-5.5~-1.3℃，平均值为-3.6℃，变化范围较大；均一温度为 235~335℃，平均值为 284℃，均一为液相；通过 Flincor 软件计算获得富液相水溶液包裹体盐度为 2.14%~8.51%（NaCl eqv）（Brown，1989），平均值为 5.79%（NaCl eqv）；密度为 0.68~0.89g/cm^3，平均值为 0.80g/cm^3（图 3-35）。

石英-方解石-方铅矿-闪锌矿阶段方解石中的流体包裹体以原生包裹体为主［图 3-34(c)-(d)］，主要为富液相包裹体，还有少量的纯液相包裹体；包裹体呈孤立状、簇状分布，形态以近椭圆状为主，还见有少量的负晶形和不规则状，其大小位于 4.1~20.0μm 范围内，气液比介于 10%~35%之间。富液相水溶液包裹体冰点温度位于-4.8~-0.2℃范围内，平均值为-2.4℃；均一温度为 135~320℃，平均值为 243℃，变化范围较大；盐度为 0.33%~7.54%（NaCl eqv），平均值为 3.95%（NaCl eqv），变化范围较大；密度为 0.59~0.95g/cm^3，平均值为 0.83g/cm^3（图 3-35）。

方解石-石英-黄铁矿阶段方解石包裹体较多［图 3-34(c)-(d)］，主要为气液两相包裹体和纯液相包裹体。包裹体主要呈孤立状和簇状分布，形态多样，多为近椭圆形、次圆状、不规则形等，其大小为 4.5~22.9μm，气液比在 5%~25%范围内。富液相水溶液包裹体冰点温度为-2.8~-1.0℃，平均值为-1.9℃；均一温度为 132~245℃，平均值为 186℃，均一为液相；盐度为 1.65%~4.55%（NaCl eqv），平均值为 3.18%（NaCl eqv）；密度为 0.80~0.96g/cm^3，平均值为 0.90g/cm^3（图 3-35）。

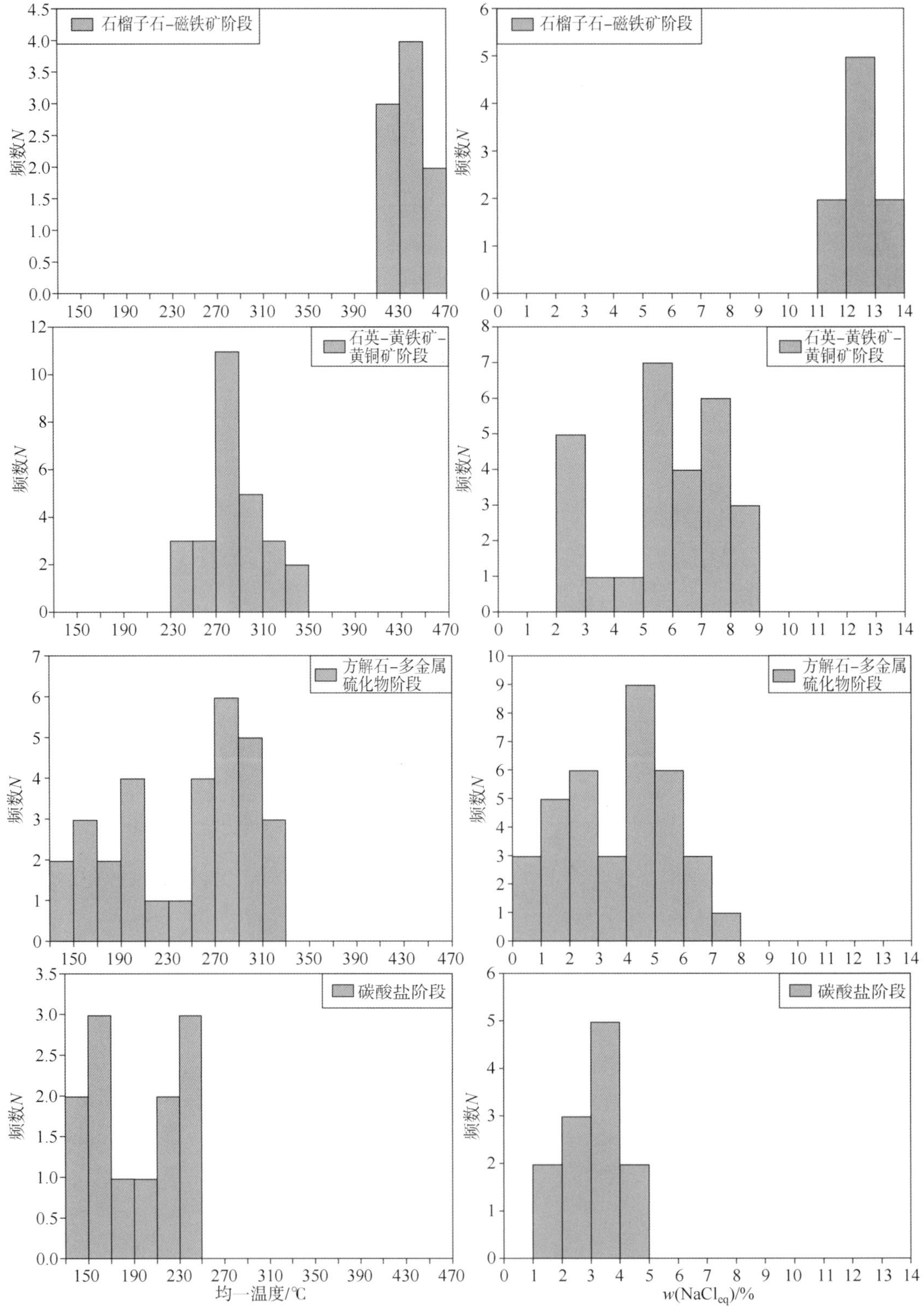

图 3-35 老鸦巢矿床流体包裹体均一温度、盐度直方图

根据老鸦巢矿床流体包裹体显微测温结果可知（图3-36），各成矿阶段包裹体均一温度与盐度之间具有明显的正相关性，即随着均一温度的降低，包裹体的盐度也逐渐降低，表明随着成矿作用的进行，成矿流体的温度和盐度具有逐渐降低的演化趋势。流体包裹体均一温度和盐度呈显著的正相关性，反映了老鸦巢成矿系统流体具有混合演化的特征。同时，老鸦巢矿区流体演化过程中流体包裹体密度显著提高，除温度机制影响外可能与流体沸腾作用有关，大量气相组分在降温过程中同时发生了逃逸。这一特征也可由石英-黄铁矿-黄铜矿-闪锌矿-方铅矿阶段和石英-方解石-方铅矿-闪锌矿阶段近双峰式分布的流体盐度特征指示。综上，老鸦巢矿床矽卡岩至中低温热液成矿体系演化时流体发生了显著的降温作用，成矿体系盐度降低，挥发分散逸，成矿晚期存在显著的流体混合作用。

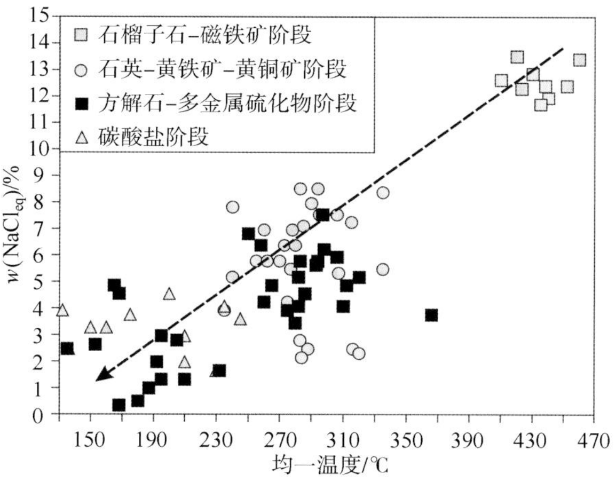

图3-36　水口山流体包裹体均一温度-盐度关系图

（二）康家湾矿床

李永胜等（2021）对康家湾矿区流体包裹体进行系统分析。矿区内包裹体类型主要有：Ⅰ型气液两相包裹体（Ⅰa型富液相包裹体和Ⅰb型富气相包裹体），Ⅱ型纯液相包裹体和Ⅳ型含子矿物包裹体。包裹体气相成分主要是水蒸气（H_2O），不含其他气相成分，成矿流体为中温、中-高盐度、H_2O+NaCl体系。流体包裹体研究表明，康家湾铅锌矿床早期成矿体系主要为中温（243～343℃）、中-高盐度（18.4%～33.8% NaCleqv）的流体（对应本文石榴子石-磁铁矿-赤铁矿-黄铜矿阶段）；大量闪锌矿、方铅矿出现的主成矿阶段为中温（278～352℃）、中-低盐度（1.1%～20.7% NaCleqv）流体（对应本文石英-方解石-方铅矿-闪锌矿阶段）；晚期方解石-闪锌矿-方铅矿阶段为低温（125～191℃）、低盐度（0.2%～6.7%NaCleqv）的流体（对应本文方解石-石英-黄铁矿阶段）。其中，主成矿阶段的流体发生了沸腾作用（图3-37）。上述分析成果显示了典型的高温高盐度成矿流体向中低温低盐度成矿流体演化的特征，流体降温过程中沸腾作用和流体混合作用参与了成矿过程，成矿金属元素在不同阶段发生卸载，与热液矿物分析结果一致。

此外，康家湾矿床流体演化特征与老鸦巢矿床非常一致，均发育了高温和中低温成矿热液系统，表明两者属于同一时代相似成矿背景下独立发育的铅锌多金属成矿系统，具有类似的物质源区和流体演化规律，可作为衡阳盆地周缘其他中生代铅锌多金属矿床进行边深部找矿工作的典型案例。

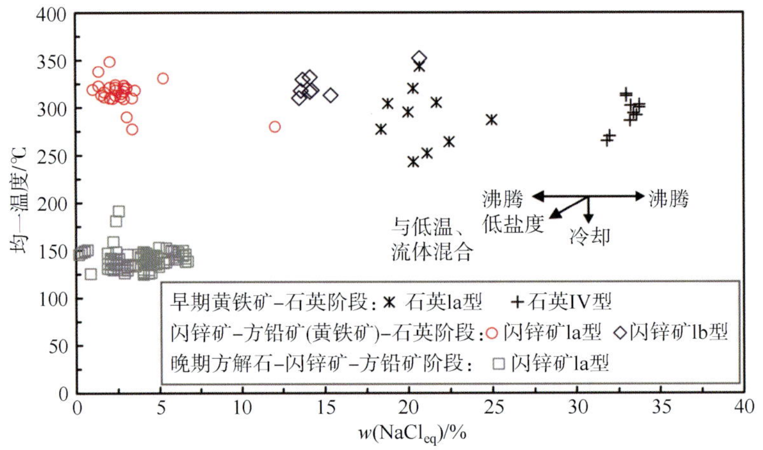

图 3-37 康家湾铅锌矿床流体体系均一温度-盐度关系图
（引自李永胜等，2021）

四、成矿流体来源

（一）硫同位素示踪

老鸦巢和康家湾矿床的金属矿物主要为毒砂和黄铁矿以及少量磁黄铁矿、黄铜矿、方铅矿和闪锌矿。矿物组合简单，缺少硫酸盐矿物表明硫化物的硫同位素应该能近似代表热液总硫同位素的组成。测试结果显示（表 3-8，图 3-38），老鸦巢铅锌矿床硫化物硫同位素值范围为-1.71‰~1.78‰，显示出塔式分布的特点，且 δ^{34}S 黄铁矿>δ^{34}S 闪锌矿，表明硫化物是在稳定的物理化学条件下形成，硫同位素已经达到平衡，来源相对比较单一。康家湾硫同位素组成与老鸦巢非常相似，石英-方解石-方铅矿-闪锌矿阶段硫化物硫同位素组成较为集中，黄铁矿、闪锌矿和方铅矿 δ^{34}S 值分别为-1.78‰~2.24‰、-0.62‰~1.24‰和 -2.34‰~0.19‰，同样呈现出 δ^{34}S 黄铁矿>δ^{34}S 闪锌矿>δ^{34}S 方铅矿的特征（李永胜等，2021）。老鸦巢矿床和康家湾主成矿期的金属硫化物的硫同位素组成范围分别为-1.71~1.78‰和-2.34‰~2.24‰，与岩浆热液体系硫同位素组成分布相似（0±5‰；Ohmoto，1972；Hoefs，1997），区别于海相地层。康家湾成矿晚期含矿脉体中闪锌矿和方铅矿的硫同位素组成分别为-5.79‰~-6.88‰和-9.75‰~-8.93‰，略低于主成矿期金属硫化物硫同位素，这可能是成矿晚期成矿流体中大气水的比例逐渐增加，成矿系统受到由大气降水萃取的围岩物质混染所致（如斗岭组碳质地层）。

表 3-8 水口山矿田典型硫化物原位硫同位素测试结果

样品	硫化物类型	$\delta^{34}S_{VCDT}$/‰	1σ	样品	硫化物类型	$\delta^{34}S_{VCDT}$/‰	1σ
K2-8	Gn	-1.22	0.21	K2-8	Apy	1.3	0.18
K2-8	Apy	1.78	0.17	K2-8	Gn	-1.71	0.23
K2-8	Apy	1.73	0.16	K4-3	Gn	-0.56	0.25
K2-8	Apy	1.08	0.16	K4-3	Gn	-1.52	0.24
K2-8	Apy	1.56	0.16	K4-3	Gn	-1.08	0.22

续表

样品	硫化物类型	$\delta^{34}S_{VCDT}$/‰	1σ	样品	硫化物类型	$\delta^{34}S_{VCDT}$/‰	1σ
K4-3	Gn	-1.32	0.21	K8-2	Apy	1.11	0.15
K8-2	Apy	1.2	0.18	K8-8	Gn	0.14	0.22
K8-2	Apy	1.66	0.22	K8-8	Gn	0.2	0.23
K8-2	Apy	1.15	0.23	K8-8	Gn	0.22	0.24
K8-2	Apy	1.51	0.24	K8-8	Gn	-0.29	0.25

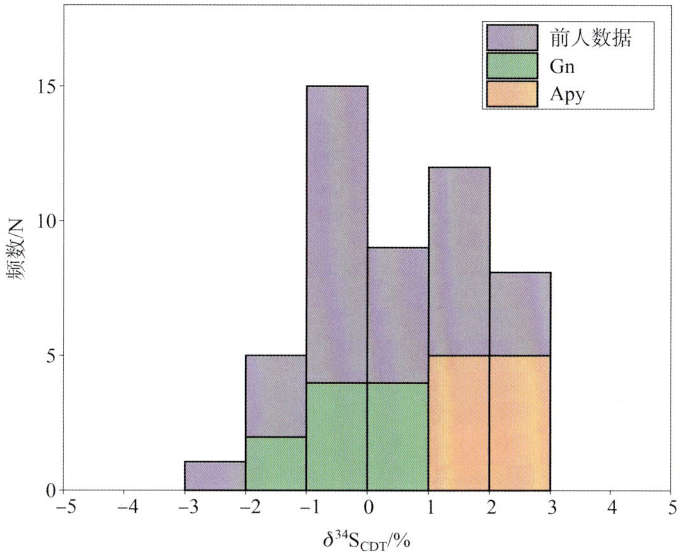

图 3-38　水口山矿田硫化物原位硫同位素直方图
（部分数据引用自李永胜等，2021）

（二）氢氧同位素示踪

采集老鸦巢矿床 3 中段的含石英的矿石样品（SKS2-2）开展石英 H-O 同位素研究，结果显示样品 SKS2-2 中石英的 $\delta D=-60.6‰$，$\delta^{18}O_{V-SMOW}=16.53‰$（表 3-9）。石英中的 δD 值可以代表其形成时热液流体的氢同位素组成，而石英中的 $\delta^{18}O$ 值需要结合其形成温度，利用石英和水的 O 同位素平衡分馏方程，计算热液流体的 O 同位素组成，计算公式如下（Clayton et al.，1972）：

$$\delta^{18}O_{流体}-\delta^{18}O_{石英}=-3.38\times10^{6}/T^{2}+3.40$$

表 3-9　老鸦巢矿床热液矿物氢氧稳定同位素测试结果

样号	矿物	$\delta^{18}O_{V-SMOW}$/‰	δD_{V-SMOW}/‰	$\delta^{18}O_{H_2O}$/‰	换算温度/℃
ZK2001-12	石英	14.5	-61	7	284
ZK2071-11	石英	17.8	-59.6	10.3	
D016-10	方解石	12.8	-74.7	3	186
D016-11	方解石	15.5	-84.5	5.7	
SKS2-2	石英	16.53	-60.6	9.74	310

此公式适用于石英形成温度为200~500℃，公式中T为热力学温度（单位：K）。本次选择310℃作为石英形成的温度用以计算流体的氧同位素组成。SKS2-2样品（表3-17）显示石英形成时热液流体的$\delta^{18}O_{V-SMOW}$值为9.74‰，与典型岩浆水范围一致；而碳酸盐阶段数据投影点落入岩浆水与雨水线之间靠近岩浆水的范围内。表明老鸦巢铅锌矿床矽卡岩期石英多金属硫化物阶段含矿热液以岩浆水为主，随着成矿作用的演化，后期逐渐有大气降水的混入（图3-39）。

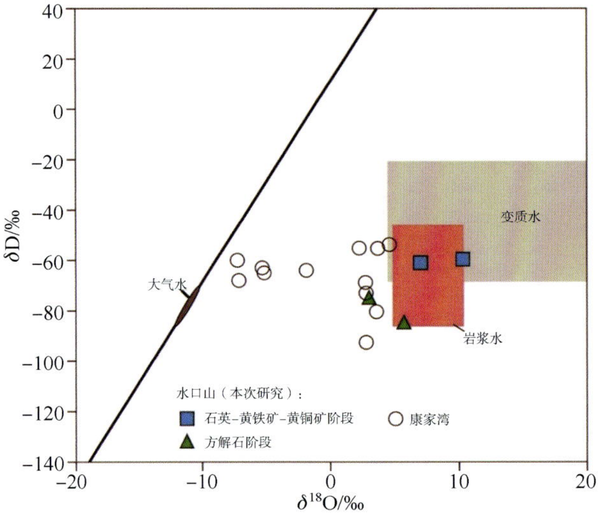

图3-39　水口山矿床热液流体H-O同位素投图

（底图修改自Taylor，1974；前人数据引自路睿，2013）

（三）碳氧同位素示踪

水口山矿床中方解石的$\delta^{13}C_{V-PDB}$值介于-1.08‰和-3.78‰，$\delta^{18}O_{V-SMOW}$值介于8.26‰和10.34‰（表3-10），与前人所得结果相近（黄金川等，2013）。方解石的C、O同位素组成，明显低于二叠系当冲组（$\delta^{13}C$值为-0.5~0.3‰，$\delta^{18}O$值为14.1~16.8‰）及区域上的栖霞组灰岩（$\delta^{13}C$值为1.60~3.00‰，$\delta^{18}O$值为18.49‰~23.13‰）同位素值（郭福生，2004；路睿，2013），与典型花岗岩类派生流体组成一致，表明水口山矿区成矿流体仍以岩浆水为主（图3-40）。路睿（2013）和左昌虎（2015）分别对矿区方解石开展了碳氧同位素分析，结合本著分析结果可知，康家湾矿床方解石呈现由岩浆流体派生向海相碳酸盐岩过渡的特点，说明中低温成矿热液体系中成矿流体与围岩发生了动态平衡过程。

表3-10　水口山方解石C-O同位素测试结果

样品	矿物	$\delta^{13}C_{V-PDB}$/‰	$\delta^{18}O_{V-PDB}$/‰	$\delta^{18}O_{V-SMOW}$/‰
SKS4-1	方解石	-1.2	-18.32	10.34
SKS7-1-1	方解石	-2.42	-15.51	8.97
SKS7-1-2	方解石	-2.48	-15.48	8.76
SKSZ-01B	方解石	-3.65	-16.02	9.25

续表

样品	矿物	$\delta^{13}C_{V-PDB}/‰$	$\delta^{18}O_{V-PDB}/‰$	$\delta^{18}O_{V-SMOW}/‰$
SKSZ-02B	方解石	-3.78	-15.84	9.08
SKSZ-02A	方解石	-3.5	-15.01	8.26
SKSZ-03-1	方解石	-1.12	-15.17	8.35
SKSZ-03-2	方解石	-1.08	-15.27	8.51

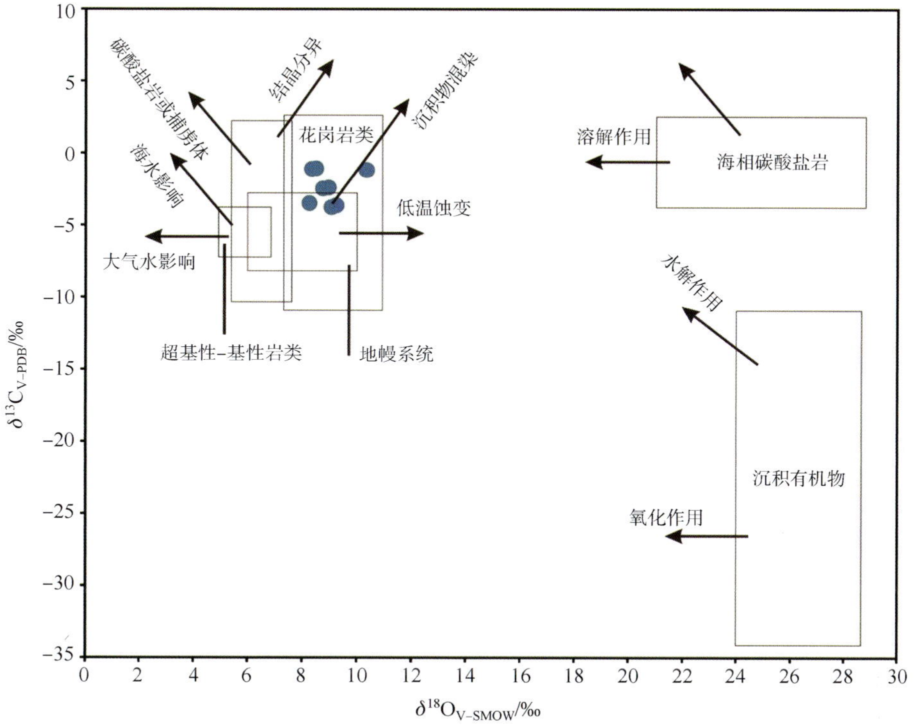

图 3-40　水口山铅锌矿床热液流体 C-O 同位素投图

（修改自刘建明等，1997）

综上，水口山矿田成矿流体具有一致的成矿流体演化过程，早期高温高盐度流体中的主要物质由岩浆提供，主导了矽卡岩阶段的金属矿化作用；随着成矿热液体系逐渐降温，成矿流体向碳酸盐岩地层中迁移，不同程度混染了围岩物质；成矿元素主要由岩浆体系供给，后期围岩反应及天水混合促进了成矿金属元素卸载沉淀。

第四节　水口山矿田成矿要素总结

一、岩浆系统脉动侵位

水口山矿田位于南岭成矿带北缘，矿田多金属成矿事件与燕山早期中酸性岩体密切相关。花岗闪长（斑）岩来源于基性下地壳并强烈混杂地幔物质，具有较高的铜、金、铅、锌元素背景值，为成矿提供了丰富的物质来源。矿田内岩体侵位年龄跨度在 173～143Ma

（李能强等，1996；喻亨祥，1997；王岳军，2001；马丽艳等，2006；甄世民等，2012；赵增霞等，2013；左昌虎等，2014；Huang et al.，2015；Yang et al.，2016；郭剑豪等，2019；李永胜等，2020；Li et al.，2021；Wang et al.，2023；秦锦华等，2023），集中分布在163~156Ma。老鸦巢-鸭公塘发育167.8Ma、163.6Ma、154Ma三期花岗闪长岩，对应矿田内三期岩浆活动，其中第一期侵位年龄时限为173~167Ma，峰期170Ma；第二期侵位年龄时限为163~157Ma，峰期163Ma；第三期侵位年龄时限为157~143Ma，峰期155Ma。同时，热液矿物年代学分析结果表明康家湾深部石榴子石矽卡岩年龄为159.1Ma（Qin et al.，2022），康家湾矿区深色闪锌矿Rb-Sr等时线年龄为154.6Ma，浅色闪锌矿年龄为151.7Ma。老鸦巢十一中段含磁铁矿矽卡岩带磷灰石定年结果为166Ma，矽卡岩带中辉钼矿Re-Os年龄为157.8Ma（Huang et al.，2015），十三中段闪锌矿化石榴子石矽卡岩年代为160Ma，含金热液角砾磷灰石分析结果为159Ma。此外，Li et al.（2021）和本书均测得鸭公塘、老鸦巢矿区黄铁矿Re-Os硫同位素年龄为140Ma。上述热液活动时限表明水口山矿田不同期次岩浆活动伴生不同类型热液成矿事件，早期花岗闪长岩局部发育矽卡岩磁铁矿化，中期花岗闪长岩发育典型铁铜金矿化，晚期花岗闪长岩则与矽卡岩-中低温热液交代型铅锌金银矿化密切相关。

二、热液系统分带成矿

水口山矿田不同矿区发育不同金属矿物组合矿化作用。老鸦巢-鸭公塘矿区深部可见典型矽卡岩化铁铜矿化，矿体主要展布于花岗闪长岩与碳酸盐岩接触带中，与大量无水矽卡岩矿物共生；老鸦巢矿区浅部花岗闪长岩与碳酸盐岩接触带可见矽卡岩型铅锌矿化，金属矿物与典型含水矽卡岩矿物共生；远离接触带的北北东向断裂则控制了含金铅锌矿体产出；老鸦巢矿区南侧龙王山地区发育有典型浅成低温热液成矿系统，黏土化发育，表生氧化严重，独立产出金矿体。四者共同组成了老鸦巢-鸭公塘矿区不同空间位置的热液矿化系列。围绕上述四类成矿系统，发育了典型高温热液矿物如石榴子石、绿帘石、透辉石，中低温热液矿物如方解石、绢云母等，低温热液矿物如黏土、伊利石、玉髓、蒙脱石等，指示典型岩浆热液蚀变特征。流体包裹体测温结果证实早期矽卡岩体系中高温中高盐度流体在演化过程中不断降温并发生流体混合作用，成矿元素Fe、Cu、Pb、Zn、Au、Ag在不同成矿系统中依次发生卸载，构成了老鸦巢式高中低温成矿样式。

相比老鸦巢-鸭公塘矿区，康家湾矿物早前勘探工作主要识别出了中低温热液充填脉型铅锌金银多金属矿化和浅成低温热液金银矿化，其中脉状铅锌多金属矿体分布于F_{22}断层与硅化角砾岩带交汇部位并南北向延伸，浅成低温热液矿体则分布于康家湾矿区北侧浅部。新近钻孔则在康家湾100线以南深部发现典型矽卡岩化蚀变，伴随弱铁铜矿化。其中，南深部矽卡岩型铁铜矿化有关的蚀变矿物组合为石榴子石-绿帘石-绿泥石-赤铁矿-磁铁矿-黄铜矿-黄铁矿，分带特征与老鸦巢—康家湾矿区深部矽卡岩矿化系统一致；中低温热液充填型铅锌金银矿化集中分布于康家湾矿区南侧浅部及北侧，典型蚀变包括硅化、碳酸盐化和绿泥石化，局部可见萤石化；矿区北侧浅部可见浅成低温金银矿化有关的碳酸盐化、伊利石化、地开石化蚀变，指示成矿流体演化末端。区别于前人观点，本著结合围岩蚀变、矿物组合等相关证据，证实康家湾矿床由南向北、由深至浅发育了一套矽卡岩、中低温热液充填交代、浅成低温热液连续成矿系列。在此过程中，康家湾矿床流体以南深部高温高压成矿体系为中心，向外围扩散并逐渐降温降压。含矿流体受矿区构造及地层层位控制显著，钙硅界面及逆冲断裂交汇部位矿体显著膨胀变大，成矿金属元素由下至上由南至北呈 Fe-Cu、Pb-Zn-Au-Ag、Au-Ag 的连续演化特征。结合流体包裹体测温及 H-O-C-硫同位素分析结果，证实康家湾矿区属深源岩浆流体就位过程中连续演化的产物，成矿流体并非由老鸦巢-鸭公塘岩浆热液系统的远端运移而来，而是康家湾矿区南深部潜在隐伏岩体活动的产物。

综上，水口山矿田铅锌铁铜金银多金属矿化作用属区内花岗闪长岩就位过程中连续演化的结果，矿田内老鸦巢—鸭公塘矿区与康家湾矿区均发育完整独立的成矿序列，由花岗闪长岩接触带至远端断裂系统依次发育矽卡岩化、中低温热液矿化、浅成低温热液矿化系统，共同构成了水口山矿田多点、多期、多金属矿化的基本脉络。

三、构造转换主导矿化

华南地区在中新生代明显受到古亚洲、特提斯和环太平洋 3 大构造域相互作用的影响，经历了复杂交替的挤压、拉张过程（舒良树，2002；舒良树，2004），同时在中生代中晚期出现大规模或大爆发成矿作用（华仁民，1999；毛景文，1999；毛景文等，2004）。三叠纪晚期（240~220Ma）印支地块、华南地块与华北地块碰撞对接（张国伟，1996；任纪舜，1999），整个华南地区岩石圈大幅度加厚，侏罗纪早期出现局部裂解，白垩纪区域全面伸展（毛景文等，2004；Chu et al.，2019）。岩石圈的全面拉张-减薄，导致地幔物质上涌，岩浆底侵，引发大规模的地壳熔融，同时，引起大规模的岩浆活动和矿化事件。

三叠纪时期，华南褶皱带处于海平面下降和海陆转换阶段，海退与陆内挤压造山同步进行（刘宝珺等，1995）。印支运动末期（晚三叠世），华南褶皱带开始进入陆相沉积阶段，但是湖南地区在早侏罗世仍处于海相沉积阶段（孟立丰，2012）。进入中侏罗世，华南褶皱带进入岩石圈伸展构造环境（李献华等，1999；Chen et al.，2002；葛小月，2002；舒良树等，2006）。研究发现，华南地区中生代岩浆活动与岩石圈多次伸展作用密切相关。李献华等（1999）通过总结得出华南燕山期主要存在 164~153Ma，146~136Ma，129~122Ma，109~101Ma 和 97~87Ma 五次岩浆活动，且均与华南岩石圈伸展密切相关。谢桂青（2003）则把华南岩石圈伸展划为 6 个阶段，毛景文等（2004）将其归并为 180~155Ma，145~125Ma 和 110~75Ma 等 3 个主要阶段。毛景文等（2007）认为在中晚侏罗世（165~150Ma），古太平洋板块向大陆俯冲，使华南地区所处的大陆边缘弧后地区出现了一系列 NE 向壳幔相互作用强烈的伸展带。进入早白垩世，在衡阳地区主要发育陆相相红色碎屑沉积岩（孟立丰，2012）。早、晚白垩纪之间的燕山运动引起了从神皇庙组顶部的湖相环境向戴家坪组底部河流相环境的急剧变化，并且伴随中基性岩浆活动（刘训等，1986）。进入喜山运动以后，盆地全面抬升，盆地演化结束。

水口山铅锌多金属矿成矿应形成于南岭地区中生代第二期大规模成矿期，与宝山铜铅锌多金属矿床 160±2Ma、黄沙坪铅锌矿床 159~154Ma、铜山岭铜铅锌多金属矿床 162~155Ma 一致，与南岭地区大规模 W-Sn 矿化时间 160~150Ma 也基本吻合，属中生代古太平洋板块俯冲环境下陆内伸展的产物（图 3-41）。这一时期陆内伸展伴随软流圈地幔上涌，区内不同深度地壳经历加热减薄过程发生部分熔融作用，部分混染地幔物质，形成了大量中酸性岩浆。上述岩浆沿北北东向深大断裂就位于衡阳盆地周缘，分异演化而来的岩浆热液通过矽卡岩化、流体混合、流体降温、流体沸腾机制沉淀，最终形成了水口山矿田多金属矿化系列。

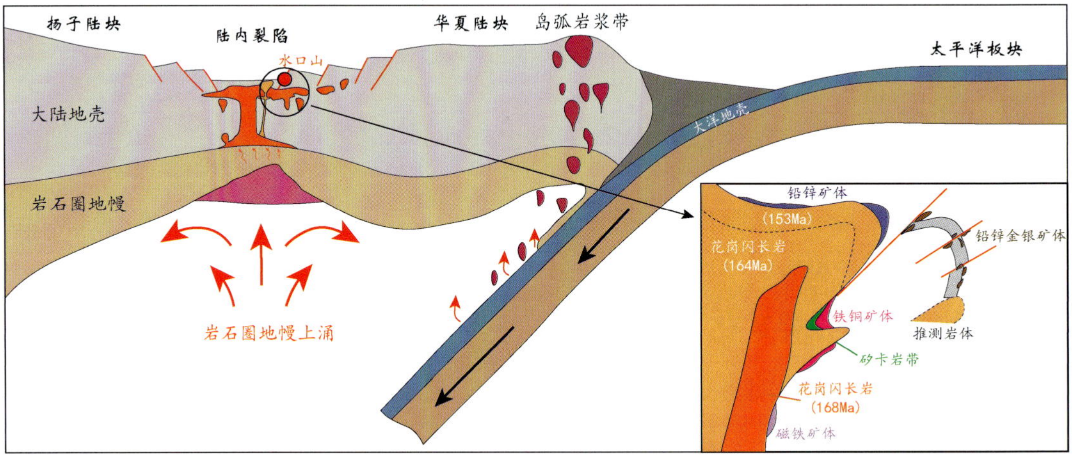

图 3-41　水口山矿田区域成矿模式图

四、成矿有利因素

矿田内二叠系浅海相碳酸盐岩地层对成矿控制作用明显，下二叠统栖霞组与当冲组灰岩类是矿田内主要赋矿岩石，其次，中侏罗统下段含砾砂岩局部见有矿化。由于含炭质灰岩、含有机质灰岩、燧石条带灰岩、泥灰岩具渗透性较强、含有机质及化学性质活泼等特征，与岩浆热液接触后易于发生接触扩散和渗滤交代作用，从而在岩体与碳酸盐岩接触带形成矽卡岩型高温铜磁铁矿体，在岩体与围岩接触带、断裂交汇处、不整合面等有利部位形成铅锌矿体、金矿体和硫铁矿体。硅化破碎角砾岩带为直接赋矿地质单元，角砾岩原岩为栖霞组灰岩类或当冲组泥灰岩、硅质岩类，由于褶皱挤压、断层切割、岩浆侵入等作用导致原岩破碎而形成角砾岩，为含矿热液卸载提供了有利的空间。如，康家湾铅锌金银矿床矿体赋存于康家湾倒转背斜顶部不整合面上发育的硅化破碎角砾岩相带中，角砾岩原岩为栖霞组含燧石灰岩（图 3-7）；老鸦巢铅锌金矿床矿体主要赋存于 4 号花岗闪长岩体边缘栖霞组、当冲组灰岩类破碎形成的热液角砾岩相带中（图 3-10），角砾岩原岩为栖霞组灰岩或当冲组泥灰岩。斗岭组砂页岩、当冲组下段泥岩和黏土岩等往往形成地层岩性圈闭。

岩浆侵入构造系统是矿田主要构造样式之一，从全球范围来看，其控制了不同大地构造背景下多种矿床类型（方维萱，2019），如安第斯活动大陆边缘的斑岩型铜金矿床、浅成低温热液型金银铜多金属矿床（李建旭等，2011），其多由岩浆侵入构造系统中的岩浆热液角砾岩相控制。在岩浆侵入过程中，由构造-热流体-岩性多因耦合作用，形成的从侵入体→侵入体与围岩接触带→围岩中的岩浆热液角砾岩构造，构成了岩浆侵入构造系统中的主要成岩成矿系统。水口山地区燕山期大规模岩浆侵位，形成了花岗岩类岩浆侵入构造，这些深部来源的低分异花岗岩岩体通常具有较高的铜金和铅锌背景值。岩浆沿老鸦巢倒转背斜核部侵位，由侵位中心至围岩依次发育花岗闪长岩侵入体（钾长石化、矽卡岩化）→热液角砾岩相带（筒）（硅化、碳酸盐化）→节理+裂隙带（绿泥石化、绢云母化）的岩浆侵入构造，岩凸、岩凹、小型岩枝及热液角砾岩相带（筒）是主要的储矿构造样式，成矿金属元素随流体发生迁移并在不同构造样式中发生卸载，形成筒状、囊状等形态复杂的铁铜铅锌金多金属工业富矿体。

水口山矿田受印支期—燕山早期东西向挤压作用，形成了鸭公塘、老鸦巢、康家湾等一系列 NNE 向褶皱，岩层中岩性突变区域发生滑脱并形成角砾岩带；侏罗纪早期区域抬升，晚古生界与中生界形成不整合面构造，上覆侏罗系砂页岩为康家湾矿床提供了良好的岩相圈闭，同时发育 NNE 向深大断裂；侏罗纪中晚期岩浆沿深大断裂上涌侵位于倒转背斜轴部，受断裂发育情况岩体展布形态多样，表面凹凸不平，呈脉状、枝状、岩墙状产出。岩浆侵入构造、逆冲断裂构造和钙硅界面在背斜核部相互叠加、交汇，形成了大规模的高孔隙度、高渗透率角砾岩相带，为含矿流体提供了良好的运移卸载空间。

第四章　黄沙坪铅锌钨多金属矿床

黄沙坪铅锌钨钼多金属矿床隶属湖南省郴州市桂阳县管辖，地处湘南地区，位于扬子陆块东南缘和华夏陆块西北缘交汇区域、钦杭成矿带与南岭成矿带叠合部位。湘南地区处于南岭钨锡钼铋铅锌铜铁锰金银等元素高度浓集的地球化学块体中，是南岭多金属成矿带的重要组成部分，区内发现有著名的坪宝矿集区（如黄沙坪、宝山铅锌（钨）多金属矿），以及香花岭、新田岭、柿竹园、白云仙钨锡（铅锌）多金属矿床、芙蓉锡矿床、瑶岗仙钨矿等，其成矿年代主要集中在中晚侏罗世—早白垩世，与区内多期次侵位的酸性花岗岩关系密切。黄沙坪多金属矿床是坪宝矿集区重要的组成部分，共伴生钨、钼、铋、铅、锌、铜、铁、锡、萤石等多个矿种，其中铅锌矿储量达超大型，是我国重要的铅锌矿原料基地，多年采选规模位居全国前列。截至 2015 年底，黄沙坪矿床累计探明铅锌金属量 217×10^4t、钨钼金属量 18.18×10^4t。自 1967 年投产至今，黄沙坪矿床已累计开采铅锌矿金属量超百万吨，浅部铅锌资源基本耗尽，钨多金属矿尚未形成规模化开采能力，故迫切需要开展边深部铅锌多金属找矿增储工作，延长矿山服务年限。

黄沙坪矿床矿体受区域褶皱、断裂及侵位岩体控制，依照其空间分布特征可划分为 301#矿体群和 304#矿体群；其中 301#矿体群分布于花岗斑岩周缘，主要为 W、Mo、Fe、Pb、Zn 矿化，具有明显分带性；304#矿体群赋存于近南北向 F_1 断裂下盘石磴子组和测水组地层中，与区域石英斑岩密切相关，为主要的 Pb、Zn、Cu 矿化带。黄沙坪矿区岩体岩性复杂、期次难以区分，通过开展地球化学工作识别多期成矿岩体，利用流体包裹体研究及热液矿物成分结构分析约束成矿流体性质，综合同位素分析示踪成矿物质来源，以期有力支持矿床成因机制和金属元素分带特征厘定，为下一步找矿工作奠定理论基础。

第一节　矿床地质概况

黄沙坪矿区大地构造位置位于华夏板块与扬子板块的碰撞汇聚带边缘，地处南岭构造带中段北缘，耒阳-临武南北向构造带中段，北东向郴州-蓝山基底构造岩浆岩带与北西向郴州-邵阳基底构造岩浆岩带的交汇部位，属坪宝有色金属矿集区，东临千里山-骑田岭多金属矿集区。黄沙坪地区经历古生代—中生代多期复杂构造岩浆活动，发育有震旦系—寒武系类复理石建造，伴随同时期火山岩活动，叠加加里东期强烈的变质变形作用，形成了大量褶皱隆起和东西向、北东向断裂，构成了矿区基底构造层；进入泥盆纪—二叠纪，区内抬升作用明显，以早期发育海相碳酸盐岩建造，晚期发育海陆交互相沉积作用为特点，构成了矿区盖层构造层；印支期湘中南发生挤压造山作用，黄沙坪发育近南北向复式褶皱，随后发育有燕山期北北东向断陷盆地和深大断裂，沉积作用局限。黄沙坪矿区岩浆活动活跃于加里东期、印支期和燕山期，以燕山早期浅成-超浅成酸性侵入岩为代表，整体成群成带展布。

一、地层成矿专属性

黄沙坪及其临近区域发育有除奥陶系、志留系外完整的元古界—新生界，其中震旦系—寒武系矿区内未有发现，主要分布于黄沙坪以南香花岭地区和以东千里山—宝峰山地区，矿区出露地层主要为上泥盆统佘田桥组、锡矿山组，下石炭统斗岭坳组、石磴子组、测水组和梓门桥组（图 4-1），不同地层在成矿过程中扮演了不同角色（刘悟辉，2007；张志，2015）。

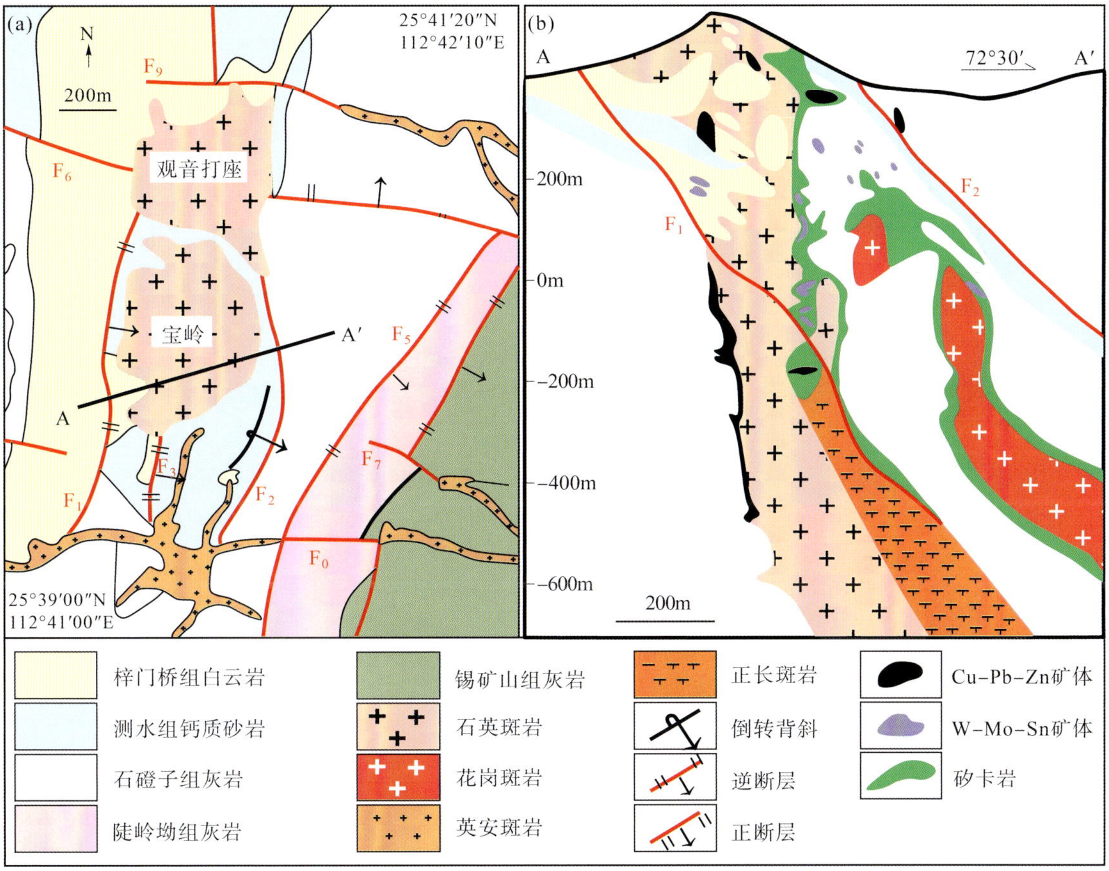

图 4-1　黄沙坪矿区地质图

矿源层：区域内沉积厚层类复理石浅变质震旦系—寒武系碎屑岩和变质砂岩，底部发育火山沉积层，地层剥蚀严重且有较高的铅锌钨锡钼铋背景值，构成了区域多金属成矿作用潜在的物质来源层位。

容矿层：上泥盆统佘田桥组、锡矿山组出露于黄沙坪矿区东南部，岩性分别为灰岩夹条带状白云岩、灰岩。下石炭统斗岭坳组分布在矿区东南部，岩性主要为灰岩；石磴子组分布广泛，岩性包括灰岩和生物碎屑灰岩，广泛发育矽卡岩化和大理岩化，是矿区的主要容矿地层。下石炭统梓门桥组白云岩或白云质灰岩，局部含有燧石团块且裂隙发育明显，局部含矿体。

屏蔽层：下石炭统测水组主要为钙质砂岩、灰色页岩、粉砂岩、石英砂岩或砂质页岩，局部含有煤层，是矿区最主要的屏蔽层，局部可见铅锌（铜）矿体，受构造和地层控制显著。

二、构造成矿专属性

矿区构造主要包括近南北向的观音打座-宝岭复式倒转背斜、近南北向的逆断层 F_1、F_2、F_3 以及近东西向的正断层 F_0、F_6、F_9，构成了矿区“井”字形构造格局（图 4-1）。依照矿区构造发育与成矿作用的先后关系，可将黄沙坪矿区构造分为以下三类（韩润生等，2020）。

（1）成矿前构造。坪宝地区存在两期成矿前构造体系，加里东期受到南北向应力作用，加里东前的地层形成近东西向的基底构造体系，构成南岭地区构造的雏形。进入海西期后，在加里东期南北构造雏形影响下，从泥盆纪开始大规模海侵，沉积一套近南北向展布的厚层海相沉积。印支期受到近东西向构造应力作用，基底地层和泥盆纪-二叠纪沉积盖层发生褶皱变形，形成宝岭复式倒转背斜、观音打座倒转背斜、上银山向斜及背斜等一系列北北东向或南北向褶皱和压性-压扭性断层，形成南北向构造体系，构成了坪宝矿田主要构造格架。

（2）成矿期构造。燕山早中期，受太平洋板块俯冲构造体系影响显著，形成北东向钦杭成矿带，在坪宝矿区派生出近南北向左行剪切应力场，促使矿区北东向褶皱-断裂带发生反倾北西西—东西向断裂转变为张扭性断裂，并形成 S 形或扫帚形展布。同时伴随大量中酸性岩浆岩沿北西西—东西向断裂上涌，侵位于倒转背斜核部。受控于与深大断裂，区域上岩体呈现北西西向带状分布。坪宝地区受东西向构造带、南北向构造带和华夏构造体系联合控制，形成“S”形构造体系，黄沙坪矿区范围内，南北向断褶体系与东西向断裂构成“井”字形构造体系，其联合控制矿区范围内岩浆侵位，为成矿提供有利空间。

（3）成矿后构造。燕山晚期近南北向左行剪切应力场逐渐转变为右行，近东西向断裂由张扭转变为压扭，岩体中的断层 F_1、F_2 则转变为张扭性质，组成了成矿后的北西向构造带。

三、岩浆成矿专属性

矿区岩浆活动主要集中于中生代，多为浅成-超浅成岩相，沿区域深大断裂近南北向或北西西向展布，岩体数量多、个体小，整体呈岩脉产出，少数呈豆状、盘状、瘤状、株状零星分布。主要包括正长斑岩、英安斑岩、石英斑岩和花岗斑岩，晚期可见少量辉绿岩脉体（图 4-1；Hu et al.，2017；Jiang et al.，2018b）。其中，石英斑岩和花岗斑岩与多金属矿化关系密切，根据井下坑道及钻探揭露，英安斑岩和正长斑岩尚不发育典型蚀变分带。

石英斑岩呈超浅成相岩枝产出，出露面积为 0.65km^2，该岩枝的主体为观音打座和宝岭两个地表不相连的小岩体，似哑铃状（图 4-1）。其中观音打座岩体长约 560m，宽约 480m，出露面积为 0.23km^2；宝岭岩体长约 640m，宽约 420m，出露面积为 0.29km^2（Li et al.，2014）。石英斑岩岩体主要沿近 SN 向逆断层 F_1 和 F_2 侵位，与围岩呈侵入接触。

观音打座与宝岭两岩体在浅部均呈漏斗状互不相连，随着深度加大，在标高 200m 之下扩大呈脉状产出，并出现分支复合现象。石英斑岩斑晶为石英、钾长石及少量斜长石，基质为长石、石英，常见原生矿物因热液蚀变作用形成次生矿物，如钾长石的高岭土化、斜长石的绢云母化、黑云母的绿泥石化等，黑云母边缘局部见黄铁矿等金属硫化物。空间上，石英斑岩主要与 Cu-Pb-Zn 矿化关系密切，岩体中下部部分区域发育斑岩型 Cu 矿化，接触带发育矽卡岩型 Cu-Pb-Zn 矿化（Li et al.，2014；原垭斌等，2014；赵盼捞等，2018）。

花岗斑岩隐伏于矿区东南部 100m 标高之下，是一个由诸多小岩体构成的岩枝群，长约 1000m，宽 200~500m，介于 F_1 和 F_2 断层之间（图 4-1），总体倾向东，倾角为 60°~80°。单个岩体形态产状多样，如椭圆状、瘤状、扁豆状、脉状等，与石炭系石磴子组地层呈侵入接触。花岗斑岩斑晶为钾长石、斜长石、石英，基质矿物组合与斑晶相近，与石英斑岩相比，仅黑云母含量相对较多，花岗斑岩较石英斑岩蚀变强烈，全岩黏土化、云英岩化蚀变显著，绿帘石、绿泥石等次生矿物也较常见。花岗斑岩岩体与围岩的内外接触带上常见多金属矿化，在空间上主要发育一套矽卡岩型 W-Mo-Sn-Pb-Zn 矿化（Ding et al.，2016；原垭斌等，2018；赵盼捞等，2018），是矿区内重要的成矿岩体，也是区内深部找矿潜力较大的地带。

英安斑岩主要分布于矿区南部地表，沿近东西向正断层 F_0 侵位（图 4-1），岩体倾向北或北北东，倾角 75°~88°，呈陡倾斜岩墙或不规则状岩脉产出，与矿化无关（雷泽恒等，2010）。正长斑岩主要以直立岩筒的形式隐伏于 F_1 断层下盘，与石英斑岩呈断层接触（图 4-1）。

四、矿床矿化特征

黄沙坪矿区已经圈定的铅锌、铜工业矿体五百余个，铁、钨钼锡铋多金属矿体几十个，类型以矽卡岩型磁铁钨钼（锡）矿体、矽卡岩型铜矿体、矽卡岩型铅锌矿体以及充填交代型脉状铅锌矿体为主，发育有 Fe-W-Mo 到 Pb-Zn-Cu-Ag 的成矿元素分带，形成了石英斑岩和花岗斑岩主导的多金属复合成矿系统。

（一）花岗斑岩—矽卡岩型磁铁钨钼（锡）矿体

矽卡岩型磁铁钨钼（锡）矿体主要产于矿区东南部隐伏花岗斑岩与石磴子组灰岩的矽卡岩接触带，构成 301 成矿系统，少数产于石英斑岩外接触带 F_3 断裂控制的矽卡岩中。矿体呈似层状、透镜状、不规则状等，形态与矽卡岩基本一致（图 4-2）。

矽卡岩型磁铁矿体多分布于-200m 标高以上花岗斑岩的岩瘤、岩枝顶部，矿体呈扁豆状、舌状、新月状等形态分布于矿化矽卡岩内，大小不等，走向长 70~400m，倾斜延伸 80~120m，厚 20~30m，最厚可达 60m。矽卡岩型铁矿体一般与钨钼多金属矿体共生，少数形成独立的铁矿体，伴生钨钼组分。

矽卡岩型钨钼（锡）矿体主要分布于隐伏的花岗斑岩岩体与石磴子组灰岩的接触带内（101-129 线），以 W216 钨钼多金属矿体群代表（图 4-2），其 WO_3 储量占矿区 WO_3 总储量的 88%左右，产于不规则分布的矿化矽卡岩中，矿体形态各异，局部有分枝复合现象，主要赋存在-760~330m 标高间，矿体走向长约 800m，宽 60~430m，倾斜延伸近

1000m，厚 12～338.45m，平均厚度可达 252.37m。矿体平均品位：WO_3 0.260%、Mo 0.072%、Bi 0.046%、Sn 0.181%、TFe 14.73%～23.42%。另外，在 6-24 线石英斑岩岩体东侧的矽卡岩接触带中，发育 W1 钨钼多金属矿体群（图 4-2），矿体主要赋存于 -480～80m 标高间，走向 NNE，倾向 SEE，倾角 70°～90°，厚度 3～45m，平均厚 15m。相比花岗斑岩周围透镜状钨钼矿体，石英斑岩附近 W1 矽卡岩型钨钼矿体几乎垂直产出，走向近南北，矿体形态主要受控于 F_3 断裂而非石英斑岩岩体，可能是花岗斑岩岩浆热液沿断裂上涌的产物。

（二）石英斑岩—矽卡岩型铜矿体

矽卡岩型铜矿体主要分布于矿区北西部（1-13 线西段）0～200m 标高和西部（8-16 线西端）-56～100m 标高，产于 F_1 下盘隐伏的石英斑岩岩体顶部和侧凹部与石磴子组灰岩的矽卡岩接触带中（图 4-2），其构成了 304 成矿系统。矽卡岩型铜矿体成群出现，多呈不连续的透镜状、扁豆状等。石英斑岩接触带中单个铜矿体长 50～120m，延伸约 300m，厚 1.20～10.66m。典型矿体如 516#、530#、542#等矿体。部分铜矿体呈东向平缓产出于砂页岩层上缘，局部挠曲型小穹隆状，与地层产状一致，走向延展可达 550m。

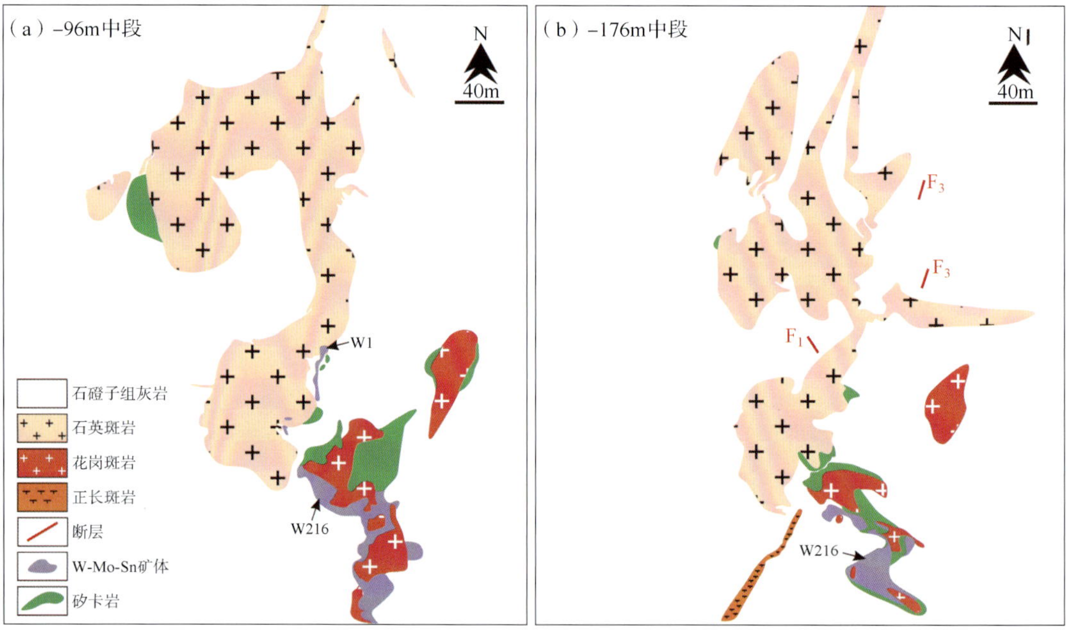

图 4-2　黄沙坪矿床铅锌矿体中段平面图

（三）石英斑岩—矽卡岩型铅锌矿体

黄沙坪矿床矽卡岩型铅锌矿体可分为 301 矿带和 304 矿带，其中 301 矿带产于 F_1 断层面以上、F_2 断层面以下，占据矿区绝大部分铅锌矿储量，304 矿带主要分布在 F_1 断层面以下、上银山背斜西翼测水组地层之下。301 矿带整体受控于石英斑岩岩体、F_1 断裂及测水组地层，矽卡岩型铅锌矿体主要产于石英斑岩外围接触带及 F_3 破碎带中，呈蛇曲状、透镜体状或扁豆状产出，矿体平面上呈南北不连续分布，大部分已经采空。304 矿带以矽卡岩型铅锌矿为主，局部与铜矿体共生形成铜铅锌矿石，以石磴子组和测水组接触界面最为发育，整体呈透镜体状产出，深部延伸较大，向下具有一定的铜铅锌矿体勘探潜力。

除上述石英斑岩有关的矽卡岩型铅锌矿外，12~20勘探线花岗斑岩顶部矽卡岩接触带最上部也可见828铅锌矿矿体，其围岩主要是石英斑岩、石磴子组灰岩，赋矿标高-171~-270m，整体呈不规则状产出，铅平均品位0.10%，锌平均品位4.03%，整体规模不大。

（四）*石英斑岩—充填交代型铅锌矿体*

主要产出石英斑岩围岩大理岩化围岩、断裂破碎带及测水组地层下部，矿体多分布于56~400m标高，与F_3断层上盘及其分支断裂关系密切，与矽卡岩带关系截然。目前已经探明具有工业价值矿体约200个，多以囊状、巢状、透镜体状、扁豆状产出，代表性矿体如515铅锌矿，矿体走向100m，真厚度11.65m，铅平均品位1.77%，锌平均品位8.79%，属均匀性矿石。

黄沙坪成矿系统矿物组成复杂，其中石英斑岩304系统金属矿物包括黄铜矿、方铅矿、闪锌矿、黄铁矿、白铁矿、磁黄铁矿和少量磁铁矿、赤铁矿、白钨矿、辉钼矿等，非金属矿物包括石榴子石、透辉石、硅灰石、符山石、萤石、绿帘石、石英、绿泥石、方解石等（图4-3）。石英斑岩边缘的蚀变带显示石榴子石-辉石类为标志的干矽卡岩阶段矿物组合和磁铁矿为标志的铁氧化物阶段矿物组合；石英-硫化物矿物组合较弱，分布范围和规模皆较为有限，仅局部见黄铜矿-方铅矿-闪锌矿矿物组合。

花岗斑岩301系统金属矿物包括磁铁矿、白钨矿、辉钼矿、锡石、赤铁矿、黄铁矿、白铁矿、磁黄铁矿、毒砂、自然铋、辉铋矿、硫碲铋矿、方铅矿、闪锌矿等，非金属矿物包括石榴子石、透辉石、硅灰石、符山石、透闪石、阳起石、萤石、绿帘石、石英、绿泥石、方解石等。与石英斑岩相比，花岗斑岩边缘的矽卡岩带、矿化带的分布范围、矿化阶段十分显著，除了干矽卡岩阶段、铁氧化物阶段矿物组合，石英-硫化物阶段矿物组合也十分发育，局部见显著的不同阶段矿物组合分带特征，如典型的组合分带特征显示磁铁矿（Mag）→黄铁矿（Py）-方铅矿（Gn）-闪锌矿（Sph）→方铅矿（Gn）-闪锌矿（Sph）-石英（Qtz）→石英（Qtz）形成的先后顺序，局部晚阶段钨钼矿脉穿插早阶段石榴子石-透辉石矽卡岩。以上矿物组合特点显示多阶段矿化蚀变分带特征，钨锡成矿阶段晚于主矽卡岩阶段，与氧化物阶段接近，与石英-硫化物成矿阶段空间上相对独立。

同时，矿区各中段平面可见石英斑岩成矿系统主要分布在矿区北侧及浅部，尤其是测水组底部发育有厚层的铅锌矿体；花岗斑岩成矿系统主要分布在南深部岩体接触带中，严格控制了矽卡岩型钨钼锡铋矿体的分布；花岗斑岩与石英斑岩接触部位则是矽卡岩型钨钼矿体发育的有利部位，典型矿体如W216和W1矿体或产于两者之间的矽卡岩带，或沿近垂直断裂带纵向分布，指示两者接触部位存在显著的成矿叠加作用。

根据有用矿物组合，将黄沙坪两套成矿系统的矿石类型划分为磁铁矿矿石［图4-3(a),(b)］、磁铁矿-黄铁矿-黄铜矿矿石［图4-3(c)］、白钨矿-辉钼矿-磁铁矿矿石［图4-3(d)］、白钨矿-辉钼矿矿石［图4-3(e),(f)］、黄铁-黄铜矿-方铅矿-闪锌矿矿石［图4-3(g)］、方铅矿-闪锌矿矿石［图4-3(h)］等。

矿石构造包括块状构造［图4-3(a)］、条带状构造［图4-3(b)］、团块状构造［图4-3(c)］、浸染状构造［图4-3(d)］、脉状构造［图4-3(e)］、层纹状构造、角砾状构造等。矿石结构包括自形-半自形-他形粒状结构［图4-3(i)］、胶状结构［图4-3(i)］、交代结构［图4-3(j)］、交代残余结构［图4-3(k),(l)］、交代假象结构［图4-3(m)］、压碎结构［图 4-3(n)］、包含结构［图 4-3(o)］、固溶体分离结构［图 4-3(p)］等。

图 4-3　黄沙坪矿区铅钨钼矿石及铅锌矿石显微特征

(a) 具块状构造的磁铁矿矿石；(b) 具层纹状构造的绿帘石磁铁矿矿石；(c) 具团块状构造的磁铁-黄铁-黄铜矿矿石；(d) 含浸染状磁铁矿、白钨矿、辉钼矿的矽卡岩矿石；(e) 具脉状构造的白钨-辉钼矿矿石；(f) 具浸染状构造的白钨矿矿石；(g) 具条带状构造的黄铁-黄铜-方铅-闪锌矿矿石；(h) 具块状构造的方铅-闪锌矿矿石；(i) 自形的毒砂被胶状黄铁矿、黄铁矿、白铁矿交代；(j) 半自形的白钨矿交代石榴子石；(k) 方铅矿中含磁黄铁矿，呈交代残余结构，闪锌矿交代方铅矿；(l) 自形的黄铁矿与他形的白铁矿、磁黄铁矿共生；(m) 磁铁矿交代石榴子石，呈交代假象结构；(n) 黄铜矿呈压碎结构交代半自形黄铁矿，被细脉状方铅矿交代；(o) 黄铜矿交代黄铁矿，与磁铁矿呈包含结构；(p) 闪锌矿与黄铜矿呈固溶体分离结构

Mag—磁铁矿；Ep—绿帘石；Py—黄铁矿；Ccp—黄铜矿；Sch—白钨矿；Mol—辉钼矿；Gn—方铅矿；Sp—闪锌矿；Cal—方解石；Apy—毒砂；Mrc—白铁矿；Grt—石榴子石；Po—磁黄铁矿；Qtz—石英；Chl—绿泥石

五、矿床成矿系列

基于矿物组合和结构关系分析，黄沙坪矿床发育有典型矽卡岩成矿热液系统和中低温充填交代型成矿热液系统，其中石英斑岩（304）接触带及其围岩破碎带可见典型矽卡岩型 Pb-Zn-Cu 矿化和充填交代型 Pb-Zn 矿化，花岗斑岩（301）接触带及其上部破碎带中主要发育矽卡岩型 W-Mo-Sn-Bi 矿化和少量的充填交代型 Pb-Zn 矿化。其中，矽卡岩热液成矿系统在石英斑岩和花岗斑岩接触带均可划分为四个成矿阶段：早矽卡岩阶段、晚矽卡岩阶段、氧化物阶段及石英-碳酸盐-硫化物阶段，破碎带中则可见中低温热液系统相关的碳酸盐-硫化物阶段矿物（图 4-4）。上述成矿阶段与黄沙坪铅锌多金属成矿系列对

应关系明显，其中晚期矽卡岩阶段—氧化物阶段发育矽卡岩型铁钨钼（锡）矿化，石英-碳酸盐-硫化物阶段发育典型矽卡岩型铜矿化和矽卡岩型铅锌矿化，碳酸盐—硫化物阶段发育充填交代型铅锌矿化。

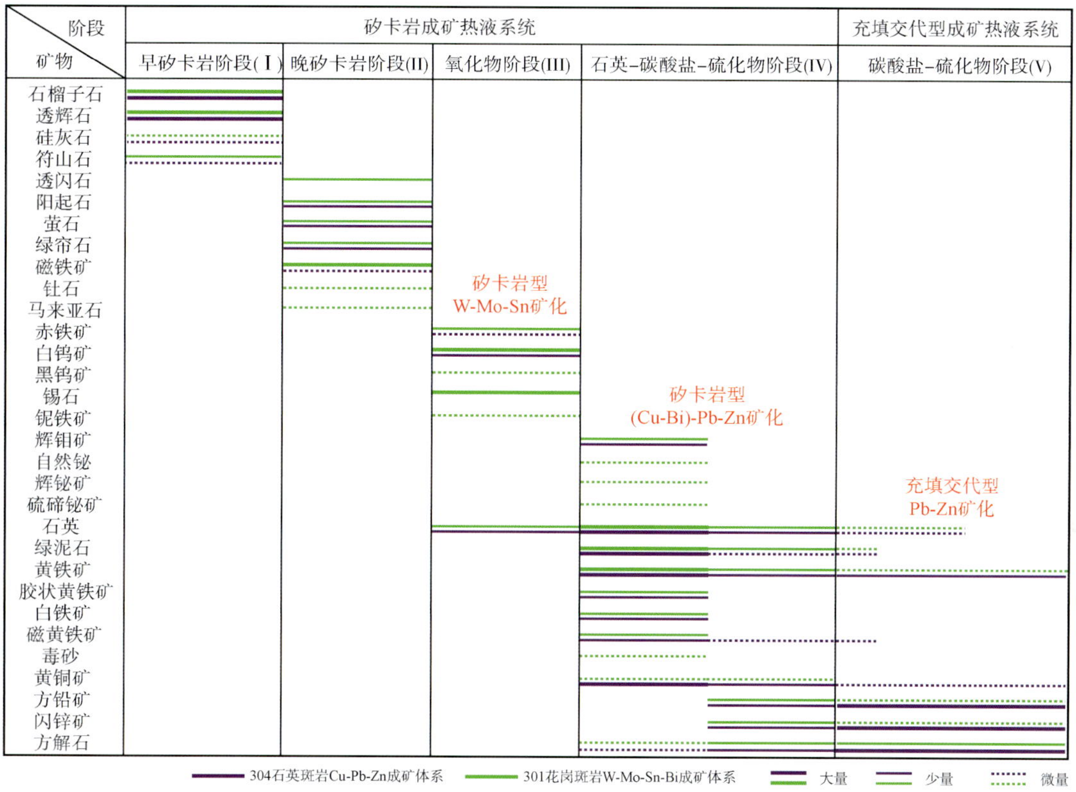

图 4-4　黄沙坪矿床热液成矿期次表

早矽卡岩阶段：301 和 304 两套成矿系统都以发育大量的石榴子石和透辉石为特征，同时发育少量的硅灰石和符山石。石榴子石和透辉石均为自形-半自形，常被晚期的白钨矿、绿帘石、萤石、磁铁矿、阳起石以及辉钼矿等矿物交代。

晚矽卡岩阶段：两套成矿系统均以发育阳起石、绿帘石、萤石、磁铁矿等矿物为特征，且各矿物结构相似。阳起石多呈柱状，粒径 100～500μm；绿帘石呈他形粒状，颗粒细小，粒径10～50μm，且常呈集合体出现；萤石呈他形粒状，粒径 30～200μm；磁铁矿呈半自形～他形，粒径 30～300μm，并且在 301 系统显著发育而在 304 系统极少发育。另外，301 系统可见他形的透闪石、钍石和马来亚石，粒径 20～50μm，而 304 系统尚未发现这几种矿物。

氧化物阶段（矽卡岩型钨钼锡矿化）：两套成矿系统均以发育白钨矿、赤铁矿和石英为显著特征。白钨矿常呈浸染状或赋存于石英-白钨矿-辉钼矿脉中，交代早期形成的石榴子石、透辉石以及磁铁矿等矿物，且在 301 系统中更为富集。赤铁矿常呈不规则状，交代早期形成的透辉石、磁铁矿等矿物。然而，此阶段中，大量的锡石以及微量的黑钨矿、铌铁矿只在 301 系统出现，呈他形粒状交代磁铁矿，粒径 5～20μm。

石英-碳酸盐-硫化物阶段（矽卡岩型铅锌铜矿化及矽卡岩型铅锌矿化）：两套成矿系统均发育大量的石英、绿泥石、黄铁矿和少量的胶状黄铁矿、白铁矿、磁黄铁矿以及方解石。黄铁矿呈半自形-他形，粒径 30~300μm，通常与白铁矿、磁黄铁矿共生并且局部交代胶状黄铁矿。毒砂仅在 301 系统出现，被黄铁矿交代。自然铋、辉铋矿、硫碲铋矿等含铋矿物仅在 301 系统出现，粒径 10~50μm，交代早期形成的石榴子石和透辉石等矿物。304 系统在本阶段以发育大量黄铜矿为特征，粒径 20~200μm，交代早期黄铁矿。而 301 系统相比 304 系统则发育更多的辉钼矿，呈浸染状或赋存于石英-白钨矿-辉钼矿脉中，交代早期形成的石榴子石等矿物。

碳酸盐-硫化物阶段：两套成矿系统均发育大量方解石，伴随着大量的方铅矿、闪锌矿和少量的石英、绿泥石、黄铁矿、黄铜矿等矿物。方铅矿、闪锌矿常成他形粒状（50~500μm）或脉状，交代早期形成的黄铁矿、黄铜矿等矿物。

第二节　成矿岩浆体系研究

一、岩浆活动期次

本次研究采用 LA-ICP-MS 对黄沙坪各类岩浆岩中的锆石开展 U-Pb 定年。石英斑岩（H2-5）、英安斑岩（H5-14-3）、花岗斑岩（H7-4-2）和正长斑岩（H13-5）样品分别采自-96m 中段石门 6、-176m 中段石门 26、-176m 中段 16 线和-216m 中段 13 线。LA-ICP-MS 锆石 U-Pb 同位素定年及微量元素测试在中南大学地球科学与信息物理学院完成，U-Pb 定年结果见附表 9，微量元素见附表 10。

石英斑岩样品锆石颗粒以柱状、自形粒状为主，长轴长度为 80~120μm，长宽比为 1∶1~2∶1。阴极发光下，锆石未发育明显的振荡环带结构，普遍呈均匀的暗色颗粒（图 4-5），显示高 U 特征。另外，该样品锆石显示了明显 Ce 正异常和 Eu 负异常，轻稀土相对于重稀土亏损（图 4-5），Th/U 比值为 0.40~0.62（平均值 0.49），是典型的岩浆成因锆石（Hoskin et al.，2003；赵振华，2010）。对该样品共进行 19 个点的分析，分析点都落在谐和线上或接近谐和线，分布较离散，拟合的锆石谐和年龄为 167.72±0.53Ma（MSWD=20；图 4-5）。

英安斑岩样品锆石颗粒以柱状、半自形-自形粒状为主，长轴长度为 100~200μm，长宽比为 1∶1~2∶1。阴极发光下，锆石发育明显的振荡环带结构（图 4-5）。另外，该样品锆石显示了明显 Ce 正异常和 Eu 负异常，轻稀土相对于重稀土亏损（图 4-5），Th/U 比值为 0.43~1.17（平均值 0.68），是典型的岩浆成因锆石。对该样品共进行了 21 个点的分析，所有点都落在谐和线上或接近谐和线，且成群分布，锆石谐和年龄为 158.2±0.7Ma（MSWD=2.1；图 4-5）。

花岗斑岩样品锆石颗粒以柱状、半自形-自形粒状为主，长轴长度为 60~100μm，长宽比为 1∶1~3∶1。阴极发光下，锆石未发育明显的振荡环带结构，普遍呈均匀的暗色颗粒（图 4-9），显示出较高的 U 含量，局部锆石明显发生了明显的蜕晶质蚀变。另外，该样品锆石显示了明显 Ce 正异常和 Eu 负异常，轻稀土相对于重稀土亏损（图 4-5），Th/U 比值为 0.22-0.44（平均值 0.30），是典型的岩浆成因锆石。对该样品共进行了 22 个点的分析，分析点在接近谐和线，但呈离散分布，拟合的锆石谐和年龄为 146.9±0.6Ma（MSWD=120；图 4-5）。

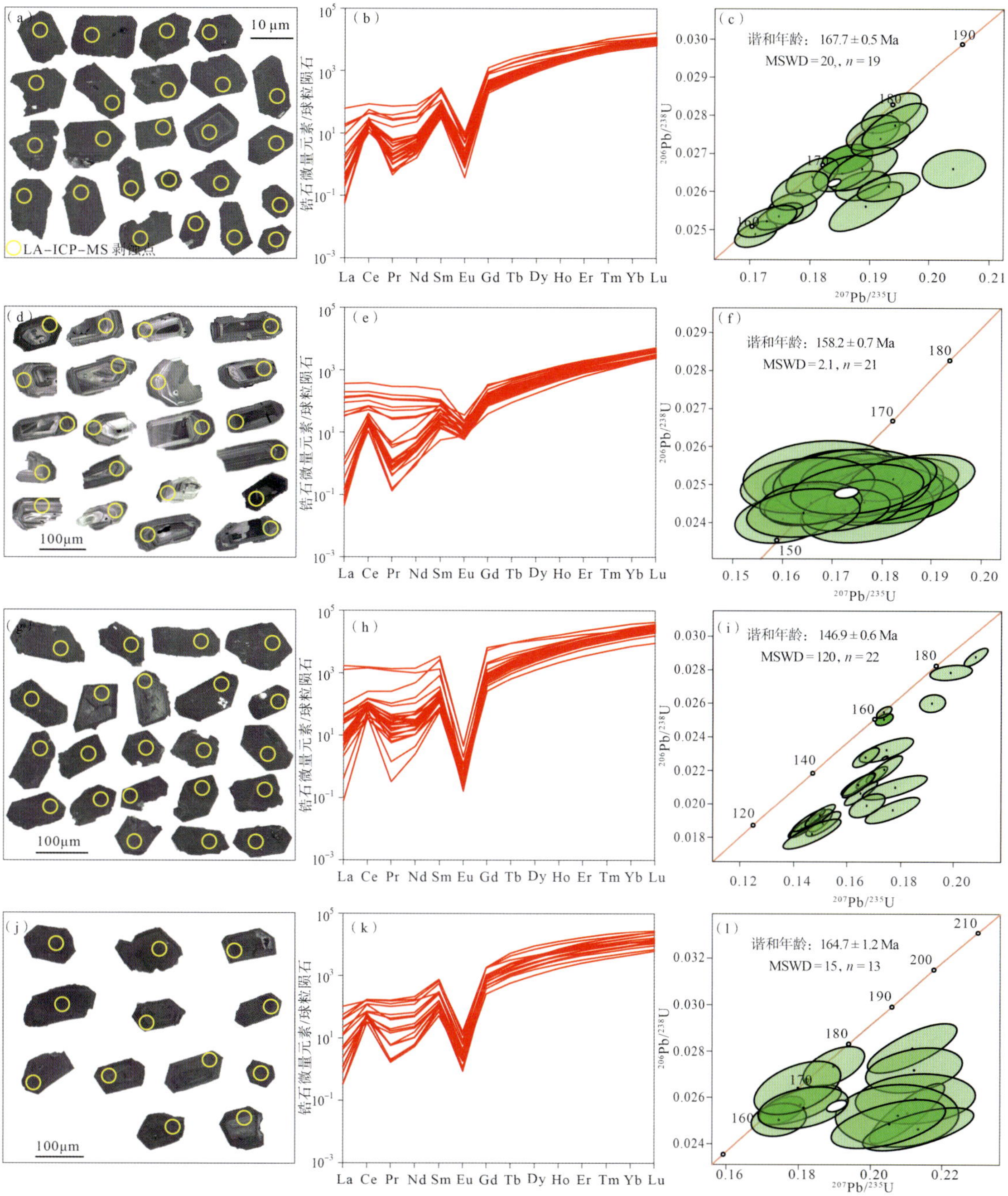

图 4-5 黄沙坪岩浆岩锆石 CL 图像、稀土元素配分曲线及 U-Pb 年龄图解

（邵拥军等，未发表数据）

正长斑岩样品锆石颗粒以半自形-自形粒状为主，长轴长度为 80~120μm，长宽比为 1∶1~2∶1。阴极发光下，锆石发育轻微的振荡环带结构，多呈暗色颗粒（图 4-5），显示出较高的 U 含量。另外，该样品锆石显示了明显 Ce 正异常和 Eu 负异常，轻稀土相对于重稀土亏损，Th/U 比值为 0.44-0.62（平均值 0.52），与岩浆成因锆石类似但显著受后期地质事件改造。对该样品共进行了 13 个点的分析，分析点都接近谐和线，分布较为

离散，拟合的锆石谐和年龄为 164.7±1.2Ma（MSWD=15；图 4-5）。

石英斑岩、花岗斑岩和正长斑岩中锆石的 CL 图像均呈暗色的颗粒，无明显的环带结构，这与三者 U 含量较高的特征（石英斑岩：$(6490\sim14600)\times10^{-6}$；花岗斑岩：$(5160\sim23100)\times10^{-6}$；正长斑岩：$(2550\sim18970)\times10^{-6}$吻合。U 含量较高的锆石，容易发生自辐射而破坏其 U-Pb 同位素体系，使得其难于获得真实的 U-Pb 年龄（White et al.，2012）。本次石英斑岩、花岗斑岩和正长斑岩虽然得到了 U-Pb 谐和年龄，但 MSWD 分别达到 20、120 和 15，其年龄不能代表对应岩体的真实形成年龄。但结合前人对黄沙坪矿区岩浆岩开展的年龄研究，可以判断石英斑岩、花岗斑岩和正长斑岩的形成年龄应该在 160～150Ma 左右（雷泽恒等，2010；全铁军等，2012b；艾昊，2013；原垭斌等，2014；Jiang et al.，2018b），与区域 165～150Ma 的岩浆活动年龄相吻合。英安斑岩锆石呈现明显的震荡环带，其 U 含量为 $(412\sim1671)\times10^{-6}$（平均值 930×10^{-6}），其年龄 158.2±0.7Ma（MSWD=2.1）应该能代表其形成年龄，也与区域岩浆活动的年龄结果相吻合。

二、岩浆演化过程

本次研究收集前人发表的黄沙坪岩体全岩元素分析数据共 136 组，经由绿泥石-碳酸盐岩-黄铁矿指数（*CCPI*）、蚀变指数（*AI*）（$AI=100\times(K_2O+MgO)/(K_2O+MgO+Na_2O+CaO)$；$CCPI=100\times(MgO+FeO)/(MgO+FeO+K_2O+Na_2O)$）和蚀变盒子投图（Large et al.，2001）方法评估不同样品蚀变程度。投图结果表明，大部分样品具有钾化趋势（图 4-6），仅有 36 组岩石样品数据蚀变程度较弱，未有显著的元素迁入迁出趋势，可以用于分析对应岩体的性质和成因（表 4-1）。

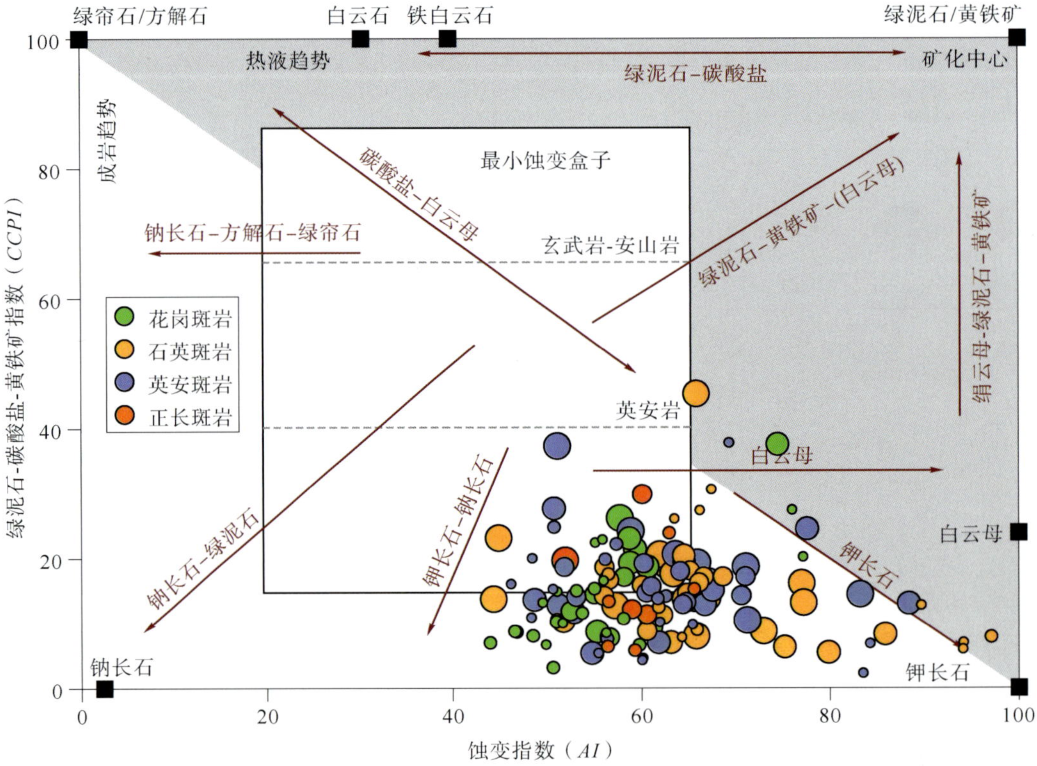

图 4-6　黄沙坪矿区岩体蚀变盒子投图
（部分引自邵拥军等，未发表数据）

表 4-1 黄沙坪矿床蚀变筛选后岩浆岩样品主量元素分析结果（%）

编号	SiO_2	Al_2O_3	FeO	MnO	MgO	CaO	Na_2O	K_2O	TiO_2	P_2O_5	*AI*	*CCPI*	LOI	总量
花岗斑岩														
HS-01	74.56	12.91	1.37	0.04	0.2	0.85	3.06	4.78	0.04	0	56.02	16.68	—	97.81
HS-02	75.86	12.98	1.2	0.05	1.2	0.76	3.83	4.44	0.02	0.01	55.13	22.49	—	100.35
HS-03	75.43	13.09	1.25	0.04	1.25	0.68	3.87	4.52	0.02	0.01	55.91	22.96	—	100.16
HS-04	72.73	13.56	1.9	0.1	0.29	0.9	2.83	5.15	0.02	0.01	59.32	21.53	1.96	99.65
HS-05	73.39	13.2	2	0.11	0.23	0.95	2.59	4.81	0.018	0.01	58.74	23.16	2.01	99.73
HS-06	73.69	12.58	1.72	0.11	0.22	1.02	2.81	5.25	0.02	0.02	58.82	19.4	1.66	99.14
HS-07	74.69	13.27	1.43	0.05	0.03	0.7	3.48	4.71	0.02	0.01	53.14	15.13	1.15	99.66
HS-08	75.68	12.55	1.31	0.06	0.21	0.79	3.4	4.92	0.02	0.01	55.04	15.45	0.87	99.82
HS-09	74.91	12.5	1.38	0.08	0.29	1.3	2.72	5.3	0.02	0.01	58.17	17.23	1.29	99.8
石英斑岩														
HS-10	69.98	14.72	2.1	0.02	0.66	2.12	1.74	6.06	0.2	0.03	63.52	26.14	—	97.63
HS-11	75.76	12.02	1.27	0.07	0.46	1.14	3.06	5	0.08	0.01	56.52	17.67	0.81	99.68
HS-12	74.62	12.32	1.34	0.08	0.5	1.49	2.89	5.1	0.13	0.02	56.11	18.72	1.3	99.79
HS-13	73.98	12.24	1.25	0.03	0.83	1.5	2.19	5.88	0.14	0.03	64.52	20.49	1.82	99.89
HS-14	66.04	11.84	1.94	0.07	0.89	6.84	2.58	6.79	0.32	0.06	44.91	23.2	2.43	99.8
HS-15	75.49	11.69	1.36	0.06	0.22	1.32	2.62	5.7	0.08	0.01	60.04	15.96	1.27	99.82
HS-16	70.46	13.61	1.48	0.06	0.59	2.17	1.75	6.45	0.25	0.08	64.23	20.16	2.5	100
HS-17	72.16	12.67	1.43	0.01	0.44	1.39	2.28	5.74	0.22	0.07	62.74	18.91	2.6	99.76
HS-18	73.7	12.72	1.4	0.1	0.23	1.73	2.63	5.45	0.1	0.02	56.57	16.79	1.62	100.1
HS-19	66.54	15.73	0.95	0.19	0.57	3.97	0.28	6.78	0.27	0.11	63.36	17.72	2.99	99.86
正长斑岩														
HS-20	75.05	14.39	0.55	0.03	1.07	1.51	1.35	3.79	0.1	0.03	62.95	23.96	0.91	99.81
HS-21	73.45	13.1	0.8	0.06	1.37	2.74	0.93	4.16	0.08	0.03	60.11	29.89	2.07	99.89
HS-22	71.9	13.79	0.36	0.02	0.78	3.11	0.98	3.64	0.09	0.02	51.94	19.79	2.99	98.54
英安斑岩														
HS-23	74.87	12.43	0.75	0.02	0.75	2	3.43	4.82	0.13	0.01	50.64	15.38	—	99.21
HS-24	73.49	12.91	1.03	0.03	1.03	2.29	3.64	4.55	0.19	0.03	48.48	20.1	—	99.19
HS-25	73.49	12.91	1.03	0.03	0.55	2.29	3.64	4.55	0.19	0.03	46.24	16.17	—	99.88
HS-26	72.71	13.07	1.46	0.04	0.46	1.6	1.82	5.52	0.2	0.05	63.62	20.73	2.77	99.74
HS-27	73.71	12.35	0.77	0.18	0.5	2.74	0.22	3.74	0.15	0.04	58.89	24.28	4.43	99.14
HS-28	74.13	12.8	1.32	0.06	0.52	1.14	2.44	5.88	0.08	0.01	64.13	18.11	1.44	99.82
HS-29	73.82	12.15	1.14	0.03	0.73	2.23	3.09	5	0.2	0.04	51.86	18.78	1.41	99.84
HS-30	75.01	12.33	1.46	0.03	0.5	1.31	2.93	4.94	0.15	0.03	56.2	19.94	1.19	99.88

续表

编号	SiO_2	Al_2O_3	FeO	MnO	MgO	CaO	Na_2O	K_2O	TiO_2	P_2O_5	*AI*	*CCPI*	LOI	总量
英安斑岩														
HS-31	72.11	12.5	2.09	0.04	0.91	2.26	3.15	4.67	0.26	0.05	50.77	27.73	1.87	99.91
HS-32	75.22	12.02	1.59	0.07	0.34	1.11	2.67	5.39	0.1	0.01	60.25	19.32	1.32	99.84
HS-33	77.25	13.4	0.84	0.02	0.97	1.4	2.46	3.01	0.09	0.03	50.77	24.86	0.17	100
HS-34	77.28	13.63	0.57	0.03	0.96	1.49	1.83	3.51	0.08	0.03	57.38	22.27	0.23	100
HS-35	73.14	12.69	0.69	0.09	1.87	3.51	1.22	3.08	0.08	0.02	51.14	37.32	2.89	100
HS-36	74.6	12.08	1.03	0.04	0.49	1.77	2.27	5.84	0.1	0.02	61.04	15.78	1.59	99.82

注：$AI=100\times(K_2O+MgO)/(K_2O+MgO+Na_2O+CaO$；$CCPI=100\times(MgO+FeO)/(MgO+FeO+K_2O+Na_2O)$。

LOI：挥发分。（含部拥军等，未发表数据）

上述弱蚀变及未蚀变花岗斑岩与石英斑岩、英安斑岩和正长斑呈现差异化的地球化学特点，花岗斑岩通常具有较低的 CaO/Na_2O 比值（<0.3），较高的 Rb/Sr 比值（>10）和（Na_2O+K_2O）/CaO 比值。上述花岗岩类样品中仅石英斑岩部分具有石英二长岩或花岗闪长岩的性质，说明其结晶分异程度在黄沙坪各花岗岩系列中偏低。黄沙坪矿床四类中生代侵入岩均属于高钾钙碱性或钾玄质岩石（图 4-7），岩体具有较高的碱金属含量，暗示岩体来源部分拉伸作用显著；花岗岩类岩石铝含量变化显著，呈现准铝质到过铝质岩石组合，说明岩浆演化过程差异显著，具有区内 S 型或 A 型花岗岩的特征。样品微量元素图解中花岗斑岩表现出更为明显的 Eu 负异常（表 4-2），海鸥型稀土配分曲线，更低含量的 Ba、Sr、P，和更高含量的 U、Nb、Ta（图 4-8），指示岩体就位过程中花岗斑岩发生了显著的斜长石结晶分异作用。而石英斑岩、英安斑岩和正长斑岩 Eu 负异常程度显著低于花岗斑岩，稀土配分曲线也呈现轻微的右倾模式。

全岩 Rb-(Y+Nb) 和 Nb-Y 图解中（图 4-9），上述花岗岩均落于后碰撞至板内花岗岩范围，与区域中生代伸展背景一致，由早期石英斑岩至晚期花岗斑岩成分呈现线性演化趋势，暗示上述岩浆系统上升就位过程中结晶分异程度不同，大量长石的结晶分异导致花岗斑岩具有显著的 Eu 异常和轻稀土亏损。这也为全岩 La/Yb-La 图解所证实，不同花岗岩类稀土元素组成指示其部分熔融程度不同。其中石英斑岩类相对富集轻稀土亏损重稀土，重稀土趋势平坦，表明岩浆形成时源区有大量角闪石类矿物残余，花岗斑岩类岩石除 Eu 异常显著外还具有较低的轻稀土和较高的重稀土含量，说明岩浆起源深度相对较浅，源区未残留更多的重稀土矿物，主要由长石分离结晶主导岩浆演化。此外，黄沙坪花岗岩类具有较平缓的 La/Yb-La 演化趋势，说明部分熔融之外结晶分异作用也显著参与了岩浆演化过程。

黄沙坪地区中晚侏罗世进入挤压向伸展转换阶段，区域随衡阳盆地的形成发生拉张作用，黄沙坪与水口山同属南北向褶皱系，发育有北东向断裂。这一时期的地壳深部不同层位部分熔融可以派生出不同类型岩浆，沿着深大断裂向坪宝地区浅部上涌并发生显著结晶分异，构成了黄沙坪矿区岩浆活动的典型面貌。

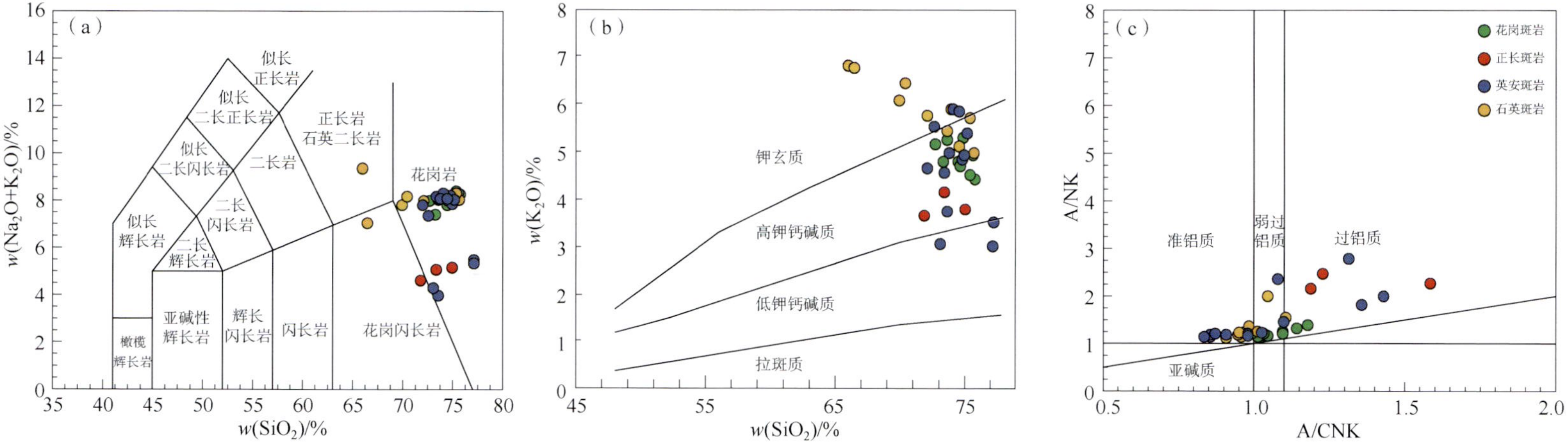

图 4-7 黄沙坪矿区岩浆岩（Na_2O+K_2O）-SiO_2（a），K_2O-SiO_2（b）及 A/NK-A/CNK 图解

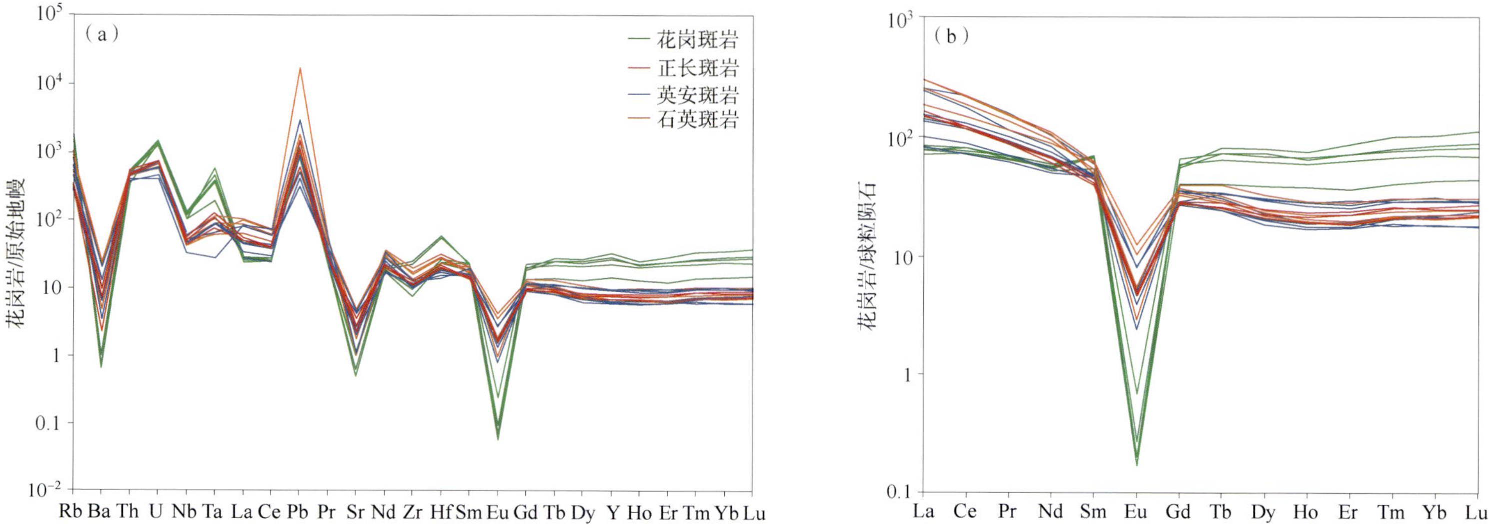

图 4-8 黄沙坪矿床岩浆岩微量元素及稀土元素图解

表 4-2　黄沙坪矿床蚀变筛选后岩浆岩样品微量元素分析结果（10^{-6}）

类型	花岗斑岩				花岗斑岩				正长斑岩				英安斑岩						
	H1	H2	H3	H4	H6	H7	H8	H9	H10	H11	H12	H13	H14	H15	H16	H17	H18	H19	H20
Ba	4. 78	5. 04	4. 53	5. 08	7. 24	176	69	35	157	69	52	16	93. 9	147	24. 4	96	71	46	46. 91
Ga	—	—	28. 2	19. 4	28. 64	20	19. 3	18. 7	24. 6	22. 4	20	20. 9	—	16. 9	18. 6	20. 6	20	20	20. 8
Hf	18. 4	17. 5	7. 48	7. 34	8. 42	9. 24	8. 97	7. 5	10. 33	7	6. 3	6. 53	5	5. 45	4. 52	6. 05	6. 21	5. 91	5. 88
Nb	91. 6	93. 9	74. 3	74. 6	86. 02	38. 1	30. 6	35. 5	43. 5	36. 8	31. 8	40. 1	49. 4	38. 8	24. 1	34. 7	34. 5	32. 6	43. 63
Rb	1084	921	1150	1072	973. 78	596	686	359	536	221	226	211	305	417	534	198	194	186	425
Sr	21. 9	22. 4	23. 8	10. 4	13. 54	102. 6	38. 8	22	58. 3	48. 2	60	77	91. 6	96. 6	24	59. 3	50. 9	48. 8	44. 47
Ta	16	18. 8	8	24. 3	15. 12	3. 79	2. 76	2. 59	4. 76	4. 51	3. 14	5. 35	—	2. 85	1. 18	3. 68	3. 88	3. 82	4. 63
Th	42. 3	44. 3	42. 2	29. 7	46. 78	43. 7	42. 4	38. 9	42. 7	47. 4	41	40. 1	39. 8	32. 6	35	40. 6	40. 7	39. 3	42. 95
U	29	31. 2	26. 6	28. 4	30. 09	12. 2	12. 7	12. 7	12. 3	15. 8	15. 8	14. 3	15. 5	9. 91	8. 62	13	12. 5	15. 6	15. 52
Cu	—	—	—	—	1	76. 69	43. 6	83. 39	6. 59	4. 04	47. 11	3. 27	—	—	—	29. 72	2. 9	3. 27	73
Zn	—	—	—	—	155	56. 9	233. 7	36. 8	237. 8	19	51	47	—	—	—	50	24	56	72
Pb	—	—	63. 6	84. 2	73	133	1267	76	216	80. 5	105. 9	43. 6	—	37. 7	215	30. 8	23. 1	105. 9	65
Ni	—	—	—	—		1. 35	2. 17	3. 13	0. 92	1. 22	1. 1	2. 18	—	—	—	1. 04	1. 16	0. 99	—
Mo	—	—	—	—	17	4. 22	11. 62	4. 45	3. 34	3. 48	2. 03	4. 2	—	—	—	2. 58	2. 05	3. 44	17
Sn	—	—	—	—	—	23. 98	45. 34	12. 68	4. 54	3. 23	3. 04	3. 21	—	—	—	4. 17	3. 23	2. 44	—
Y	152	133	104	66. 2	124. 08	31. 5	28. 9	45. 1	36. 1	35. 5	37. 8	31. 1	45. 7	27. 8	30. 1	29. 1	29. 7	44. 2	45. 26

续表

类型	花岗斑岩				花岗斑岩				正长斑岩				英安斑岩						
	H1	H2	H3	H4	H6	H7	H8	H9	H10	H11	H12	H13	H14	H15	H16	H17	H18	H19	H20
Zr	286	256	109	86. 1	106. 67	198	187	158	226	144	127	128	136	152	147	120	123	116	128. 1
La	19. 2	18. 3	18. 6	19. 9	17. 09	60. 8	71. 1	44. 3	72. 1	35. 3	34. 7	38. 8	19. 8	58. 2	60. 9	32. 4	36. 3	33. 5	24. 15
Ce	47. 1	44. 6	49. 3	49. 4	44. 99	113	131	89	134	72	74	75	44. 3	108	134	71	80	74	54. 9
Pr	6. 66	6. 2	6. 25	6. 51	6. 18	12. 7	14. 3	10. 7	14. 4	8. 2	8. 5	8. 2	5. 86	10. 9	14. 8	8. 4	9. 6	8. 8	6. 74
Nd	27. 6	26. 3	25. 3	24. 3	25. 78	44. 2	48. 6	41. 1	51. 2	30. 7	31. 5	28. 4	23. 3	38. 8	47. 9	31. 6	35. 1	32. 1	25. 36
Sm	10. 2	10. 4	10. 3	8. 27	10. 63	8. 19	7. 53	9. 27	9. 35	6. 36	6. 86	6. 07	7. 12	6. 76	9. 15	6. 75	7. 4	7. 16	6. 89
Eu	0. 012	0. 016	0. 01	0. 01	0. 04	0. 6	0. 32	0. 17	0. 73	0. 27	0. 29	0. 27	0. 28	0. 48	0. 47	0. 23	0. 27	0. 3	0. 14
Gd	12	11. 3	12. 2	8. 23	13. 66	6. 93	6. 64	8. 16	7. 59	5. 61	5. 95	5. 73	5. 89	5. 97	7. 28	5. 51	5. 99	7. 02	7. 27
Tb	3. 01	2. 76	2. 4	1. 52	2. 72	1. 1	1. 04	1. 46	1. 19	0. 97	1. 06	0. 94	1. 25	0. 91	1. 15	0. 91	0. 95	1. 29	1. 27
Dy	20. 2	18. 6	15. 8	9. 8	17. 61	5. 91	5. 52	8. 2	6. 19	5. 66	6. 26	5. 28	7. 77	4. 72	5. 76	5. 11	5. 2	7. 46	7. 63
Ho	4. 21	3. 62	3. 36	2. 13	3. 8	1. 15	1. 11	1. 64	1. 25	1. 21	1. 33	1. 08	1. 59	0. 96	1. 09	1	1. 07	1. 49	1. 61
Er	14. 2	11. 8	10. 5	6	11. 95	3. 27	3. 13	4. 66	3. 67	3. 73	3. 96	3. 04	4. 48	2. 89	3. 16	2. 92	3. 18	4. 25	4. 83
Tm	2. 57	2. 02	1. 71	1. 03	1. 95	0. 56	0. 54	0. 78	0. 6	0. 65	0. 66	0. 53	0. 77	0. 48	0. 46	0. 52	0. 55	0. 74	0. 74
Yb	17. 6	14. 4	12	7. 28	13. 63	3. 8	3. 47	5. 15	4. 13	4. 44	4. 2	3. 54	5. 29	3. 05	3. 11	3. 65	3. 74	4. 88	4. 97
Lu	2. 81	2. 25	1. 75	1. 11	2. 07	0. 57	0. 54	0. 77	0. 62	0. 68	0. 63	0. 55	0. 72	0. 46	0. 45	0. 55	0. 6	0. 74	0. 75

注：—表示低于检测线。

（含部拥军等，未发表数据）

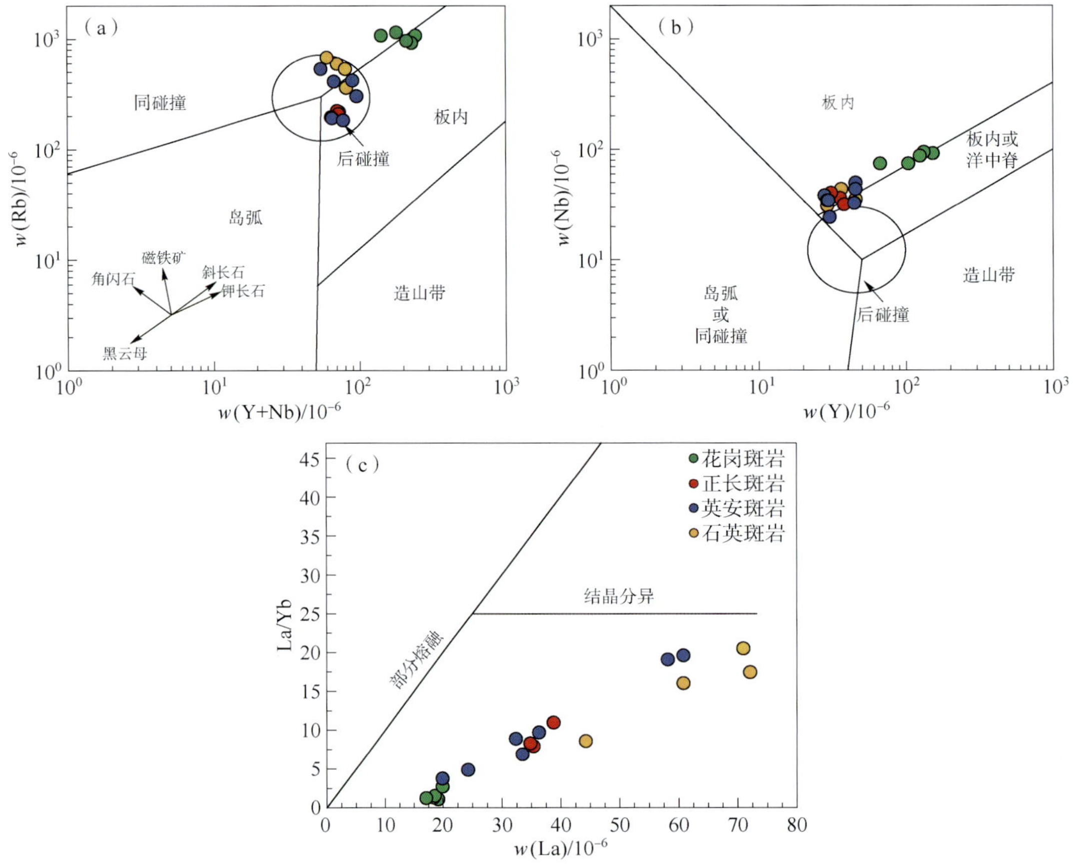

图 4-9　黄沙坪矿床岩浆岩构造判别（a-b）及岩浆演化图解（c）

三、岩浆物质来源

本次对黄沙坪岩浆岩中的锆石进行 Hf-O 同位素测试，测试点位参考原位定年分析。锆石 Hf-O 同位素测试结果指示黄沙坪四类岩浆岩均有不同比例的地壳及地幔物质组成（附表 11，图 4-10），属于壳幔相互作用的结果。总体而言，四类岩体中花岗斑岩与石英斑岩、正长斑岩、英安斑岩同位素信息差异最为明显，与其具有较低的 CaO/Na_2O 比值（0.29），较高的 Rb/Sr 比值（62.8）和（Na_2O+K_2O）/CaO 比值（9.5）特征吻合。沉积岩一般具有高 $\delta^{18}O$ 值（>10‰），经历高温变质作用和部分熔融作用形成的岩浆岩也继承了其高 $\delta^{18}O$ 值（Hoefs，1997）。黄沙坪石英斑岩和铜山岭的花岗闪长斑岩均为铜矿致矿岩体，其 Hf-O 同位素组成相似，说明其拥有共同的源区，而宝山致矿岩体花岗闪长斑岩虽然与二者具有相同的 $\varepsilon_{Hf}(t)$ 值，但 $\delta^{18}O$ 值更高，推测其拥有更高比例的壳源物质。与此类似，黄沙坪英安斑岩虽然与石英斑岩和正长斑岩具有相同的源区，但其壳源物质的比例应该更高，这可能是英安斑岩在形成过程中遭遇了局部的同化混染作用。

花岗斑岩的 $\delta^{18}O$ 值低于正常幔源岩浆的 $\delta^{18}O$ 值，显示为低 $\delta^{18}O$ 特征，其形成需要特殊的岩浆过程（张少兵等，2011；2013）。锆石即使经历亚固相高温热液蚀变和麻粒岩相高级变质作用的影响，仍然能够保存其初始氧同位素特征；但是在超固相条件下的高温热

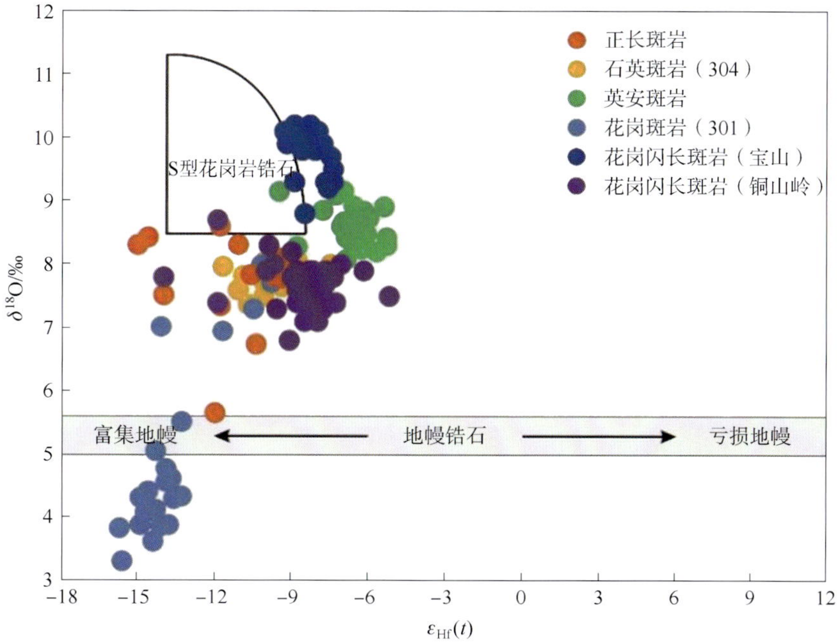

图 4-10　黄沙坪矿床岩浆锆石 Hf-O 同位素图解

（含邵拥军等，未发表数据）

液蚀变（> 600℃）过程中，锆石的氧同位素组成可以发生再造，而要形成低 $\delta^{18}O$ 岩浆岩则需要海水/大气降水（低 $\delta^{18}O$ 端元）参与的超固相条件下的高温热液蚀变。大陆裂谷构造带是形成低 $\delta^{18}O$ 岩浆和负 $\delta^{18}O$ 岩浆最有可能的地质环境（Zheng et al.，2004），而湘南区域的三叉断裂有可能为花岗岩的形成提供了有利条件（孔华等，2019），推测黄沙坪花岗斑岩在形成过程中有大气降水的参与。

四、成岩成矿构造背景

得益于相对伸展的构造环境和较高的源区部分熔融温度，A 型花岗岩通常相比 I 型和 S 型花岗岩含有更高的 FeO/MnO 比值和 Na_2O、Zr、Nb、Y、Sc、Zn、Ga 含量（Chappell et al.，1992）。黄沙坪岩浆岩含有较高的 Zr 和 Nb，其 FeO/MnO 范围为 4.3~143.0（平均值 30.6），与典型 A 型花岗岩一致。A 型花岗岩普遍具有富集且相对平坦的重稀土配分模式，Eu 异常显著（Collins et al.，1982；Jackson et al.，1984；Whalen et al.，1987），这也与黄沙坪岩浆岩的稀土配分曲线特征吻合（图 4-8）。此外，较高的 Ga 含量和稀土含量使得黄沙坪矿区岩浆岩均具有典型的 A 型花岗岩分类特征（Whalen et al.，1987；图 4-11）。

全岩 Ce/Nb-Y/Nb［图 4-12(a)］和 Nb-Y-Ce［图 4-12(b)］图解进一步指示黄沙坪正长斑岩、石英斑岩、英安斑岩为 A1 型花岗岩，属非造山环境；Nb-Y-Ce［图 4-12(b)］图解则暗示花岗斑岩具 A2 花岗岩特征，和另外三种岩性在成岩源区和构造背景上存在差异，与后碰撞环境类似。这与花岗岩 Pearce 图解一致（图 4-9），后者显示区内花岗岩类为板内活动产物，石英斑岩至花岗斑岩各类微量元素线性演化的趋势可能

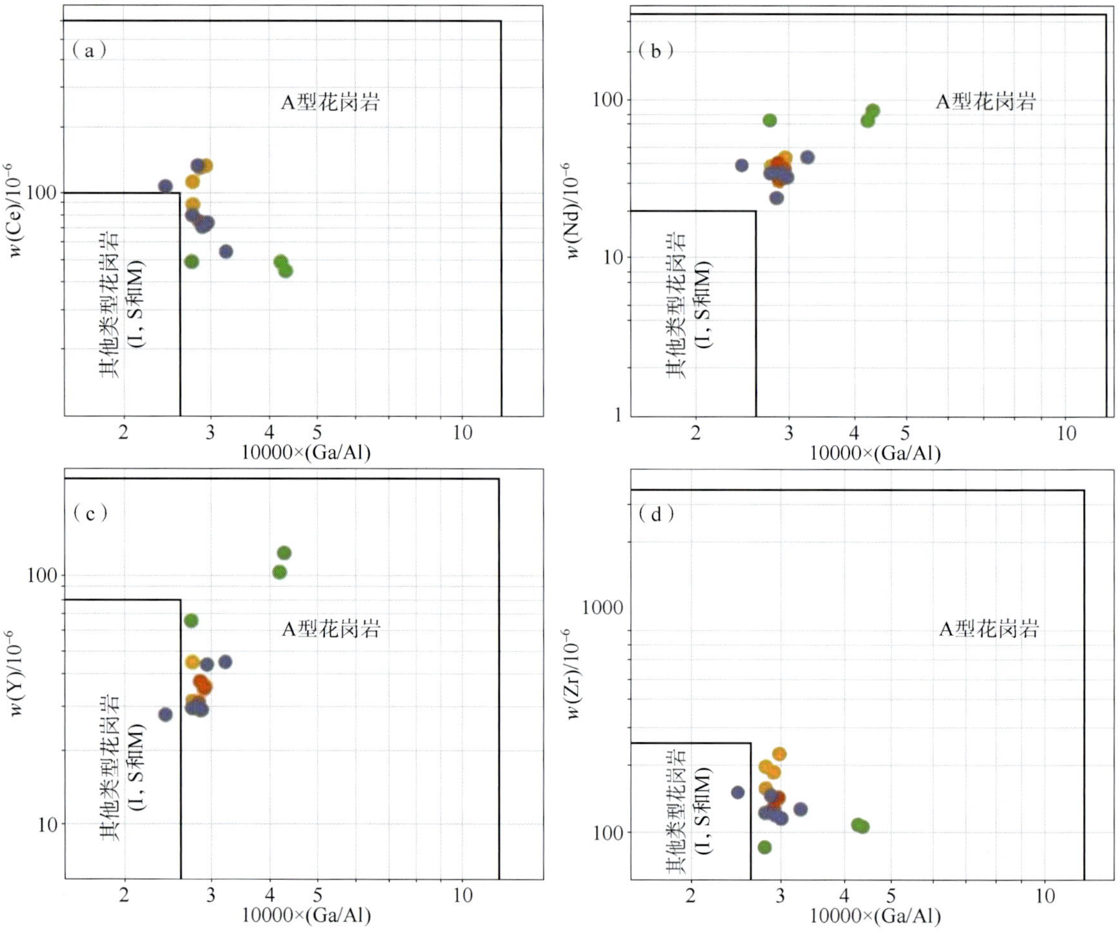

图 4-11　黄沙坪矿区花岗岩构造判别图解

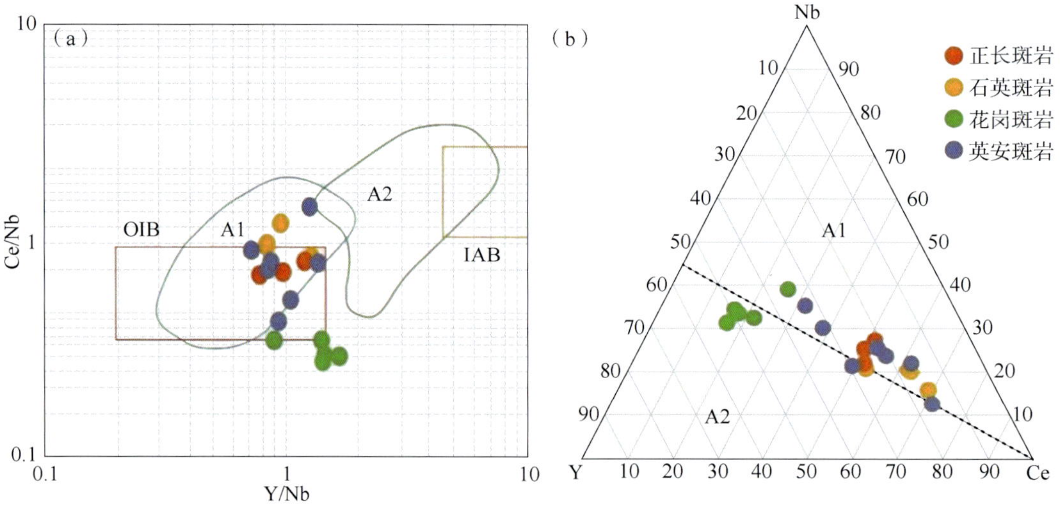

图 4-12　黄沙坪矿区 A 型花岗岩亚类判别图解

代表区内伸展程度的不同。随着区域伸展作用的进行，底侵地幔不断烘烤中下地壳，更多的壳源物质发生熔融并混染，沿着深大断裂向上运移就位至早期侵位的岩浆构造体系中，形成具有上地壳组成和后碰撞特点的花岗斑岩，促使黄沙坪矿床发育典型的小岩体多期次侵位叠加成矿事件。

第三节　成矿热液体系研究

一、成矿热液期次

黄沙坪矿床发育典型的矽卡岩蚀变带，伴生大量石榴子石，后者是确定成矿热液活动时限的理想矿物。本研究分别采集黄沙坪石英斑岩 Pb-Zn-Cu 成矿系统（304）和花岗斑岩 W-Mo-Sn-Bi 成矿系统（301）中富含石榴子石的矽卡岩样品进行 LA-ICP-MS U-Pb 定年，其中 304 系统矽卡岩样品（WK-1）采集自-96m 中段石门 13 附近，石榴子石矽卡被后期石英脉穿插，样品中石榴子石呈自形-半自形，粒径可达 5mm，发育明显的核-边结构和震荡环带，裂隙填充石英；301 系统矽卡岩样品（H3-8）采集自-96m 中段石门 16 附近早期石榴子石被磁铁矿、绿帘石、方解石交代，石榴子石呈半自形柱状，粒径 100μm 至 1mm 不等。石榴子石 LA-ICP-MS U-Pb 测试在广州市拓岩检测技术有限公司完成，测试结果见附表 12 和图 4-13。

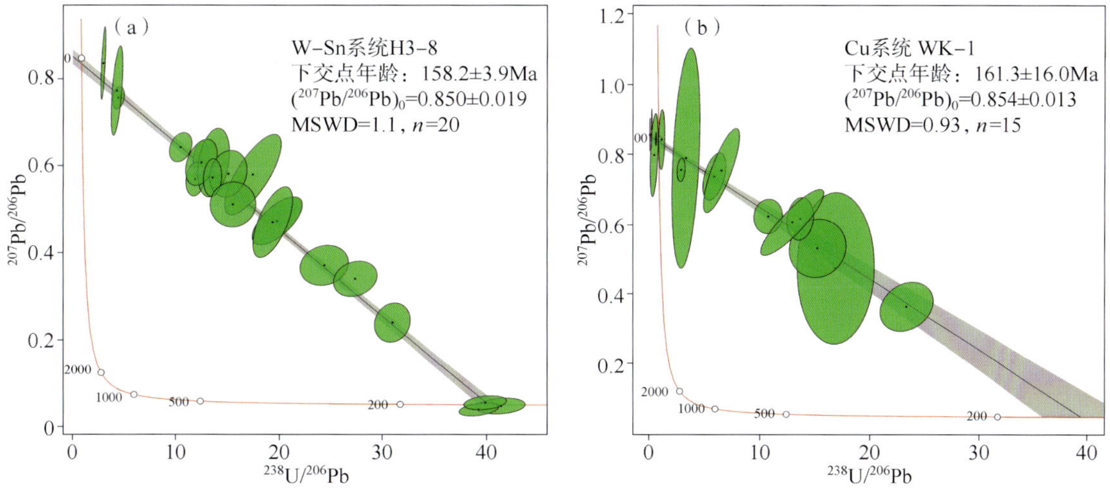

图 4-13　黄沙坪矿床矽卡岩 U-Pb 定年结果

采自矽卡岩型铜矿体中的样品 WK-1 共计获得 15 个有效数据，Tera-Wasserburg 图解中下交点年龄为 161.3±16.0Ma（MSWD=0.93，图 4-13），矽卡岩型钨锡矿体中的样品 H3-8 共计获得 20 个有效数据，U-Pb 同位素 Tera-Wasserburg 图解下交点年龄为 158.2±3.9Ma（MSWD=1.1）。W-Sn 系统石榴子石 U-Pb 年龄与前人得出的成矿年龄一致（160.9～153.8Ma；马丽艳等，2007；姚军明等，2007；雷泽恒等，2010；Li et al.，2019；Zhang et al.，2022b），表明 W-Sn 成矿事件集中在 154～161Ma 之间；Cu 系统石榴子石 U-Pb 年龄误差虽然较大，也与上述研究获得的含铜矽卡岩石榴子石、符山石 U-Pb 定年结果（161.6±2.2Ma~161.0±1.3Ma）一致，表明黄沙坪 Cu 成矿系统集中在 161Ma 左右发育，明显早于 W-Sn 成矿系统，也早于区域花岗斑岩侵位事件。

综上，黄沙坪矿区发育有两期矽卡岩矿化事件，早期矽卡岩型铜铅锌矿化时间约为 161Ma，空间上与 168Ma 石英斑岩相关，晚期矽卡岩型铁钨钼矿化时间约为 158Ma，空间上与 160~150Ma 花岗斑岩活动有关。黄沙坪矿床属于典型的多岩体多期次多阶段多金属矿床。

二、热液矿物特征

黄沙坪是湘中南地区少见的矽卡岩型 Pb-Zn-Cu 矿化与 W-Sn-Mo-Bi 矿化叠合发育的矿床，成矿过程中存在多期次岩浆热液活动事件，形成了大量特征热液矿物。本研究选取两类矽卡岩成矿热液系统均有发育的黄铁矿、白钨矿及闪锌矿进行成分分析，刻画不同成矿热液系统由高温向中低温递变演化过程中的物理化学条件变化。

（一）黄铁矿

本次研究从黄沙坪两套成矿系统中挑选出富含黄铁矿的样品 6 块，其中 H4-17、H5-16 和 H6-2 采集自 301 系统-176m 中段，H8-3 和 H8-4 采集自 304 系统-176m 中段，H2-2 采集自 304 系统-96m 中段。采样位置见图 4-14，样品描述见表 4-3。

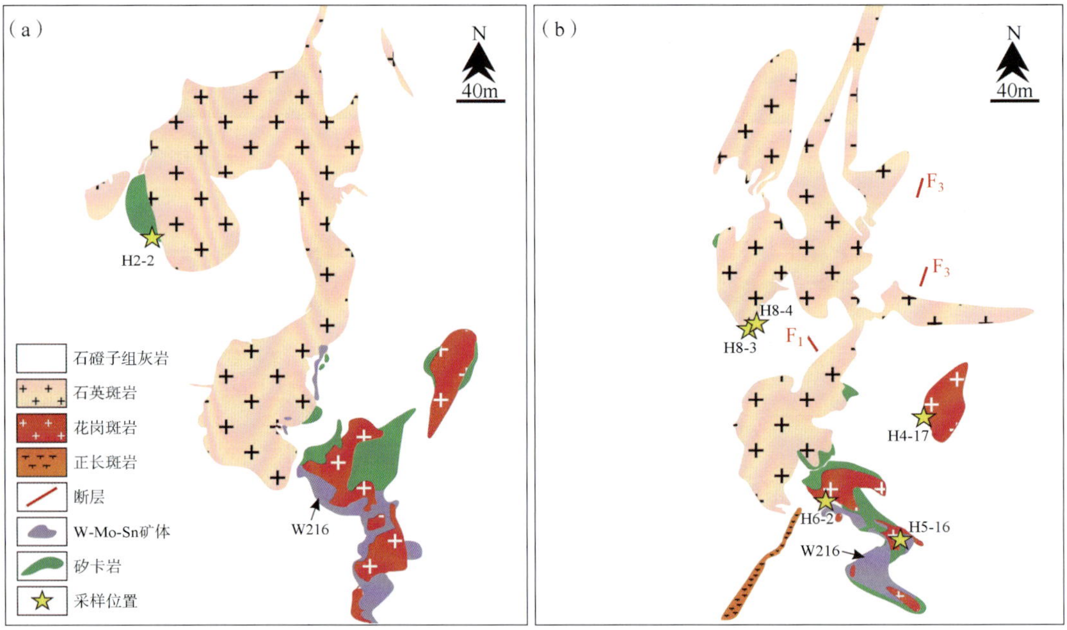

图 4-14 黄沙坪矿床含黄铁矿样品采样位置图

（a）-96m 中段平面图；（b）-176m 中段平面图

两套系统主成矿阶段（石英-硫化物阶段）均发育胶状黄铁矿与结晶黄铁矿，其中胶状黄铁矿通常发育同心环状结构，直径 0.02~1.00mm，被结晶黄铁矿交代，局部呈交代残余结构，表明胶状黄铁矿形成早于结晶黄铁矿（图 4-15）。

表 4-3　黄沙坪矿床黄铁矿采样信息汇总

样号	系统	海拔/m	矿物组合	黄铁矿世代
H4-17	301	-176	石英+黄铁矿+胶状黄铁矿+方铅矿+闪锌矿	2
H5-16	301	-176	石英+方解石+黄铁矿+磁黄铁矿+方铅矿+闪锌矿	1
H6-2	301	-176	石英+绿泥石+方解石+毒砂+黄铁矿+胶状黄铁矿+白铁矿+方铅矿+闪锌矿	2
H2-2	304	-96	石英+黄铁矿+胶状黄铁矿+黄铜矿+闪锌矿	2
H8-3	304	-176	石英+黄铁矿+胶状黄铁矿+白铁矿+黄铜矿+方铅矿+闪锌矿	2
H8-4	304	-176	石英+绿泥石+方解石+黄铁矿+胶状黄铁矿+白铁矿+黄铜矿	2

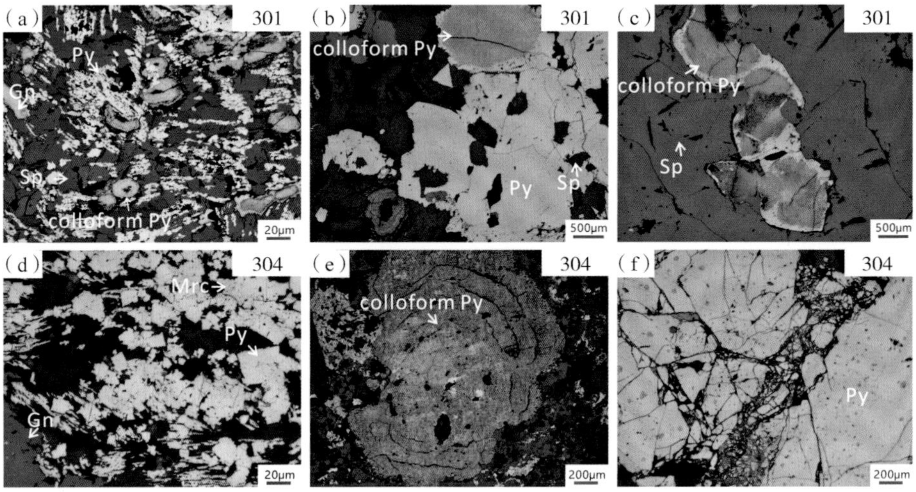

图 4-15　黄沙坪矿床两套系统黄铁矿镜下特征

Py—黄铁矿；colloform Py—胶状黄铁矿；Gn—方铅矿；Sp—闪锌矿；Mrc—白铁矿

使用次氯酸钠溶液（NaClO）对黄铁矿进行蚀刻，NaClO 充当黄铁矿的氧化剂，变色斑块和区域反映了晶粒内的成分差异，变色强度随着矿物成分、晶格取向和蚀刻持续时间而变化。将 NaClO 溶液滴加到样品表面并放置 30~120s，用水清洗并干燥，然后在偏光显微镜下观察。经 NaClO 溶液蚀刻后，胶状黄铁矿（301-PyI 和 304-PyI）颜色均一，结晶黄铁矿（301-PyII 和 304-PyII）颜色不均一，但界线平直，判断结晶黄铁矿分属不同矿物颗粒，而非单一矿物多期次结晶生长的结果（图 4-16）。因此可以确认石英斑岩热液系统和花岗斑岩热液系统均发育早期胶状黄铁矿和晚期结晶黄铁矿，两类黄铁矿分属不同成矿阶段。

黄铁矿微量元素测试在中南大学地球科学与信息物理学院完成，测试结果见附表 13。同一系统中，不同世代黄铁矿地微量元素含量存在明显差异。其中，胶状黄铁矿 301-PyI 大部分元素的含量高于结晶黄铁矿 301-PyII，Cu、As、Ag、Sn、Sb、Pb 元素最为显著。304-PyI 中 Mn、Cu、Ag、Sb、W、Au、Pb 大部分元素的含量高于 304-PyII，Cu、Ag、Sb、W 元素最为显著（图 4-17）。

图 4-16　黄沙坪矿床热液黄铁矿 NaClO 蚀刻特征

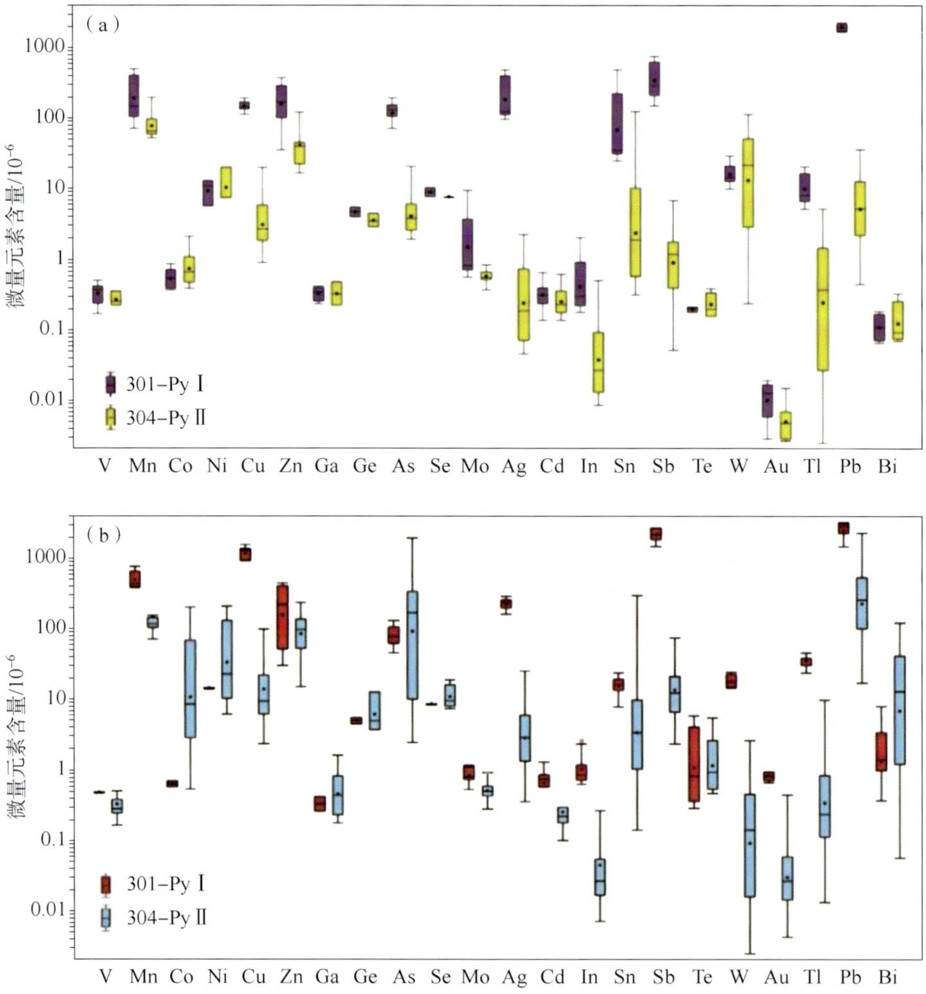

图 4-17　黄沙坪矿床不同类型黄铁矿微量元素箱线图

沉积型黄铁矿中一般 0.01< Cu/Ni <10、0.01< Zn/Ni <10 和 0.1< As/Ni <10（Gregory et al.，2015），而黄沙坪 301 系统的胶状黄铁矿 301-PyI 中 Cu/Ni、Zn/Ni 和 As/Ni 比值分别约为 17.1、51.8 和 13.7，304 系统的胶状黄铁矿 304-PyI 中 Cu/Ni 和 As/Ni 比值分别约为 69.1 和 17.8，说明两套系统中的胶状黄铁矿属于热液成因。而热液成因的胶状黄铁矿代表着快速的形成过程，这与胶状黄铁矿中微量元素普遍高于结晶黄铁矿一致，反映两套系统在该成矿阶段均发生了物理化学条件的明显波动，可能与流体沸腾有关。尽管两套系统中结晶黄铁矿（301-PyII 和 304-PyII）Co/Ni 比值均小于 1，但上述黄铁矿置换早期热液胶状黄铁矿且与石英、绿泥石等热液矿物共生，因此认为两套系统中的结晶黄铁矿均属热液成因，相对较低的 Co/Ni 比值可能是由于强烈的水岩反应导致（del Real et al.，2020）。

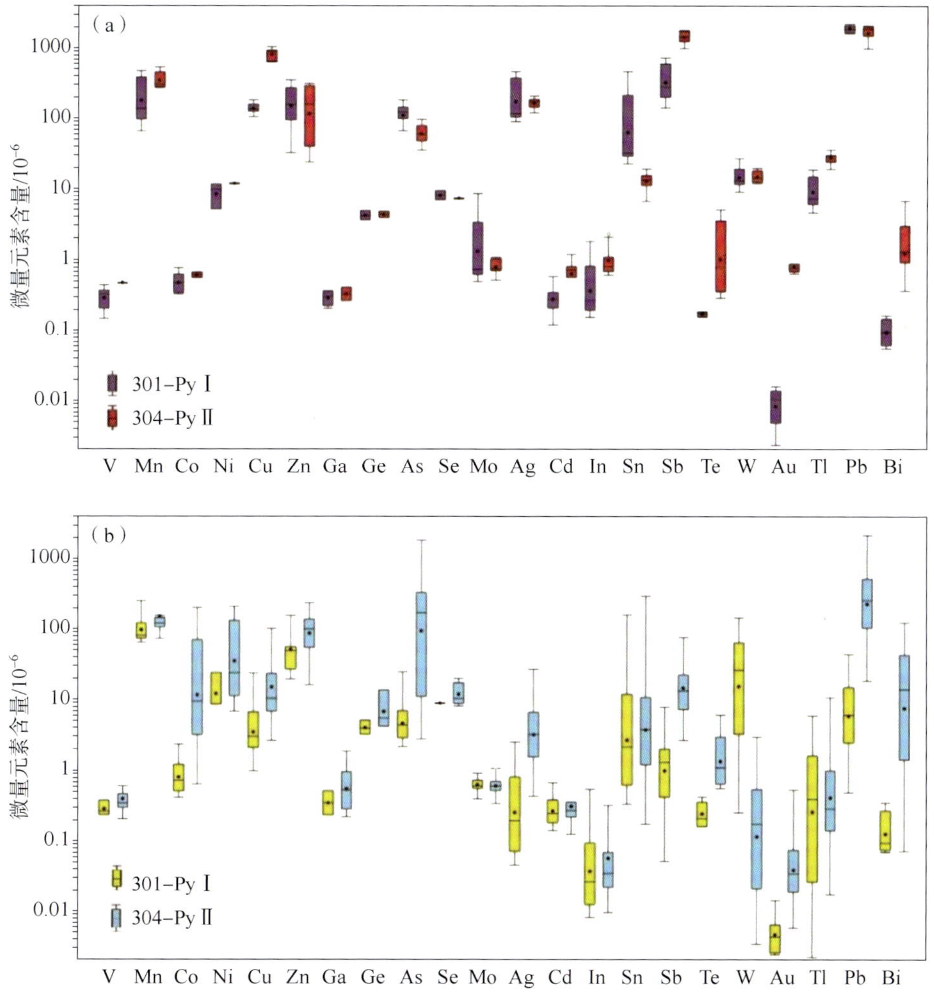

图 4-18　黄沙坪矿床不同热液系统黄铁矿微量元素箱线图

热液黄铁矿中 Se 的含量与形成温度呈负相关（Huston et al.，1995；Keith et al.，2020）。301 系统结晶黄铁矿（301-PyII）中 Se 含量低于 304 系统结晶黄铁矿（304-PyII），说明前者形成温度较高，这与 301 系统成高温的 W-Sn-Mo 矿化而 304 系统成中低温的 Cu-Pb-Zn 矿化一致。温度降低通常导致 As 在热液黄铁矿中发生富集（Li et al.，2018），这也与 301-PyII 中 As 含量低于 304-PyII 一致。另外，黄铁矿中的 Te 含量同样也指示 301 系统黄铁矿阶段形成温度高于 304 系统。pH 升高可能会导致黄铁矿中 Zn 的富集（Kouzmanov et al.，2012），301 系统的结晶黄铁矿 301-PyII 中 Zn 含量低于 301 系统的结晶黄铁矿 304-PyII，暗示 301 系统该阶段 pH 可能低于 304 系统。

（二）白钨矿

本次研究挑选黄沙坪两套成矿系统富含白钨矿的样品 4 块，其中 H5-10 和 H6-1 采集自 301 系统-176m 中段，H10-8 采集自 301 系统-96m 中段，H11-1 采集自 304 系统-96m 中段，采样位置见图 4-19，样品描述见表 4-4。

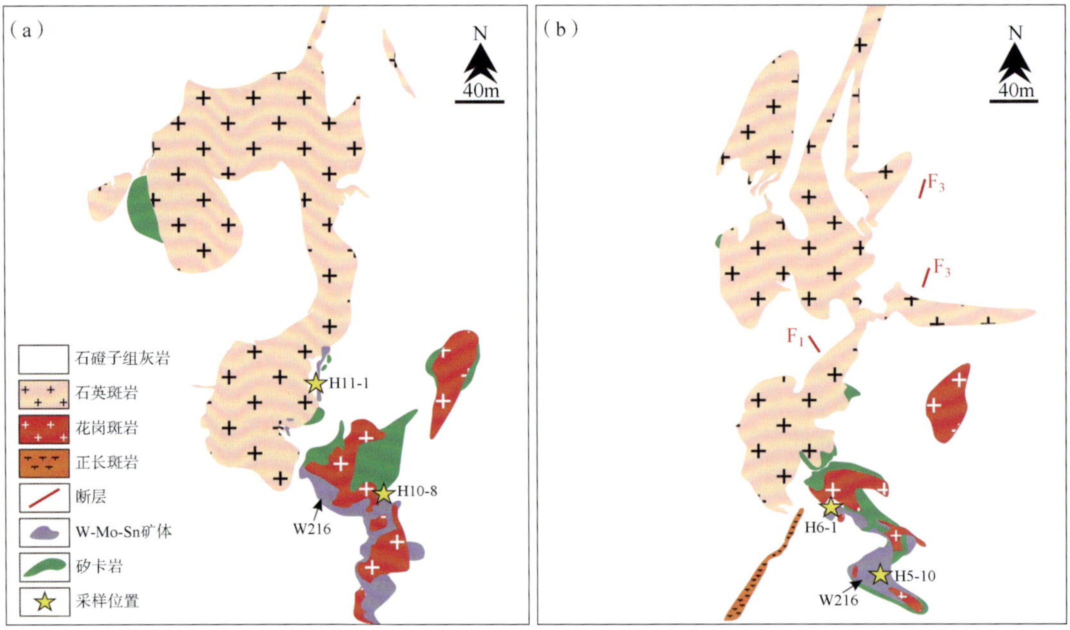

图 4-19 黄沙坪矿床白钨矿采样位置图

（a）-96m 中段平面图；（b）-176m 中段平面图

表 4-4 黄沙坪矿床白钨矿样品采样信息

样品号	成矿系统	海拔/m	矿物组合	世代
H5-10	301	-176	石榴子石+符山石+绿帘石+磁铁矿+白钨矿+锡石	3
H6-1	301	-176	石英+白钨矿+辉钼矿	3
H10-8	301	-96	石榴子石+透辉石+萤石+绿泥石+白钨矿+磁铁矿	3
H11-1	304	-96	石榴子石+透辉石+萤石+石英+白钨矿	3

白钨矿在两套成矿系统中均有发育，但在 301 系统中显著更多，多呈团块状或脉状产出于矽卡岩中，而在 304 系统多呈星点状或细脉状产出。通过详细的岩相学鉴定和 CL 观察，在两套系统中均识别出三个世代的白钨矿（图 4-20）。

301 系统：第 1 世代白钨矿（Sch301-1）CL 图像中颜色较深，呈深灰色，以发育明暗交替的震荡环带为特征；第 2 世代白钨矿（Sch301-2）颜色相对较浅，呈灰色，以发育不规则震荡环带为特征，明显交代 Sch301-1；第 3 世代白钨矿（Sch301-3）呈浅灰色，发育轻微不规则震荡环带，明显交代 Sch301-1 和 Sch301-2，表明其形成时限最晚（图 4-20）。

304 系统：第 1 世代白钨矿（Sch304-1）CL 图像中呈深灰色，发育规则的震荡环带；第 2 世代白钨矿（Sch304-2）呈灰色，发育不规则的震荡环带，明显交代 Sch304-1；第 3 世代白钨矿（Sch304-3）颜色最浅，呈浅灰-灰白色，局部发育不规则震荡环带，交代 Sch304-1 和 Sch304-2，不同世代白钨矿形成顺序与 301 系统类似（图 4-20）。

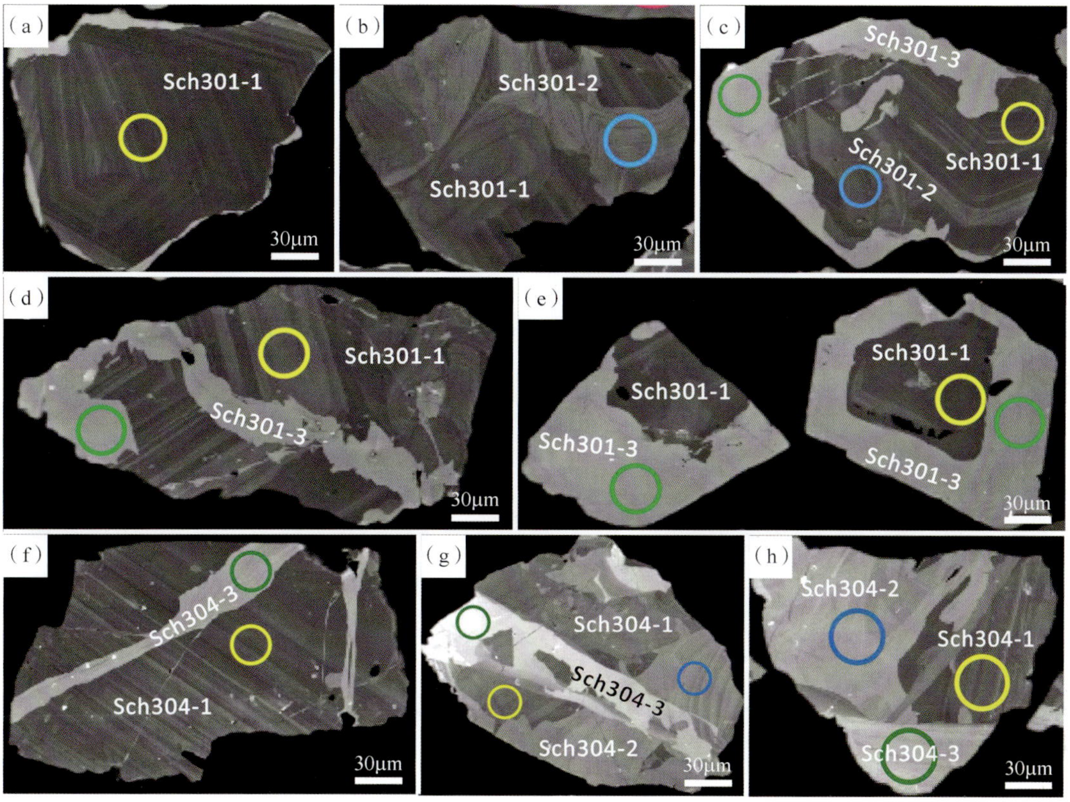

图 4-20　301 成矿热液系统白钨矿阴极发光特征

（a）发育震荡环带的 Sch301-1；（b）发育不规则震荡环带的 Sch301-2 交代 Sch301-1；
（c）Sch301-3 交代 Sch301-1 和 Sch301-2；（d）Sch301-3 交代发育震荡环带的 Sch301-1；
（e）Sch301-3 交代或包裹 Sch301-1；（f）Sch304-3 交代发育震荡环带的 Sch304-1；
（g）发育不规则震荡坏带的 Sch304-2 交代 Sch304-1，后又被 Sch304-3 交代；
（h）Sch304-3 交代发育震荡环带的 Sch304-1 和 Sch304-2

白钨矿微量元素测试在中南大学地球科学与信息物理学院完成，微量元素测试结果见附表 14。微量元素测试结果显示两套系统各世代白钨矿中 Mo 含量均呈下降趋势（图 4-21），并且 301 系统 Mo 含量总体高于 304 系统。其中，301 系统第一、二世代的白钨矿中 Mo 含量明显高于 304 系统，而第三世代白钨矿中 Mo 含量近似。球粒陨石标准化稀土元素配分曲线（图 4-22）显示，两套系统的白钨矿稀土模式基本一致，均呈现出轻稀土富集、重稀土亏损、明显的 Eu 负异常而无明显 Ce 异常等特征。两套稀土各世代白钨矿的重稀土元素富集程度呈现出逐渐降低的趋势，尤其以第三世代更为明显，表明此阶段两套系统的稀土元素分异程度逐渐发生变化，其对应的成矿环境可能也发生了一定的变化。另外，同一系统不同世代、不同系统同一世代的白钨矿，其稀土含量也存在一定的差异性。比如301 系统第一、二世代白钨矿轻稀土元素富集程度低于 304 系统，而第三世代白钨矿轻稀土富集程度基本一致，也在一定程度上暗示第三世代白钨矿形成时成矿环境发生了变化，从而导致稀土元素分异程度发生变化。

白钨矿中的 Eu 异常和 Mo 可以指示其形成时的氧化还原条件（Han et al.，2020），δEu-Mo 图解（图 4-23）表明两套系统各世代白钨矿从早到晚氧逸度不断降低，特别第三世代形成于最低且波动的氧逸度条件，这与各世代白钨矿中 Mo 含量逐渐降低是一致的。另外，两套系统第一、二世代白钨矿形成的氧逸度条件波动较小，而第三世代形成的氧逸度波动显著较大，也说明第三世代白钨矿形成时成矿环境更不稳定，可能与流体沸腾有关。

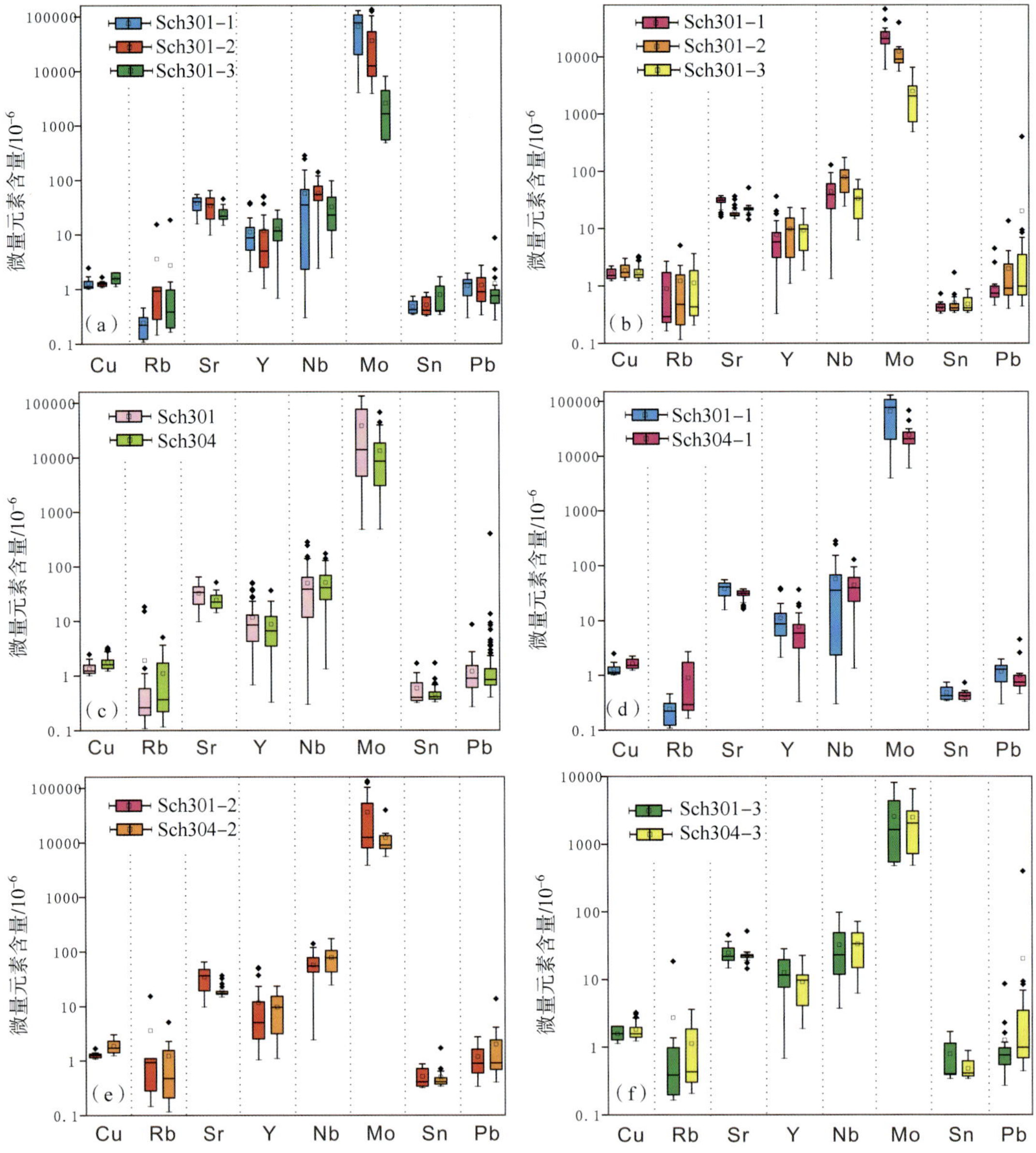

图 4-21　黄沙坪矿床不同热液系统白钨矿微量元素特征

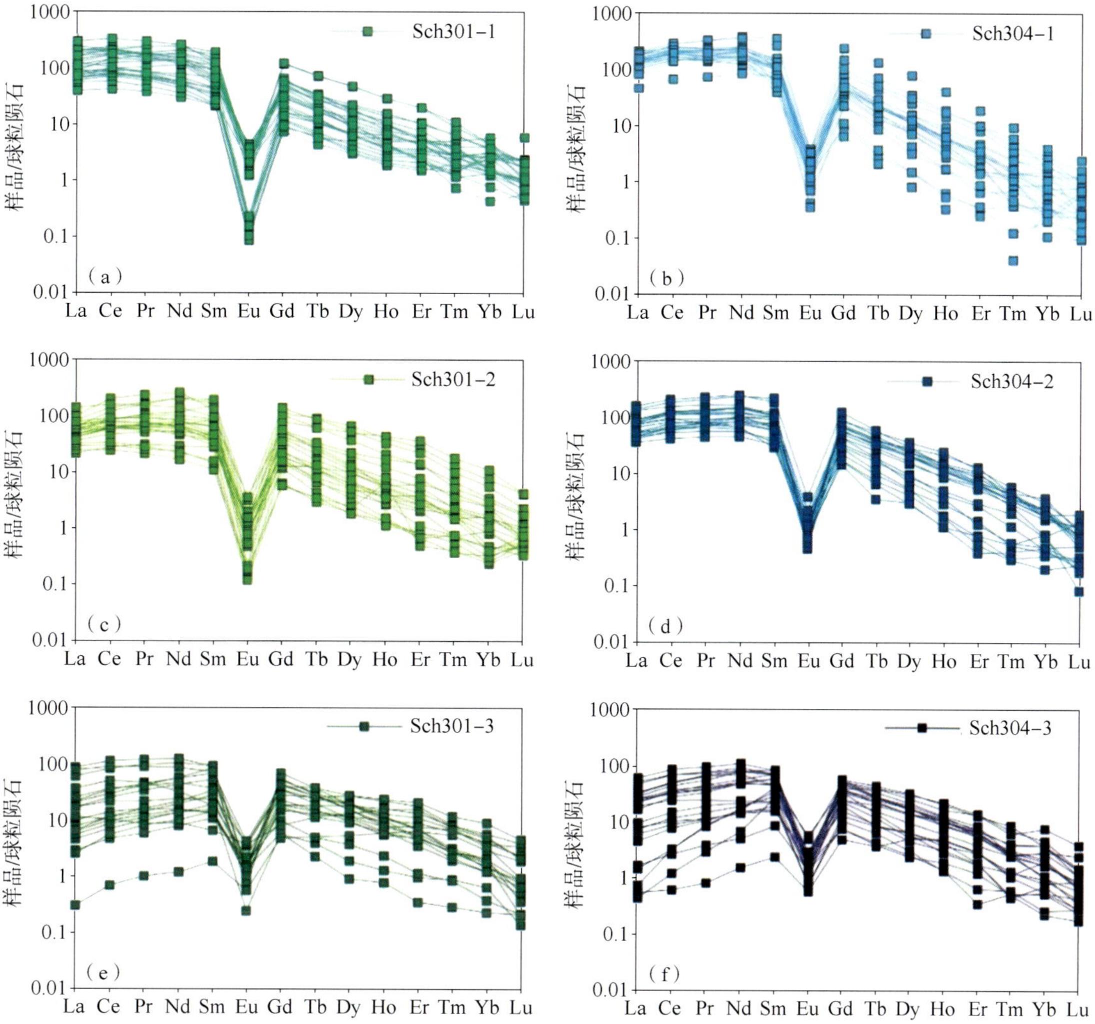

图 4-22　黄沙坪矿床不同类型白钨矿稀土元素特征

（C1 球粒陨石标准化值据 Sun et al.，1989）

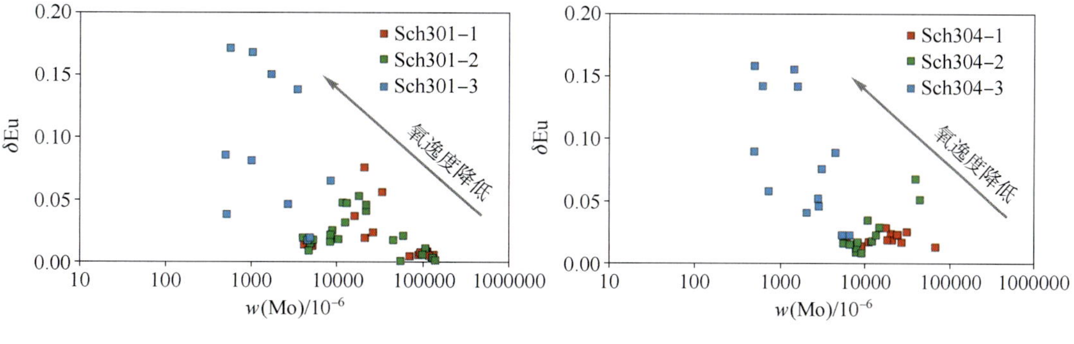

图 4-23　黄沙坪白钨矿 δEu-Mo 图解

白钨矿 Nb/Ta 比值可以间接指示成矿物质来源，原始地幔的 Nb/Ta 比值约为 17.5，而标准陆壳的 Nb/Ta 比值约为 11，沉积岩变质熔融作用形成的过铝质花岗岩 Nb/Ta 比值甚至低至 2 左右（Taylor et al.，1985；Green，1995；Dostal et al.，2000）。黄沙坪矿床 301 和 304 系统中白钨矿 Nb/Ta 比值分别为 8.52～272.13 和 25.88～275.41，平均值分别为平均值 108.45 何 125.28，说明两套成矿系统均有幔源物质加入。而两套系统一致的 Y/Ho比值（图 4-24）则表明二者可能具有相似的成矿物质来源。

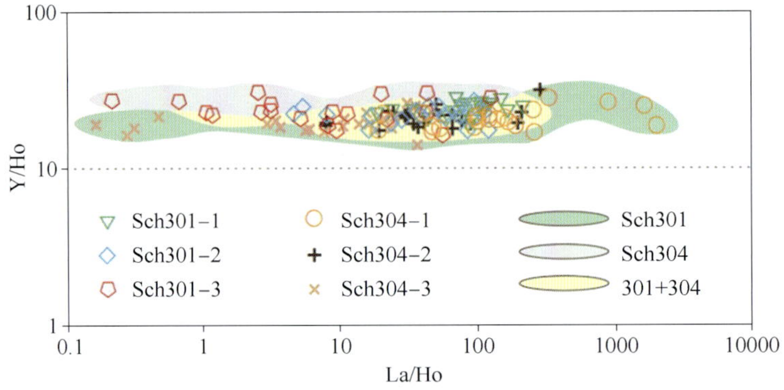

图 4-24　黄沙坪矿床两套系统白钨矿 Y/Ho-La/Ho 图解

值得注意的是，采自 304 石英斑岩接触带中的白钨矿世代关系，成分演化特征与 301 花岗斑岩接触带中的白钨矿相似度极高，相对接近的 Nb/Ta、Y/Ho 含量则显示两者的物质源区差异不大。由黄沙坪矿床石英斑岩与花岗斑岩锆石同位素分析结果可知石英斑岩具有下地壳的物质组成特点，花岗斑岩则具备上地壳沉积岩源区特征，两者派生的岩浆热液通常具有不一致的 Cu、W 成矿属性。因此石英斑岩中局部发育的含白钨矿矽卡岩可能并非石英斑岩的直接产物，而是花岗斑岩岩浆沿与 W1 矿体产状一致的石英斑岩—花岗斑岩破碎带运移交代的产物。由于这类岩浆活动严格受构造界面和石英斑岩边界约束，被认为是石英斑岩外围接触带的产物。这一猜想可在后续工作中进一步验证。

（三）闪锌矿

本次研究采集黄沙坪两套系统中富含闪锌矿的样品 3 块，其中，H2-2 采集自 304 系统-96m 中段，H4-3 采集自 304 系统-176m 中段，H4-17 采集自 301 系统-176m 中段。采样位置见图 4-25，样品描述见表 4-5。

表 4-5　黄沙坪矿床闪锌矿样品采样信息

样品号	成矿系统	海拔/m	矿物组合	闪锌矿世代
H2-2	304	-176	石英+黄铁矿+胶状黄铁矿+黄铜矿+闪锌矿	1
H4-3	304	-176	石英+方解石+黄铁矿+黄铜矿+闪锌矿	1
H4-17	301	-176	石英+黄铁矿+胶状黄铁矿+方铅矿+闪锌矿	1

304 系统中的闪锌矿与黄铁矿、黄铜矿、石英、方解石等矿物共生，局部见黄铜矿固溶体；而 301 系统中的闪锌矿与白钨矿、方解石等矿物共生，未见明显的黄铜矿固溶体（图 4-26）。对两套系统中颗粒较大且内部无明显黄铜矿固溶体的闪锌矿颗粒进行电子探针

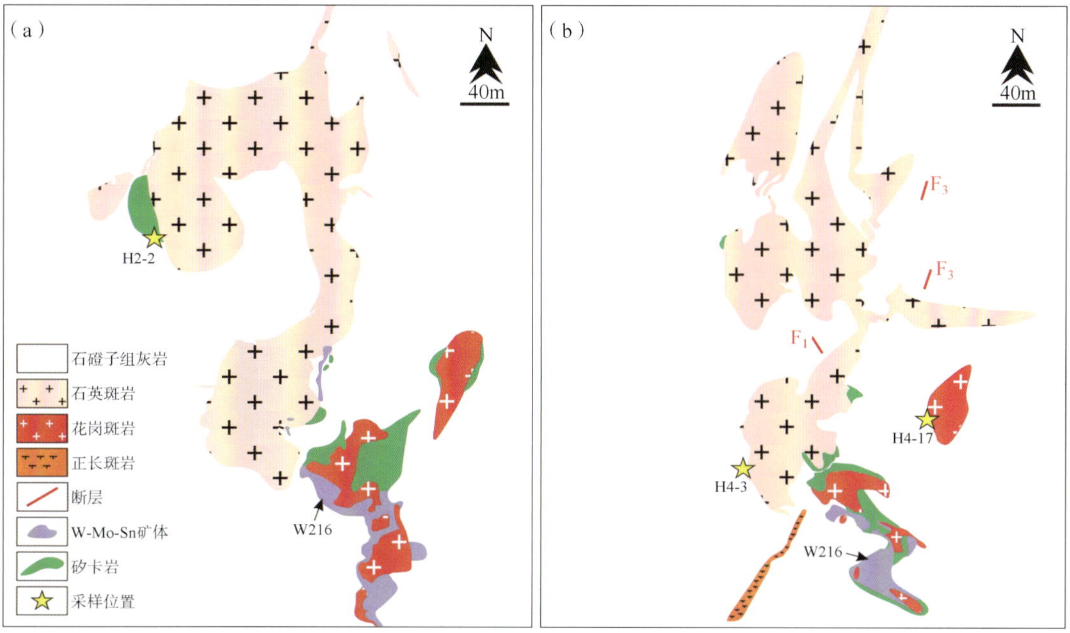

图 4-25　黄沙坪矿床闪锌矿样品采样位置图

(a) -96m 中段平面图；(b) -176m 中段平面图

测试。电子探针测试在中南大学地球科学与信息物理学院完成，测试结果见附表 15。闪锌矿中的 FeS 可以用来估算其形成温度（卢焕章，1975）。黄沙坪矿床两套成矿系统的闪锌矿形成温度为 252~261℃，均为中温成矿热液系统，形成温度基本一致（图 4-27）。硫逸度-温度图解（图 4-28）表明 301 系统在闪锌矿形成阶段具有更低的硫逸度（Einaudi et al.，2005）。

图 4-26　黄沙坪矿床不同类型闪锌矿显微特征

(a) 304 系统中铅锌矿体；(b) 304 系统中绿帘石矽卡岩化铅锌矿石；
(c) 304 系统中闪锌矿与黄铁矿、黄铜矿、方解石等矿物共生；(d) 301 系统中铅锌矿体；
(e) 301 系统中绿帘石矽卡岩化白钨-铅锌矿石；(f) 301 系统中闪锌矿与方解石共生

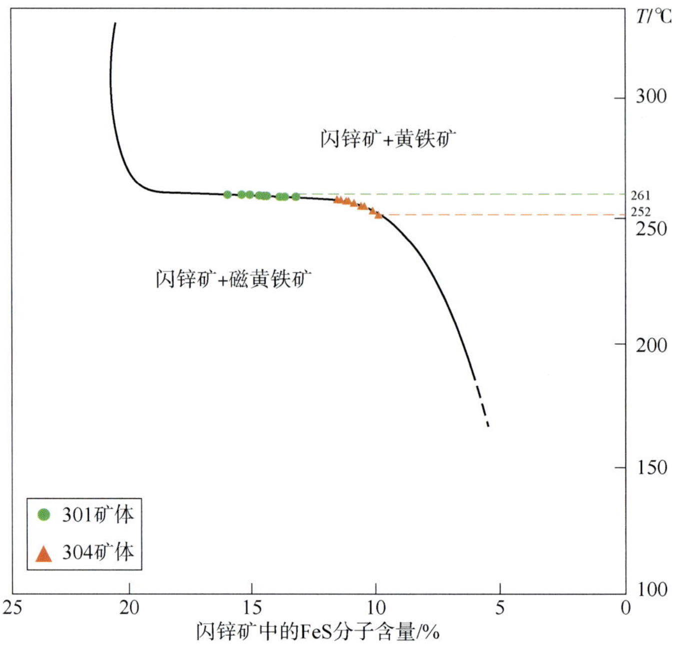

图 4-27　闪锌矿 FeS 与温度关系图

（据卢焕章，1975 修改）

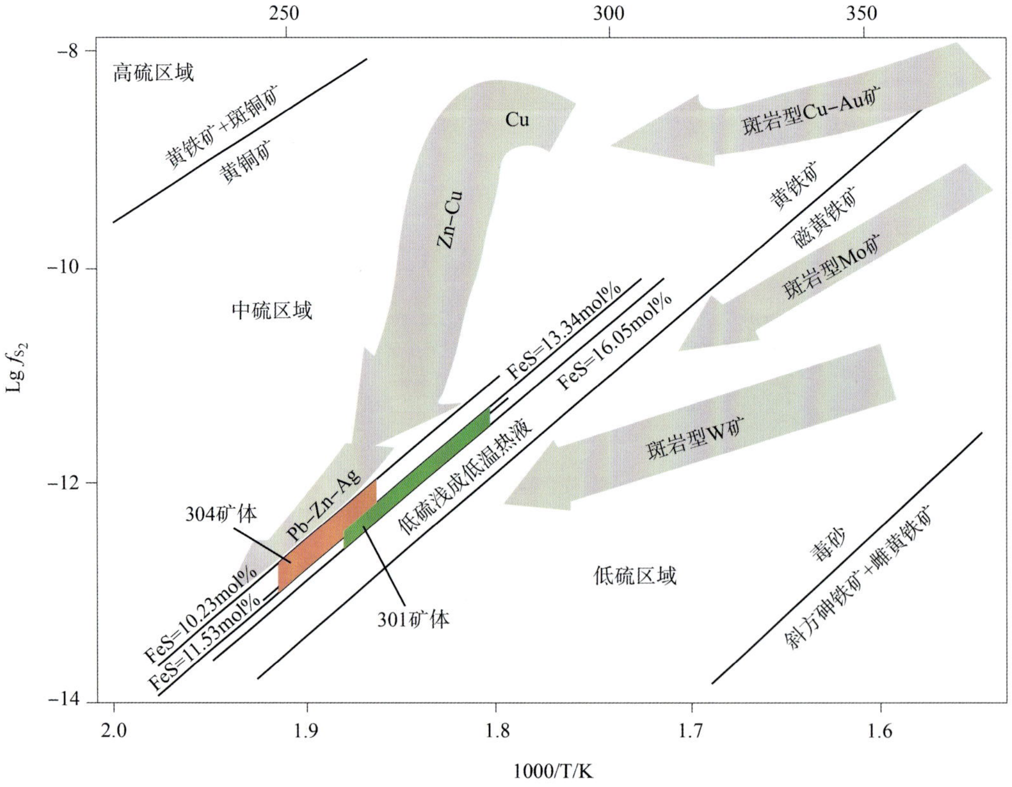

图 4-28　黄沙坪矿床闪锌矿硫逸度温度关系图解

综上，黄沙坪矿床与铅锌钨钼多金属成矿作用有关的热液黄铁矿、白钨矿、闪锌矿指示花岗斑岩成矿系统和石英斑岩成矿系统差异显著。花岗斑岩成矿系统派生出的流体具有较高的温度和较高的 W、Mo、Sn 含量，流体偏酸性且具有更低的硫逸度，大量 W、Sn、Mo 成矿物质在矽卡岩阶段发生卸载沉淀。具有更多幔源物质组成的石英斑岩成矿系统具有较高的 Cu 含量，发育矽卡岩作用时体系温度略低于花岗斑岩矽卡岩矿化系统，大量 Pb、Zn 在稍晚阶段卸载。黄沙坪矿床两类成矿热液系统由早到晚体系氧逸度均降低，晚期发生显著的流体沸腾作用。

三、成矿流体演化

Li et al.（2016）对黄沙坪矿床不同成矿阶段形成的矿物中流体包裹体开展了系统的研究，在石榴子石、阳起石、白钨矿、萤石、石英和方解石等矿物中识别出多种类型的流体包裹体，包括富液相流体包裹体（Type Ia）、富气相流体包裹体（Type Ib）、含子晶流体包裹体（Type IIa：均一至气相消失；Type IIb：均一至子晶消失）、含 CO_2 包裹体（Type III）。各类型流体包裹体均一温度及盐度范围见表 4-6 和图 4-29。

表 4-6　黄沙坪矿床流体包裹体样品信息及测温结果

样品	矿物（测温数量）	包裹体类型	气相占比 %	均一温度 T/℃	$w(NaCl_{eq})$/%
矽卡岩	石榴子石（6）	Type Ia	16~30	至液相：>600	
矽卡岩	石榴子石（3）	Type Ib	66~85	至气相：584~600	3~5
矽卡岩	石榴子石（38）	Type IIa	9~33	气相：530~600；石盐：323~346	40~42
矽卡岩	阳起石（10）	Type IIa	25~40	气相：568~600；石盐：357~381	43~45
矽卡岩	白钨矿（39）	Type IIa	10~33	气相：381~488；石盐：306~372	39~45
矽卡岩	白钨矿（8）	Type Ia	20~30		8~9
矽卡岩	方解石（24）	Type Ia	14~25	至液相：286~405	15~22
矽卡岩型 W-Mo 矿石	紫色萤石（7）	Type IIb	7~35	气相：200~310；石盐：250~303	35~41
矽卡岩型 W-Mo 矿石	紫色萤石（38）	Type Ia	5~22	至液相：202~354；Tm=1~6.5	9~16
矽卡岩型 W-Mo 矿石	彩色萤石（116）	Type Ia	8~40	至液相：220~380；Tm=0.1~0.6	6~13
矽卡岩型 W-Mo 矿石	绿色萤石（12）	Type Ia	7~38	至液相：230~303；Tm=0.1	8~15
矽卡岩型 W-Mo 矿石	石英（22）	Type Ia	15~40	至液相：300~367	7~16
含 Mo 石英脉	石英（7）	Type Ib	55~70	至气相：316~435	13~17
含 Mo 石英脉	石英（2）	Type III	20~35	至气相：237；Tm=5.1	8~9
Pb-Zn 矿脉	绿色萤石（42）	Type Ia	10~40	至液相：170~313；Tm=1.1~4.5	2~16
Pb-Zn 矿脉	彩色萤石（116）	Type Ia	7~30	至液相：165~306；Tm=0.2~3	5~15
Pb-Zn 矿脉	白钨矿（14）	Type IIa	10~30	气相：463~517；石盐：250~271	35~36
方解石-黄铜矿脉	方解石（26）	Type Ia	6~20	至液相：366~485	8.4~9.3
方解石-黄铜矿脉	方解石（26）	Type Ia	8~30	至液相：172~275	5~19

注：流体包裹体数据引自 Li et al.，（2016）。

早矽卡岩阶段，石榴子石和阳起石中流体包裹体均一温度为>530℃，普遍发育含石盐子晶包裹体（盐度达 40%~45%）和低盐度（3%~5%）富气相包裹体，表现出流体不

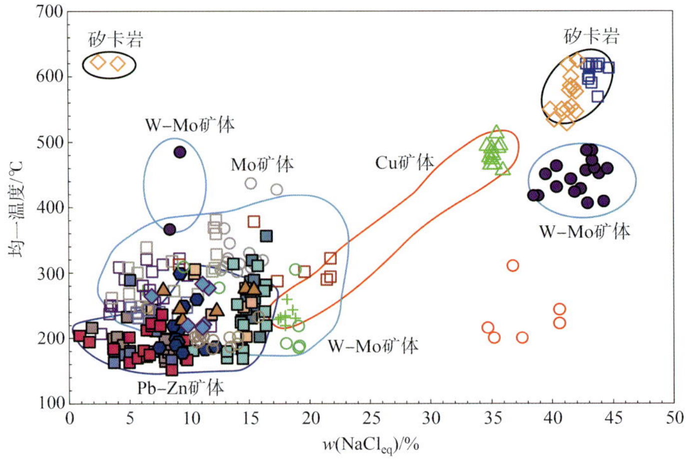

图 4-29　黄沙坪矿床流体包裹体均一温度-盐度图解

混溶现象。此阶段估算的压力范围约为 600～800bar[1]，在静岩压力条件下对应深度约为 2.2～3.0km。晚矽卡岩阶段，白钨矿中流体包裹体均一温度为 381～-488℃，盐度为 39%～45%，具有高温、高盐度的特征，此阶段估算的压力范围为 200～400bar，在静岩压力条件下对应深度约为 0.7～1.5km。金属硫化物阶段，含 Mo 石英脉中石英流体包裹体具有富气相和富液相包裹体共存的特征，其均一温度相近（300～435℃）而盐度相差较大（7%～17%），同样表明沸腾作用的存在。晚期铅锌矿化阶段，萤石中主要发育富液相包裹体，均一温度范围为 165～313℃，盐度低至 2%，沸腾作用不明显，可能存在大气降水与岩浆热液流体的混合。因此，黄沙坪矿床多期次流体演化伴随体系降温、降压、沸腾及流体混合作用，依次沉淀白钨矿/黄铜矿-方铅矿/闪锌矿-方解石-萤石等矿物。

四、成矿流体来源

为厘定成矿过程中流体和成矿物质的来源，本著选取黄沙坪矿床两套热液系统不同阶段矿石开展硫化物原位硫同位素、石英氢氧同位素、方解石碳氧同位素分析，具体结果如下：

（一）硫同位素示踪

本次研究在黄沙坪矿床两套成矿系统中选择典型矽卡岩型硫化物矿石开展矿物原位硫同位素分析，其中样品 H2-8，H10-6，H7-2 采集自 W-Sn 成矿系统（301），样品 H9-1 采集自 Cu 成矿系统。对样品中的黄铁矿、闪锌矿和方铅矿开展原位硫同位素测试，测试结果见表 4-7 和图 4-30。

表 4-7　黄沙坪矿床硫化物原位硫同位素分析结果

样品	硫化物类型	$\delta^{34}S_{VCDT}/‰$	1σ	样品	硫化物类型	$\delta^{34}S_{VCDT}/‰$	1σ
H2-8	301Py	13.65	0.16	H7-2	301Sph	17.59	0.1
H2-8	301Py	14.35	0.14	H7-2	301Gn	15.82	0.3
H2-8	301Py	13.18	0.13	H7-2	301Py	17.24	0.11
H2-8	301Py	14.25	0.14	H7-2	301Py	15.28	0.11
H2-8	301Py	15.25	0.13	H7-2	301Py	15.22	0.11

[1] 1bar=100000Pa=0.1MPa。

续表

样品	硫化物类型	$\delta^{34}S_{VCDT}$/‰	1σ	样品	硫化物类型	$\delta^{34}S_{VCDT}$/‰	1σ
H2-8	301Sph	14.19	0.1	H7-2	301Sph	16.11	0.1
H10-6	301Py	18.15	0.45	H7-2	301Py	15.67	0.1
H10-6	301Py	2.53	0.29	H7-2	301Py	14.2	0.1
H10-6	301Py	15.72	1.24	H9-1	304Py	4.78	0.14
H7-2	301Gn	16.42	0.25	H9-1	304Py	4.57	0.14
H7-2	301Py	15.27	0.11	H9-1	304Py	6.24	0.14
H7-2	301Py	16.99	0.11	H9-1	304Py	6.71	0.14
H7-2	301Py	17.13	0.11				

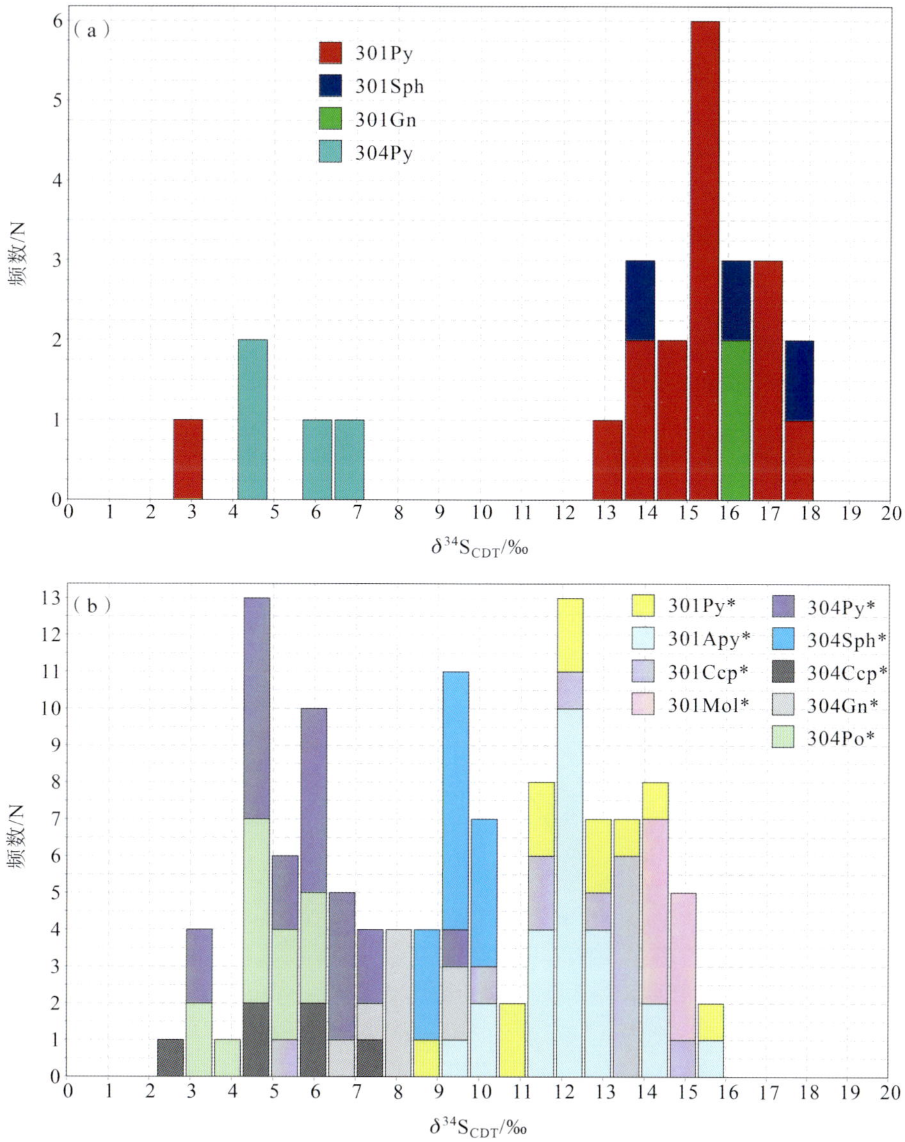

图 4-30 黄沙坪两套成矿系统硫化物原位硫同位素直方图

(a) 本次分析；(b) Ding et al.,(2022)

测试结果显示（图 4-30），黄沙坪 W-Sn 成矿系统硫化物硫同位素值范围为 13.18‰~18.15‰，个别值为 2.53‰，显著高于 Cu 成矿系统硫化物硫同位素值范围（4.57‰~6.71‰），显示出二者具有显著不同的成矿物质来源。Ding et al.（2022）在黄沙坪开展多种硫化物（如黄铁矿、毒砂、黄铜矿、磁黄铁矿、方铅矿、闪锌矿、辉钼矿）原位硫同位素研究，W-Sn 成矿系统同样显示出较高的硫同位素范围（8.70‰~15.98‰），显著高于 Cu 成矿系统硫化物硫同位素范围（2.18‰~10.35‰，图 4-30），与本书的分析结果类似，同时两套成矿热液体系相对分散的硫同位素组成表明其就位时存在不同程度的物质混染。

黄沙坪矿床虽然属于湘南地区典型的矽卡岩型矿床，其硫同位素所显示的成矿物质来源却并非典型的岩浆热液（-5‰~+5‰），表明其成矿物质可能存在多种来源。W-Sn 成矿系统具有高的硫同位素值（13.18‰~18.15‰），表明其致矿岩体花岗斑岩所分异出的岩浆热液流体在向上迁移过程中与围岩发生了强烈的水岩反应，可能受到了围岩物质（特别是膏盐地层）的混染，而膏盐地层通常具有高的硫同位素值（Ding et al.，2022），导致了 W-Sn 成矿系统中硫化物较高的硫同位素值（图 4-30）。而 Cu 成矿系统中硫化物硫同位素范围较低（4.57‰~6.71‰），且接近基底地层的硫同位素值（3.80‰~7.70‰），表明其成矿物质可能主要来自岩浆体系，存在少量围岩物质的混染。

（二）氢氧同位素示踪

本次研究采集黄沙坪 W-Sn 成矿系统-96 中段的含石英的矽卡岩样品（WK-6a、WK-6b）开展石英 H-O 同位素研究，测试结果见表 4-8 和图 4-31。

表 4-8　黄沙坪矿床热液石英氢氧同位素分析结果

样品	矿物	δD/‰（石英）	$\delta^{18}O_{V-SMOW}$/‰（石英）	$\delta^{18}O_{V-SMOW}$/‰（流体）
WK-6a	石英	-56.7	12.45	7.14
WK-6b	石英	-51.3	14.69	9.38

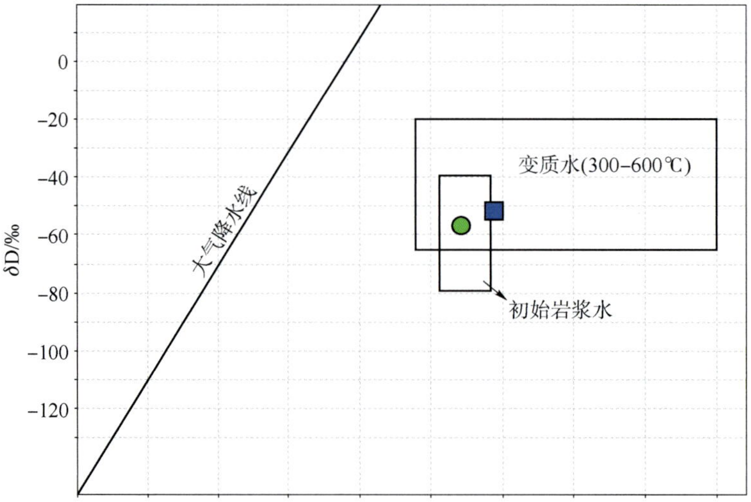

图 4-31　黄沙坪矿床流体氢氧同位素图解

结果显示样品 WK-6a 中石英的 $\delta D=-56.7‰$，$\delta^{18}O_{V-SMOW}=12.45‰$；样品 WK-6b 中石英的 $\delta D=-51.3‰$，$\delta^{18}O_{V-SMOW}=14.69‰$。石英中的 δD 值可以代表其形成时热液流体的 H 同位素组成，而石英中的 $\delta^{18}O$ 值需要结合其形成温度，利用石英和水的 O 同位素平衡分馏方程，计算热液流体的 O 同位素组成，计算公式如下（Clayton et al.，1972）：

$$\delta^{18}O\text{ 流体}-\delta^{18}O\text{ 石英}=-3.38\times10^{6}/T^{2}+3.40$$

此公式适用于石英形成温度为 200~500℃，公式中 T 为热力学温度（单位：K）。前人测得矽卡岩矿石中石英中流体包裹体均一温度为 300~367℃（Li et al.，2016），因此本次选择 350℃作为石英形成的温度用以计算流体的 O 同位素组成。计算结果见表 21，WK-6a 和 WK-6b 两个样品显示石英形成时热液流体的 $\delta^{18}O_{V-SMOW}$ 值分别为 7.14‰和 9.38‰。结果表明，黄沙坪矿床 W-Sn 矽卡岩成矿系统的热液流体以岩浆水为主。

（三）碳氧同位素示踪

本次研究采集黄沙坪两套成矿系统-96 中段的含方解石样品（Cu 系统：WK-2a、WK-2b；W-Sn 系统：WK-9a、WK-9b、WK-10）开展方解石 C-O 同位素研究，测试结果见表 4-9 和图 4-32。

表 4-9 黄沙坪矿床热液方解石碳氧同位素分析结果

样品	矿物	$\delta^{13}C_{V-PDB}$/‰	$\delta^{18}O_{V-PDB}$/‰	$\delta^{18}O_{V-SMOW}$/‰
WK-2a	方解石	-5.79	-17.68	12.63
WK-2b	方解石	-5.24	-17.16	13.18
WK-9a	方解石	0.86	-15.89	14.48
WK-9b	方解石	-0.57	-15.16	15.23
WK-10	方解石	-2.38	-15.92	14.45
HSP-148*	方解石	-4.95		11.1
HSP-12-10*	方解石	-4.54		11.7
HSP-84*	方解石	-1.12		13.2
HSP-32-4*	方解石	-1.48		13.5

*引自（Li et al.，2016）。

结果显示黄沙坪 Cu 成矿系统方解石的 $\delta^{13}C_{V-PDB}$ 值介于-17.68‰和-17.16‰，$\delta^{18}O_{V-SMOW}$ 值介于 12.63‰和 13.18‰；W-Sn 成矿系统方解石的 $\delta^{13}C_{V-PDB}$ 值介于-15.92‰和-15.16‰，$\delta^{18}O_{V-SMOW}$ 值介于 14.45‰和 15.23‰，与前人所得结果相近（Li et al.，2016）。热液体系形成的碳酸盐矿物（如方解石）与溶液存在显著的碳氧同位素分馏，其分馏程度取决于矿物沉淀时的体系温度（Ohmoto，1972）。前人测得黄沙坪矿床玩阶段方解石中流体包裹体均一温度为 172~275℃（Li et al.，2016），据此温度分别计算得到流体中碳氧同位素组成。对比本次研究及前人发表的 C-O 同位素结果，黄沙坪矿区晚期成矿流体均位于花岗岩和海相碳酸盐岩之间，并且靠近花岗岩区域（图 4-32），表明黄沙坪

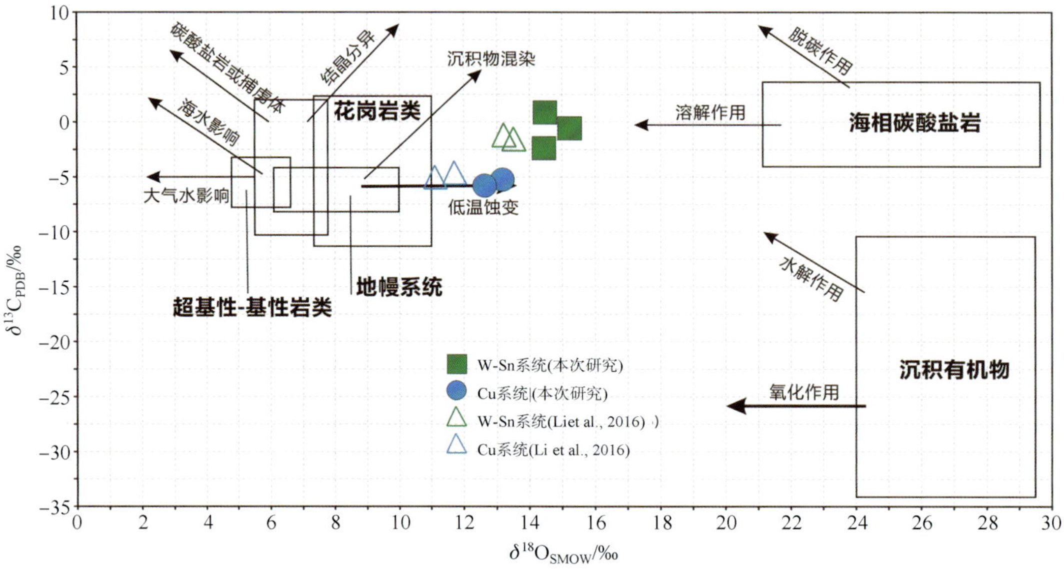

图 4-32 黄沙坪两套成矿系统热液流体 C-O 同位素投图
（修改自刘建明等，1997）

两套成矿系统热液流体均主要来自于成矿花岗岩岩浆，存在不同程度围岩物质混染。并且，花岗斑岩成矿系统晚期具有明显更多的围岩物质加入，表明其可能发生了更强烈的水岩反应。

综上，不同成矿阶段的硫化物、石英及方解石分析结果详细刻画了黄沙坪矿床流体演化趋势，早期成矿流体均为典型岩浆热液，主导了矽卡岩阶段成矿；进入晚期硫化物阶段及充填交代型成矿体系，成矿流体发生显著的降温和沸腾作用，围岩物质大量混染。这一时期的 Pb-Zn-Cu 成矿体系较多的保留了岩浆热液组成特点，W-Sn 成矿体系氧硫同位素分析则指示流体围岩物质混染强烈，两者共同构成了黄沙坪矿床成矿流体来源的基本特点。

第四节　黄沙坪矿床成矿要素总结

一、多重物源岩浆活动

黄沙坪矿区正长斑岩、英安斑岩、石英斑岩和花岗斑岩岩浆物质来源均以华南板块中元古代地壳为主，岩浆形成及上涌过程中不同程度混合（染）其他端元组分，促使区内发育钨钼锡铋铅锌铜铁多金属成矿体系。其中，成矿石英斑岩具有显著的地幔物质供给，岩浆氧逸度较高，成矿花岗斑岩处除地壳及地幔物质外还有显著的中上地壳沉积岩物质供给，岩浆氧逸度略低（原垭斌等，2018）。石英斑岩虽然具有更多深部地幔的物质供给，但其侵位深部较浅且结晶分异作用相对较弱，大量地壳及深部地幔成矿金属元素随氧化性岩浆快速携带至地表，形成类似水口山矿田的矽卡岩型-中低温充填交代型铅锌铜多金属成矿体系。相比石英斑岩岩浆，混染了较多中上地壳物质组分的花岗斑岩岩浆同时继承了前寒武系沉积地层相对较高的钨地球化学背景，这一岩浆体系在上升过程中结晶分异显著，就位于黄沙坪矿区深部，岩浆为相对还原体系，晚期大量含氟流体的运移可有效富集钨、锡等元素，在岩体与围岩接触带发育矽卡岩型钨锡钼铋矿化。

由于黄沙坪矿床地处坪宝走廊，区内发育大量具有 A 型、S 型花岗岩特征的侏罗纪-白垩纪岩浆活动，黄沙坪矿区靠近湘南著名的骑田岭花岗岩岩体，具有较强的 W、Sn 成矿潜力，这也与骑田岭岩体周缘香花岭、宝山、新田岭、芙蓉矿床特征一致，具有带内成矿一致性。同时，黄沙坪矿区近南北向复式褶皱与深大断裂两侧可见大量 I 型、A 型花岗质岩浆侵位。这一岩浆类型主导了水口山、大坊、宝山、黄沙坪以及铜山岭等矿床的发育，是区内深部岩浆沿深大断裂快速上涌就位的产物，也是华南板块内部伸展作用响应的具体表现。因此，作为上述岩浆带叠合的区域，黄沙坪矿床发育有相对完整、具有多重物质来源的岩浆热液多金属成矿体系，主导了区内铅锌钨钼锡铋铜铁成矿作用。

二、热液系统叠加成矿

矽卡岩型矿床通常蚀变矿化分带显著，从岩体到向外围碳酸盐岩依次发育钾化带-云英岩化带→石榴子石-辉石矽卡岩带→绿帘石-透闪石-角闪石带→绿泥石-碳酸盐化带，矿化组合分带为 Fe（Mo）→W-Sn→Cu-Pb-Zn→Pb-Zn-Ag（赵一鸣等，2012；赵一鸣等，2017）。黄沙坪矿床具有一般矽卡岩型矿床的蚀变矿化分带特征。自花岗斑岩向碳酸盐岩发育内接触带钾化-云英岩化带→内接触带石榴子石-辉石矽卡岩化带→外接触带绿泥石化、碳酸盐化带等蚀变分带，矿化组合也显示出 Fe(W)→W(Mo)→Pb-Zn(Ag) 的分带特征。石英斑岩矿化分带受后期花岗斑岩侵位叠加改造影响显著，可见岩石蚀变带发育钾化蚀变，接触带发育石榴子石带、石榴子石-方解石-绿帘石蚀变带，伴生大量硫化作用，向外可见硅化、绢云母化、绿泥石化和碳酸盐化蚀变，含铅锌矿体碳酸盐岩破碎带则主要发育硅化和碳酸盐化。此外，矿区部分南北向裂隙中发育矽卡岩，该类型矽卡岩与花岗斑岩无直接接触但与石英斑岩共存，脉体内未见典型矽卡岩矿物分带，伴随一定量的硫化物，围岩中蚀变不发育，仅见少量重晶石矿物。石英斑岩矿化组合则呈现出类似水口山体系的 Cu→Cu、Pb、Zn→Pb、Zn 分带特征，其中含铜矿体除少量出现在测水组下部矽卡岩中，大部分位于石英斑岩体系深部，与铅锌矿体则同时分布于矽卡岩接触带浅部及围岩破碎带中。上述分带特点指示花岗斑岩矽卡岩系统保留完整，是矽卡岩型铁钨钼多金属矿体形成的主要部位，充填交代型矿化发育不显著；石英斑岩矽卡岩系统相对不发育，可见矽卡岩型铜铅锌矿体，主要蚀变作用发育在外围充填交代型铅锌矿体两侧，为中低温蚀变带。

黄沙坪矿床 W-Sn、Pb-Zn 矿体空间分带的规律也常见于湘南地区其他矿区，如瑶岗仙矿区自岩体向围岩为矽卡岩型 W 矿→石英脉型 W 矿→热液脉型 Pb-Zn 多金属矿床（祝新友等，2015），千里山岩体外围近等距离分布的柿竹园 W 矿床、荷花坪 Sn-Pb-Zn 矿床（章荣清等，2011），柿竹园矿集区近接触带矽卡岩-云英岩型 W-Sn-Mo-Bi 矿床（如柿竹园、金船塘、柴山地区）和远接触带脉状 Pb-Zn-Ag 矿床（如蛇形坪、横山岭、百步窿、枞树板地区，吴胜华，2016），骑田岭矿区北部矽卡岩型 W-Mo 矿及热液充填交代型 Sn-Pb-Zn 矿（胡志科等，2003），香花岭矿田北部自癞子岭岩体向外围为蚀变花岗岩型 Nb-Ta 矿→云英岩型 Sn 矿→近岩体外接触带交代型 Be-W-Sn 矿→远离接触带的层间破碎带控制的热液型 Pb-Zn 矿（张德全等，1988）。上述成矿系统以发育矽卡岩 W-Sn 多金属矿体和破碎带 Pb-Zn 矿体为特点，基本不发育铜矿化，也少见浅成低温热系统叠加。

黄沙坪矿床 Pb-Zn-Cu 成矿体系则与湘中南地区侏罗纪铅锌多金属成矿事件具有相似性。柿竹园、盐田桥地区白垩系为主的沉积盖层与前寒武纪结晶基底之不整合接触面间分布有上铜下钨的多金属矿体（王宾海等，2017），水口山矿田则发育有矽卡岩型 Fe-Cu-Pb-Zn 矿体→热液型 Pb-Zn-Au 矿体→中-低温热液型 Pb-Zn-Au(Ag) 矿体（李永胜等，2011；秦锦华等，2020）。宝山矿区倒转背斜核部主要发育矽卡岩型铜钼钨铋多金属矿体，钨钼铋矿体位于背斜两翼，铜矿体位于倒转背斜上部矽卡岩带，铅锌多金属矿体则赋存于白云岩裂隙之中，构成高中温矽卡岩 Cu-W-Mo-Bi→中-低温热液型 Pb-Zn-Ag 矿化组合（卢友月等，2022）。铜山岭矿床发育近端内矽卡岩带、近端外矽卡岩带、远端矽卡岩带围岩破碎蚀变带，可见矽卡岩型 Cu 矿化、矽卡岩型 Cu-Pb-Zn 矿化、矽卡岩型 Pb-Zn 矿化和充填交代型 Pb-Zn 矿化（Zhao et al.，2016）。

因此，黄沙坪矿床 W-Sn-(Pb-Zn) 成矿体系和 Pb-Zn-(Cu) 成矿体系分别具有湘南和湘中典型矿床的成矿元素组合分带特征，两者依托不同成矿岩体发育，构成彼此叠加的 W-Sn-Cu-Pb-Zn 多金属成矿热液体系。这一成矿热液系统叠加现象在黄沙坪矿区石英斑岩—花岗斑岩接触带最为明显，早期侵位的石英斑岩不仅构成了花岗斑岩矽卡岩带发育的边界层位，还受花岗斑岩岩浆热液体系叠加影响，形成 W 矿化叠加于 Cu 矿化之上的现象。由此，黄沙坪矿床可见典型 Cu-Pb-Zn 与 W-Mo-Sn-Bi-Pb-Zn 元素独立分带特点，分别围绕不同成矿岩体发育，中高温矽卡岩型 Cu 矿化与 W 矿化分布则无显著分带规律与继承演化关系，构成了黄沙坪铅锌钨铜矿化的基本样式。

三、成矿流体差异演化

黄沙坪矿床热液系统具有典型两阶段演化模式：早期深部矽卡岩化伴随强烈交代反应，形成大量高温硅酸盐矿物和氧化物，伴随显著 W-Sn 矿化和轻微铜矿化；晚期成矿热液体系压力不断上升最终导致围岩破裂，发育显著的减压沸腾作用和流体混合作用，沉淀大量硫化物并发育脉状、网脉状 Pb-Zn 矿化。

前人流体包裹体研究显示，黄沙坪 W-Sn 成矿系统早矽卡岩阶段的石榴子石和阳起石中，晚矽卡岩阶段的白钨矿中，石英-硫化物阶段的石英中均普遍发育均一温度相近而盐度差异显著的多相流体包裹体，说明该系统在形成期间发生了多次流体沸腾作用（Li et al.，2016），这也与黄沙坪矿床广泛发育的胶状黄铁矿吻合。液压致裂和流体沸腾会导致成矿流体氧逸度和 pH 值的升高（Ohmoto，1972；张德会，1997），可能是矽卡岩矿床硫化物沉淀的重要控制因素。另外，成矿晚期，大气降水的注入并与岩浆热液发生混合，也促使了脉状铅锌矿化的形成（Li et al.，2016）。

具体来说，碳酸盐岩发育矽卡岩化将释放大量的 CO_2，源区岩浆不断补充成矿热液，上覆测水组地层、早期侵位的岩体阻挡了流体的弥散，导致成矿热液在有限空间内不断汇聚，成矿系统的压力逐步增大（Meinert et al.，2005），这一时期的金属卸载作用主要由

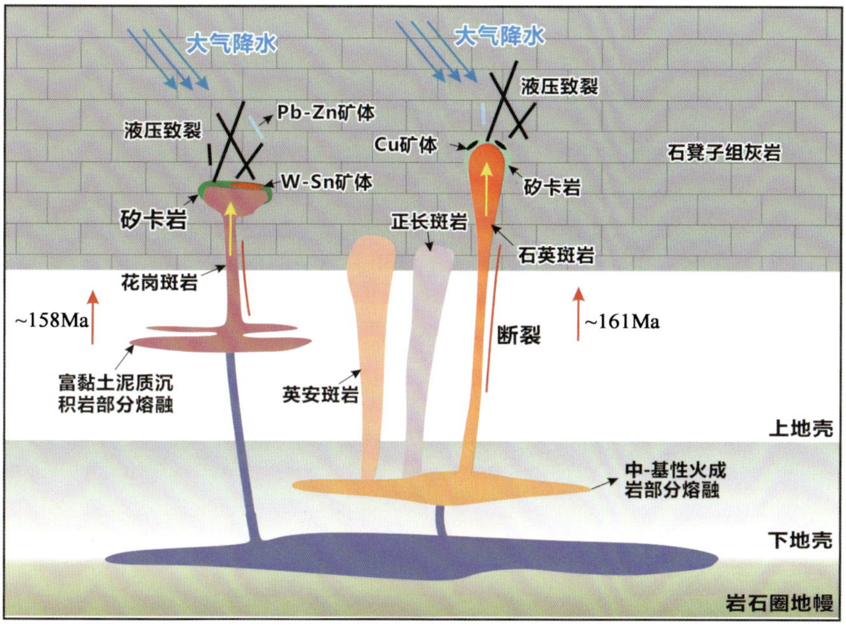

图 4-33　黄沙坪矿床成矿模式

交代作用引发的流体 pH、温度变化导致，矿体集中分布在近岩体矽卡岩接触带中，以 W-Sn、Cu 为主。随着流体不断汇聚，体系压力大于静岩压力，围岩即发生广泛液压致裂。成矿热液系统压力随着压裂作用急剧降低，随之发生流体沸腾和相分离，大量金属元素发生过饱和沉淀，以石英-硫化物脉或碳酸盐-硫化物脉的形式充填于裂隙之中，具有发散成矿特点，主要形成矿种为 Pb-Zn-Cu。此外，黄沙坪矿床成矿前后均发育有多组深大断裂，测水组地层下部成为矿区重要的流体运移屏蔽层，向上运移的流体多在测水组下部汇聚、冷凝并发生流体混合作用，最终形成规模厚大的铅锌矿体。

四、成矿有利因素

黄沙坪矿床发育多期构造、岩浆活动，不同期次热液活动彼此叠加，不同成矿系统 W、Mo、Sn、Pb、Zn、Cu、Bi 等成矿元素交互共生，不同矿化类型分带展布，不同地质要素在同一矿床不同成矿系统内角色差异显著，归纳简述如下：

有利层位。黄沙坪矿区主要控矿层位为宝岭—观音打座复式倒转背斜轴部石磴子组及两翼测水组、梓门桥组地层。其中石磴子组生物碎屑灰岩及泥灰岩地层、梓门桥组灰黑色白云岩地层为海相碳酸盐岩，处于背斜轴部裂隙发育区域，与上涌岩浆接触面积较大，容易发生强烈的交代作用形成矽卡岩型矿化；测水组地层通常位于碳酸盐岩地层上部，构成砂页岩与碳酸盐岩接触面薄弱带，利于后期构造断层的发育。同时测水组地层透水性较差，在成矿流体迁移过程中可形成重要隔挡层，确保成矿流体沿背斜特定层位向上运移汇聚，形成规模可观的中低温铅锌矿化矿体。

有利构造。黄沙坪矿区褶皱断裂发育，活动时间横跨区内岩浆热液活动。其中复式褶皱倒转向斜轴部和井字型断裂是成矿有利的构造因素。随着区内倒转背斜的发育，背斜轴部碳酸盐岩地层裂隙发育，为后期成矿流体运移提供了容纳空间。褶皱同期的北北东向或南北向压性—压扭性断层在成矿期再次活动，形成了区内南北向、东西向、北西向、北东向四组断裂，尤以南北向（F_1、F_2、F_3）东西向（F_0、F_9）最明显，构成了深部岩浆上涌的有利通道，控制了岩浆岩的展布形态。随着岩浆侵位作用的进行，区内构造发生旋扭作用，形成了以 F_3 为主干的一系列较小的弧形断层，控制了区内矿体的展布形态。

有利岩体。黄沙坪矿床发育两类与成矿作用密切相关的岩浆活动，深部地壳部分熔融并侵位于浅部的早期石英斑岩具有较高的 Cu、Pb、Zn 背景值，围绕岩体发育了矽卡岩型铁矿化、矽卡岩型铅锌矿化和充填交代型铅锌矿化，岩体局部可见斑岩类矿化系统，构成了黄沙坪 Cu-Pb-Zn 矿化的基本样式，是围绕黄沙坪深部探寻 Cu 多金属矿化的主要岩体。来源略浅，演化程度更高的花岗斑岩侵位较晚较深，携带了大量 W、Sn 成矿物质，同时也具有一定的铅锌矿化潜力，围绕岩体深部及岩体至围岩侧是探寻 W-Sn-Mo 分带成矿成矿热液系统的有利场所。

第五章　南岭岩浆热液型铅锌多金属成矿规律

作为世界上最主要的铅锌矿采选国家，我国发育了诸多典型的铅锌多金属矿床，其形成和演化受区域岩浆活动和构造地层环境制约明显（唐攀科等，2018）。其中，古元古代—中元古代以及古生代沉积盆地有利于伸展环境下的喷流沉积型（SEDEX）和层控碳酸盐型（MVT）铅锌矿发育，古生代—中生代板块俯冲环境下的大规模岩浆活动通常形成一系列矽卡岩型、岩浆热液型、火山岩型铅锌矿，中新生代碰撞造山运动主要形成矽卡岩型、斑岩型、热液脉型铅锌多金属矿床，局部挤压走滑作用则发育砂砾岩型、海相火山岩型铅锌矿（表5-1）。

表5-1　中国主要铅锌矿床类型及其成矿特征

矿床类型	矿种组成	构造环境	典型蚀变	典型矿床	流体温度	流体盐度
层控碳酸盐岩型（MVT）	Pb-Zn-Ag	陆缘裂陷盆地	黄铁矿化、白云石化、重晶石化、菱铁矿化、硅化、绿泥石化、绢云母化	凡口、火烧云、老厂坪、会泽、金沙厂	110~290℃	2.0%~22.7%
碳酸盐岩-细碎屑岩型（SEDEX）		被动陆缘台地	硅化、碳酸盐化、绢云母化	厂坝、锡铁山、红墩	250~570℃	0.3%~18.5%
砂砾岩型		陆缘裂陷盆地	碳酸盐化、硅化、天青石化、重晶石化、黄铁矿化、黏土化	金顶、乌拉根	80~350℃	12%~18%
沉积改造型	Pb-Zn-Cu	被动陆缘	硅化、绢云母化、绿泥石化、铁锰绿泥石化	大东沟、青城子	220~340℃	4%~10%
陆相火山岩型	Pb-Zn-Au-Ag-Cu	火山断陷盆地	硅化、绢云母化、绿泥石化、萤石化	复兴屯、五部、大岭门、甲乌拉	140~300℃	0.9%~10.7%
海相火山岩型（VMS）	Cu-Zn	大洋环境或弧后盆地	绿泥石化、硅化、碳酸盐化	可可塔勒、小热泉子	230~390℃	3.5%~13.3%
岩浆热液型	Pb-Zn-Au-Ag-Cu	岛弧、造山带	绿泥石化、黄铁绢英岩化、硅化、碳酸盐化	蔡家营、阿尔哈达	130~430℃	2.9%~14.0%
矽卡岩型	Pb-Zn-Fe-Cu-W		矽卡岩化、大理岩化、角岩化	黄沙坪、帮布勒、宝山、白音诺尔	160~460℃	2.0%~45.3%

南岭成矿带是我国著名的多金属之乡，区内发育有层控碳酸盐型（凡口）和斑岩-矽卡岩-中低温热液复合成因型（黄沙坪、水口山、宝山、冷水坑）铅锌矿矿床（李洪昌等，1985；陈毓川等，1989；赵正等，2014；付胜云等，2022；王登红等，2022）。后者多出露于南岭成矿带赣南及湘南地区，随区内岩浆类型的不同共伴生铜、钨、锡、金、银等不同矿种，视区内地层展布、构造活动情况差异发育不同类型矿化，赋矿层位也并不局限于特定层位或岩体周围，是复杂覆盖区和共伴生矿种找矿的难点区域。随着老矿山浅部资源的枯竭，开展老矿山边深部找矿和共伴生资源利用迫在眉睫。本书作者长期从事长江中下游地区复杂覆盖区深部找矿（王炯辉等，2013），深入探索中生代伸展环境隐伏成矿岩体圈定和靶区优选工作，现综合水口山矿田和黄沙坪矿床已有地质资料和理论研究成果，对比板块叠合部位衡阳盆地周缘和华夏陆块西缘坪宝地区铅锌多金属矿床成矿机制，提出适用于陆内褶皱断裂系统控制下的铅锌多金属矿成矿模式。

第一节　典型成矿系统对比

南岭地区与岩浆热液有关的铅锌矿成矿系统主要分布于赣南、湘南、桂北三个矿集区，矿床类型主要包括斑岩型、矽卡岩型、热液交代充填型，涵盖铅锌银钨钼和铅锌银铜金两大组合（赵正等，2014；徐先兵等，2021；付胜云等，2022）。南岭湖南段地处南岭成矿带中北部，位于衡阳裂陷盆地与华夏陆块西缘坪宝走廊叠合过渡部位，区内铅锌多金属矿床具有共伴生矿种多、成矿类型复杂、控矿因素多样、分带特征显著的特点，是研究南岭燕山早期铅锌矿成矿的理想区域（付胜云等，2022）。基于研究区典型矿床成矿特征解剖，可将南岭湘南段铅锌矿床划分为水口山式铅锌铁铜多金属成矿系统和黄沙坪式铅锌钨钼多金属成矿系统，两者特征对比如表 5-2 所示。

表 5-2　南岭湖南段典型铅锌多金属矿床成矿要素对比

	水口山	黄沙坪
大地构造背景	中生代裂陷盆地边缘	华夏陆块西北缘
控矿构造	南北向复式背斜	南北向背斜构造
	北北东向逆冲断层	近南北向、北西向深大断裂
控矿层位	栖霞组-斗岭组钙硅界面	石磴子组灰岩
	高家田组砂页岩屏蔽层	测水组砂页岩屏蔽层
成岩年代	早期粗粒花岗闪长岩：168Ma	石英斑岩：168Ma
	早期细粒花岗闪长岩：164Ma	花岗斑岩：160～150Ma
	晚期花岗闪长岩：～155Ma	
成矿年代	Fe-Cu：163～158Ma	Pb-Zn-Cu：161Ma
	Pb-Zn-Au-Ag：159～140Ma	W-Sn：158Ma
成矿元素组合	Fe-Cu-Pb-Zn-Au-Ag	Pb-Zn-W-Mo-Sn-Bi-Ag
岩性组合	花岗闪长岩	石英斑岩
		花岗斑岩
岩浆系列	高钾钙碱质 I 型	高钾钙碱性-钾玄质 A 型

续表

	水口山	黄沙坪
岩体同位素特征	$^{87}Sr/^{86}Sr_i$：0.71023～0.711758	$^{87}Sr/^{86}Sr_i$：0.708885～0.717581
	ε_{Nd}（t）：−10.71～−9.27	ε_{Nd}（t）：−6.12～−3.64
	ε_{Hf}（t）：−29.2～−7.0	ε_{Hf}（t）：−15.7～−5.3
		$\delta^{18}O$：3.32‰～9.17‰
岩石成因	基性下地壳熔融并混染地幔物质，岩浆低程度结晶分异	中上地壳变泥质岩部分熔融并混染地幔物质，岩浆高程度结晶分异
矿化类型	矽卡岩型	斑岩型
	中低温充填交代型	矽卡岩型
	浅成低温热液型	充填交代型
围岩蚀变类型	矽卡岩化、绿帘石化、绿泥石化、钾化、绢英岩化、硅化、碳酸盐化、黄铁矿化、萤石化、冰长石化、地开石化	碱性长石化、钾化、硅化、矽卡岩化、碳酸盐化、萤石化、黄铁矿化
成矿流体类型	矽卡岩系统：高温中高盐度流体（410～460℃ 11.7%～13.5%）	矽卡岩系统：高温高盐度富挥发分流体（300～>600℃ 3%～45%）
	交代充填热液系统：中低温富挥发分流体，盐度变化较大（135～335℃ 0.33%～8.52%）	交代充填热液系统：中温中低盐度富挥发分流体（165～313℃ 2%～36%）
	浅成低温热液系统：低温低盐度流体（132～245℃ 1.65～4.55%）	
流体同位素特征	$\delta^{34}S$：−2.34‰～2.24‰	$\delta^{34}S$：2.53‰～6.71‰，13.18‰～18.15‰
	δD：−84.5‰～−59.6‰	δD：−56.7‰～−51.3‰
	$\delta^{18}O$：3.0‰～10.3‰	$\delta^{18}O$：7.14‰～9.38‰
	$\delta^{13}C$：−3.78‰～−1.08‰	$\delta^{13}C$：−5.79‰～−0.86‰
成矿机制	水岩反应及流体沸腾为主	流体沸腾及流体混合为主
	流体混合及流体降温次之	水岩反应次之

由此可见，铅锌铜多金属为代表的水口山矿田与铅锌钨钼为代表的黄沙坪矿床具有南岭多金属成矿系统典型的时空属性和流体演化特点，差异性的物质供给、构造格架、物理化学条件又导致南岭湖南段（湘中南地区）发育物质域、时空域、温度域尺度上不同演化类型的铅锌多金属矿床。

第二节　成矿系统岩浆演化规律

南岭湖南段中生代岩浆活动主要集中于晚三叠世、中晚侏罗世和早白垩世，构造演化上与古特提斯洋闭合碰撞造山作用、古太平洋低角度俯冲陆内伸展作用、古太平洋板片后撤软流圈上涌机制有关（王岳军，2001；彭建堂等，2008；赵增霞，2017）。伴随区内多次挤压伸展，不同地壳层位的基底岩石发生部分熔融，岩浆上升过程中同化混染围岩或地幔物质，最终就位于 NNW、NNE 向深大断裂及其交汇部位。汇总统计区内典型中酸性岩浆活动（图 5-1），可将成矿有关岩体分为以下五类（图 5-1，表 5-3）：

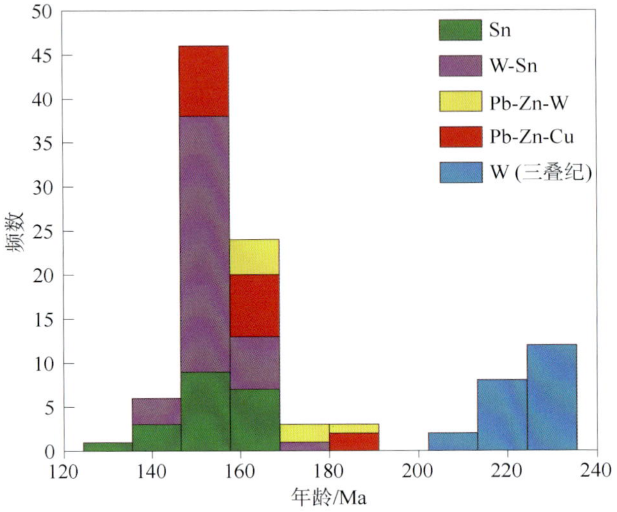

图 5-1　南岭湖南段中生代成矿岩体柱状图

（数据来源：邱检生，2005；Jiang et al.，2006；顾晟彦等，2006；Gu et al.，2007；Jiang et al.，2009；Zhao et al.，2010；Shu et al.，2011；全铁军等，2012a；全铁军等，2012b；Chen et al.，2014；Li et al.，2014；董少花等，2014；刘伟等，2014；原垭斌等，2014；Guo et al.，2015；Zhou et al.，2015；陈希清等，2015；Chen et al.，2016；Zhao et al.，2016；马丽艳等，2016；陈迪等，2017；赵增霞，2017；Kong et al.，2018；Feng et al.，2019；Cao et al.，2020；Li et al.，2020；Yu et al.，2020；Cai et al.，2021；Liao et al.，2021；蔡富成等，2021；罗鹏等，2021；Du et al.，2022；Tang et al.，2022；Yu et al.，2022b；Zhu et al.，2022；袁玲玲等，2022；Liang et al.，2023；Xiao et al.，2023；曹亮等，2023；秦锦华等，2023）

表 5-3　南岭湖南段中生代典型成矿岩体汇总

阶段	主要岩石类型	代表性岩体	矿床
234～203Ma	黑云母二长花岗岩 二云母二长花岗岩	川口、五峰仙、阳明山、五峰仙、邓阜仙、关帝庙、塔山	W-Sn
181～148Ma	花岗闪长岩 石英闪长岩	宝山、铜山岭、江永、水口山	Pb-Zn-Cu-Au-Ag
189～158Ma	石英闪长岩 花岗斑岩	黄沙坪、图岭	Pb-Zn-W-Sn-Cu
170～141Ma	花岗闪长岩 二长花岗岩、正长花岗岩	瑶岗仙、千里山、西山、宝峰仙、锡田	W-Sn-Mo-Pb-Zn
165～125Ma	二云母二长花岗岩 二长花岗岩、正长花岗岩	姑婆山、姑婆岭、癞子岭、金鸡岭、大义山、密坑山	Sn-W-Cu

一、晚三叠世二云母花岗岩

晚三叠世伴随勉略洋的闭合，华北陆块和华南陆块最终完成拼合（张国伟，1988；秦江锋等，2011）。南岭湖南段受北部秦岭造山带远场效应影响，处于南北向挤压作用下，区内陆壳不断增厚变形，最终导致中新元古界沉积地层发生深熔作用，形成五峰仙、阳明山、大义山为代表的黑云母二长花岗岩或二云母二长花岗岩岩体，成因上属 S 型花岗岩（图 5-2，图 5-3；柏道远等，2007；褚杨等，2011），岩浆活动集中在 230~200Ma。由于岩浆源区为华南陆块古老盖层，白云母部分熔融过程中释放大量金属元素，这一时期的花岗岩岩浆继承了地层较高的钨含量，就位过程中则发生了显著的斜长石和少量的角闪石分离结晶作用（图 5-4），导致残余岩浆高度演化并富集不相容元素和挥发分，向上运移就位并派生与壳源深熔花岗岩有关的钨多金属矿化（Zhang et al.，2020；Zhao et al.，2022；秦拯纬等，2022）。晚三叠世区内岩浆岩以壳源重熔组分为主，深源物质或幔源组分较少，不能提供亲铜元素的富集基础（Qin et al.，2020；Yu et al.，2022a）。

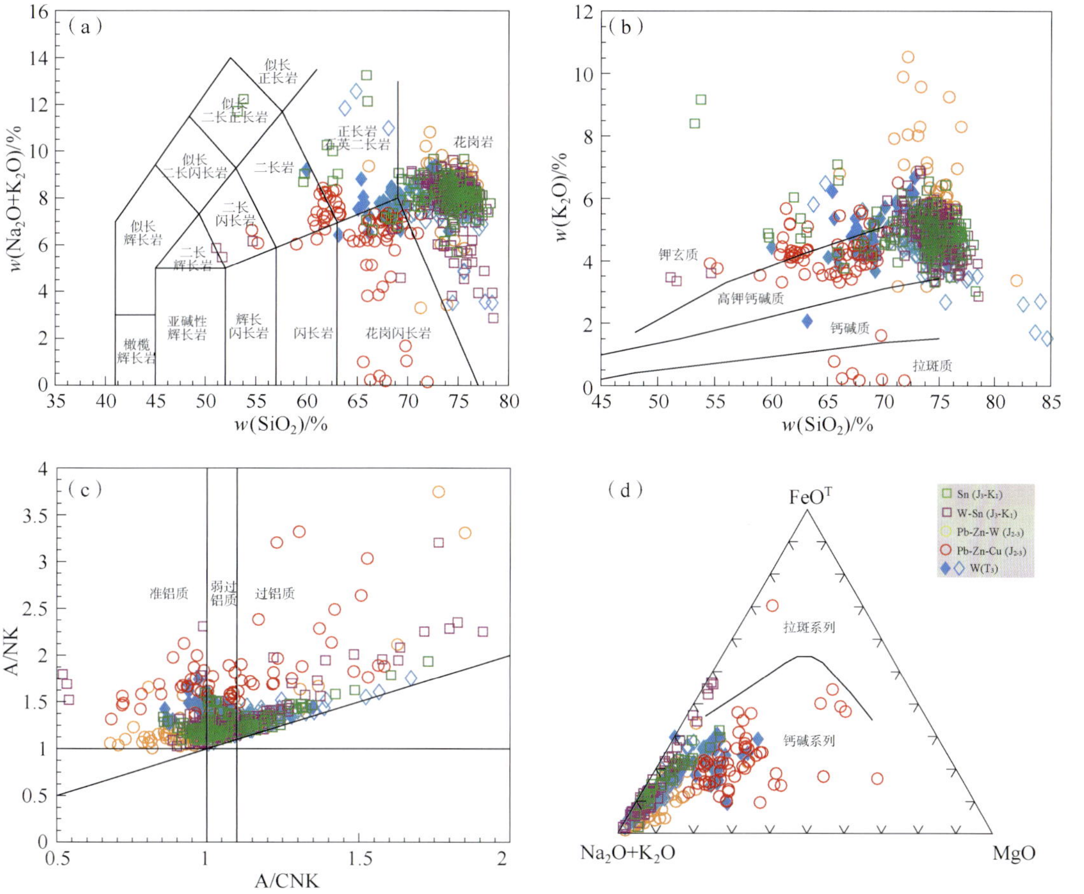

图 5-2　南岭中生代成矿岩体主量元素图解

二、中晚侏罗世二云母花岗岩

南岭湖南段中晚侏罗世完成构造转换，由古特提斯洋构造体制转变为古太平洋构造体制。古太平洋的低角度俯冲作用伴随洋壳脱水、岩石圈部分熔融和陆内拉伸作用，大量玄武岩岩浆上涌并加热中下地壳，导致南岭湖南段原有隆升区域发生壳源重熔（Chen et al.，2016；Huang et al.，2017；秦拯纬等，2022），形成大量 SiO_2 大于 73% 的贫钙富碱、钙碱性至弱碱性、铝过饱和岩浆（图 5-2，图 5-4），后者向上运移过程中分异演化完全，大量斜长石通过结晶作用从岩浆房中抽离，微量元素四分组效应显著，残余熔体富集大量

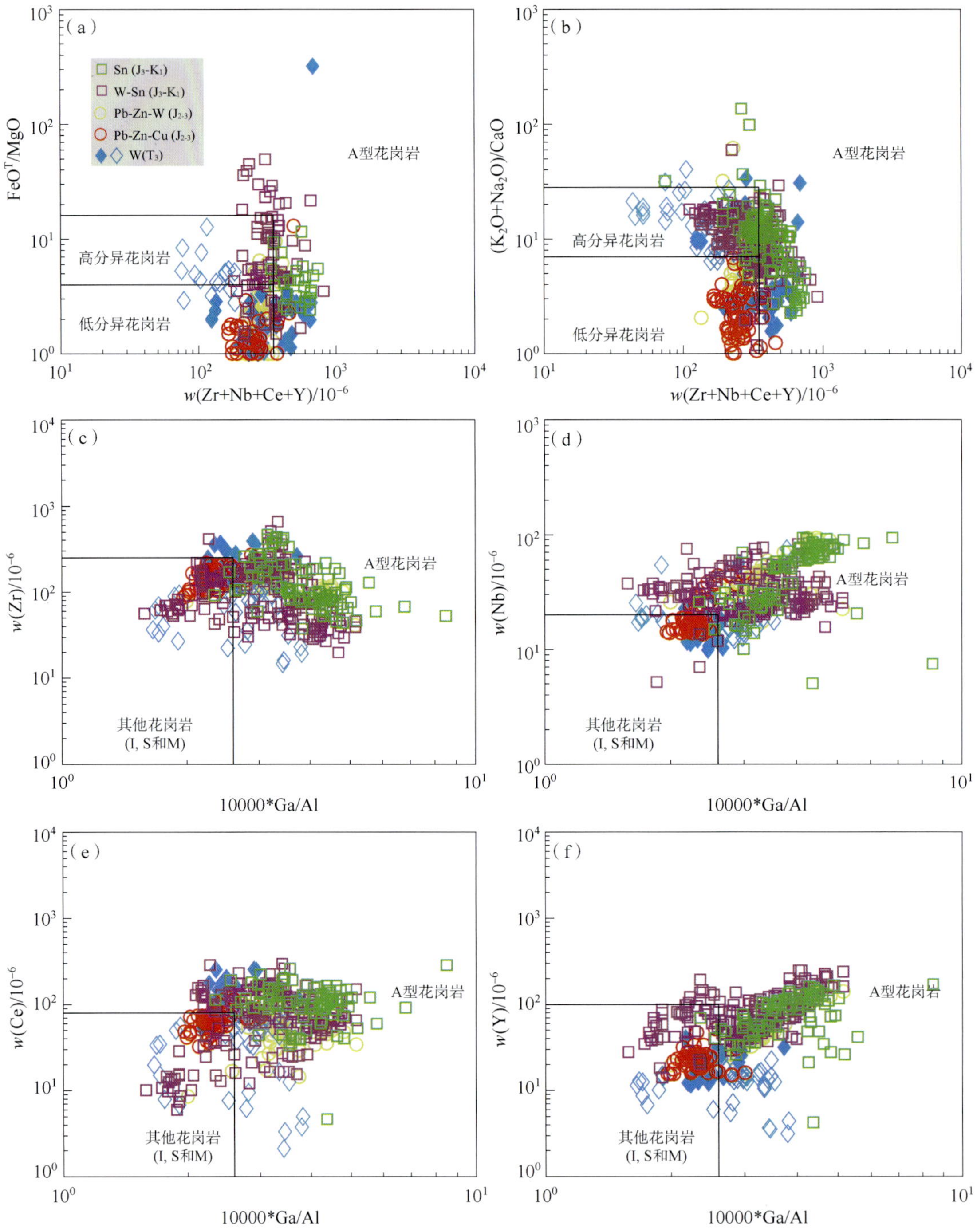

图 5-3　南岭湖南段中生代成矿岩体构造元素判别图解

Sn、W、Mo、Bi、Nb、Ta、Sb 金属元素和 As、F、B 等挥发分，最终形成瑶岗仙、骑田岭、香花岭等钨锡多金属矿田。相比晚三叠世壳源重熔花岗质岩浆，中晚侏罗世 S 型花岗岩具有部分 A 型花岗岩的特点，轻稀土相对平坦（图 5-4，图 5-5），Eu 负异常更加显著，W、Sn 等金属元素在晚期岩浆中更加富集，有利于形成大型超大型稀有金属矿床。这

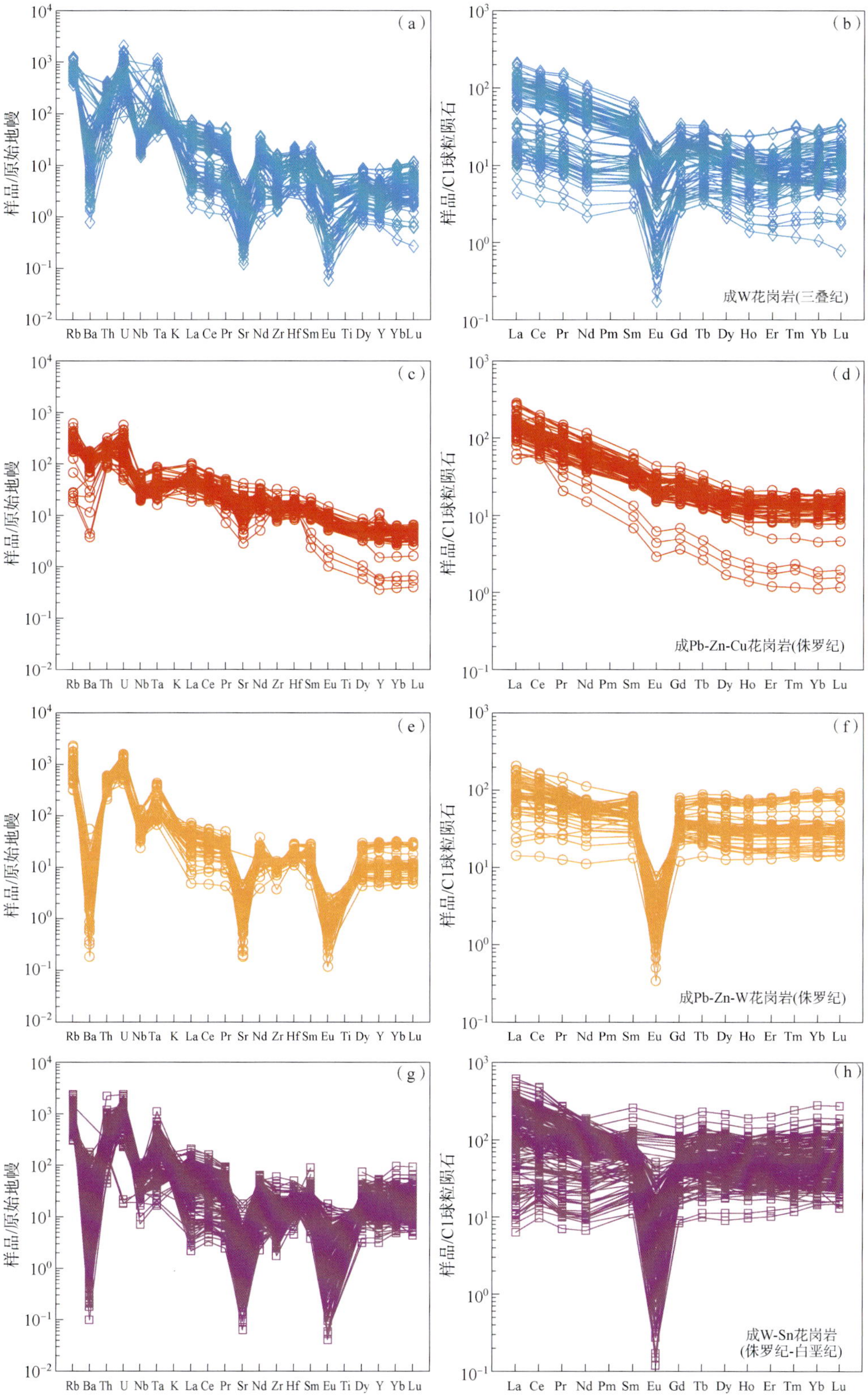

图 5-4　南岭湖南段中生代花岗岩微量元素图解及稀土蛛网图

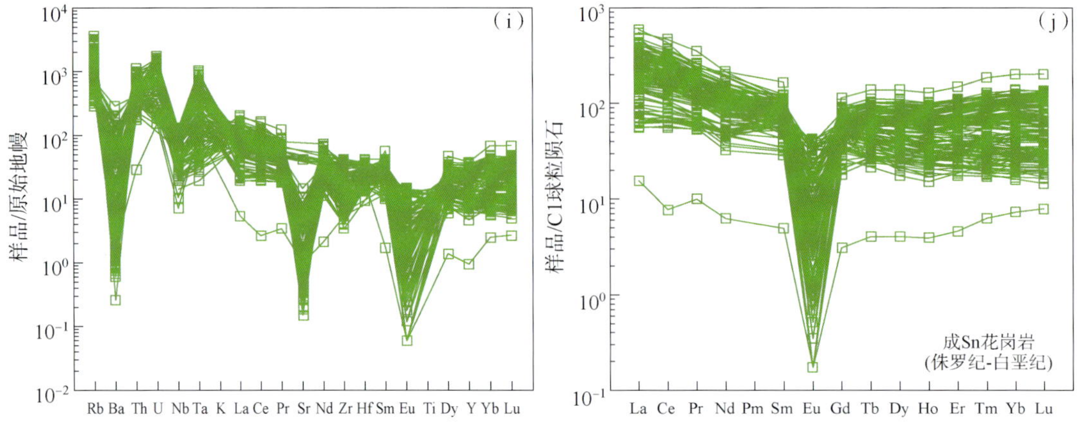

图 5-4　南岭湖南段中生代花岗岩微量元素图解及稀土蛛网图（续图）

一时期的 S/A 型花岗岩岩浆物质混染相对显著，地幔物质供给明显（图 5-6，图 5-7），部分矿床可见伴生铅锌铋矿化，但规模一般都不大。

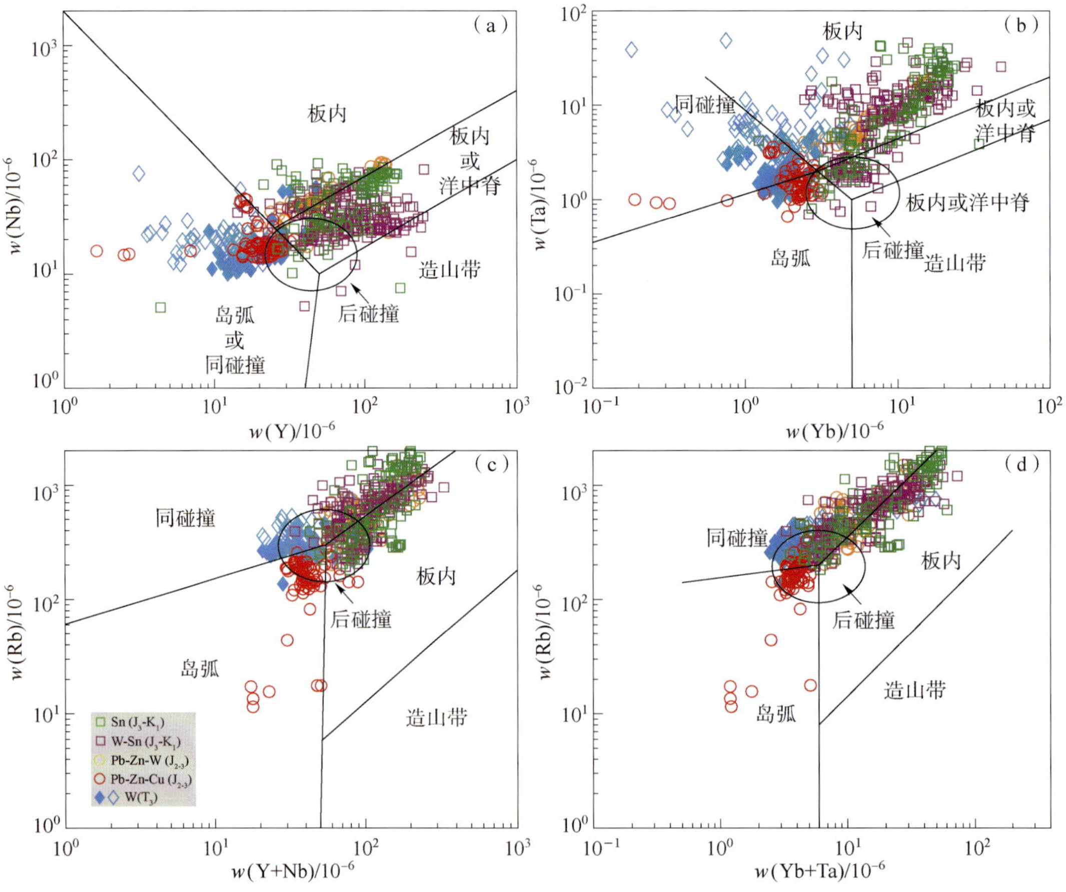

图 5-5　南岭湖南段中生代成矿花岗岩 Perace 构造判别图解

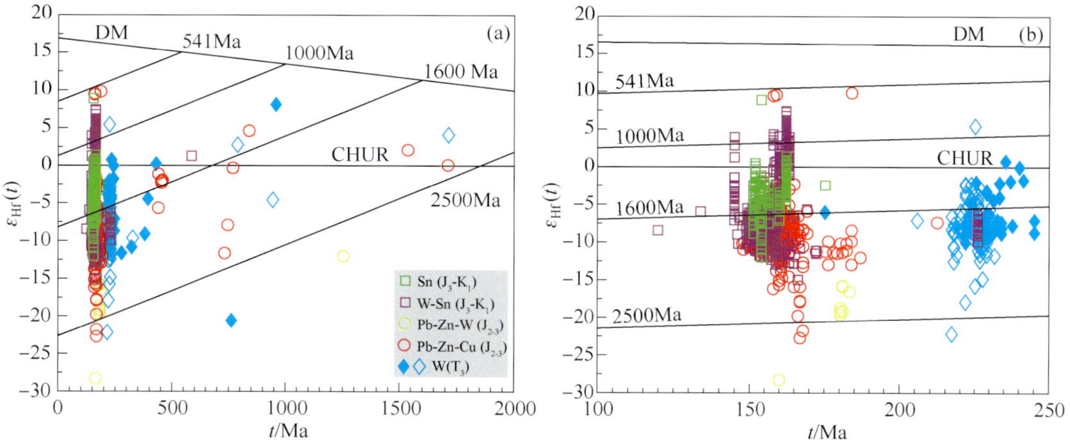

图 5-6　南岭湖南段中生代成矿岩体锆石 Hf 同位素图解

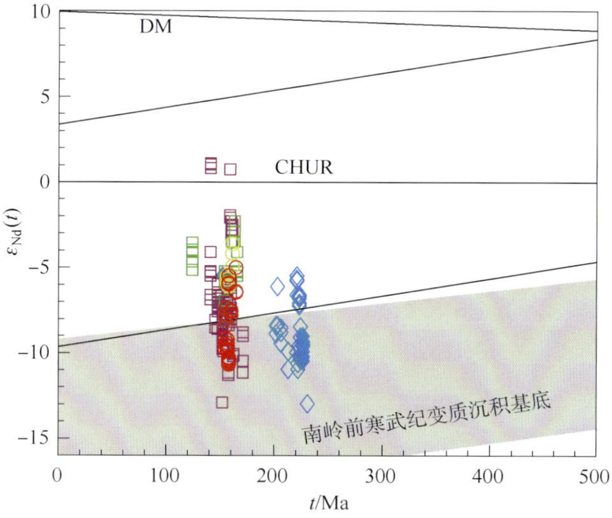

图 5-7　南岭湖南段中生代成矿岩体 Nd 同位素图解

三、中晚侏罗世石英斑岩-花岗斑岩

这类花岗质岩石主要见于黄沙坪地区，形成时间与坪宝地区 S 型型花岗岩同期，空间上受控于深大断裂，呈小岩株或岩枝产出。中晚侏罗世区内拉张作用明显，上涌的软流圈地幔加热导致不同深部地壳基底发生部分熔融，深部地壳部分熔融形成的石英斑岩岩浆通常具有更多幔源组分和更高的 $\varepsilon_{Hf}(t)$ 值，稍浅部岩石部分熔融的产物则是较低 $\varepsilon_{Hf}(t)$ 值的花岗斑岩岩浆，具有更多的中上地壳物质组成（图 5-6）。上述两类岩浆沿坪宝地体隆升区深大断裂向上运移，岩体就位前经历了非常显著的斜长石分离结晶作用，导致残余岩浆具有典型的四分组微量元素组成和平坦的稀土配分模式（图 5-4），最终演变为典型的 A 型花岗岩序列（图 5-2，图 5-3）。由于岩浆起源的多样性，这一类型岩浆岩形成的矿床具有区内最复杂的金属元素组合。其中，深部地壳部分熔融产生的石英斑岩岩浆地幔组分较高（图 5-6，图 5-7），就位成矿组合主要为 Pb-Zn-Cu，花岗斑岩岩浆中上地壳组分占比较高，就位主要成矿组合为 W-Mo。需要注意的是，异常的锆石氧同位素组成指示区域深大断裂不仅控制了岩体的展布形态，沿断裂上下运移的物质彼此交换显著，也是区域得以发育多期次成矿作用得重要原因。

四、中晚侏罗世花岗闪长岩

远离坪宝隆升区域进入衡阳盆地，中晚侏罗世的区域拉伸作用伴随大面积侵位的基性岩和中酸性岩浆，其中水口山地区沿 NNE 向断裂发育大量花岗闪长岩，侵位于衡阳盆地边缘。由于湘中地区地处钦杭成矿带和南岭成矿带叠合核心部位，区内基底为前寒武系火山碎屑岩，经历新元古代造山作用发生不同程度变质变形，上覆早古生代—早中生代碳酸盐岩盖层。相比华夏地块西北缘的坪宝地区，衡阳地区在中生代陆内伸展过程中发生显著地壳减薄，发育陆内裂陷盆地。这一时期大量软流圈地幔物质沿地壳薄弱区域上涌，携带热量不断烘烤下地壳，导致后者部分熔融并派生中酸性岩浆，沿区域深大断裂向上快速就位，形成了水口山花岗闪长岩岩体（左昌虎，2015；Yang et al.，2016；赵增霞，2017）。相比印支期重熔花岗岩和坪宝地区中晚侏罗世 A、S 型花岗岩（图 5-3，图 5-8），水口山岩体具有更低的 SiO_2 含量和明显右倾的稀土配分组成，Eu 异常不显著，暗示其形成机制为深部地壳的部分熔融并混染大量地幔物质，源区残留角闪石或少量石榴子石，岩浆快速上升过程中未有完全的矿物结晶分离作用（图 5-2～图 5-5）。这一具有 I 型花岗岩特征的岩石部分熔融的过程中继承了深部地壳和地幔的物质组成（图 5-6，图 5-7），具有较高的亲铜元素含量，同时兼具板片俯冲流体影响下的岛弧岩浆高氧逸度特征（图 5-9），促使 Cu、Au 等成矿元素向上运移富集并最终成矿（Yang et al.，2018；Wang et al.，2023）。

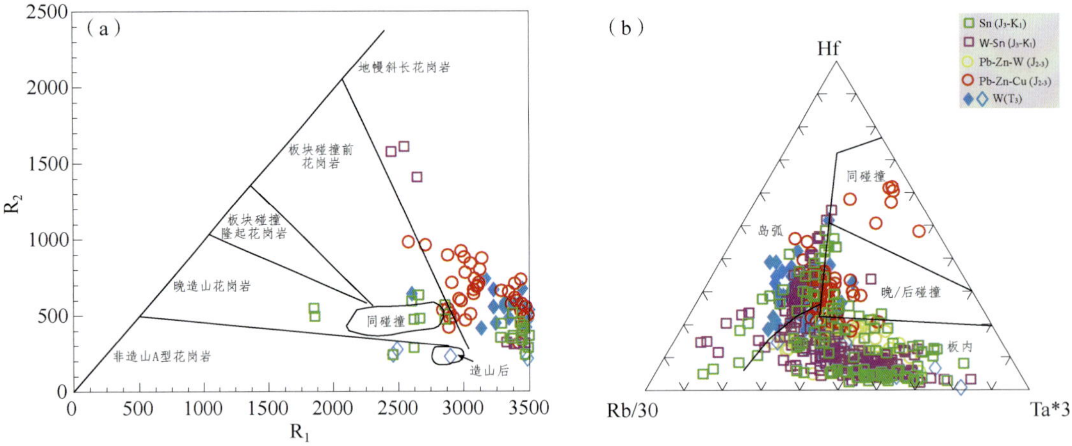

图 5-8　南岭湖南段中生代成矿岩体构造判别图解

（分类图解底图参考 Rollinson，1993）

总体而言，中生代南岭湖南段的成矿岩浆系统是地壳不同层位差异演化的产物，湘南坪宝地区中上地壳具有较高 W 背景值的新元古代沉积岩在碰撞挤压或伸展热烘烤的过程中发生重熔作用（图 5-8），岩浆上升过程中经历显著的结晶分异最终形成富氟流体，形成了区域上尤其是郴州地区大规模的 W-Sn-Be-Nb-Ta 矿化系统，深源岩浆受地壳屏蔽作用或围岩混染影响难以到达地壳浅部，成矿潜力较低；湘中衡阳地区下地壳及岩石圈地幔在软流圈上涌过程中发生低程度部分熔融，形成的中酸性岩浆通常具有较高的亲铜元素含量和较高氧逸度，这一岩浆沿地壳薄弱带快速上涌并最终侵位，形成了衡阳盆地周缘规模巨大的 Fe-Cu-Pb-Zn-Au-Ag 矿化系统；在坪宝地区边缘与衡阳盆地凹陷区结合部位，发育大量 NNE 向深大断裂，大量深部岩浆上涌，中上地壳重熔，两者沿断裂向上运移过程中发生显著结晶分异作用并混染浅部流体，最终侵位的岩浆-热液系统具有丰富的 W、Mo、Pb、Zn、Cu 元素组成和较高的挥发分含量，矿床因此具有多岩体多来源和多矿种的组成特点。相比笔者曾经进行过勘查工作的长江中下游宁芜玢岩型铁矿（周涛发等，2010；王炯辉等，2013；范裕等，2014），中晚侏罗世南岭湖南段尚未发育完全拉伸作用，地幔物质通常不直接参与成矿，而是通过诱发中下地壳发生部分熔融派生出中酸性岩浆。这些岩浆携带深部成矿物质以衡阳盆地及区域深大断裂为中心，在地壳薄弱区快速就位并成矿，在地壳隆起区则会发生显著结晶分异并诱发上地壳重熔，最终导致南岭湖南段差异性发育 W、W-Sn、Pb-Zn-W-Mo、Pb-Zn-Cu-Fe-Au-Ag 等矿化系统，缺失独立的斑岩型 Cu-Au 矿床和玢岩型 Fe-Cu 矿床。

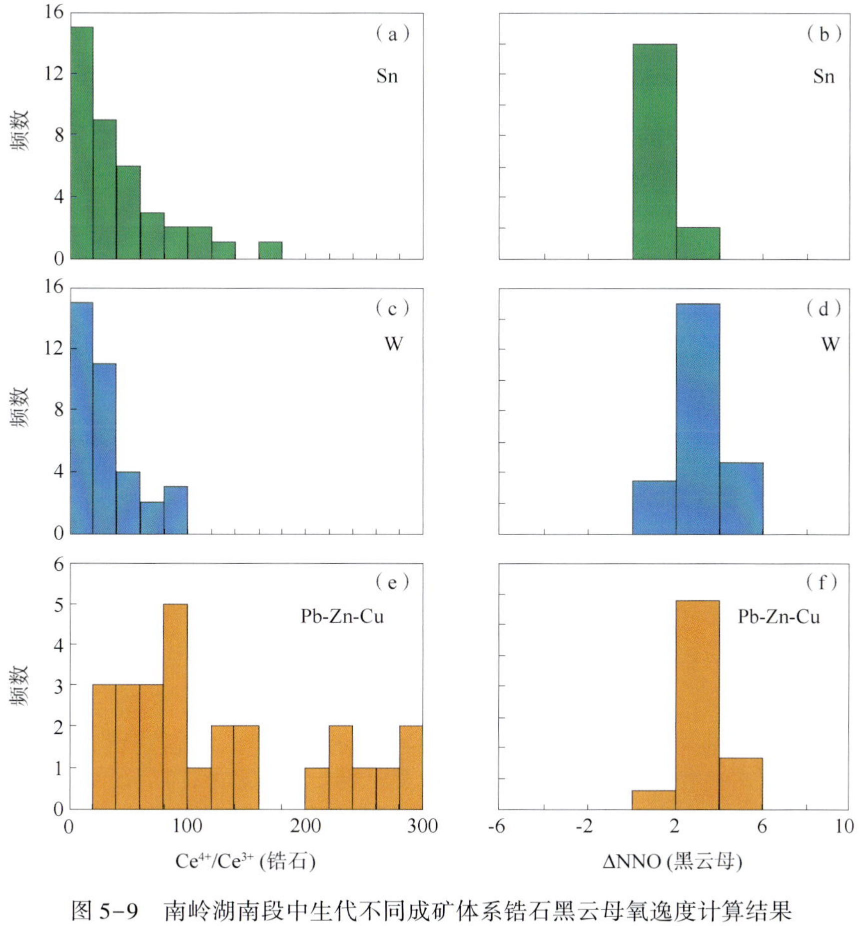

图 5-9　南岭湖南段中生代不同成矿体系锆石黑云母氧逸度计算结果
（据 Li et al.，2017；Yang et al.，2018；秦拯纬等，2022）

第三节 成矿系统构造控矿规律

南岭湖南段基底地层的形成和浅变质作用与华夏板块和扬子板块新元古代拼贴造山作用有关；加里东期区内发育北西向断裂和东西向断裂（王甫仁，1987；湖南省地质矿产局，1988），构成了衡阳和茶永盆地的边界；广泛分布的中生代南北向或北北东向复式褶皱形成于印支期古特提斯洋闭合环境，受继续活跃的左滑北西向断裂影响发生逆时针旋转（陈必河等，2001）；进入侏罗纪，区域转变为古太平洋构造体系，发育北北东向和北西向逆冲推覆断层及平缓褶皱，东西向断层沿基底继续发育（Zhang et al.，2022a；图 5-10）。

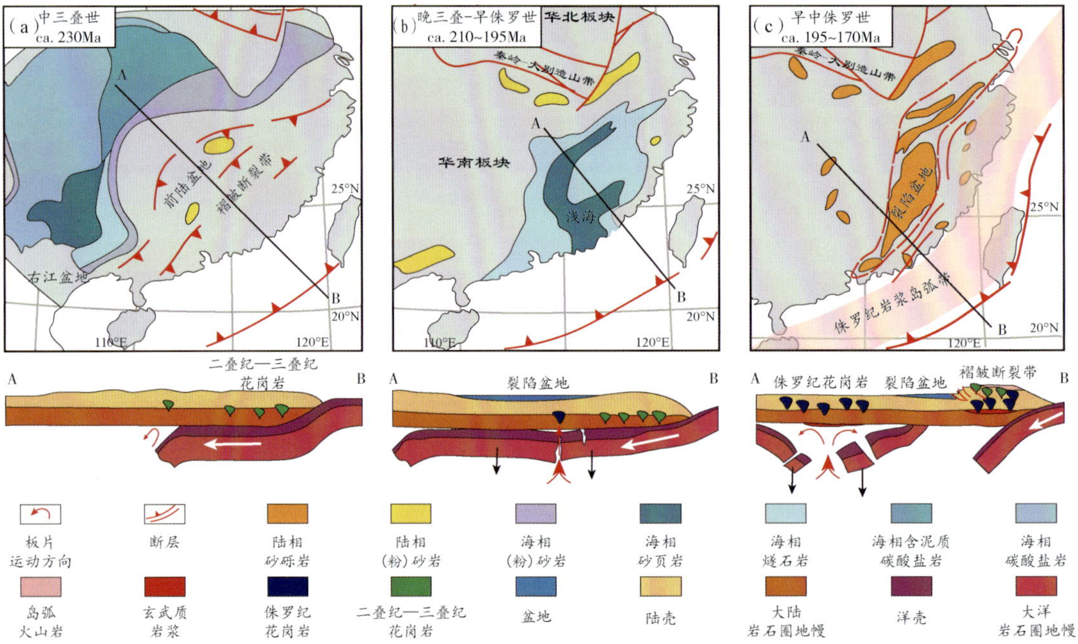

图 5-10 华南地区中生代构造格局演化示意图

（修改自 Zhang et al.，2022a）

南岭湖南段花岗岩体及成矿分带与深大断裂密切相关，晚三叠世重熔花岗岩沿区内北西向深大断裂分布（大义山、五峰仙），局部可见东西向分布（阳明山、塔山）。中晚侏罗世是区域最重要的岩浆成矿时间段，大量花岗岩岩浆沿北北东向深大断裂及北东向、北西向断裂交汇部位侵位，形成了骑田岭、千里山、水口山、黄沙坪等多个岩体（图 5-11，图 5-12）。

不同岩浆沿深大断裂向上运移的就位成矿空间略有不同（图 5-12）。与中生代钨矿床有关的 S 型花岗岩多就位于北北东向深大断裂交汇部位或其次级构造区域，围岩地层除前寒武系变质碎屑沉积岩外主要是泥盆系—石炭系碳酸盐岩，高度演化的花岗岩岩浆与围岩发生矽卡岩化作用，成矿热液在降温过程中发生金属元素卸载，聚集在接触带及外围碎屑岩地层中，流体沸腾作用在成矿过程中扮演次要角色。

黄沙坪铅锌多金属矿田主要就位于近南北向的观音打座-宝岭复式倒转向斜、南北向逆冲断层、东西向正断层汇聚的叠合部位（图 4-1），成矿岩体的产出及形态受南北向逆

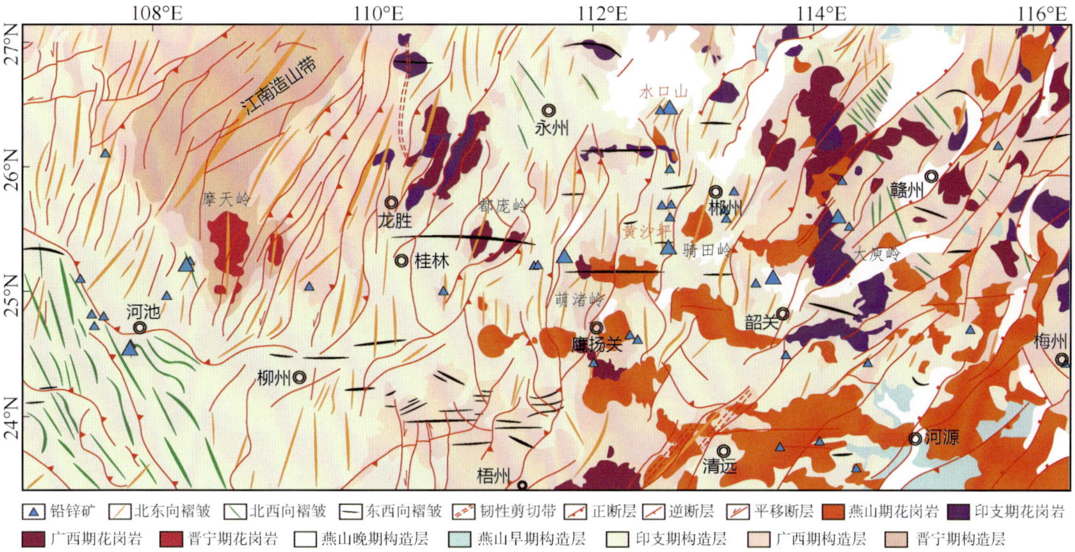

图 5-11　南岭地区典型构造-岩浆分布特征

（修改自徐先兵等，2021）

冲断层控制明显，尤其是来源更深的石英斑岩岩体，其深部形态基本与断层展布一致，显示良好的构造控岩特征。此外，黄沙坪地区倒转背斜层位中存在测水组煤系地层，构成了流体散逸的天然屏障。不同层位起源的岩浆沿深大断裂向上运移就位，于上升过程中发生较完全的结晶分异作用，于断裂浅部发生显著的失压和天水混合作用，导致黄沙坪地区发生以流体沸腾和流体混合为主导的成矿作用，区内逆冲断层及背斜成为最重要的控矿构造。

水口山地区地处衡阳盆地边缘，区域中生代伸展作用显著（图 5-12），发育了侏罗系和白垩系厚层陆源碎屑沉积。这一时期的岩浆岩主要沿北北东向深大断裂向上运移，于盆地南缘侵位到复式背斜核部，围岩主要为石炭系—二叠系碳酸盐岩。由于水口山地区既存在侏罗系盖层，也存在深大断裂和复式背斜，二叠系地层中还发育大面积钙硅薄弱面，为矿区岩浆-围岩物质交换提供了良好的空间。因此，已有工作在侵位岩体边缘、北北东向深大断裂、倒转背斜钙硅界面均发现不同类型矿化蚀变，流体金属元素卸载机制也最为丰富，包括矽卡岩化过程中的水岩反应作用、逆冲断裂带有关的流体沸腾作用、浅部天水向下运移过程中的流体混合作用，流体降温过程虽然也对成矿有所贡献，但其重要性显著低于南岭湖南段云英岩型钨多金属成矿系统。

由此可见，南岭湖南段褶皱-断裂系统（以下简称褶断系）是区内铅锌多金属矿床形成的重要组成部分。深大断裂是深源岩浆上升的重要通道，决定了成矿体系的物质基础能否顺利抵达成矿位置。复式褶皱为岩浆流体提供了良好的汇聚空间和隔档层位，确保岩浆流体在特定位置聚集而非弥散在赋矿围岩中。这一特殊的构造格架是南岭湖南段多金属成矿的重要基础，同时也见于其他类型金属矿床。例如，中亚造山带内多个造山型金矿床，如哈萨克斯坦的穆龙套金矿，国内的萨瓦亚尔顿金矿，此外还有世界著名的俄罗斯干古金矿等（Large et al.，2007；Kempe et al.，2016；Zhou et al.，2022），主要赋矿层位为倒转背斜碳质板岩和千枚岩，断裂和褶皱在成矿流体的就位卸载过程中起决定性作用。此

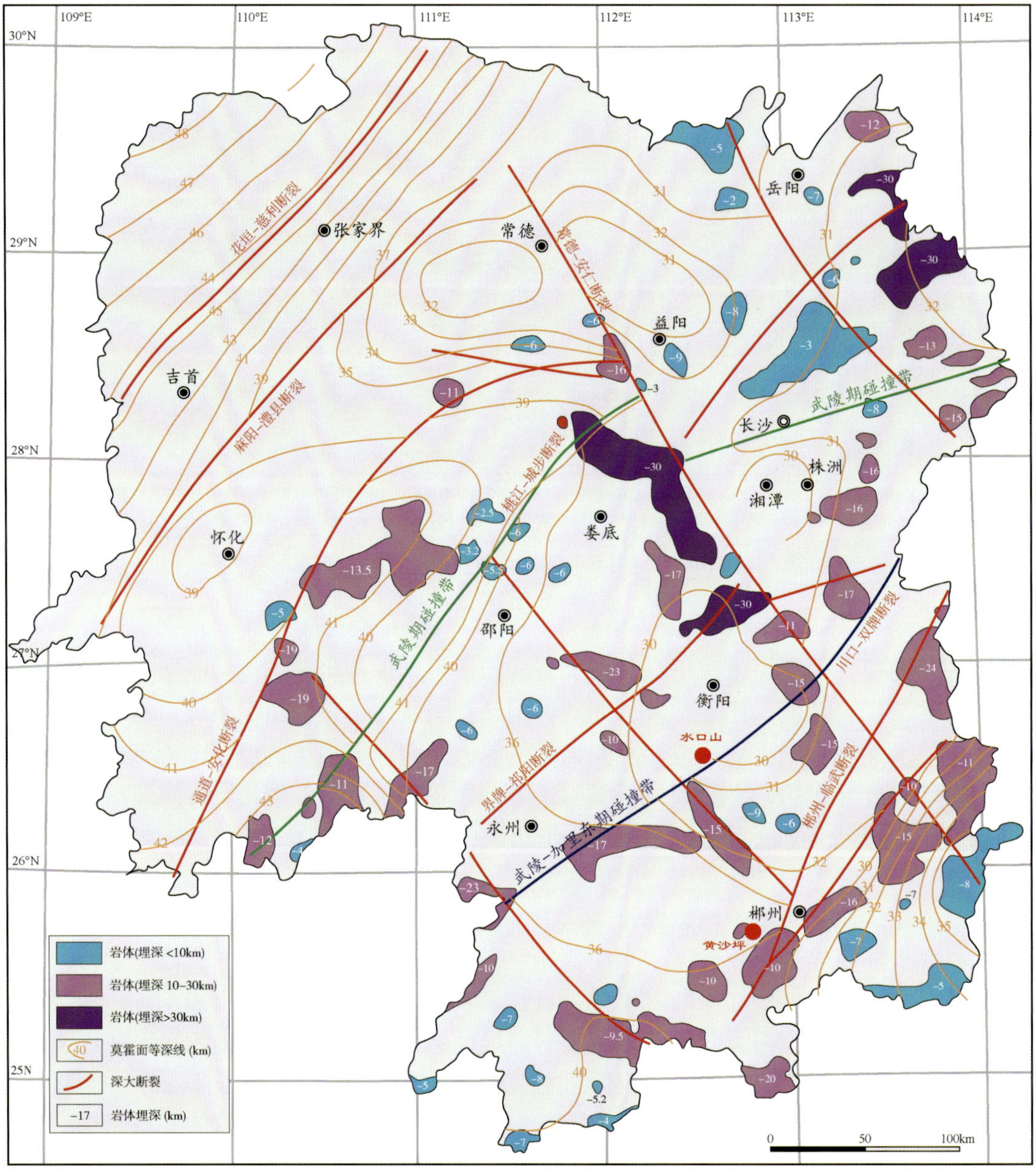

图 5-12　湖南地区典型花岗岩体及构造分布示意图

（修改自 Ou et al.，2022）

外，国内著名的多宝山铜矿、个旧锡矿、丫他金矿等也具有褶皱–断裂复合结构（罗孝桓，1997；秦德先，2004；Zeng et al.，2014）。对以岩浆热液为主要物质来源的中高温成矿流体，流体物理化学条件突变的情况下金属元素卸载最为明显，有限的卸载空间又是金属二次富集成矿的重要前提。盆山转换背景下的南岭地区发育完整的陆内褶皱–断裂体系，有利于陆内伸展作用下不同地壳层位含矿岩浆的向上运移和局部富集，良好的隔挡层和断裂通道同时保证了成矿流体的局部富集，是以铅锌钨铜金银多金属为主体的南岭湖南段矿床重要的成矿依赖。

第四节　成矿系统热液分带规律

不同的成矿金属元素在流体演化中通常表现出不同的物理化学行为。Cu 的原子半径较小，可以稳定的以$CuCl_2^-$ 和$Cu(HS)_2^-$ 存在于热液体系中，因此流体的氧逸度、盐度及 pH 对 Cu 络合物的稳定性有决定性影响。Liu et al.（2005）根据热力学平衡模拟了 Cu(Ⅰ)-Cl络合物在盐水体系下的溶解能力（图 5-13），结果表明 Cu 在高温富氯高盐度体系中溶解度较高，酸性条件和氧化环境对 Cu 的溶解有促进作用，而压力增加对 Cu 的溶解有抑制作用。

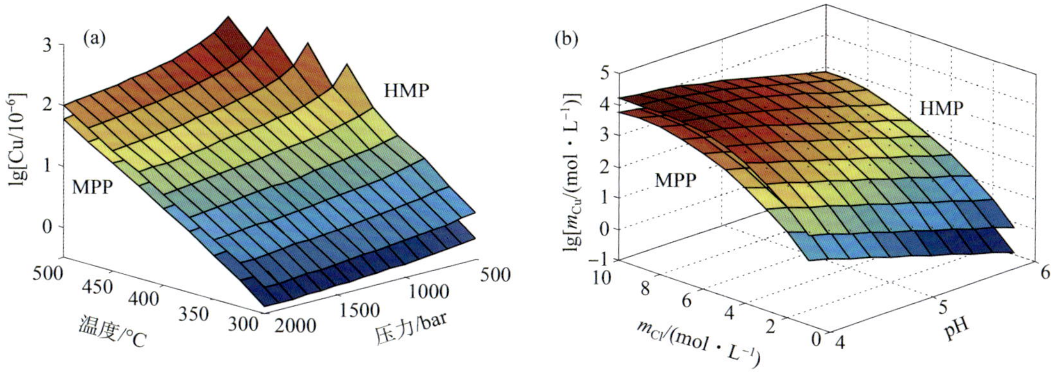

图 5-13　热液体系不同物理化学条件下铜离子溶解能力对比

（据 Liu et al.，2005）

MPP—磁铁矿-黄铁矿-磁黄铁矿缓冲体系；HMP—赤铁矿-磁铁矿-黄铁矿缓冲体系

Akinfiev et al.（2010）的模拟结果进一步表明$CuCl_2^-$ 在酸性条件下更加稳定，$Cu(HS)_2^-$ 则倾向于富集在弱酸性或中性流体中。因此，酸性热液流体中$CuCl_2^-$ 比$Cu(HS)_2^-$ 溶解度高约 2~3 个数量级，且随着体系温度的降低两者的溶解能力差别愈加明显（图 5-14）。高温岩浆流体通常具有较高的盐度和氯含量，随着温度降低、流体混合或流体沸腾作用，流体 pH 值或盐度突变，含铜络合物溶解度降低，造成铜的卸载。

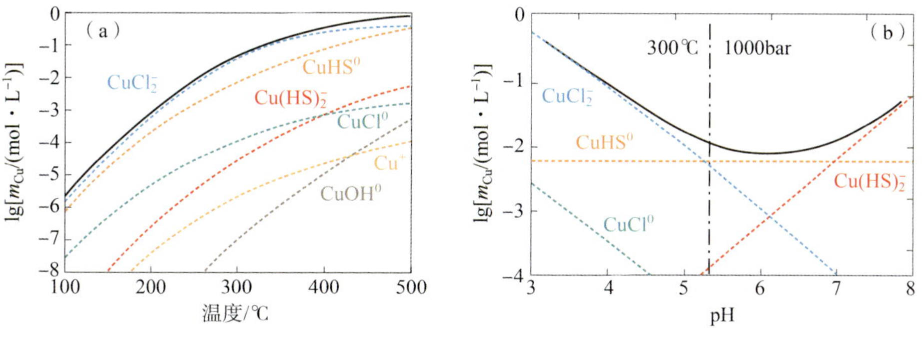

图 5-14　不同温度及 pH 条件下含铜络合物稳定性对比

（据 Akinfiev et al.，2010）

Au 在自然界中具有两类常见价态，分别是 Au^{3+} 和 Au^{+}。前者具有较强的氧化性，常见于地表氧化带中，后者是金在熔流体体系中主要的价态（Pokrovski et al.，2009）。Ag是金矿床重要伴生金属元素，热液黄铁矿中常见 Au、Ag 固溶体伴生现象，自然金通常也含有少量银（Tomkins，2010；Brügmann et al.，2019；Voisey et al.，2019），两者具有相似的亲铜元素地球化学行为。Au 和 Ag 在弱氧化或偏氧化的流体中溶解度较大，金在高温高盐度富氯流体中以$AuCl_2^-$ 的形式运移；中温中性至弱碱性条件下以络合物以$Au(HS)_2^-$ 为主，酸性条件下以$Au(HS)^0$为主；低于 350°C 流体中含氯金络合物稳定性明显降低，硫氢络合物和含金氧化物尤其是$Au(HS)_2^-$ 是中低温低盐度流体金的主要迁移方式（图 5-15）。相较于$AuCl_2^-$，$AgCl_2^-$ 具有更强的络合物稳定范围，由岩浆流体提供的挥发分和碱性金属导致岩浆流体中具有较低 Au/Ag 比，造山型金矿和卡林型金矿中相对缺乏高盐度流体，Ag 主要以$Ag(HS)_2^-$ 的形式运移，并能沉淀在相较于$Au(HS)_2^-$ 更低的温度范围（图 5-16）。因此，以中高温高盐度流体为主的斑岩成矿体系金的卸载与金氯络合物稳定性密切相关，沸腾作用、混合作用均能导致金的沉淀，浅成低温热液系统中金主要以含硫氢根络合物或气态络合物的形式迁移，银氯络合物稳定性仍然较高，流体降温、水岩反应、流体混合主导了中低温金银矿化作用。

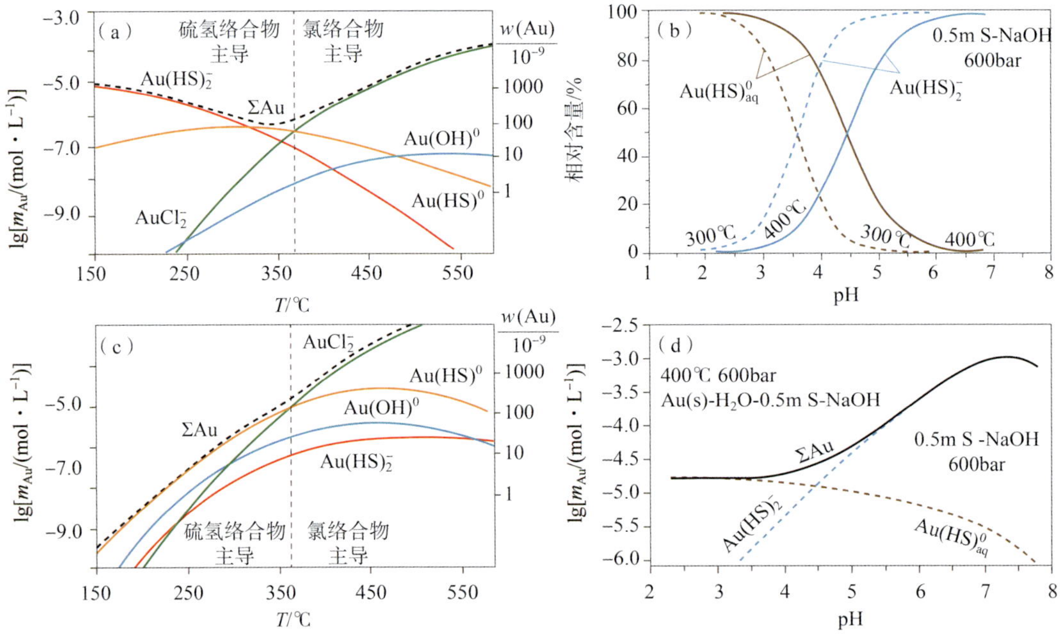

图 5-15　不同温度 pH 条件下的金金属络合物稳定性对比

（据 Stefánsson et al.，2003；Williams-Jones et al.，2009）

Reed et al.（2006）和 Akinfiev et al.（2014）分别对 Pb 和 Zn 进行了热力学性质探讨。对比 Cu-Cl-HS 络合物，Pb-Cl-HS 和 Zn-Cl-HS 具有类似的特点（图 5-17，图 5-18），酸性热液中氯络合物的稳定性明显强于硫氢络合物，$PbCl_4^{2-}$ 和$ZnCl_4^{2-}$ 是高温中高盐度流体中络合物的主要形式，硫氢根络合物则普遍存在于中性偏碱性流体中。随着温度的降低，热液体系中 Pb 和 Zn 的溶解度都有不同程度的降低，以方铅矿和闪锌矿的形式沉淀。相较于 Au，含氯络合物仍是中低温热液中铅锌的主要络合形式，硫氢络合物在碱性流体中的重要性显著提高。因此，成矿热液系统中 Pb、Zn 通常能比 Cu 迁移至温度更低的区域卸载成矿，但其成矿温度仍然高于浅成低温热液系统，流体沸腾、降温或混合作用主导了中低温热液系统铅锌矿化。此外，Pb、Zn 主要富集在壳源地层中，除硫化物外理想的赋存矿物包括辉石、角闪石、黑云母等（Hammerli et al.，2015），起源于地壳深部的岩浆在部分熔融过程中上述矿物发生分解，有利于大量 Pb、Zn 迁移至熔体中，显著的角闪石或黑云母结晶分异则会贫化原始岩浆。

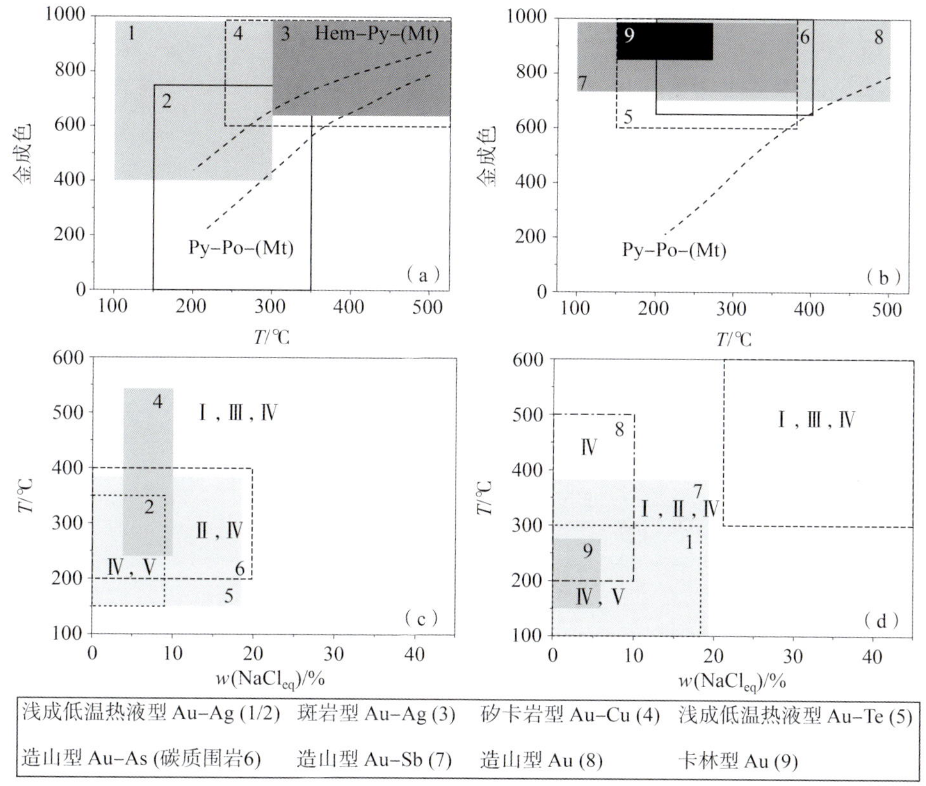

图 5-16　不同类型成矿热液系统中的金成色

（据 Pal'yanova，2008）

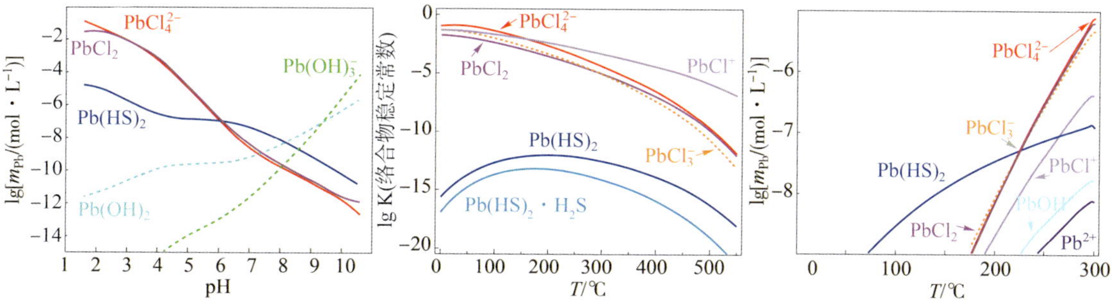

图 5-17　不同温度 pH 条件下的铅络合物稳定性对比

（据 Reed et al.，2006）

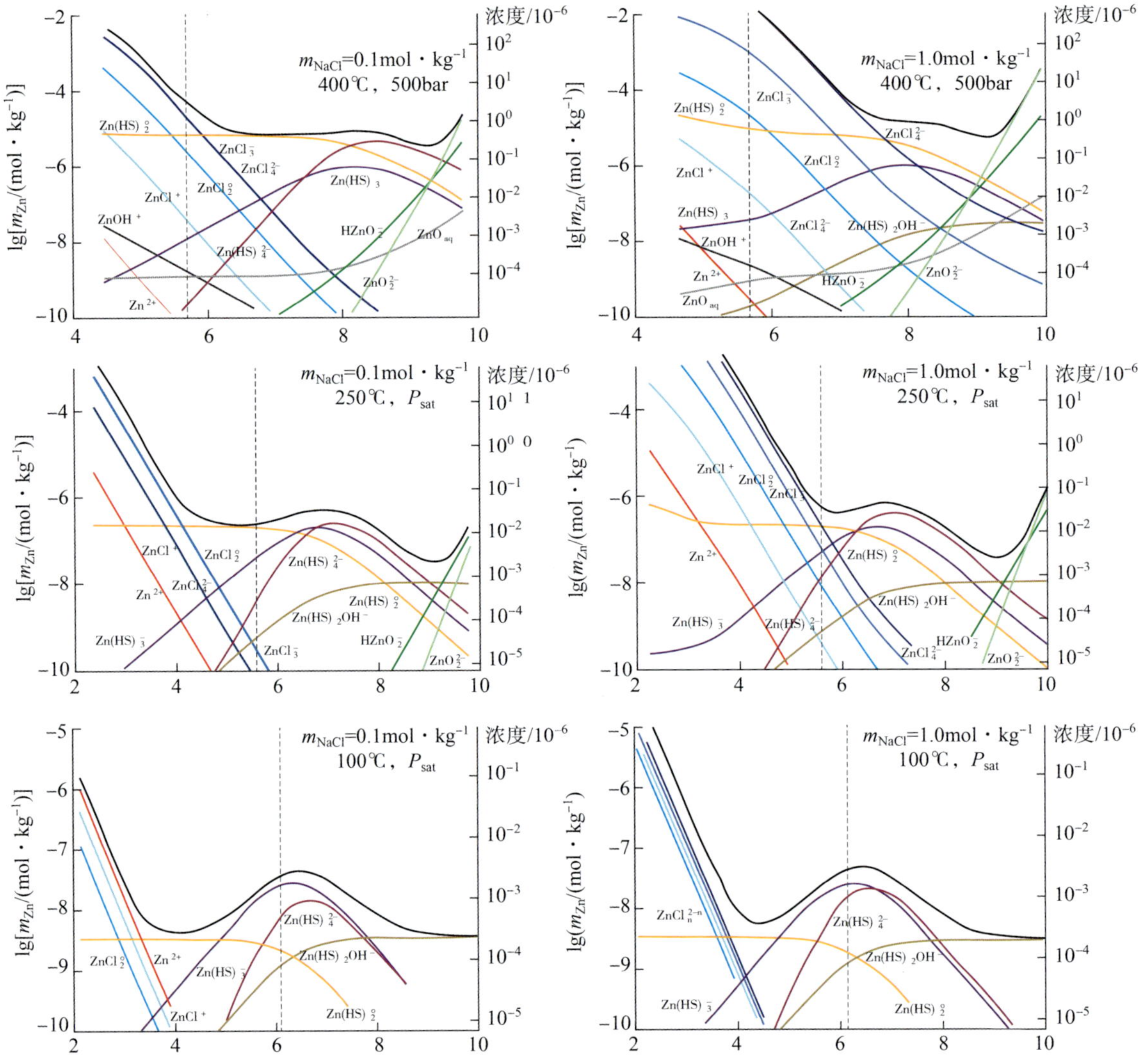

图 5-18　不同温度 pH 条件下的锌络合物稳定性对比

（据 Akinfiev et al.，2014）

区别于前述讨论的贵金属离子（Au^+，Ag^+）和贱金属离子（Cu^{2+}，Pb^{2+}，Zn^{2+}），Mo 和 W 作为过渡族元素兼具金属离子和酸根离子的特点，在流体中的迁移形式和影响因素更为复杂。Mo 和 W 的富集迁移更具独立性，两者在流体中均以酸根形式存在（图 5-19，图 5-20），Mo 的溶解依赖高温高盐度高氧逸度环境，氯的存在对 Mo 的溶解有促进作用但硫是 Mo 流体行为中的沉淀剂（Ulrich et al.，2008；Zhang et al.，2012；Shang et al.，2020）；W 的富集迁移与 Mo 大致相似，钨酸根在酸性条件下溶解能力更高，较多的 Ca 和 Fe 对 W 的溶解会形成抑制，而 F 的存在反而将钨的溶解范围扩展至中低温环境，CO_2 在 W 的富集运移中也扮演了极为重要的角色（Liu et al.，2020；Wang et al.，2020；Wang et al.，2021）。

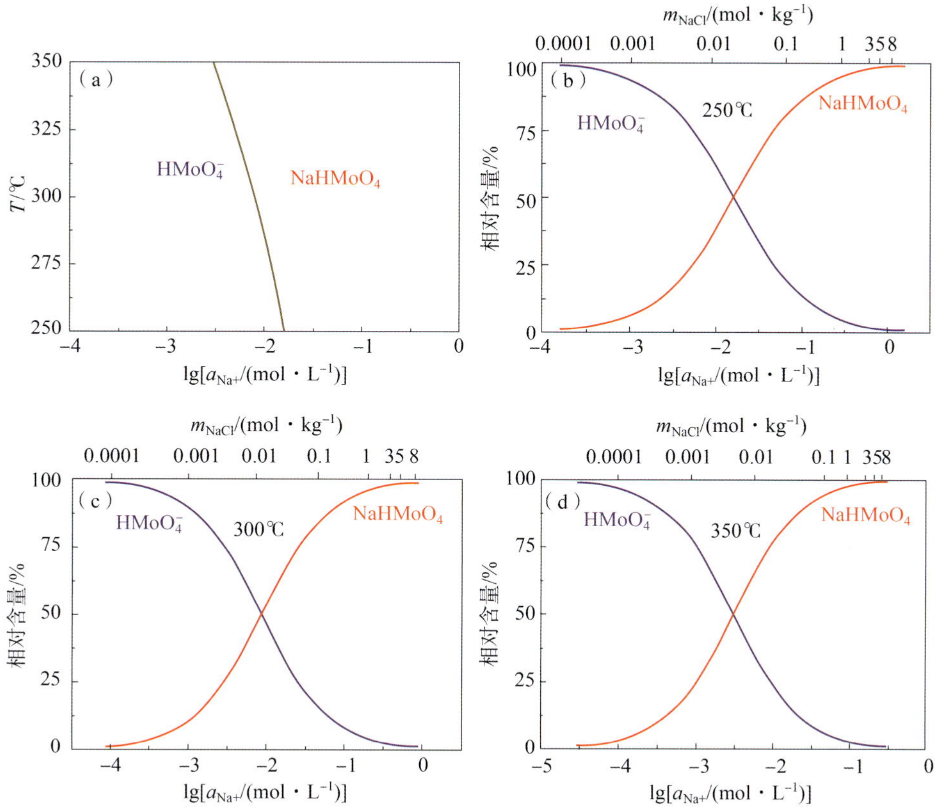

图 5-19　不同盐度 pH 条件下的钼络合物稳定性对比

（据 Shang et al.，2020）

Sn 在硅酸盐熔体中主要以 Sn^{2+} 和 Sn^{4+} 两种价态存在，不同价态 Sn 的相互转换影响其在熔体中的地球化学行为。当岩浆为氧化性时，Sn^{4+} 倾向于进入造岩矿物或副矿物中，流体迁移性较差，在体系氧逸度接近 NNO 时，Sn 主要以 Sn^{2+} 存在（图 5-21），络合物离子 F^-、Cl^- 能以络合物的形式增强其稳定性（Liu et al.，2023；Sun et al.，2024）。此外，Sn 在熔体/流体中的富集还受到熔体中铝过饱和指数 ASI 的影响，熔体中 ASI 和氟含量的增加有利于 Sn 进入流体相，岩浆高度分异产生的高温高盐度富 F、Cl 挥发分流体因此富集较高浓度的 Sn。因此，Mo、W、Sn 作为中高温成矿金属元素，流体降温、挥发分的散逸、氧化还原作用均能导致金属沉淀，矽卡岩化作用中大量交换的 Ca、Fe 等物质容易导致白钨矿、黑钨矿的形成，也是大部分 W 矿化与矽卡岩化密切相关的原因。

基于上述金属元素不同的富集机制和沉淀行为，南岭湖南段不同类型金属矿化也存在着显著的差异和分带特征。W、Sn 通常源于高度分异的 S 型或 A 型花岗岩，地壳组分占比显著，成矿流体具有高温高盐度富 F、Cl 的特点，上述流体在岩体矽卡岩化、云英岩化过程中通过水岩反应和流体沸腾大量卸载金属元素，岩体周缘发育的构造裂隙也是成矿的重要位置，通过降温机制形成脉状矿石，构成了近岩体中心的矿化域，典型蚀变作用包括碱性长石化、钾化、云英岩化、硅化、矽卡岩化、碳酸盐化、萤石化、硫化等。同时，矽

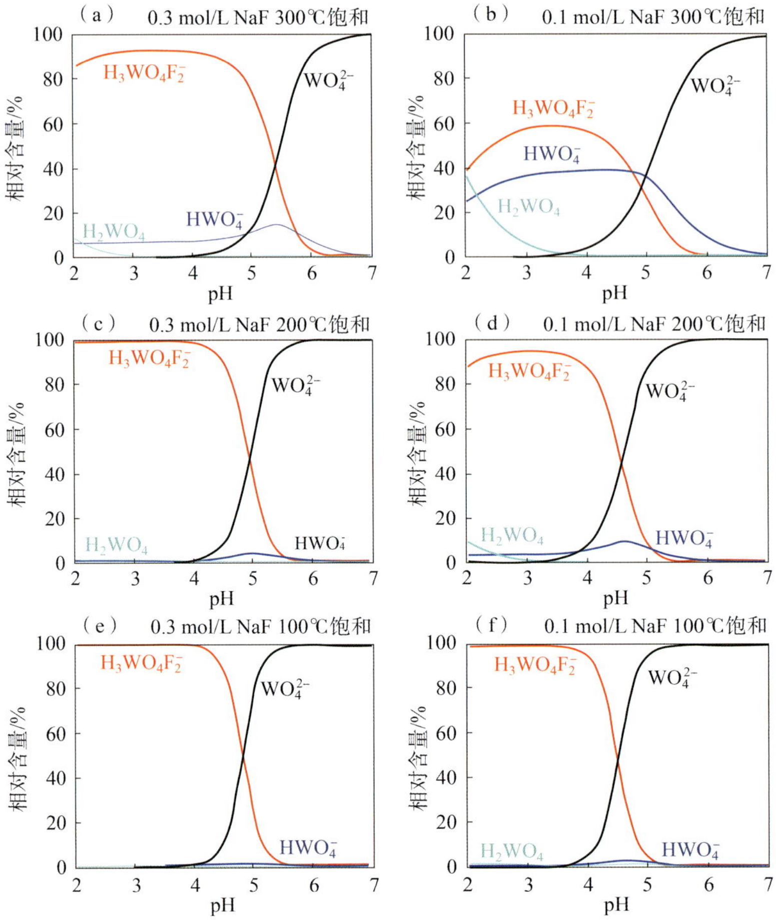

图 5-20 不同温度 pH 条件下含氟流体钼酸根离子稳定性对比

（据 Wang et al.，2021）

卡岩型钨矿床通常发育完整的矿化分带，内部发育 W-Sn 分带，由成矿岩体至外围依次出现铜锌矿、铅锌矿、铅锌银矿，显示较好的降温演化特征；石英脉型钨矿床由于碱长花岗岩、云英岩析离体、黑钨矿脉演化过程中 W、Sn、Mo、Bi 富集而 Pb、Zn 分散，难以形成大规模铅锌矿化。

Cu、Au 通常与衡阳盆地周缘深部岩石圈部分熔融形成的 I 型花岗岩有关，地幔物质贡献明显，成矿流体除高温高盐度外还具有较高的氧逸度。上述含矿岩浆热液系统就位于古生代碳酸盐岩地层，主要通过水岩反应、流体沸腾、流体降温、流体混合机制卸载金属元素，发育矽卡岩型 Fe-Cu-Pb-Zn、热液脉型 Pb-Zn-Au-Ag、浅成低温热液型 Au-Ag 矿化，分布于岩体矽卡岩化接触带、构造断层或褶皱钙硅界面、岩体顶部及断裂浅部，是区域多金属矿化分带的典型代表。其中，矽卡岩化接触带主要发育矽卡岩化、绿帘石化、绿泥石化、钾化、绢英岩化、硅化、碳酸盐化蚀变，热液脉型矿化相关的蚀变包括硅化、黄铁矿化、碳酸盐化及少量的萤石化、绿泥石化，浅成低温热液矿化相关蚀变主要是硅化、碳酸盐化、冰长石化和地开石化。

黄沙坪 W-Mo-Pb-Zn-Cu 多金属矿床则同时存在上述两类成岩成矿体系，不同地壳

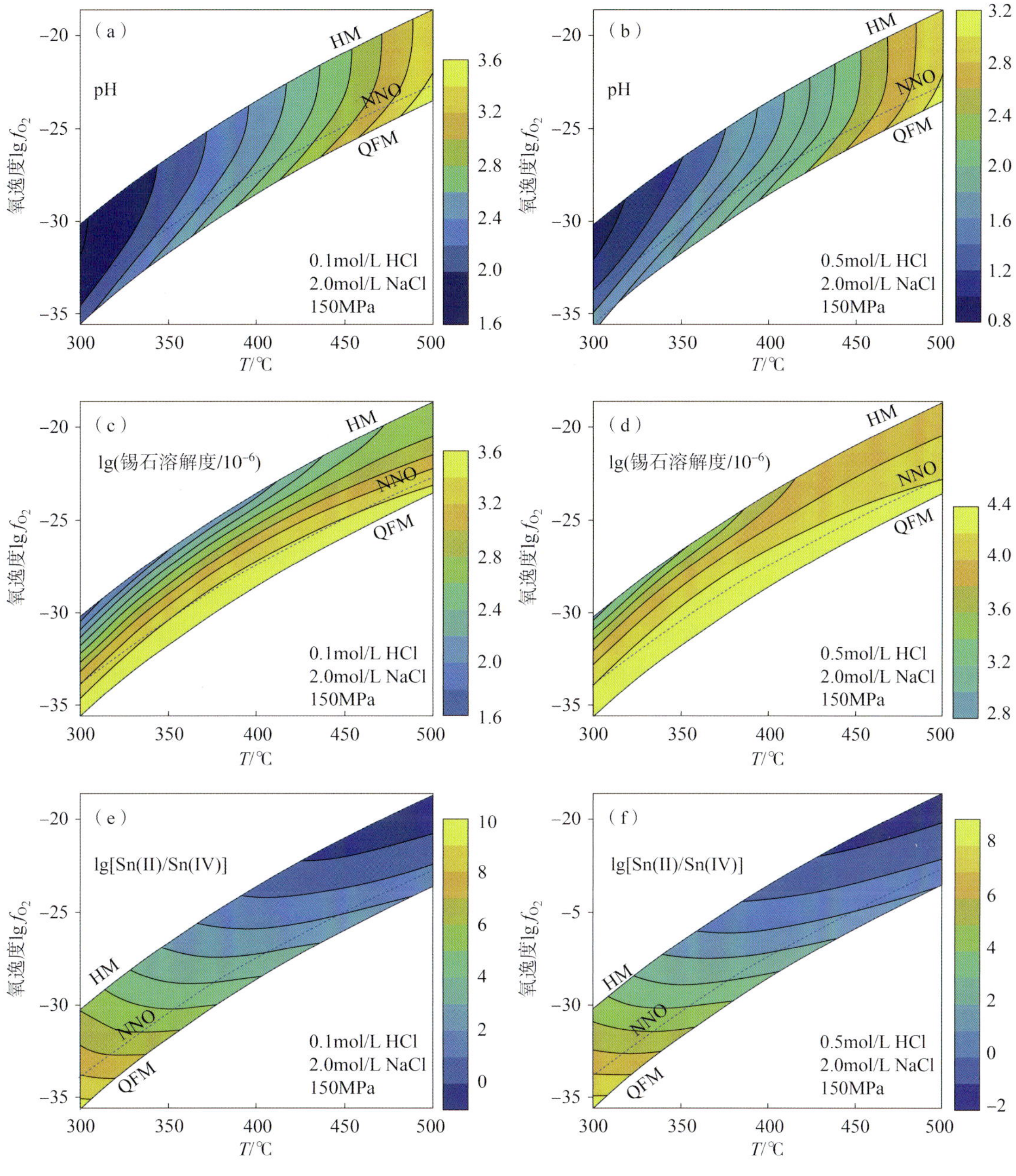

图 5-21　不同物理化学条件下锡离子价态特征及溶解力对比

（据 Liu et al.，2023）

层位的基底岩石发生部分熔融并沿深大断裂向上运移，经历显著的结晶分异过程，侵位至浅表时保留了丰富的元素分带特征。其中，早期地壳深部起源的石英斑岩侵位深度较浅，地幔组分较高，岩浆热液主要为高温高盐度氧化性流体，受区域断裂及上覆隔水层影响，岩体围岩接触带发育矽卡岩型 Pb-Zn-Cu 矿化、围岩破碎带发育充填交代型 Pb-Zn-Ag 矿化，岩体局部还发育斑岩型铜钼矿体，沸腾包裹体群指示该类型矿床的形成主要是浅部失压导致的流体沸腾作用，次为流体降温与流体混合作用。该类型矿床的典型蚀变包括矽卡岩化、钾化、绿泥石化、硅化、碳酸盐化、绿泥石化和绢英岩化、黄铁矿化。晚期地壳中浅部起源的花岗斑岩侵位深度较深，上覆石英斑岩及测水组均成为良好屏蔽层，促使岩浆分异形成的高盐度富挥发分流体局限于花岗斑岩浅部，主要发育矽卡岩型 W-Mo-Fe-Bi 矿化，外围可见少量充填交代型 Pb-Zn 矿化，流体沸腾和水岩反应是成矿元素卸载的主要机制。这一成矿热液系统伴随的蚀变作用包括矽卡岩化、钾化、绿泥石化、碳酸盐化、萤石化及黄铁矿化。

综上，不同成矿元素在褶皱断裂系统中的就位机制与金属元素流体富集迁移机制密切相关，高温 W-Sn-Mo-Cu 组合主要以矽卡岩型矿化赋存于矿体围岩接触带，中低温 Pb-Zn-Au-Ag 组合主要以矽卡岩型及中低温热液脉型矿化赋存于断层褶皱破碎带中，浅成低温热液 Au-Ag 矿化主要集中于岩体顶部或断裂浅部，共同构成南岭湘中南地区典型的成矿序列。

第五节　陆内伸展环境全温度域成矿作用

南岭成矿带湖南段铅锌多金属成矿系统物质来源多样、岩浆演化显著、构造活动复杂、成矿分带显著、矿化组合丰富，是华南板块陆内伸展背景下典型的岩浆热液成矿系统。该系统涵盖了南岭地区常见的金属矿床类型，含矿流体在高温—中高温—中低温—浅成低温热液体系连续成矿，矿体产出与区域复式褶皱和深大断裂密切相关，成矿过程与南岭成矿带内其他岩浆热液矿床具有相似性和一致性，成矿模式具备类比推广的价值。因此，本书以南岭成矿带湖南段水口山、黄沙坪矿床为基础，建立了陆内伸展背景下不同岩浆来源下的褶皱断裂系统全温度域成矿模式，此模式可以简述为（图 5-22，图 5-23）：一中心、两构造、三系统、多金属。

一个中心：也即物质域。不同地壳尺度来源和不同演化程度的岩浆房，导致 W-Sn、W-Sn-Pb-Zn、Cu-Pb-Zn-Au-Ag 在岩浆热液系统中差异化富集（图 5-22）。其中，起源于中上地壳的 S、A 型花岗岩具有较高的钨背景值，岩浆系统经历充分演化和结晶分异，导致末端岩浆—热液体系富集 W、Sn、Be、Nb、Ta、F、B 及其他稀散元素，构成 W、Sn 矿化的物质基础；起源于下地壳并混染部分地幔物质的 I、A 型花岗岩具有较高的 Cu、Au 及亲铜元素含量，岩浆结晶分异程度略低，沿断裂快速迁移至浅表构成 Cu、Au 成矿物质基础；Pb、Zn 在地壳中没有富集选择性，岩浆演化过程中 Pb、Zn 再分配行为显著，下地壳来源的低分异中酸性岩浆有利于 Pb、Zn 在岩浆中的初始富集，不被角闪石、黑云母、长石等矿物结晶抽离，是水口山黄沙坪地区铅锌矿床相对发育的原因之一。

两类构造：也即构造域。区内深大断裂是深部岩浆运移的理想通道，不同断裂交汇部位更是岩体就位的理想位置，决定了深部含矿物质向上运移的潜力。在地壳隆升区域，深部断裂有利于岩浆的分异和浅部流体的混入，丰富岩浆热液组合；在地壳凹陷区域，深部断裂有利于幔源物质的混入，提高岩浆 Cu、Au 含量；在浅部成矿区域，断裂通常是成矿流体的汇集通道、盆地卤水的汇入通道、金属元素的卸载空间。地壳浅部复式褶皱是成矿岩浆热液体系就位的理想保障：褶皱层间滑脱面有利于流体的远端运移；褶皱屏蔽层能有效抑制中低温流体的散逸；背斜核部有利于流体的汇集与卸载。上述两类构造的叠合部

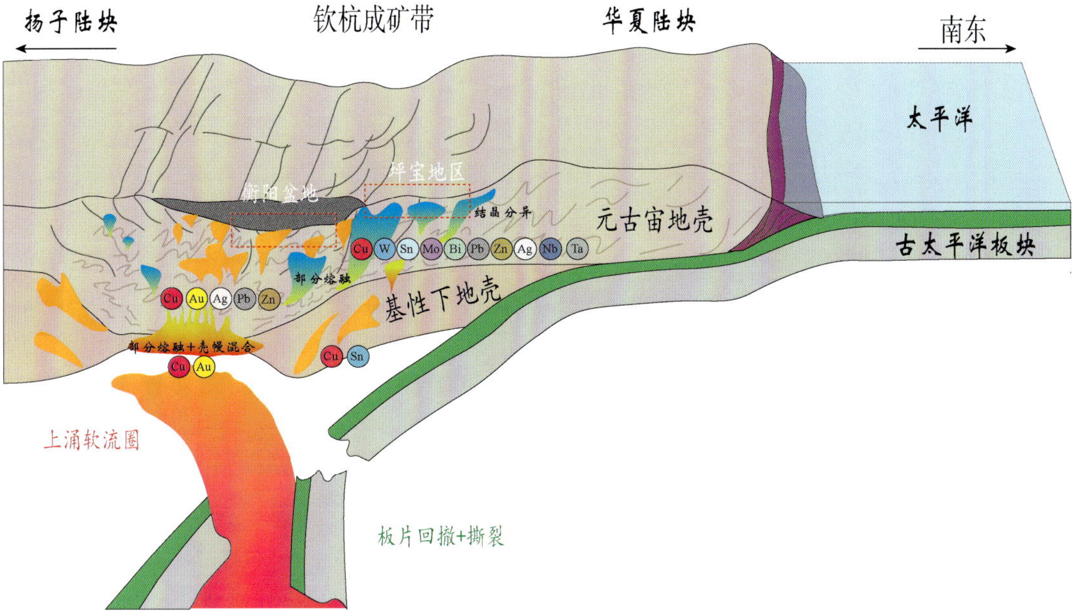

图 5-22　华南中生代陆内伸展机制岩浆演化示意图

位，深部岩浆流体向上运移和汇聚释放的潜力巨大（图 5-23），有利于金属元素的超常规富集，后期通过流体降温、流体混合及流体沸腾机制发生成矿作用。

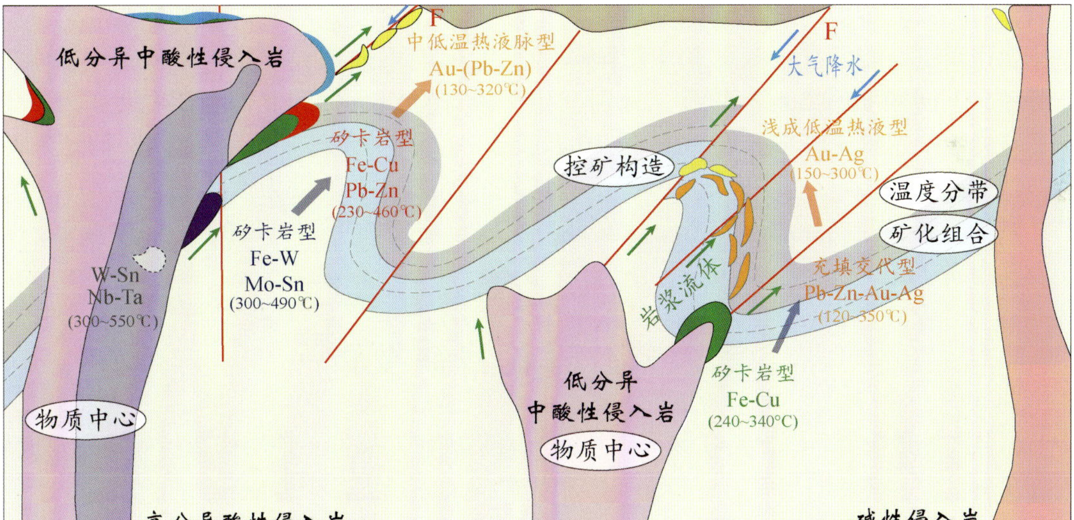

图 5-23　南岭成矿带湖南段铅锌多金属矿床分带成矿模式图

三套系统：也即温度域。富含多种金属离子的岩浆热液进入就位空间后，通过岩体内部斑岩化—伟晶岩化、岩体边缘云英岩化—矽卡岩化、远端通道充填卸载的方式形成多种类型的矿化样式（图 5-24）。其中，高温元素中的 W、Sn、Mo、Bi 倾向于进入高度结晶分异的岩浆热液，就位于岩体深部，在云英岩和矽卡岩中呈现 W-Mo-Sn 分带特征，Cu、Au 在低程度结晶分异岩浆中更为富集，流体沸腾过程中发生卸载，就位于岩体中深部，上述机制共同构成了近岩体高温矿化域；Pb、Zn、Au 作为典型的中低温金属元素，既可以在矽卡岩化作用过程中因 pH 值改变发生金属卸载，就位于接触带近围岩侧，也可经由中低温热液沿区域断裂或褶皱钙硅界面运移至远岩体围岩中，通过降温、沸腾、混合机制形成脉状 Pb-Zn-Au 矿体，构成了远岩体的中低温矿化域；部分金属元素如 Au、Ag 等，在岩体侵位压力骤降过程中迁移至岩体浅表或断裂浅部，通过流体混合作用或水岩反应发生卸载，发育浅成低温热液 Au、Ag 矿化，构成了浅表低温矿化域。

多种金属：也即成矿域。南岭成矿带成矿时间集中，矿种组成丰富，既涵盖高温岩浆热液系统派生的 W-Sn-Mo-Nb-Ta 矿化，也发育中低温成矿热液系统的 Pb-Zn-Au-Ag 矿化，兼有 U、REE 矿化特征。南岭成矿带湖南段铅锌多金属矿化系统发育有典型 W-Sn-Mo-Bi-Fe-Cu-Pb-Zn-Au-Ag 矿化，来自地幔、下地壳、前寒武系浅变质地层及赋矿围岩的成矿元素在岩浆热液形成过程中不断富集，分别与低分异中酸性 I 型花岗岩（Pb-Zn-Au-Ag-Cu）和高分异酸性 A/S 型花岗岩（W-Sn-Mo-Bi-Nb-Ta）关联，在区域多期次岩浆脉动侵位、水岩交代反应、流体运移卸载过程中迁移、富集、沉淀，形成了岩体内部富集 Nb-Ta、岩体边缘及深部矽卡岩带富集 Fe-W-Mo-Sn-Bi、中深部矽卡岩带富集 Fe-Cu-Zn、上部矽卡岩带富集 Pb-Zn、围岩破碎带富集 Pb-Zn-Au-Ag、浅表富集 Au-Ag 的金属元素分带特征。这一特点构成了南岭成矿带完整的高温—中高温—中低温—低温的连续金属分带成矿规律，对老矿山边部机深部找矿具有积极指导意义。

综上，中生代华南地区由挤压碰撞陆内造山环境逐步转变为滨海俯冲带-陆内伸展环境，南岭成矿带湖南段在陆内造山作用下形成了大量复式褶皱和逆冲断层，经中生代伸展作用进一步活化，深部软流圈地幔的上涌促使不同地壳层位的基底岩石发生部分熔融并不同程度混染地幔物质，分别就位于南部坪宝走廊和北部衡阳盆地周缘，形成了差异性的铅锌钨铜多金属矿田。矿田尺度上，不同类型岩浆派生的流体导致了 W-Sn、Cu-Pb-Zn-Au-Ag 的分带就位特点，良好的断裂、褶皱系为流体的运移汇聚提供了良好的场所，共同导致南岭湖南段发育高温矽卡岩型-中低温热液脉型-浅成低温热液型多金属矿化。

第六节　理论找矿要素

综合区域地质背景、已有矿床分布特征、岩浆成矿专属性、地层构造控矿特点及成矿系统发育要素，南岭湖南段铅锌多金属矿床找矿应关注以下几个方向：

（1）优势成矿岩体：中晚侏罗世不同类型酸性岩浆岩。衡阳盆地周缘隐伏或已出露的中晚侏罗世 I 型花岗闪长岩是 Fe-Cu-Pb-Zn-Au 理想成矿母岩，坪宝地区侏罗纪高度演化的 A 型花岗岩有利于发育 W-Sn 矿化，同一断裂交汇处多期岩浆侵位更有利于热液叠加成矿。

（2）优势控矿构造：多期发育的褶皱断裂系统。衡阳盆地周缘近北北东向深大断裂与岩体交汇部位、多系列逆冲断层与复式褶皱交汇处角砾岩带有利发育脉状 Pb-Zn-Au-Ag 矿体，浅部断裂有利于成矿流体发生沸腾作用和混合作用形成浅成低温热液 Au-Ag 矿化；坪宝地区深大断裂有利于不同地壳层位起源岩浆的浅部就位，构成矽卡岩型和充填交代型矿体的容矿空间。

（3）优势赋矿层位：广泛发育的碳酸盐岩地层和砂页岩层。南岭湖南段泥盆系—二叠系碳酸盐岩多分布于复式褶皱核部，有利于深部侵位岩浆发育矽卡岩型矿体；钙硅岩性界面在褶皱发育过程中易形成滑脱面，构成流体迁移通道；古生代砂页岩层及中生代盆地沉积是流体运移的良好屏障，褶皱系中该层位下部是流体的理想汇聚区域。

（4）典型蚀变分带：岩体与碳酸盐地层接触部位需重点关注与矽卡岩化有关的磁铁矿化、赤铁矿化、磁黄铁矿化、石榴子石化、绿帘石化、绿泥石化蚀变亚系列，确定蚀变层位和蚀变阶段，厘清 W-Sn 矿体、Fe-Cu 矿体、Pb-Zn 矿体在矽卡岩中的空间位置；褶皱断裂系统需关注绿泥石化、硅化、碳酸盐化、地开石化、冰长石化空间展布方向，确定流体运移方向，判断浅成低温系统和中低温热液成矿系统空间相对位置。

（5）典型矿石组构：不同类型矿石往往指示成矿物理化学条件。深部矽卡岩化成矿系统发育交代作用形成的浸染状或块状矿石，蚀变围岩可见交代残余结构；矽卡岩带外围流体散逸空间多发育构造裂隙和网脉，可见隐爆角砾岩；沿褶皱钙硅界面运移热液脉体发育充填交代结构，卸载位置可见角砾状构造和晶洞构造；浅部浅成低温热液系统可见纹层状和溶蚀淋滤结构等。

第六章　典型矿床成矿模式与找矿实践

南岭地区典型铅锌多金属矿床（田）理论研究结果表明，华南板块陆内伸展背景下同一矿区的不同岩体在Pb-Zn-Cu和Pn-Zn-W-Sn成矿潜力方面具有显著差异性，岩体围岩接触带不同部位矽卡岩矿化组合具有选择性；中低温铅锌多金属成矿热液系统具有显著的分带性和继承性。有鉴于此，本次研究确立了以岩体为中心探索中高温矽卡岩成矿体系、以地层构造为格架评估中低温热液成矿潜力、以成矿温度域为依托梳理铅锌多金属矿成矿序列的找矿理念。在汇总比对湘中南地区成矿地质大数据的基础上，优选水口山、黄沙坪铅锌多金属优势矿集区开展找矿实践；应用大深度高精度广域电磁测量、钻孔短波红外光谱蚀变矿物填图、三维矿山数字建模等技术手段，预测重要矿山深部成矿潜力与找矿方向，快速定位勘查靶区；系统部署深部钻探工程进行验证，探获了规模可观的铅、锌、金、银、铜、铁、钨等资源，实现了重点矿山增储上产，助力新一轮找矿突破战略行动。

第一节　水口山铅锌铜多金属成矿体系

一、矿山现状概述

水口山矿田处于南岭成矿带中段，区内发现鸭公塘、老鸦巢、康家湾、龙王山等多个铅锌（铜金）、金矿床，矿体主要赋存于侏罗纪花岗闪长岩与围岩的接触带或围岩破碎带中，受区域褶皱、断裂及岩体约束，矿化类型多样（李能强等，1996；谢焱石等，2008；李永胜等，2012；左昌虎，2015）。老鸦巢矿区既往主要开采花岗闪长岩浅部接触带中的矽卡岩型铅锌矿体和岩体外围受断裂构造或接触带构造控制的富金硫铁矿体。鸭公塘矿区主要矿化类型为岩体围岩接触带中的矽卡岩型铅锌铜矿体，矿体赋存位置较浅，多发育中高温热液蚀变。康家湾矿区以往主要开采F_{22}断层下盘硅化破碎角砾岩带中的的Ⅰ号铅锌金银矿体，近年来主要开采东部Ⅳ-3矿体群。经过百余年的开发利用，水口山矿田保有铅锌矿石严重不足（王勇等，2022），亟需在现有矽卡岩型、充填交代型铅锌矿体的基础上探获新的接续资源。

本次研究综合分析了水口山矿田成矿岩浆热液活动期次、成矿物质来源、成矿热液体系演化过程、成矿机制，证实了水口山矿田发育完整的矽卡岩型Cu-Fe矿化、矽卡岩型Pb-Zn矿化、充填交代型Pb-Zn-Ag-Au矿化、浅成低温热液型Au-Ag矿化。其中，老鸦巢-鸭公塘矿区以岩体为中心，由岩体至围岩递次发育高、中、低温热液成矿体系。岩体内部发育典型钾化，局部见稀疏含硫化物硅化脉体，普遍见星点状或细脉状硫化物（黄铁矿），具较弱的斑岩铜金矿化特点；岩体与碳酸盐岩接触带发育矽卡岩化，多见石榴子石化、阳起石化、磁赤铁矿化，以铅锌矿化、铜磁铁矿化为主，少见钨钼矿化；围岩破碎带中发育低温热液蚀变，可见热液充填型的铅锌矿化和金（黄铁矿化）。老鸦巢-鸭公塘蚀变与矿化分带显著，具有典型的垂向和水平分带特征，深部为高温矽卡岩型 Cu-Fe 矿化、浅部为中高温矽卡岩岩浆热液体系，边部为中低温 Au 矿化。康家湾矿区热液分带虽不显著，但成矿元素富集自北向南具有一定的规律性，其成矿物质来源及成因机制同老鸦巢—鸭公塘矿区存在相似性，可向边部约束现有中低温充填交代型铅锌矿体的分布范围，向深部评估高温矽卡岩成矿潜力。

二、矽卡岩型 Cu-Fe-Pb-Zn 矿体

水口山矿田已探获矽卡岩型铅锌矿体集中在老鸦巢-鸭公塘矿区浅部且开采殆尽，边深部找矿团队利用钻孔蚀变矿物填图方法，圈定蚀变分带，利用深穿透物探方法剖析矿权内构造格架，解译深部岩体形态。其中，广域电磁解译显示区内发育南北向叠瓦状逆冲推覆构造，控制了地层和岩浆岩的展布，老鸦巢岩体向深部逐渐收缩，形成“超覆岩体”，鸭公塘岩体向深部-500m 标高以下仍有大规模发育，岩体边缘不规则，局部封闭空间有利于矽卡岩发育和成矿元素的富集（图 6-1）。蚀变矿物填图则表明矿区深部发育石榴子石、磁铁矿、磁黄铁矿等无水矿物组合，与前人研究成果一致（全铁军等，2006；黄金川等，2015；左昌虎，2015），指示岩体深部成矿温度较高且硫化物发育。根据矽卡岩型矿体分布特点及其分带特征、岩性及地层条件，推测深部可能发育潜在与矽卡岩相关的矿化。为此，结合广域电磁解译成果，在老鸦巢 203-207 线部署多个地表钻孔，对深部岩体边界产状变化剧烈、有利于矽卡岩发育的位置，开展钻探验证。此次钻探工作在鸭公塘岩体东侧揭露长度约 1000m、厚度 150~250m 矽卡岩型多金属矿体（图 6-2），矿体上部以矽卡岩型铅锌矿为主，中段则以铜锌为主，下部铜锌铁矿化发育，伴生磁铁矿，600~1450m 深部岩体与栖霞组地层接触带的矽卡岩中揭露连续且厚大铁铜多金属矿体，局部铜

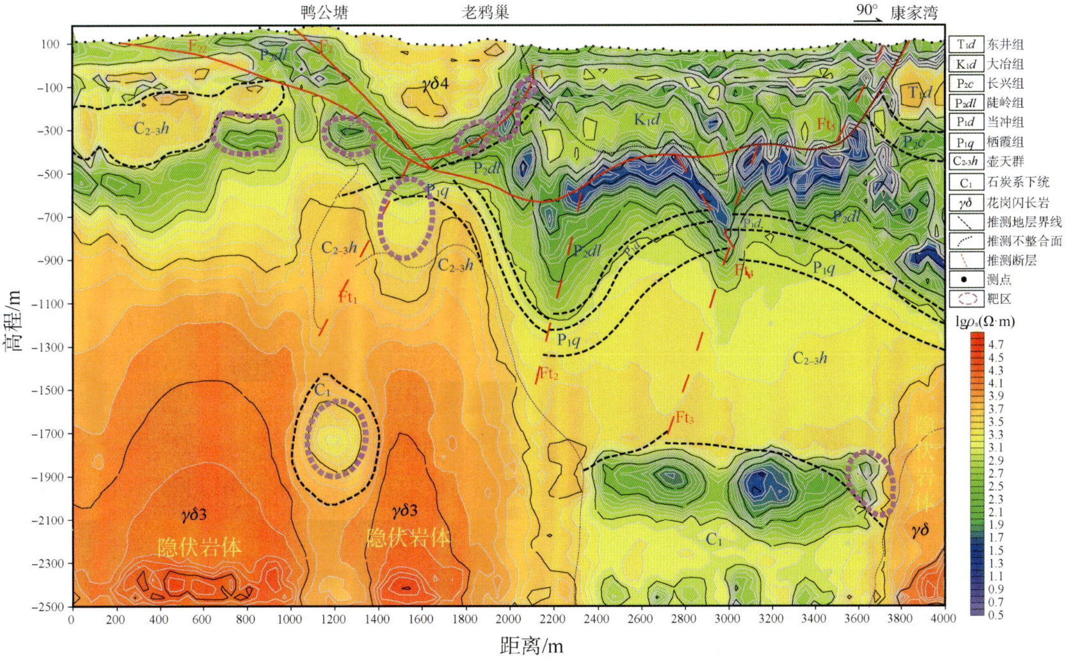

图 6-1　广域电磁测量 SGY5 剖面解译图

品位高达 1.37%。初步估算新增铜金属量 14.2×10^4t、锌金属量 14.05×10^4t、金金属量 7.6t、银金属量 377.99t，磁铁矿石量约 1600×10^4t，且矿体走向和倾向均未系统控制，仍有较大的增储空间。此项工作探获了浅部少见的高温矽卡岩型铜铁矿体，证明鸭公塘矿区深部发育中高温岩浆热液成矿体系，同时佐证了水口山矿田以岩体为中心向外围连续分带的成矿序列，构成鸭公塘-老鸦巢"全温度域"的成矿体系。

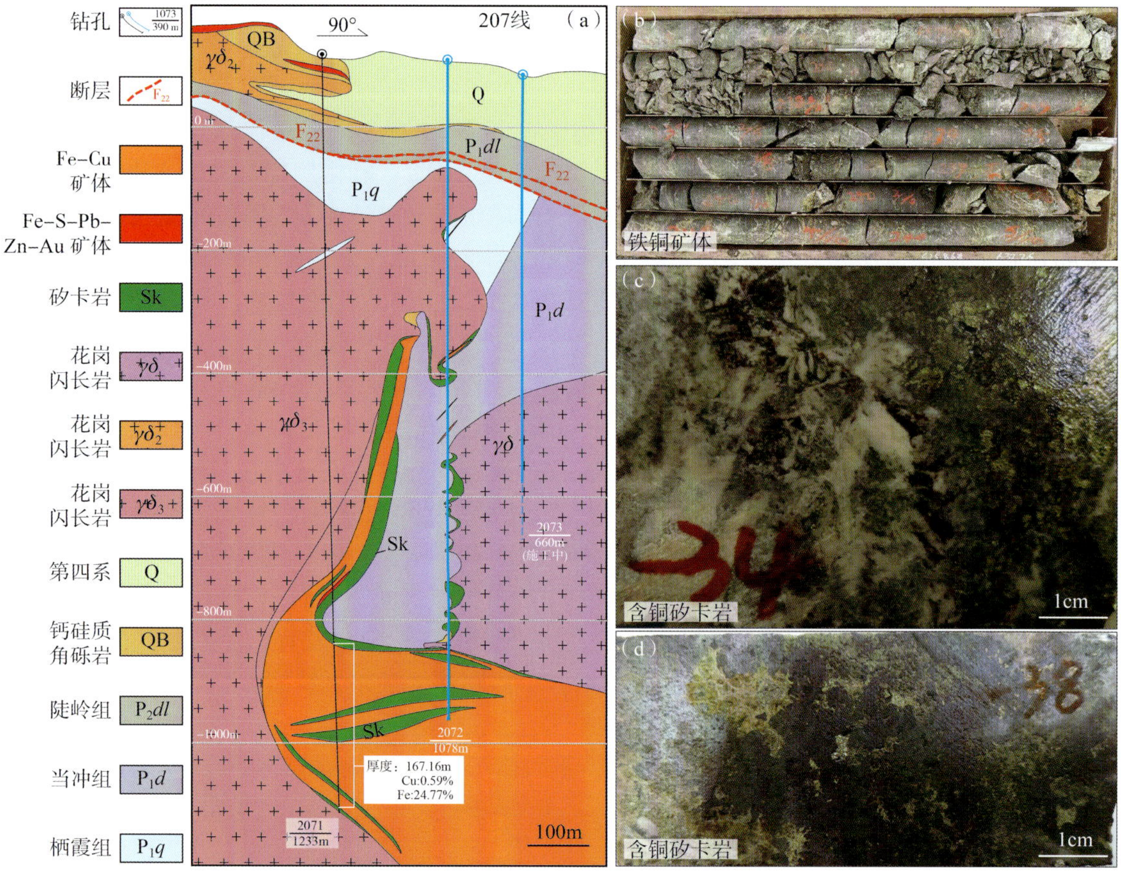

图 6-2 水口山矿田老鸦巢—鸭公塘 207 勘探线铁铜矿体分布示意图

老鸦巢-鸭公塘矿区深部矽卡岩型铜铁矿体的发现不仅实现了找矿新突破，还直接证明了水口山矿田深部岩浆活动与铜金矿化的关系。这一成矿类型是钦杭成矿带陆内伸展作用的结果。中生代中晚期华南板块沿扬子陆块、华夏陆块叠合区域拉伸，不同层次的地壳受软流圈地幔加热发生部分熔融（毛景文等，2004；Wang et al.，2006；毛景文等，2011；Chu et al.，2019），携带了大量地幔及基性下地壳富集的铜金元素并快速上升，就位于深大断裂浅部并与碳酸盐岩发生交代反应，主导了区内铜金矿床的发育。鉴于钦杭成矿带中南段与岩浆活动有关的铜金矿床发现较少，老鸦巢—鸭公塘矿区矽卡岩型铜铁矿体的发育指示衡阳盆地周缘具有广阔的铜金成矿前景，值得进一步。

以往有不少学者认为康家湾铅锌多金属成矿作用与老鸦巢-鸭公塘岩体的侵位相关（左昌虎等，2014；Huang et al.，2015；Shen et al.，2022；秦锦华等，2023），本次勘探首先利用航空磁法约束了康家湾矿区磁异常范围，进一步结合广域电磁测量，对深部构造、岩性进行解译，重新厘定水口山矿田构造格架，并结合钻探成果，通过对地层层序的分析，确定康家湾深部存在倒转背斜。广域电磁测量成果解译在康家湾南侧深部圈定高异常区（图6-1），推断矿区南深部-1200m标高以下潜在发育隐伏岩体，岩体外围为石炭系碳酸岩地层，与老鸦巢-鸭公塘类似，深部具备形成高温矽卡岩型矿体的基本地质条件。该岩体向深部可能与老鸦巢-鸭公塘岩体相连，为同一个岩浆房不同部位侵位的产物。

康家湾104线钻孔蚀变矿物填图工作则在标高-500m～-900m间揭露高温石榴子石矽卡岩；在康家湾100线—106线部署坑道钻探工程，揭露了矿区南深部连续发育的石榴子石矽卡岩带。其中，104线、106线钻孔可见典型石榴子石化、阳起石化、磁赤铁矿化分带。铜矿化、磁赤铁矿化，指示深部向高温元素递进演化，成矿体系已由中低温热液充填交代型铅锌矿化转变为中高温矽卡岩型铁铜矿化。由于100线至108线所施工钻孔尚未揭露到隐伏岩体，从广域电磁法测量推测的隐伏岩体埋深来看，施工钻孔深度尚浅，继续向深部开展工作具有发现高温成矿序列的潜力。康家湾铅锌矿自北向南、自浅部向深部，呈现由中低温到高温的矿化趋势，构成与鸭公塘-老鸦巢类似的“全温度域”成矿体系，初步判断水口山矿田“每个岩体都可能形成独立成矿系列”。

图6-3 康家湾矿区深部矽卡岩型铜铁铅锌矿体形态（100线）

K_1d—东井组砂岩、粉砂岩；J_2d—高家田组砂岩、页岩；P_2dl—斗岭组砂岩、粉砂岩、炭质页岩；P_1d—当冲组硅质岩；P_1q—栖霞组灰岩、含燧石灰岩；C_{2+3}—壶天群灰岩、白云质灰岩

三、充填交代型 Pb-Zn-Au-Ag 矿体

水口山矿田热液充填交代型铅锌矿金银矿体集中赋存于二叠系当冲组硅质岩、泥灰岩和栖霞组破碎灰岩及硅化角砾岩带中，既往发现的康家湾铅锌多金属矿体多处于区域F_{22}深大断裂下盘，由断层与硅质角砾岩带交汇部位，沿着硅化角砾岩带向东延展，部分矿体铅锌多金属矿体发育在栖霞组灰岩地层内，受次级断裂所控制。因此，前人多将康家湾矿床归类为多因复合层控沉积矿床（李智等，1984；谢洪范，1987；毕华，1995）或热液岩溶型矿床（张梓贺，2018），经典的充填交代型成矿模式则认为成矿物质沿F_{22}深大断

裂向上运移并由断层、硅化角砾岩带交汇部位远端迁移（左昌虎，2015；李永胜等，2021；Shen et al.，2022），矿区规模最大的Ⅰ号矿体向东间灭或被断层破坏，探获新的铅锌矿体难度较大。

边深部找矿团队综合对比老鸦巢、康家湾充填交代型铅锌多金属矿体热液矿物组合和赋矿层位。结果显示两者具有类似的热液矿物组合，围岩硅化、碳酸盐化发育，少见绿泥石化，偶见萤石化，缺失高温蚀变矿物和矽卡岩矿物，表明充填交代型铅锌矿化属中低温热液成矿体系，成矿过程受流体运移通道、流体卸载机制制约。水口山矿田范围内沉积地层发育，二叠纪及之前地层以海相碳酸盐岩为主，侏罗纪及之后主要发育陆相碎屑岩沉积地层，二叠纪—三叠纪则发育海陆交互相沉积。上述地层在区域挤压变形过程中容易在钙质、泥质、硅质层界面发生层间滑脱，形成延伸范围较大的层间破碎带，而在碳酸盐岩地层内，受挤压条件下，易形成次级构造与裂隙，为成矿物质的沉淀提供有利空间。复式褶皱转折端易发育断裂，与区域深大断裂相连并派生次级断裂。上述构造样式叠合区域即水口山矿田常见的倒转背斜+硅化角砾岩带，二叠系当冲组、栖霞组角砾岩成为有利赋矿层位，上覆侏罗系砂岩和逆冲断裂则构成了流体定向汇聚的屏蔽层。

项目开展的航空磁法和广域电磁法工作验证了上述观点。康家湾地区广域电磁法解译结果表明倒转背斜核部为石炭系壶天群，两翼为二叠系和侏罗系地层，背斜西翼被区域性F_{22}断层破坏，东翼向深部逐渐倒转。本次工作还发现倒转背斜东翼被一系列与F_{22}平行的次级断裂所切穿（如F_{129}、F_{150}），形成了“背斜+多刀”的矿床构造格架，是含矿流体运移的有利通道。有利成矿的钙硅界面在断裂东侧连续发育，为成矿流体的运移、卸载、富集提供了有利构造空间。由于充填交代型铅锌矿化受控于体系压力变化或流体混合作用，Ⅰ号矿体东侧有利流体运移卸载的空间尚存，继续向深东部探索极有可能获得重大突破。

结合矿田范围内充填交代型矿化控矿要素及找矿标志，以康家湾矿区Ⅰ号矿体东侧的Ⅳ-3矿体为重点，建立地层、构造、矿体三维地质模型（图6-4）。康家湾背斜呈北侧宽缓、南侧紧闭的特点，受F_{22}影响西翼缺失，东翼深部发生倒转，矿体受康家湾背斜倒转翼及南北向断裂联合控制沿着硅化角砾岩带和次级断裂构造发育。其中，原有探获分布于105C~123勘探线质检的Ⅳ-3矿体主要产于倒转背斜转折端及东翼硅化角砾岩带中，矿体倾向东，矿体厚度稳定，在115线以南向深部出现分支，向浅部汇聚的特点。由于Ⅳ-3铅锌矿体与Ⅰ铅锌矿体矿物组合相似，成因一致，品位更高，推测其为同一岩浆热液系统在倒转背斜转折端富集矿化的结果。

基于上述研究，项目组在107B线十二中段部署钻探工程，向东穿过侏罗系砂岩层后重新见到栖霞组破碎灰岩和硅化角砾岩带，探获层厚近20m的铅锌矿体，是断层搓动后的Ⅳ-3矿体（图6-4）。矿体呈似层状、透镜状产出，走向北北东，产状随断层产状而变化，总体倾向东，倾角为75°~86°，整体较陡、近乎直立。矿体平均品位Pb 6.40%，Zn 4.98%，Au 4.19g/t，Ag 184.20g/t，S 15.00%（图6-5）。Ⅳ-3矿体勘探成果进一步佐证了康家湾中低温充填交代型铅锌矿床沿褶皱钙硅界面发育的认识：深部岩浆热液由断层引导向上运移，在钙硅质容矿空间和上覆屏蔽层的共同作用下，铅锌成矿元素在倒转背斜层位汇聚，受温度、压力及pH值等综合影响，成矿元素在构造交汇部位卸载沉淀。

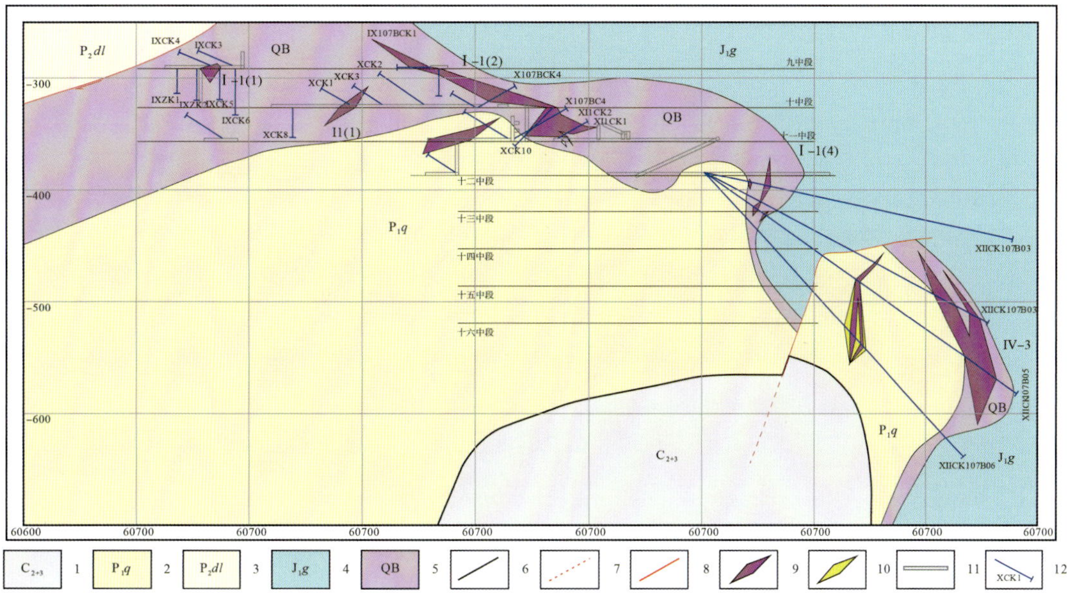

图 6-4　康家湾矿区 107B 线 IV-3 矿体找矿成果

1—壶天群灰岩、白云质灰岩；2—霞组灰岩、含燧石灰岩；3—斗岭组砂岩、粉砂岩、炭质页岩；4—高家田组砂岩、页岩；5—硅化角砾岩；6—地层界线；7—推测地层界线；8—铅锌矿体；9—硫铁矿体；10—巷道工程；11—钻孔及孔号

图 6-5　107B 勘探线典型铅锌金银矿石

康家湾矿区南部 IV-3 矿体的发现不仅验证了倒转背斜转折端有利层位赋存铅锌矿体的认识，还突破了 F_{22} 为唯一导矿、控矿断裂和“背斜+一刀”的经典控矿模式。康家湾热液充填型铅锌矿体的形态，产状，延伸情况受褶皱与逆冲断裂综合控制，与 F_{22} 平行的系列叠瓦状均有广阔的找矿前景。为进一步验证此观点，项目优选 107B 至 121B 八条勘探线布置 19 个钻孔（图 6-6），对Ⅳ-3 矿体走向和倾向进行追索与控制，其走向延长近 800m，倾向延伸约 240m，平均厚度 7.8m，品位 Pb+Zn 3%～26%，Au 1.27～4.63g/t、Ag 24～188g/t，扩大原有Ⅳ-3 铅锌多金属矿体的规模（图 6-7），初步估算新增矿石量约 150×10^4t，金属量铅+锌 15×10^4t、金 3t、银 200t。上述矿体区域上受 F_{129}、F_{151} 次级断裂控制，与 F_{22} 主断裂相距甚远，由于矿体沿走向、倾向均未封闭，仍有巨大的增储潜力。

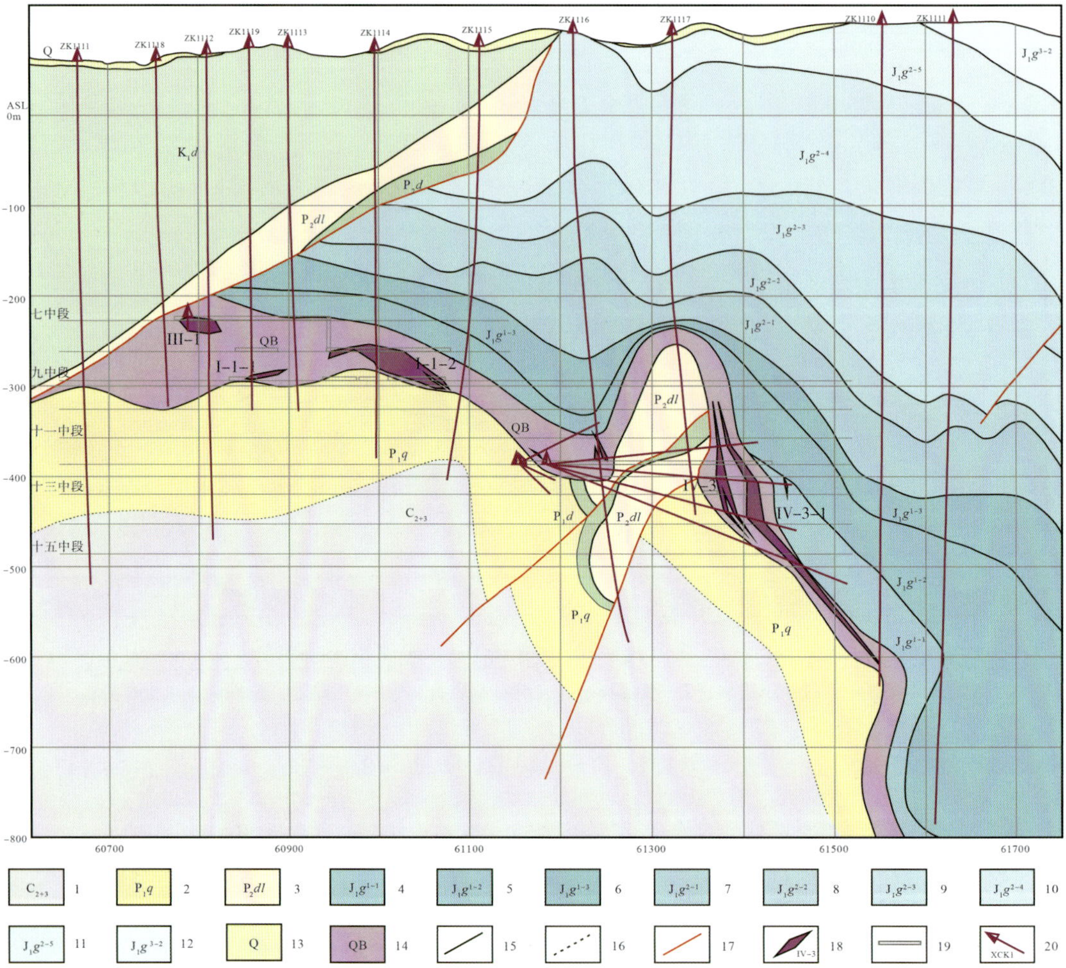

图 6-6　康家湾矿床 111 线矿体分布示意图

1—壶天群灰岩、白云质灰岩；2—霞组灰岩、含燧石灰岩；3—P_2dl：斗岭组砂岩、粉砂岩、炭质页岩；4-12—高家田组砂岩、页岩岩性分段；13—硅化角砾岩；14—地层界线；15—推测地层界线；16—铅锌矿体；17—硫铁矿体；18—巷道工程；19—钻孔及孔号

图 6-7　康家湾矿床 10402 典型矿石照片

此外，区域逆冲推覆作用促使康家湾背斜南东翼东发生倒转，形成北部宽缓、南侧紧闭，东翼向深部逐渐倒转的形态，倒转翼地层出露连续，深部可能发育与区域逆冲断裂平行的断裂构造，具有有利的构造通道与成矿空间。为验证这一猜想，在 109 勘探线以南深

部布置坑内钻孔，对倒转翼进行探索与控制。本次钻探揭露到了完整的地层层序，结合以往勘探成果，证实康家湾背斜东南翼在深部发生倒转，倾向随褶皱倾向由南东转为倾向北西，倾角75°左右。本次工作揭露厚富铅锌矿体，矿体控制长度近800m，宽度在10~40m，控制延深可近400m，单矿层真厚度0.23~34.85m，最大埋深标高近-900m，向深部矿体仍未封闭，仍具有较大的找矿空间。新增铅锌矿石量313.8×10^4t，铅金属量16.2×10^4t、锌金属量18.4×10^4t、金金属量7.66t、银金属量364.64t，平均品位Pb 5.17%，Zn 5.86%，Au 2.44g/t，Ag 116.11g/t。新发现的铅锌矿体局部可见矽卡岩角砾，可见中低温热液蚀变叠加于高温矽卡岩蚀变之上，指示康家湾充填交代型矿化为近源含矿流体卸载富集而形成，非老鸦巢成矿流体远距离运移富集的产物，结合物探解译成果，推断康家湾矿床由浅至深、由北向南极可能发育有与老鸦巢-鸭公塘类似的“全温度域成矿系列”。

从康家湾充填交代型铅锌金银矿化分布特点和控矿机制延伸，项目团队对老鸦巢矿区矽卡岩成矿系统围岩破碎带进行了成矿潜力再评价。老鸦巢矿区岩体与围岩的接触带由深至浅递次发育无水矽卡岩矿物和含水矽卡岩矿物，成矿金属元素组合由Fe-Cu-Zn-Au向Pb-Zn过渡，成矿温度较高，矽卡岩带中未见大规模Au-Ag矿化。由于Au、Ag倾向与硫氢根离子、氯离子络合且在中高温流体中具有较高溶解度，流体降温、减压沸腾及流体混合作用相对矽卡岩化更易导致Au、Ag的卸载沉淀，因此矽卡岩中缺失的独立金银矿化可能是成矿流体沿裂隙向围岩迁移的结果，老鸦巢矿区F_1断裂控制的围岩破碎带极可能发育有规模可观的中低温热液充填交代型金银矿化。

为此，边深部找矿团队首先在老鸦巢矿区七中段以浅开展钻探验证工作（图6-8），共计实施钻孔5000余米，新圈定矿体22条，上述金铅锌矿体主要沿花岗闪长岩体东侧和北侧围岩破碎角砾岩带分布，或赋存于F_1断层下盘角砾岩中，少数赋存于栖霞组角砾状碳酸盐岩及当冲组硅质层中，常见有分支复合、尖灭再现，单个矿体一般走向长度较小，但倾向连续，指示纵向流体运移过程。局部含矿的角砾岩带中可见硅化灰岩、花岗闪长岩、硅质岩、矽卡岩、早期铅锌矿体角砾，指示金矿化形成于矽卡岩矿化之后，叠加与矽卡岩化之上，为晚期成矿的产物，其与康家湾铅锌多金属成矿期次基本一致。

而在老鸦巢矿区深部矽卡岩铜铁（锌金）矿体中伴生金的品位平均0.34g/t，这一类型金矿化蚀变矿物组合与角砾岩带中的含金硫铁矿体差别巨大，是高温热液体系的产物，暗示区内可能存在多期金矿化事件，其中深部与铁铜成矿有关的岩体可能直接主导了近岩体侧矿化，角砾岩带中的金矿化则是流体沿断裂带远距离迁移的产物。

四、水口山多期岩浆叠加侵位与全温度域成矿模式

燕山早期水口山矿田发育三期典型岩浆侵位事件，早期花岗闪长岩岩浆侵位年龄时限为173~167Ma，峰值为170Ma，伴随老鸦巢深部166Ma左右矽卡岩铁矿化；中期花岗闪长岩岩浆侵位年龄时限为163~157Ma，峰值为163Ma，成矿高峰期为159Ma，与区内矽卡岩型铁铜矿化及铅锌矿化密切相关；晚期中酸性岩浆侵位年龄时限为157~143Ma，峰值为155Ma，成矿高峰期为152Ma，主要包括老鸦巢矽卡岩型铅锌矿化、热液角砾型金矿化与康家湾充填交代型铅锌矿化；后期流体叠加改造成矿期约140Ma（表6-1）。水口山矿体内多期岩浆叠加侵位为铜铁铅锌金等元素成矿提供了有利条件，主导了水口山矿田多元素巨量富集与全温度域成矿过程（图6-9）：

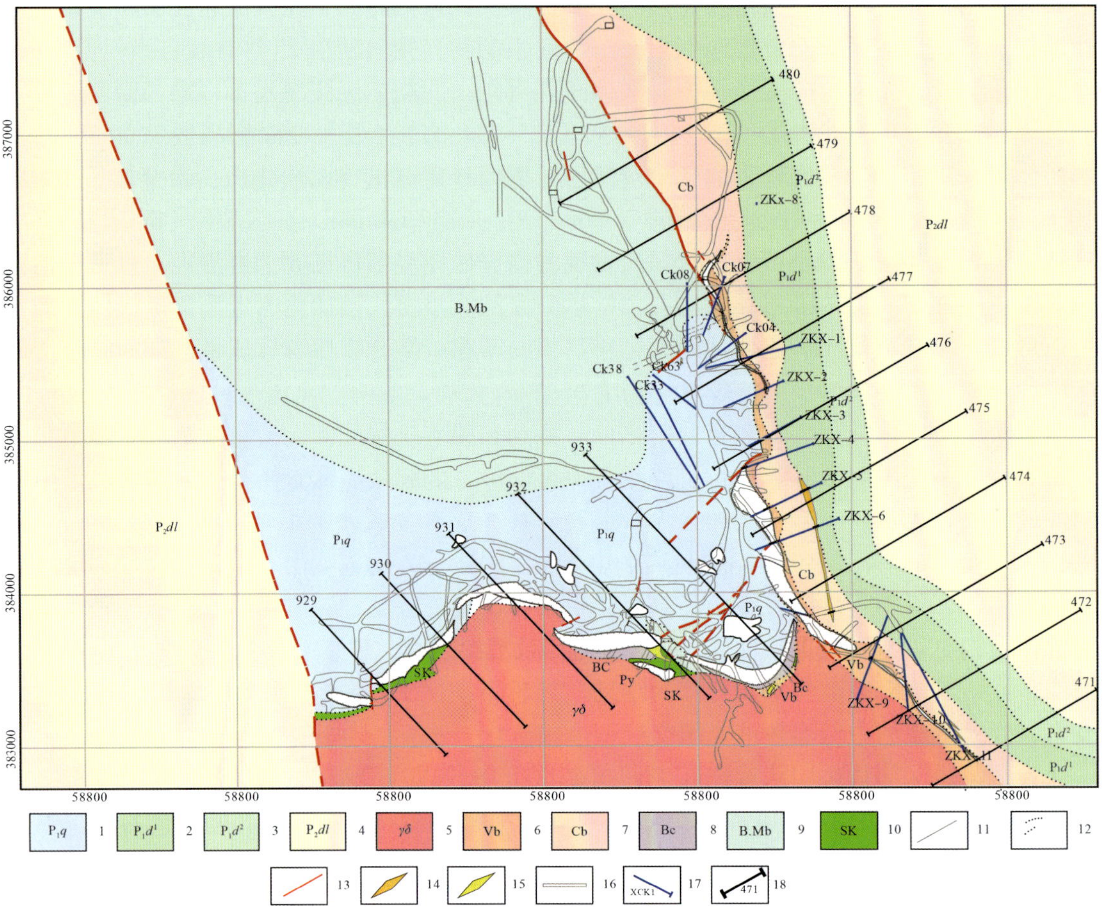

图 6-8　老鸦巢矿床断裂带含金矿体分布示意图

1—霞组灰岩、含燧石灰岩；2-3—当冲组硅质岩；4—斗岭组砂岩、粉砂岩、炭质页岩；5—花岗闪长岩；6—隐爆角砾岩；7—震碎角砾岩；8—接触破碎角砾岩；9—破碎角砾状大理岩；10—矽卡岩；11—实测地质界线；12—推测地质界线；13—断层；14—金矿体；15—硫铁矿体；16—巷道工程；17—钻孔及编号；18—勘探线号

表 6-1　水口山矿田成岩成矿期次

成岩成矿期次	成岩/Ma		成矿/Ma		矿化类型
	时限	峰值	时限	峰值	
第一期	173～167	170	167～166	166	矽卡岩型 CuFePbZnAuAg
第二期	163～157	163	162～157	159	矽卡岩型 CuFePbZnAuAg
第三期	157～143	155	155～151	152	热液充填交代型 PbZnAuAg
晚期流体改造期			～140		脉状矿体

（一）中高温矽卡岩铁铜成矿作用（Ⅰ阶段）

水口山矿田经历多期次的叠加侵位，不同地壳深度部分熔融派生的中酸性研究携带大量 Cu、Au 侵位于浅部，形成了以花岗闪长岩为主的成矿岩体。其中，老鸦巢矿区深部发

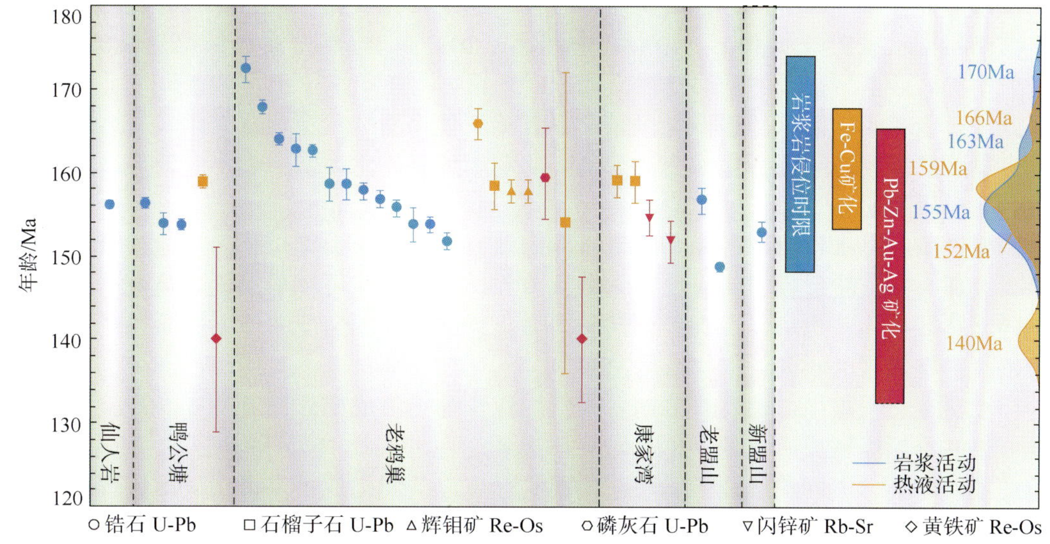

图 6-9　水口山矿田成岩成矿年代统计

育 168Ma、164Ma 两期岩体，伴随强烈的高温矽卡岩化作用，铁铜矿化主要与 164Ma 左右侵位的细粒花岗闪长岩有关；鸭公塘矿区 207 线深部可见强烈矽卡岩化，发育规模可观的铜铁（锌）矿体；康家湾矿区深部可见石榴子石矽卡岩，局部可见铜（铁）矿化。这一类型矿化作用成矿温度约成矿温度 313～430℃（李永胜等，2021；本书），含铜矿物为黄铜矿、斑铜矿，铁矿物以赤铁矿和磁铁矿为主，局部伴生锌金银。

（二）中高温矽卡岩铅锌成矿作用（Ⅱ阶段）

中高温矽卡岩型铅锌矿主要见于老鸦巢–鸭公塘矿区浅部，与成矿相关的花岗闪长岩侵位作用时限为 163～154Ma，峰期 155Ma。近岩体围岩接触带发育典型矽卡岩化蚀变，绿泥石、阳起石等含水矿物较多，构成了水口山矿田矽卡岩型铅锌矿化的主要时期。典型矿体如鸭公塘矿区 3 号花岗闪长岩体北部与东部边缘的矽卡岩型 PbZn（–AuAg）矿体，老鸦巢矿体 4 号花岗闪长岩体北缘矽卡型 PbZn（–AuAg）矿体，成矿温度 230～370℃（李永胜等，2021）。

（三）中低温热液充填交代铅锌多金属成矿作用（Ⅲ阶段）

中低温热液充填交代型铅锌多金属矿主要赋存于康家湾斗岭组、栖霞组、当冲组钙硅不整合界面以及老鸦巢 F_3 断裂带内及鸭公塘围岩破碎带也可见充填交代型金矿体。热液成矿作用以康家湾矿区与岩浆热液有关的铅锌银金矿体最为典型。其中老鸦巢铅锌碳酸盐脉体多穿插充填早期矽卡岩角砾，康家湾矿区铅锌含矿脉体则叠加于石榴子石矽卡岩带之上，指示该类成矿热液系统是中高温矽卡岩矿化晚期远端运移的产物。这一类型矿化作用时间范围为 159～152Ma，成矿温度 120～340℃（李永胜等，2021；本书），铅锌等硫化物多以胶结物形式产出，发育溶蚀孔洞、溶蚀晶洞等，呈块状、角砾状构造，具有明显的充填交代特征，中高温蚀变矿物组合较少，典型热液矿物包括石英、方解石及少量绿泥石、绢云母、萤石。

（四）晚期热液叠加改造作用与脉状矿化（Ⅳ阶段）

老鸦巢矿区黄铁矿 Re–Os 年龄集中在 140Ma 左右（Li et al.，2021；本书），这一时期水口山矿田东部发育有老盟山—新盟山一带晚期流纹斑岩（148Ma；秦锦华等，2023），对老鸦巢铅锌金矿、康家湾铅锌金银矿发生叠加改造作用，促使先期沉淀的金属元素沿断裂向浅部运移，形成脉状铅锌金银矿体，发育有地开石化、黏土化、冰长石化蚀变，流体包裹体测温指示成矿温度 100～140℃（赵增霞，2017），与典型浅成低温热液流体一致，显著低于矿区矽卡岩化及中低温热液交代成矿系统。

此外，老鸦巢矿区深部还可见少量含铜石英硫化物网脉状穿切花岗闪长岩岩体，后者发育有显著的钾化、绿泥石化蚀变，与典型的高温斑岩矿化类似，表明老鸦巢矿区深部潜在发育高温斑岩矿化。

需要说明的是水口川矿田每个成矿岩体的独立发育多种类型矿化，上述提及的矿化阶段主要表征时空演化过程中的主要矿化类型差异。实际工作可在早期岩浆热液体系，观察到不同温度域矿化，也可以识别到多期矿卡岩化彼此叠加的情况，但不同阶段的主导矿化类型依然存在显著的时间、空间维度速变。

综上所述，水口山矿田发育多期岩浆叠加侵位与热液成矿作用（图 6-10），形成从高温到低温的全温度域成矿系列，单个岩浆热液系统（老鸦巢-鸭公塘、康家湾）均可发育完整的成矿序列，不同热液成矿体系互为找矿标志，共同构成了水口山矿田铅锌铁铜金银成矿体系：水口山矿田以花岗闪长岩为中心，深部与碳酸质围岩接触带发育高温矽卡岩型铁铜矿化（Ⅰ）；浅部接触带发育中高温矽卡岩型铅锌矿化（Ⅱ）；围岩断层破碎带和倒转背斜硅化角砾岩带发育中低温热液充填交代型铅锌金银矿化（Ⅲ）；矿区岩体或深大断裂浅表发育浅成低温热液型金银矿化（Ⅳ）。

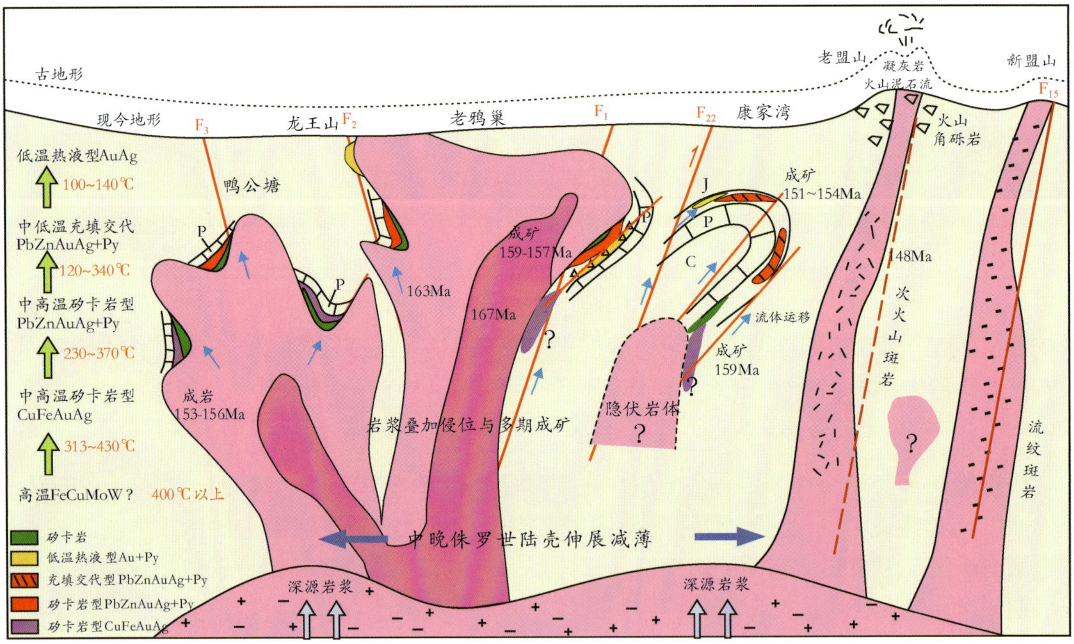

图 6-10　水口山矿田多期岩浆叠加侵位与全温度域成矿模式

第二节　黄沙坪铅锌钨多金属成矿体系

一、矿山现状概述

黄沙坪铅锌钨多金属矿位于扬子板块和华夏板块间的钦杭结合带中段、郴州-蓝山北东向基底构造岩浆岩带与郴州-邵阳北西向基底构造岩浆岩带的交汇部位，矿区内存在两个岩浆侵位中心，分别形成以石英斑岩和花岗斑岩为主的两个岩枝群，岩体形态复杂、分支复合现象普通根据岩浆岩岩石学特征、侵入围岩、蚀变特征、穿插关系，区内岩浆岩侵位顺序为英安斑岩-石英斑岩-花斑岩-花岗斑岩-花岗岩，具有多期次、脉动性侵入的特点。以花岗斑岩和深部石英斑岩为中心形成矽卡岩型磁铁钨钼锡铋多金属矿、铜锌矿体、铅锌矿体，具有明显的矿化分带现象（图6-11），其中石英斑岩周围矿化以低温的铅锌矿化为主、钨钼多金属矿化发育较弱，花岗斑岩周围矿化反之（黄革非，1999；刘悟辉，2007；许以明等，2007；陈荣华等，2013；王炯辉等，2019）。经过六十多年的勘探与开发，现已圈定铅锌、钨钼多金属矿体600余条。根据成矿物质来源、矿物共生组合和矿体赋存的空间位置，可将本矿区各类矿床分成两个矿带（301矿带和304矿带，图6-12），每个矿带又可分为矽卡岩型和热液型两类，共计12个类型的矿体，见表6-1。其中，301矿带位于 F_1 和 F_2 断层之间，从地表到-800多米标高均控制有矿体，累计查明资源量中，铅锌大型、钨钼大型、铁中型、铜小型；304矿带位于矿区西部，F_1 断层以下、上银山背斜西翼测水组地层之下上银山背斜西翼测水组地层之下，矿化与构造界面的垂向厚度不超过300m，为一狭长带状，累计查明资源量中，铅锌中型、钨钼小型、铜小型（来守华等，2022）。

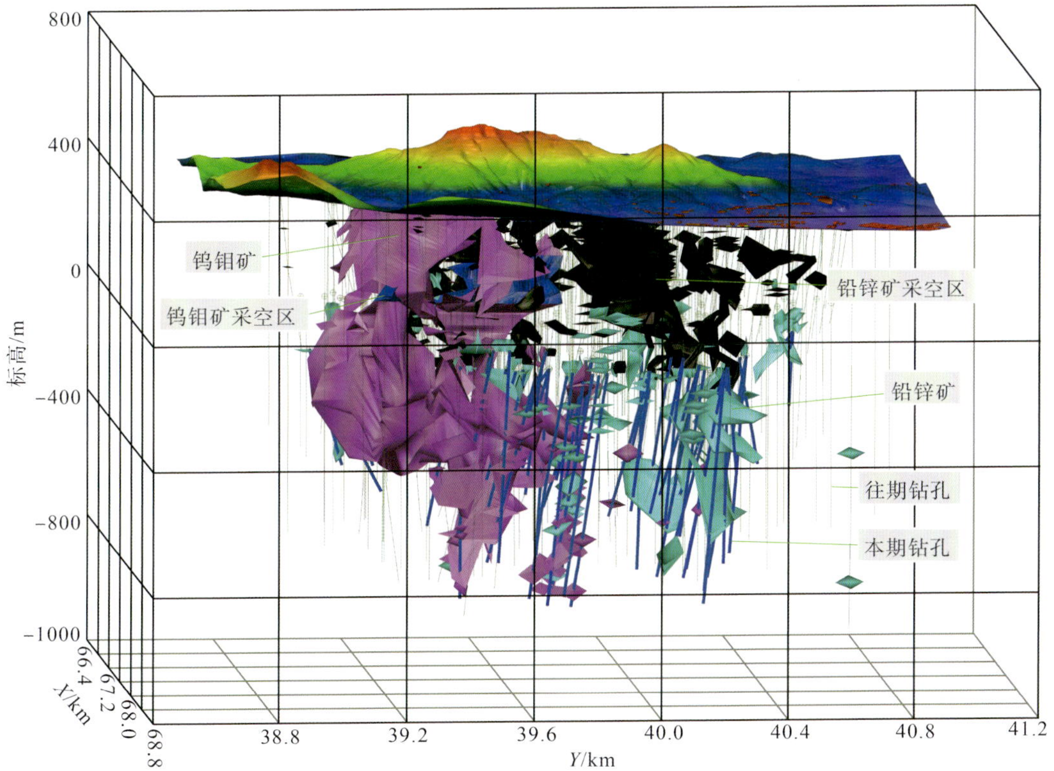

图6-11　黄沙坪矿体三维分布图

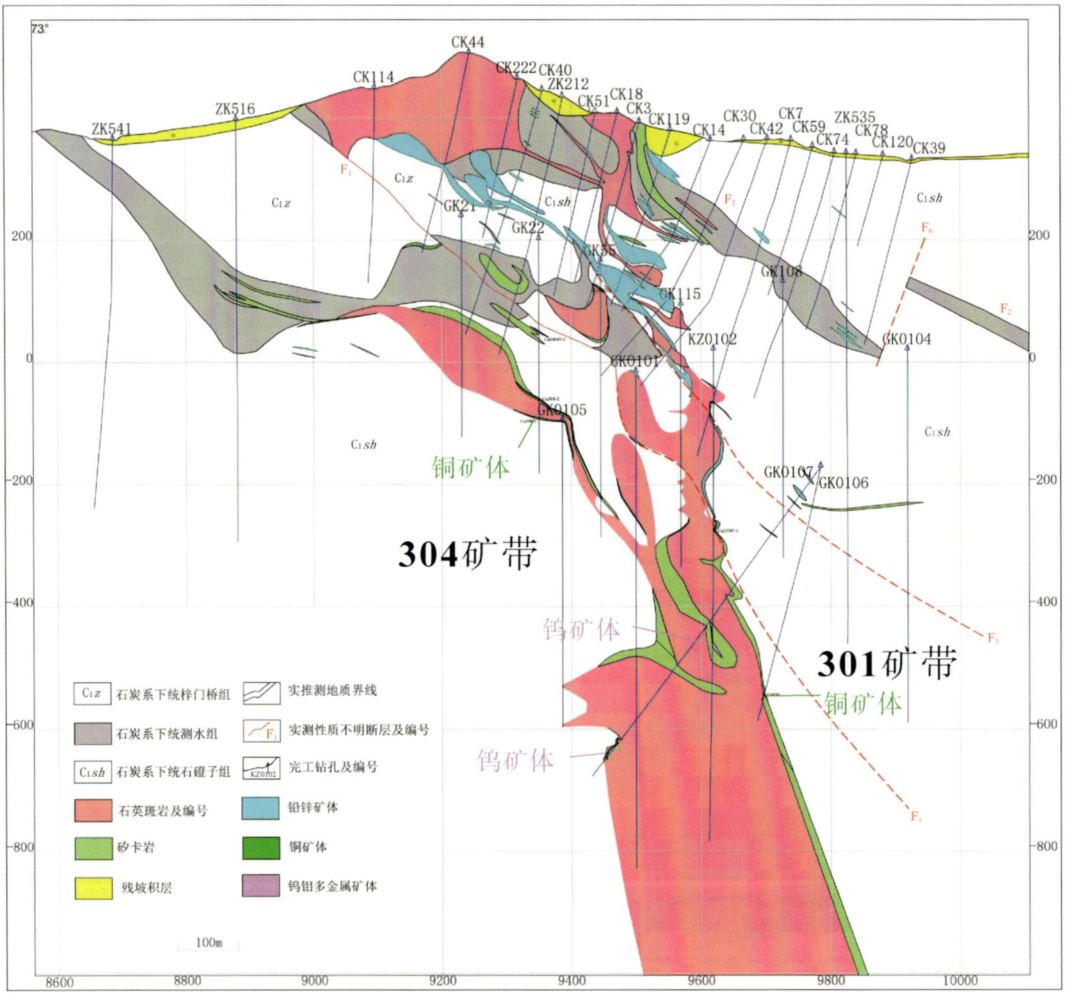

图 6-12　黄沙坪矿床 I 号勘探线剖面图

表 6-2　黄沙坪铅锌钨多金属矿床分类图

矿床	矿带	矿床大类	矿床分类
黄沙坪铅锌钨多金属矿	301 矿带（东部）	矽卡岩型	矽卡岩型铁矿床
			矽卡岩型钨、钼、锡、铋矿床
			矽卡岩型铅锌矿床
		岩浆期后热液型	热液充填交代型铅锌矿床
			热液型铜矿床
			斑岩中细脉浸染型铜矿床
	304 矿带（西部）	矽卡岩型	矽卡岩型铁钨钼矿床
			矽卡岩型铜锌矿床
			矽卡岩型铅锌矿床
			砂岩中的矽卡岩型铜矿床
		岩浆期后热液型	热液型铅锌矿床
			热液型银铅锌矿床

矿山自1958年建矿，1967年投产，平均年采铅锌矿石量约40×10^4t，已累计开采铅锌矿量1908.3×10^4t，是建矿初期勘探量的2.2倍，主要开采矿体为301矿带内的热液型铅锌矿体（1#矿体群为主），最深已开采至-296m标高。钨钼多金属矿2012—2015年试采、2021年后恢复生产，年开采矿石量$20\times10^4\sim30\times10^4$t。矿区浅表中低温热液充填交代型铅锌矿体基本采毕，绝大部分钨钼多金属资源尚未开发（图6-11）。近岩体揭露大量矽卡岩型钨钼矿化或铅锌铜矿化，指示301矿带和304矿带成矿岩体可继续开展找矿工作。

二、矽卡岩型W-Mo-Sn-Bi矿体

黄沙坪矿床综合地质研究表明该矿床属多岩体多期次侵位叠加形成的铅锌钨钼多金属成矿系统，其中早期石英斑岩就位于矿床浅部，与铅锌铜成矿系统关系密切；晚期花岗斑岩侵位深度略深，主导了钨钼锡铅锌多金属矿化。准确识别多期次岩体及其成矿分带性是研究黄沙坪矿床边深部找矿方向与找矿潜力的主要突破口。花岗斑岩浅部形态受断裂控制，成复杂的脉状、岩墙状等形式产出，穿插关系复杂，向下延伸较远且岩体规模有所扩大，深部与石英斑岩可能来源于同一岩浆房。边深部找矿团队利用广域电磁测量（图6-13），解译深部岩体分布及构造形态，结合以往勘探成果，探索深部成矿有利部位，为深部提供可供勘查的找矿靶区。

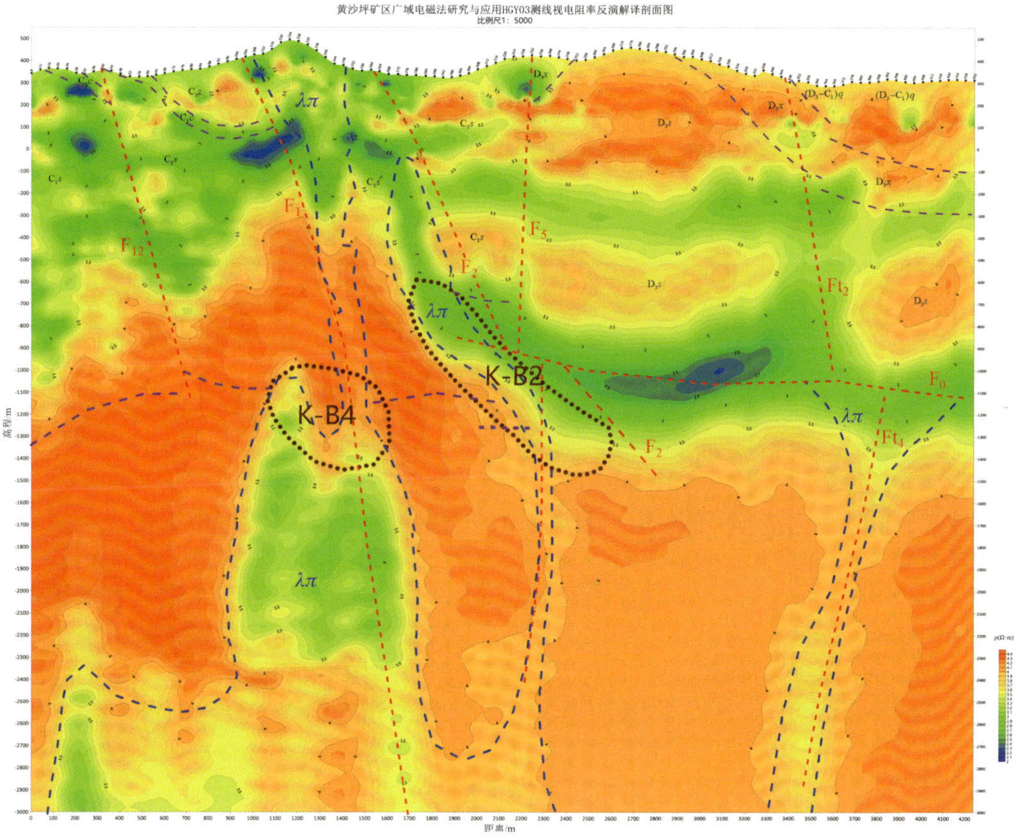

图6-13　黄沙坪广域电磁法L3线地质解译图

黄沙坪钨钼多金属矿体主要分布在12号勘探线及其南侧花岗斑岩与石英斑岩的矽卡岩带中，受花岗斑岩形态和规模控制显著（图6-14）。矿体整体走向为南北向，以W216矿体最为典型，矿体内界面受岩体形态控制，与赋矿围岩界面形态各异，其形态、产状、

规模与矽卡岩中的裂隙发育程度有关。

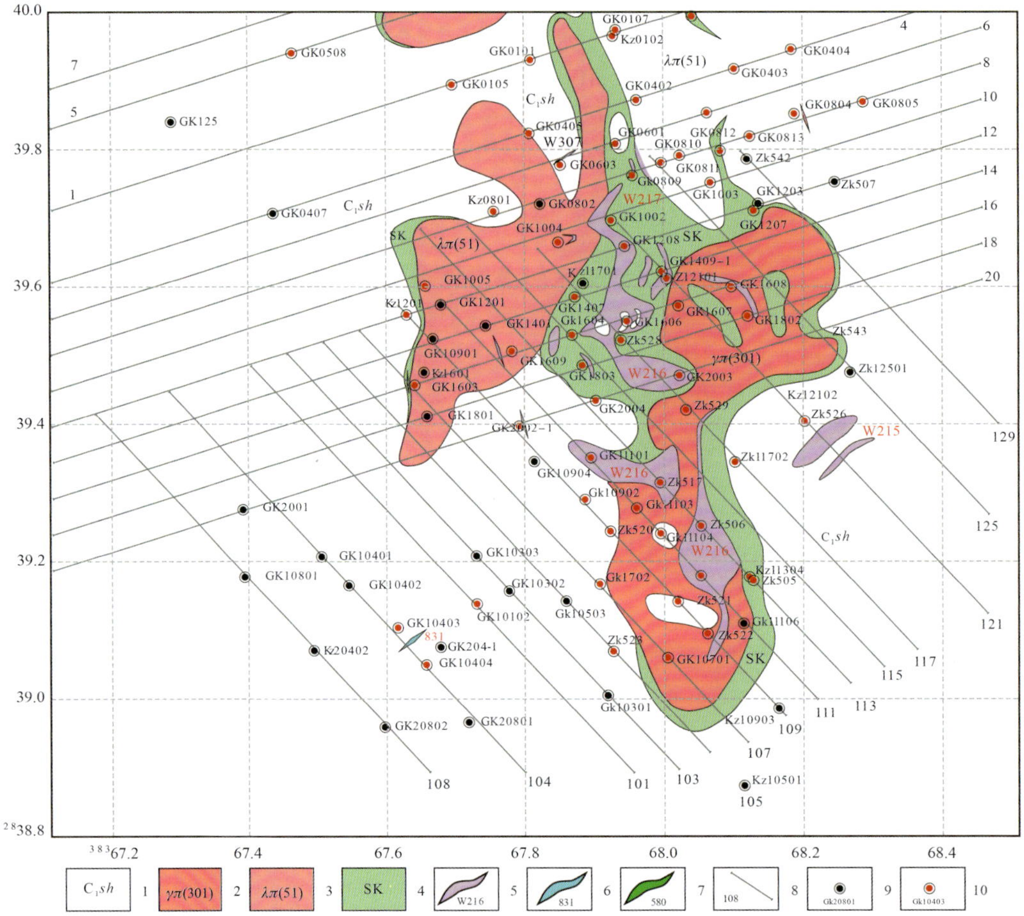

图 6-14　黄沙坪-400m 标高中段平面图（局部）

1—测水组钙质砂页岩；2—301 花岗斑岩；3—304 石英斑岩；4—矽卡岩带；5—钨多金属矿体；6—铅锌多金属矿体；7—铜多金属矿体；8—勘探线号；9—既往钻孔；10—本次施工钻孔

黄沙坪钨钼多金属矿体自岩体向外围发育典型的矽卡岩型蚀变分带规律，花岗斑岩矽卡岩带发育较多高温无水矽卡岩矿物，由岩体至石磴子组围岩可见透辉石带—钙铁辉石磁铁矿带—石榴子石磁铁矿带—石榴子石矽卡岩带，区别于石英斑岩钾化带—石榴子石带—绿帘石带的特点。同时，常见白钨矿、辉钼矿、辉铋矿等有用矿物与磁铁矿共生，形成温度较高，较多的出现在岩体深部矽卡岩带。

本次理论研究的验证工作以 W216 矿体北侧石英斑岩与花岗斑岩之间的容矿空间为重点，探索花岗斑岩深部矽卡岩接触带和含矿性，于 16 线东侧部署 GK1604、GK1606 深部钻孔及 20 线东侧部署 GK2003、GK2004 钻孔，揭露了厚大的接触交代型钨钼（锡）铋多金属矿体（图 6-15），扩大了原有 W216 矿体规模。围绕 W216 矿体西侧近石英斑岩接触带施工，新揭露了 W318 矿体，分布于-400m 至-296m 标高范围。围绕 W216 矿体东侧深部花岗斑岩体间矽卡岩带，揭露了 W315、W335、W336 矿体。矿体形态呈大透镜状、似层状、新月状、柱状、不规则状，具尖灭再现、分枝复合、膨大缩小现象。平均品位 WO_3 0.038%～0.380%，Mo 0.010%～0.282%，Bi 0.004%～0.112%，Sn 0.040%～0.163%，CaF_2 4.03%～21.42%（图 6-16）。

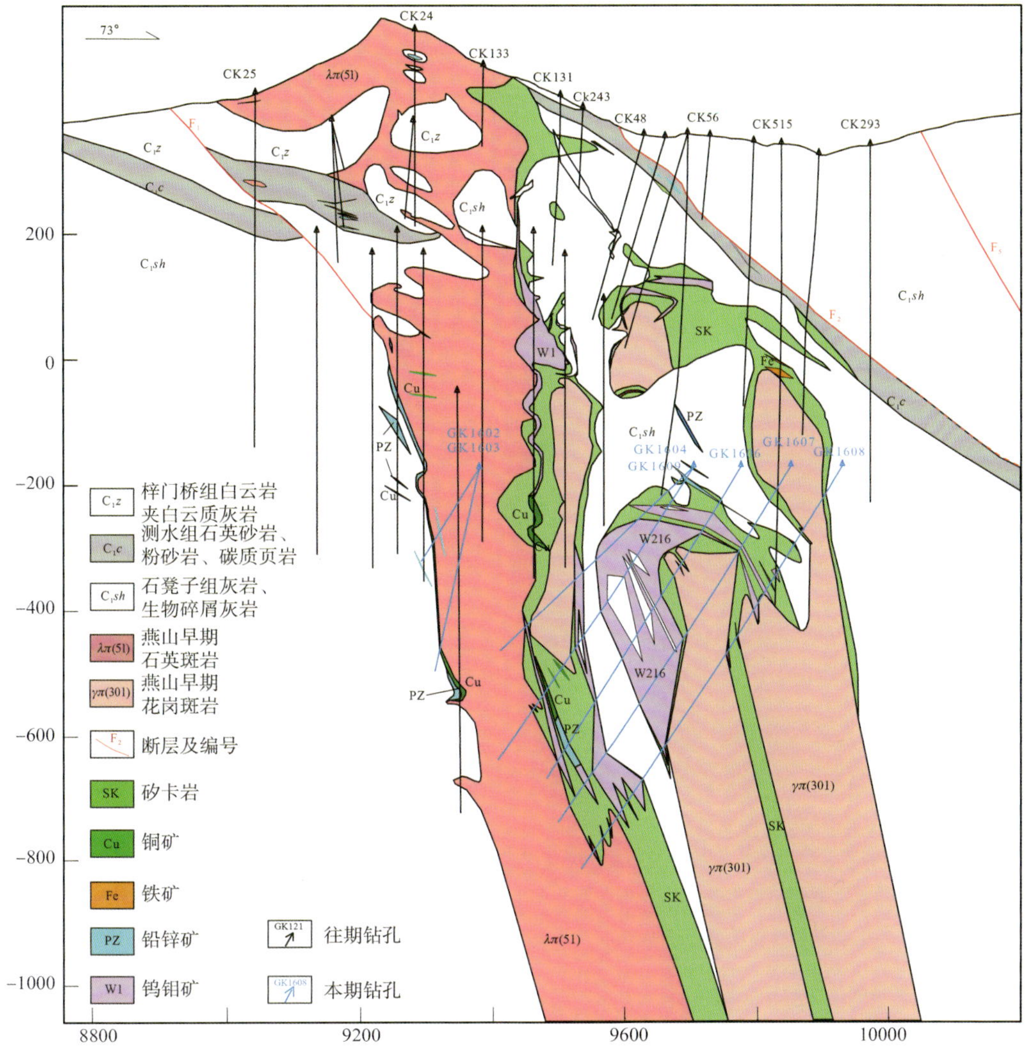

图 6-15　黄沙坪矿区 16 线剖面图

图 6-16　黄沙坪 16 线 GK1606 典型矿石照片

三、矽卡岩型 Pb-Zn（Cu）矿体

与矽卡岩型钨多金属矿体类似，黄沙坪矽卡岩型铜铅锌矿体分布也与区域岩浆活动关联密切，矽卡岩型铜铅锌矿体主要分布在石英斑岩和围岩（石凳子组）矽卡岩接触带内（图 6-17）。其中石英斑岩岩体内局部发育钾化或绢云母化，接触带矽卡岩中

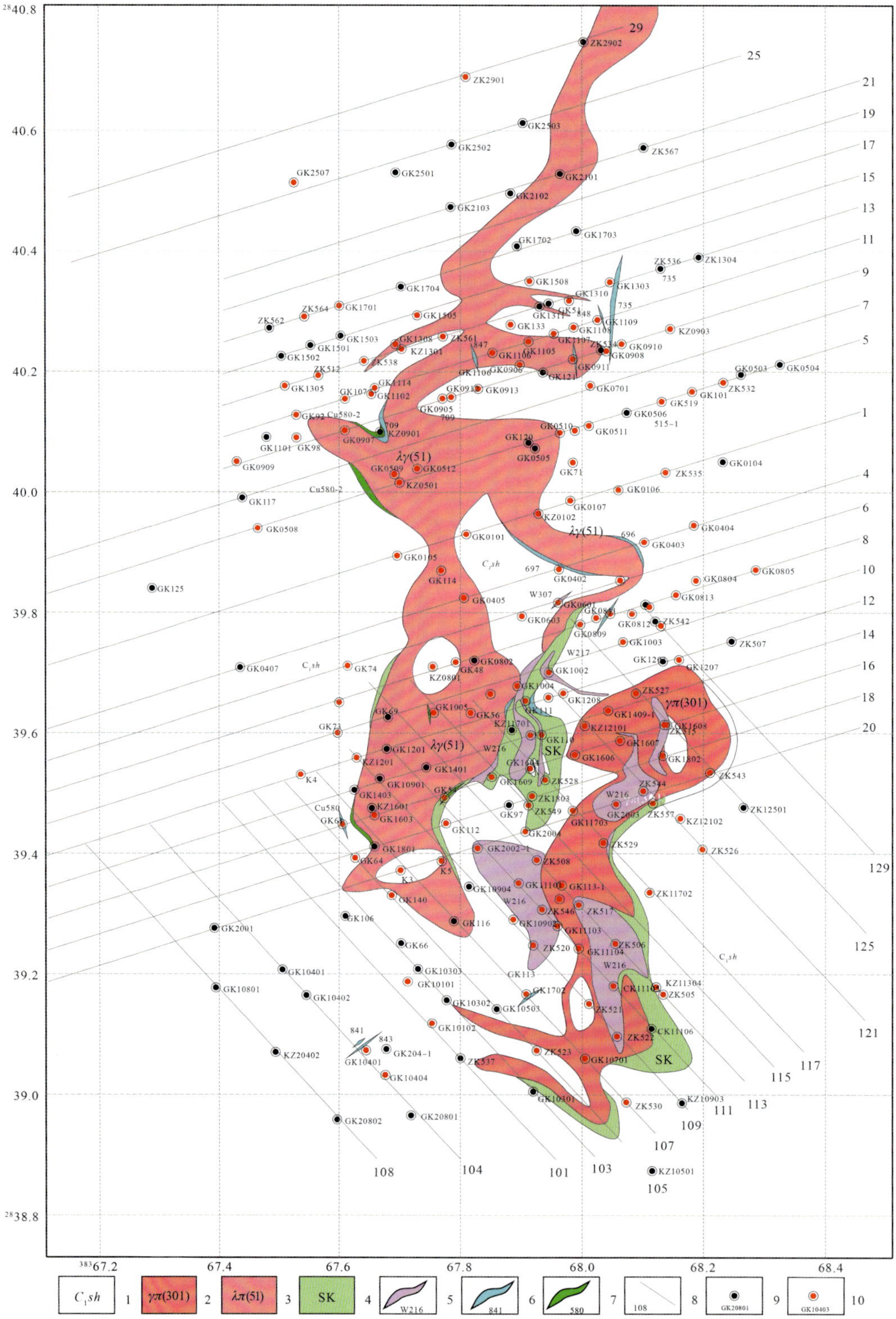

图 6-17　黄沙坪-336m 标高平面图

1—测水组钙质砂页岩；2—301 花岗斑岩；3—304 石英斑岩；4—矽卡岩带；5—钨多金属矿体；6—铅锌多金属矿体；7—铜多金属矿体；8—勘探线号；9—既往钻孔；10—本次施工钻孔

大量发育石榴子石，同时伴生大量毒砂、黄铁矿、闪锌矿、黄铜矿，外侧则是大量绿帘石、绿泥石和方解石。测水组地层中的矽卡岩通常分带不发育，局部可见铜矿化，铜矿体产状与地层产状一致，呈向东平缓倾斜或呈挠曲型小穹窿状，呈多层产出，最多可达五层。

以往钻探显示石英斑岩深部发育矽卡岩型矿体，但规模较小，边深部找矿团队以出现伴生铜矿化和典型矽卡岩化分带的区域为突破口开展找矿工作，在石英斑岩西侧探获多个铅锌（铜）矿体（图6-18），统称为580矿体群。该矿体群主要沿岩体接触带南北走向蛇形曲进，分布于矿区中部-20m至-890m范围，延深超过900m，主要矿石矿物为铁闪锌矿、黄铜矿和方铅矿。其中，矽卡岩型铅锌矿体主要分布在-30m至-220m标高范围，铅锌铜矿体主要分布在-163m至-412m标高，铜平均品位达1.52%。矿区新探获的矽卡岩型铜矿体多分布于石英斑岩矽卡岩带-277m至-813m范围内，铜矿体规模较小，伴随或穿插斑岩接触带的薄层矽卡岩或硅化灰岩产出。

图6-18　黄沙坪16线GK1602典型矿石照片

以西侧矽卡岩矿化分带为指引，在石英斑岩东侧矽卡岩带中开展了矽卡岩型铅锌铜矿体和矽卡岩型铅锌矿体的找矿工作。在石英斑岩枝与灰岩接触带矽卡岩部位探获了4个规模较大的矽卡岩型铅锌铜矿体，矿体总体走向NE（走向未控制），倾向南东，倾角23°~51°，平均品位Pb 0.93%~4.79%，Zn 3.65%~13.89%，Ag 31.5~104.2g/t，Cu 0.043%~0.148%。目前该矿体仅在8线揭露（图6-19，图6-20），有望取得更大的找矿突破。按照矿化分带规律，部署少量钻孔探索钨钼多金属矿体上部铅锌矿化，在-200m标高处新发现4个铅锌矿体。上述找矿新发现验证了区内矽卡岩成矿体系由下至上、由内至外存在W-Mo-Cu-Pb-Zn分带特征，对区内矽卡岩型矿体找矿工作有重要的参考价值。

四、岩浆期后热液型Pb-Zn矿体

黄沙坪矿区岩浆期后热液型Pb-Zn矿体整体分布于矽卡岩型铅锌铜矿体外侧、矽卡岩型钨钼矿体上部，主要分布于石磴子组灰岩地层或构造破碎带中，是区内早期最主要的开采矿体（图6-21），局部可见铅锌矿体叠加矽卡岩矿化现象。主要矿物包括闪锌矿、方铅矿、磁黄铁矿、黄铁矿，局部可见毒砂、黄铜矿，脉石矿石相对简单，主要包括方解石和石英。其中，产于F_3断裂及其两侧的1号矿体群在浅部延伸范围较广，受测水组地层屏蔽效果显著，进入深部后热液型铅锌矿仅零星出现，分布于近矽卡岩破碎带中，主要硫化物从黄铁矿转变为磁黄铁矿，指示成矿温度逐渐升高。因黄沙坪-200m标高以浅资源基本采空。现阶段勘查工作主要围绕深部热液型铅锌矿展开。在15~3线石英斑岩东侧矽卡岩带外围层间裂隙中探获了810、807、808和802矿体，矿体总体走向近南北，倾向北东，倾角35°~75°，见矿标高在-230~-740m之间，Pb、Zn含量可达3.237%和9.336%，Ag含量33.011~142.008g/t，局部Cu含量可达0.167%。

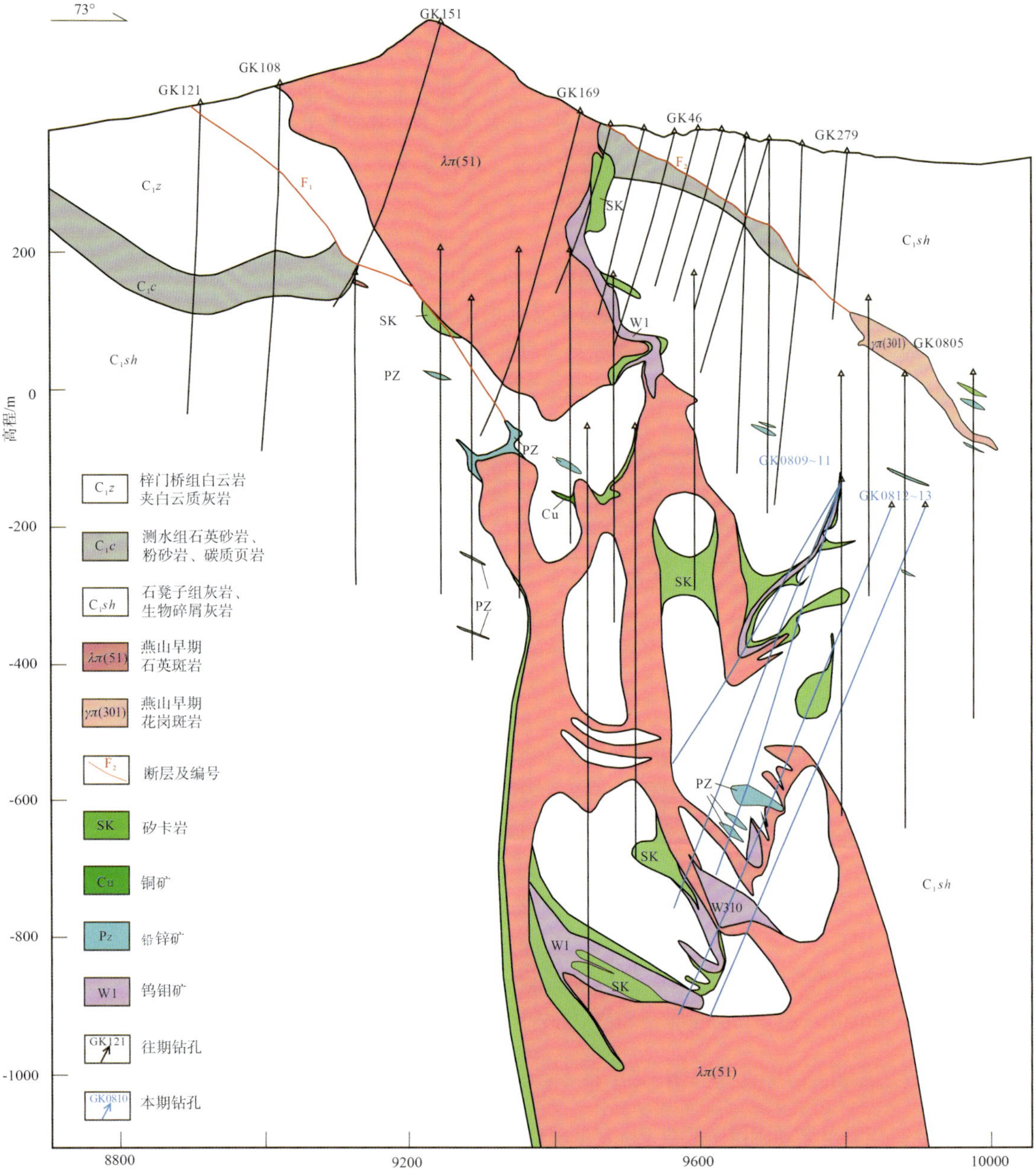

图 6-19　黄沙坪矿床 8 线剖面图

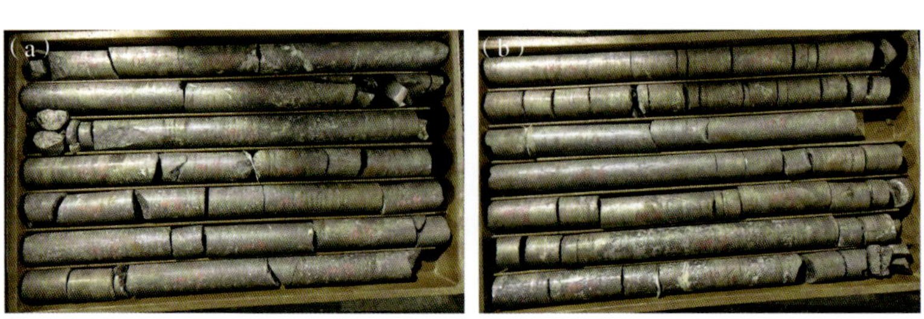

图 6-20　黄沙坪 8 线 GK0810 典型矿石照片

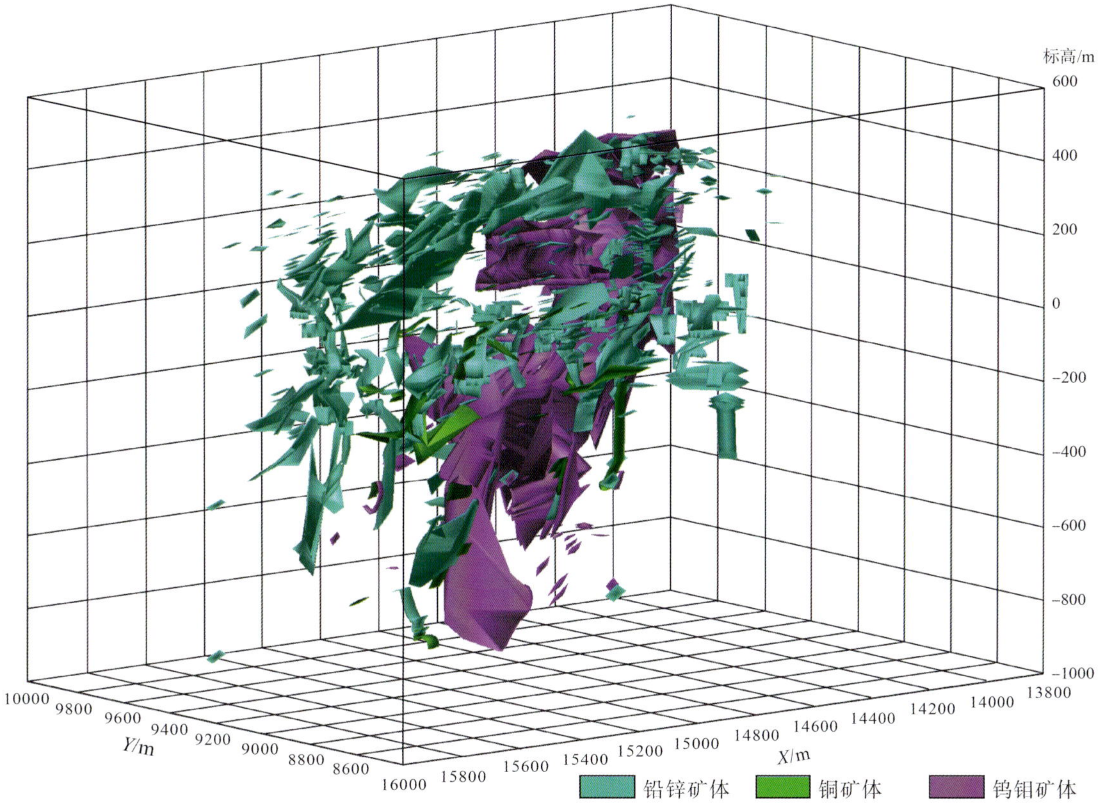

图 6-21　黄沙坪各类矿体三维分布图

石英斑岩西侧也是热液型铅锌矿体的有利找矿空间，新探获的 806 矿体赋存于岩体西侧石磴子组灰岩中，矿体走向北北西，倾向北东，倾角 65°，走向控制延伸 270m，倾向控制延伸 50~190m。见矿标高为-504~-694m，孔段厚 1.73~13.92m。平均品位 Pb 为 2.69%、Zn 为 4.224%、Ag 为 22.441g/t、Cu 0.062%。矿区中浅部充填交代型铅锌矿体数量有所增多但分散严重，-296~-336m 标高可见 831~833、835、836、845 矿体分布于 16 勘探线及其南侧，与新探获的铜矿体及矽卡岩型铅锌矿体呈过渡特点，指示与水口山矿田类似的成矿系统分带特征。

综上所述，黄沙坪矿床深部矽卡岩型 W-Mo-Sn-Bi 矿体、矽卡岩型 Cu-Pb-Zn 矿体及岩浆期后热液型 Pb-Zn 矿体的发现进一步佐证了矿区两期岩浆活动分别主导 Cu-Pb-Zn 多金属矿化和 W-Mo-Sn-Bi 多金属矿化的认识，不同成矿元素在矽卡岩-充填交代系统演化过程中卸载温度不同，导致黄沙坪矿床发育独特的 W-Mo-Sn-Cu-Pb-Zn-Ag 分带特征，构成了区内边深部找矿基本脉络。此外，本次勘探工作还在矿区深部 51#石英斑岩中发现浸染状、细脉状、微细脉状硫化物脉体，伴随钾化及绢云母化蚀变，指示区内潜在发育有斑岩成矿热液系统，是下一步找矿工作重点关注的方向。

截至 2023 年，边深部找矿团队在黄沙坪矿区新探获铅锌金属量 40.39×10^4t、钨钼金属量 7.05×10^4t、萤石矿物量 1036.59×10^4t，黄沙坪铅锌钨多金属矿床已成为湘南地区资源量靠前、勘查程度较高的大型矿床。

五、黄沙坪小岩体、多期次、高侵位、多金属成矿模式

黄沙坪矿区岩浆作用强烈，总体侵位较浅，多期侵位，岩体产出面积较小，分布广

泛，空间上明显受断裂控制，整体呈小岩体、多期次、高侵位的特点。矿区已发现的岩浆岩类型主要有石英斑岩、花岗斑岩、花斑岩、英安斑岩、正长斑岩，其中与矿化密切相关的为出露地表的石英斑岩和隐伏的花岗斑岩。空间上，浅部侵位的石英斑岩主要与 Cu-Pb-Zn 矿化关系密切，岩体内局部发育斑岩型 Cu 矿化，接触带发育矽卡岩型 Cu-Pb-Zn 矿化，外侧围岩发育岩浆期后热液型铅锌矿化（Li et al.，2014；原垭斌等，2018；赵盼捞等，2018）。石英斑岩内部可见花岗质岩石捕虏体（原垭斌等，2014；Ding et al.，2016）。深部隐伏的花岗斑岩岩体与围岩的内外接触带上常见多金属矿化，空间上由内至外呈现矽卡岩型 W-Mo-Sn-Pb-Zn 分带矿化特点，（Ding et al.，2016；原垭斌等，2018；赵盼捞等，2018），是矿区 W-Mo 矿化的重要找矿线索，也是深部隐伏矿体探寻的潜力地带。

上述岩体侵位年龄跨度在 146～220Ma（姚军明等，2005；Lei et al.，2010；Ai，2013；Yuan et al.，2014；Ding et al.，2016；Li et al.，2017），集中分布在 150～162Ma，有～155.5Ma、～160.5Ma、～179.7Ma、～199.5Ma、～220.5Ma 共 5 个期次，其中前两期叠加侵位，致使矿区内发育大范围的 W-Mo-Sn-Pb-Zn 多金属矿化（图 6-22），后两期次应该为石英斑岩和花斑岩中的包体，指示矿区深部可能发育有印支期的隐伏岩体，这也

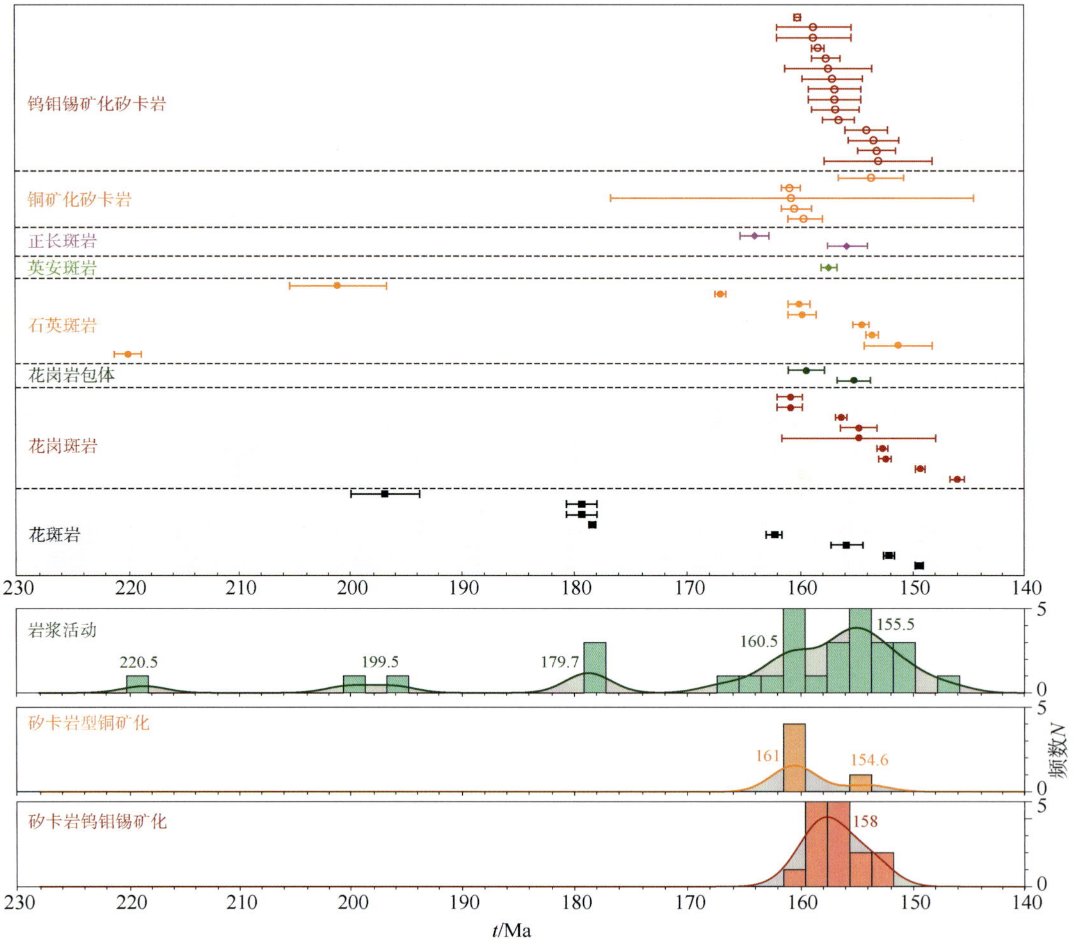

图 6-22　黄沙坪矿区岩体侵位与主要矿化事件年龄统计

与区域上广泛出露印支期花岗岩体相吻合。从矿区三维地质图来看，黄沙坪 W-Mo-Sn-Pb-Zn 多金属矿化主要与石英斑岩及花岗斑岩关系密切（图 6-23）。

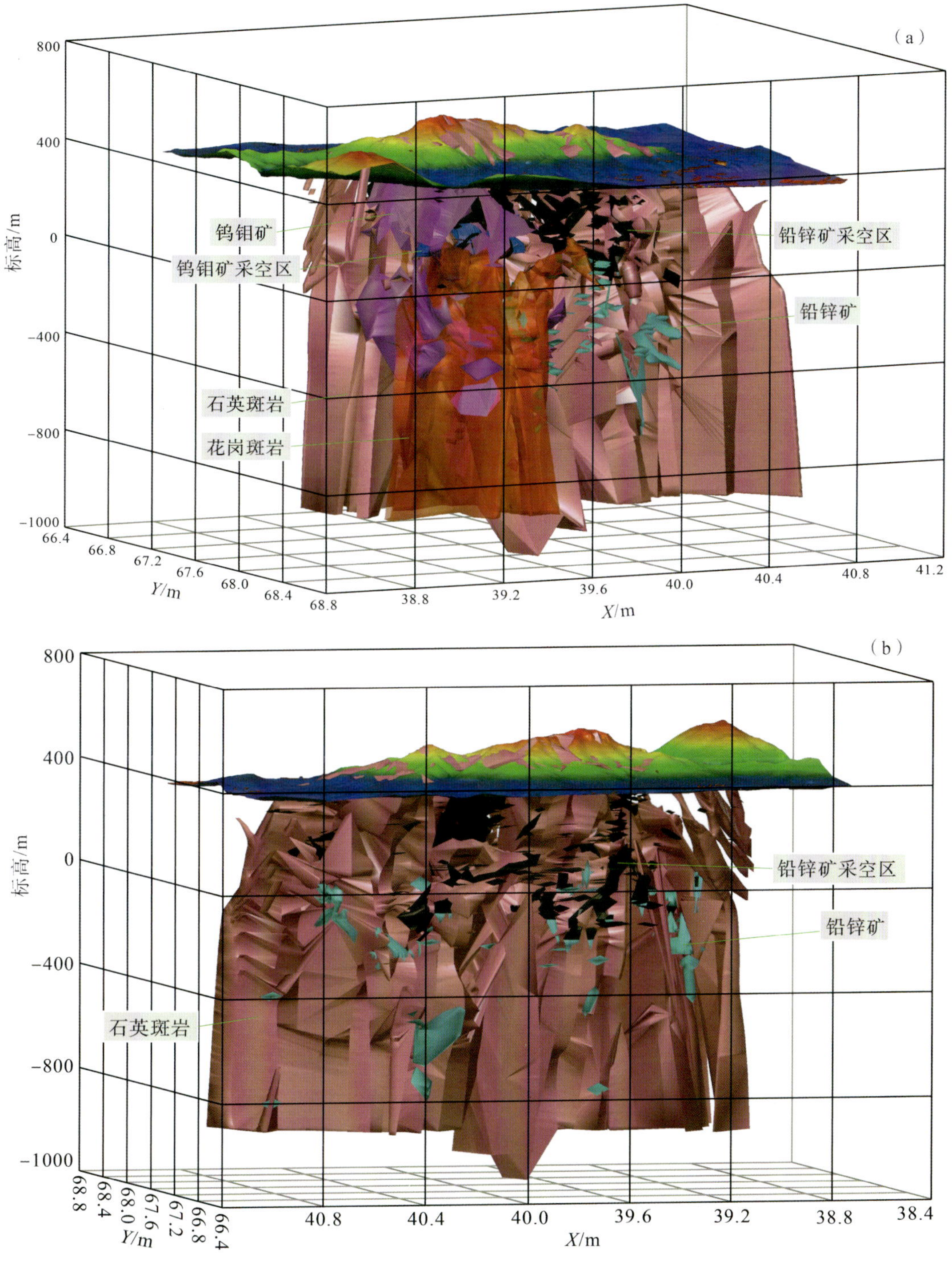

图 6-23 黄沙坪矿床三维地质模型图

综合矿床地质特征、成岩机制、成矿年龄、成矿地球化学特征，本著提出黄沙坪矿床小岩体多期高侵位多阶段成矿模式，其具体过程如下：

161Ma 左右，石英斑岩岩浆沿近南北向逆断层 F_1 和 F_2 在矿区浅部侵位，冷凝后分异的岩浆热液与石磴子组灰岩发生强烈的水岩反应，灰岩在矽卡岩化过程中释放大量的 CO_2，不断补充的岩浆热液致使体系压力不断升高，伴随矽卡岩化发育磁铁矿等高温热液矿物伴随铜矿化。当岩浆热液体系压力大于围岩压力时，围岩发生液压致裂，成矿流体压力迅速降低并发生沸腾作用，形成胶状黄铁矿。这一阶段的流体沸腾通常导致挥发性物质沿新成的构造节理向外迁移，伴随体系盐度变化、氧逸度和 pH 升高，流体携带高浓度金属络合物的能力降低，大量金属元素卸载沉淀形成铅锌多金属矿体（图 4-31）。值得注意的是，黄沙坪矿区测水组地层在此阶段扮演了良好的屏蔽层角色，其不易发生矽卡岩作用和流体低渗透性的特点确保含矿流体在迁移散逸的过程中局限在特定位置，继而形成规模厚大品位较高的铅锌矿矿体。

158Ma 左右，演化程度更高的花岗斑岩岩浆继续向浅部侵位（图 4-31），先期侵位的石英斑岩和测水组地层均构成岩浆上涌的屏蔽层，花岗斑岩就位深度相对较深。与石英斑岩岩浆热液系统类似，花岗斑岩系统矽卡岩的形成导致系统压力逐渐增大，并使得围岩发生液压致裂、流体沸腾、氧逸度和 pH 值的升高以及胶状黄铁矿的形成。由于石英斑岩矽卡岩阶段形成的液压致裂在流体冷凝过程中封闭，花岗斑岩侵位时成矿系统的压力开始重建，最后发生多次液压致裂和流体沸腾，并在石英-硫化物阶段先后形成胶状黄铁矿和钨-钼矿体。花岗斑岩成矿系统晚期，流体逃逸结构及断裂系统为大气降水的注入提供了有利通道，后者同晚期岩浆热液发生混合，在围岩继续发育有脉状铅锌矿体。

综上所述，黄沙坪矿区内发育多期中晚侏罗世酸性岩侵入体，各类型矿体皆围绕石英斑岩或花岗斑岩岩枝群产出，矿体分布在岩体与灰岩的接触带或灰岩的构造裂隙中，较少一部分矿体产在砂岩的层理构造中。各类型矿体皆围绕岩形成向上或向外的正向分带（图 6-24），说明岩体和矿体在空间上有着极为密切的关系。区内岩浆岩先后侵位至矿区浅部，地表揭露较少或呈隐伏状，受控于区域背斜及深大断裂。同时，由两期岩体派生的岩浆热液系统分别形成了矽卡岩型 Pb-Zn-Cu 矿化和矽卡岩型 Fe-W-Mo-Sn-Bi 矿化，岩体外围的碳酸盐岩地层中还发育有岩浆期后热液型铅锌矿体，共同构成了黄沙坪小岩体、多期次、高侵位、多金属的成矿特点，遵循了伸展背景褶皱断裂系统全温度域成矿模式。

第三节　典型陆内成矿体系对比

南岭成矿带岩浆热液型铅锌多金属矿成矿体系以水口山 Pb-Zn-Fe-Cu-Au-Ag 矿田和黄沙坪 W-Sn-Mo-Bi-Cu-Pb-Zn-Ag 矿床为代表，具有多样的成矿物质来源、差异的岩浆演化程度、复杂的构造活动，完整的成矿温度体系、典型的矿化组合分带，现有勘探找矿成果则进一步验证了以“一个中心、两类构造、三套系统、多种金属”为特点的陆内伸展背景全温度域成矿模式，证实了衡阳盆地和坪宝走廊区域老矿山边深部成矿潜力。围绕该成矿模式，对比华南板块中生代伸展背景下的典型陆内热液成矿系统（表 6-3，图 6-25），南岭成矿带湖南段铅锌多金属成矿系统具有显著的过渡性和连续性，具体如下：

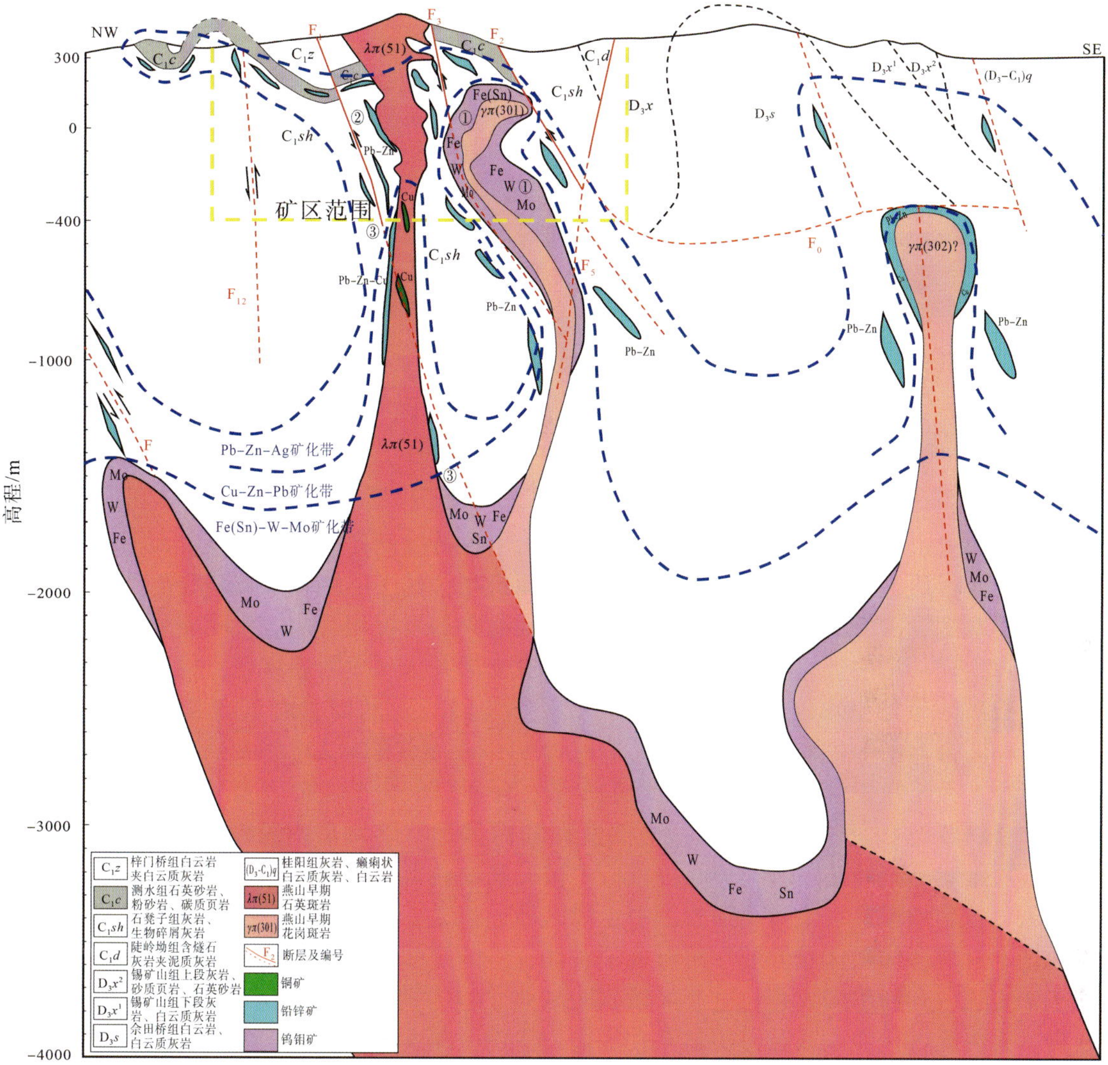

图 6-24　黄沙坪铅锌钨多金属矿小岩体多期次高侵位多金属找矿模式图

表 6-3　华南板块中生代典型陆内成矿热液系统要素对比

	川滇黔	右江—湘中	南岭湖南段（湘中南）	赣南—粤北
成矿时代	晚三叠世—早侏罗世	晚三叠世—早白垩世	中晚侏罗世—早白垩世	中晚侏罗世-早白垩世
岩浆活动	微弱	微弱，少量发育印支期花岗岩	强烈，花岗闪长岩和花岗斑岩为主	强烈，二云母花岗岩和碱长花岗岩为主
地层控矿	层控特点显著	层控特点显著	中低温矿化系统层控特点显著	一般
断层控矿	深大断裂有利成矿	深大断裂有利成矿	深大断裂有利成矿	岩体周缘构造裂隙利于矿化
成矿温度	中低温	中低温（低温为主）	中高温—浅成低温热液	高温为主

续表

	川滇黔	右江—湘中	南岭湖南段（湘中南）	赣南—粤北
特征蚀变	碳酸盐化、重晶石化	硅化、黄铁矿化、毒砂化、辉锑矿化、高岭土化、碳酸盐化	矽卡岩型、钾化、绿泥石化、硅化、碳酸盐化、萤石化	云英岩化、黄玉化、矽卡岩化、硅化
物质来源	前寒武系地层	前寒武系基底、中生代碳质地层	壳幔混源	壳源为主，地幔参与
矿化类型	MVT 型、SEDEX 型	卡林型、造山型、中低温热液脉型	斑岩型、矽卡岩型、充填交代型、浅成低温热液型	伟晶岩型、云英岩型、石英脉型、矽卡岩型、充填交代型
矿化组合	Pb-Zn	Au-W-As-Sb-Hg	Fe-Cu-Pb-Zn-W-Sn-Mo-Bi-Au-Ag	W-Sn-Mo-Bi-Pb-Zn-Ag-Nb-Ta-U-REE

华南板块由三叠纪晚期至白垩纪晚期，经历了古特提斯洋构造体系向古太平洋构造体系的转变，板块内部由挤压作用逐渐转变为伸展机制，扬子陆块和华夏陆块内部均发育元古代变质基底、古生代—早中生代碳酸盐岩—陆缘碎屑岩沉积、中生代晚期陆内裂陷盆地沉积，古生代—早中生代沉积盖层普遍发育褶皱变形并为深大断裂穿切，构成华南板块内部主要成矿区带的基本地层构造框架［图 6-25（a）］。然而，由东南沿海至川滇黔地区，不同区带对中生代陆内伸展机制的响应程度不同。华夏陆块毗邻太平洋，远离秦岭造山带，受古太平洋板块俯冲回撤机制影响显著，华夏陆块内部主要发育早中生代褶皱断裂带、大量侏罗纪-白垩纪岩浆活动，局部发育陆内盆地，陆块东南缘发育典型岛弧岩浆。扬子陆块则紧邻秦岭造山带和喜马拉雅造山带，陆块内部早古生代海相沉积发育，二叠纪晚期区域发生地幔柱岩浆活动强烈，中生代区域远离太平洋俯冲带，与板块俯冲有关的岩浆活动不发育，伴随区域伸展作用形成了右江、涟源等多个大型盆地。南岭成矿带湖南段位于华夏陆块和扬子陆块叠合过渡区域，区域西北侧为雪峰山隆起，东南侧为郴州-临武断裂。区内元古代变质基底经历新元古代造山作用，深大断裂发育；三叠纪晚期挤压变形强烈，结晶基底发生深熔作用形成大量 S 型花岗岩；中晚侏罗世—早白垩世时期南岭成矿带是华南板块内部伸展减薄最为显著的区域，浅表地层伴随伸展作用发育厚层砂岩和红层盆地，深部不同地壳层位及地幔来源的物质，经部分熔融作用形成中酸性岩浆，使得南岭成矿带兼具华夏陆块与扬子陆块的构造演化及多金属成矿特点。

其中，扬子陆块内部缺少中生代中酸性岩浆活动，发育厚层盆地沉积。典型高温成矿元素如 Cu、Fe、W、Sn、Mo 因为需要岩浆热液体系进行物质活化、迁移、富集、沉淀，难以在扬子陆块内部聚集成矿，导致后者缺失中高温成矿系列。新元古代地层和早古生代黑色页岩系中的 W、Au、Pb、Zn、Sb、Hg、As、S 等中低温成矿元素可被陆内伸展机制下盆地流体萃取，迁移至浅部厚层褶皱断裂系统中发生矿化（毛景文等，2004；胡瑞忠等，2010）。这一类中低温矿化系统成矿物质主要来源于地壳浅部，矿体受地层和断裂控制显著［图 6-25(b),(c)］，热液蚀变分带较差，矿床纵向上具有显著的 W、Au、Sb 分带特征（胡瑞忠等，2007），横向上具有一定延展性，是开展边部找矿的理想区域。

对比扬子陆块，华夏陆块内部伴随古太平洋板块俯冲及回撤作用发育大量侏罗纪—白垩纪酸性岩浆活动，这些岩浆作用多分布在区域深大断裂交汇部位，多期次岩浆呈脉状侵

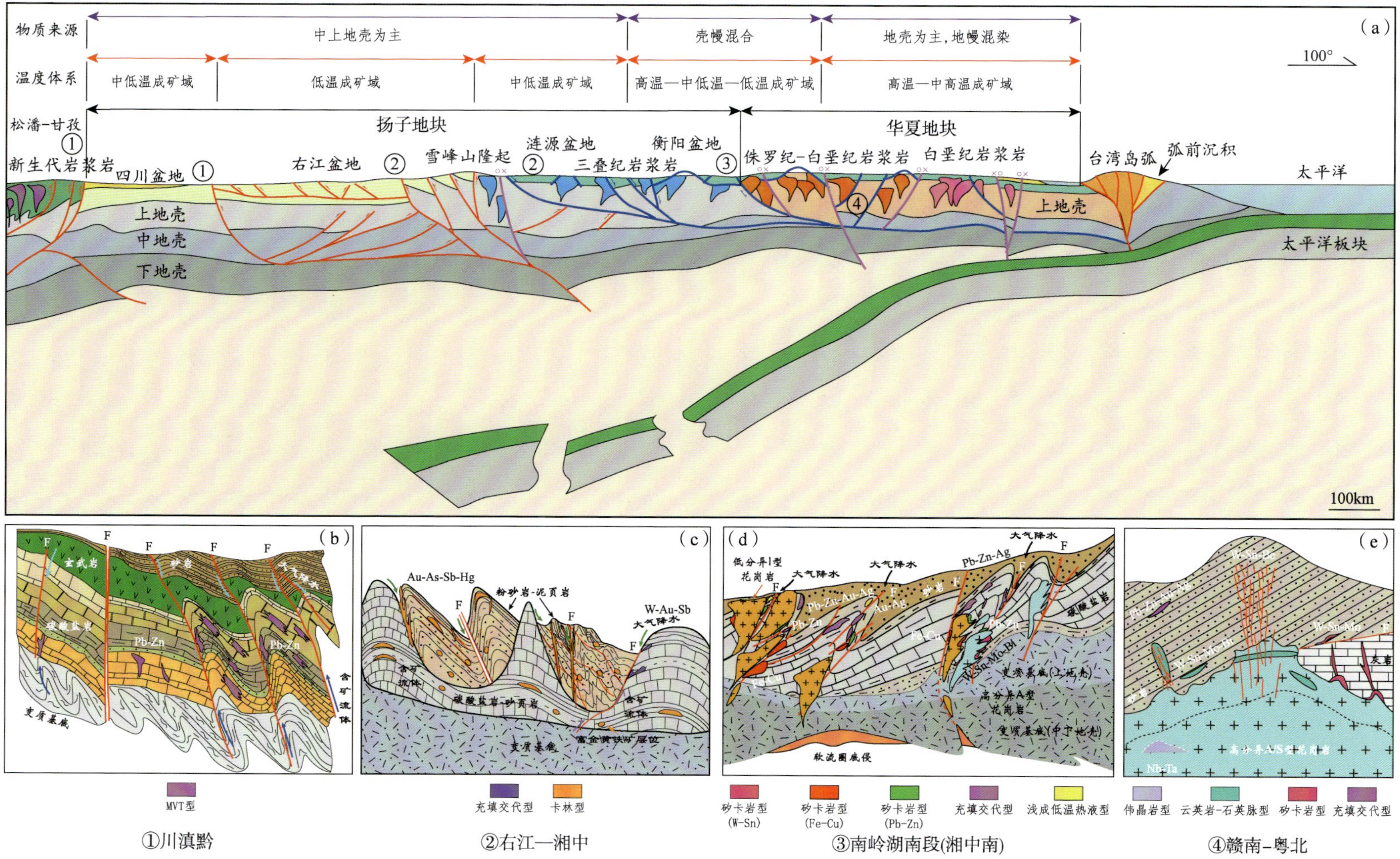

图 6-25 华南板块中生代典型陆内成矿系统对比

（修改自王登红等，2020；Dilek et al.，2021；Zhao et al.，2021a；Yang et al.，2022）

位。其中，中晚侏罗世-早白垩世华夏陆块变质基底发生重熔作用，局部混染地幔物质，并携带大量由深部地壳和变质基底迁移而来的W、Sn、Mo、Bi、Nb、Ta、U等高温成矿元素。由于华夏陆块内部发育厚层碳酸盐岩沉积，元古宙碎屑岩地层较厚，重熔产生的岩浆沿断裂向上运移过程中发生显著的结晶分异［图6-25(e)］，最终与碳酸盐岩发生交代作用形成矽卡岩型矿体，或者侵位于碎屑岩地层中形成伟晶岩型、云英岩型、石英脉型钨锡多金属矿体（李洪昌等，1985；华仁民，2005；付建明等，2013；徐先兵等，2021）。中晚侏罗世—早白垩世华夏陆块幔源岩浆活动微弱，局部发育的古生代—中生代沉积地层不能提供大量Au、As、Sb、Hg等中低温成矿元素，Pb、Zn等成矿元素受岩浆结晶分异作用发生弥散，导致华夏陆块内部中晚侏罗世—早白垩世强烈发育高温Nb-Ta、高温W-Sn-Mo矿化，缺失中低温热液成矿系列。

南岭成矿带湖南段在中晚侏罗世—早白垩世具有沉积作用强烈、岩浆活动频繁的特点［图6-25(d)］。由于区域地处钦杭成矿带，中生代时期区域岩石圈减薄作用明显，由软流圈上涌带来了的热量同时诱发下地壳和中上地壳部分熔融，致使下地壳及地幔来源的Fe-Cu-Au-Sn，中上地壳来源的W-Mo-Pb-Zn-Nb-Ta-Bi-Au-Ag进入区域岩浆体系。在此过程中，地处华夏陆块隆升区域的坪宝地区岩浆结晶分异显著，大量W-Sn-Mo-Nb-Ta等成矿元素进入高度演化的岩浆—热液体系，最终形成黄沙坪式铅锌钨多金属矿床的高温成矿序列；地处衡阳盆地的凹陷区的水口山岩体结晶分异程度低、氧逸度高，大量深部来源的Fe-Cu-Au被快速迁移至浅表，构成了水口山式铅锌铜多金属矿床的高温成矿序列；此外，岩浆体系中的Pb-Zn-Au-Ag等中低温成矿元素同样沿深大断裂迁移至浅部。得益于矿区广泛发育的古生代—中生代砂页岩沉积盖层，上述低温成矿元素未见显著弥散，而是在褶皱断裂系统中迁移、汇聚，并在特定层位形成厚大矿体，最终构成了南岭成矿带典型的中低温热液成矿系列。

因此，南岭成矿带湖南段铅锌多金属矿成矿理论研究和找矿工作的实施不仅实现了水口山、黄沙坪等老矿山边深部的增储上产，还勾勒出华南板块陆内不同伸展程度下的全温度域连续成矿样式。首先，区域铅锌多金属成矿体系集合了华南板块内部高温—中高温—中低温—浅成低温热液矿化类型，既涵盖了南岭东段高温W-Sn-Mo成矿体系，也涵盖了右江盆地、川滇黔地区发育的中低温Pb-Zn-Au-Ag成矿体系，同时建立了一套由高温矽卡岩型Fe-Cu-Zn矿、中高温矽卡岩型Pb-Zn矿，到中低温热液充填交代型Pb-Zn-Au-Ag矿的连续过渡成矿模式。由区域高温成矿体系研究可知，影响高温岩浆热液成矿系统发育的主要因素是岩浆活动和断裂构造。不同地壳层位来源的岩浆通常具有不同的元素丰度背景，差异化的岩浆演化程度则制约了不同成矿元素的迁移富集行为，最终导致高温岩浆热液体系呈现Nb-Ta、W-Sn-Mo、Fe-Cu的差异矿化组合。区域断裂是深部岩浆向上运移的通道，相对伸展、裂隙发育的区域岩浆可快速上升，盖层较厚、裂隙不发育的地区有利于岩浆结晶分异。同时，岩浆热液系统中的高温成矿元素含量受体系温度、压力、盐度、pH影响较大，经水岩反应或流体沸腾作用即卸载于岩体边缘、矽卡岩接触带或构造裂隙中，层控特征不显著（表6-3）。因此，南岭成矿带东段W-Sn成矿系统具有典型的“五层楼+地下室”特征（许建祥等，2008；王登红等，2010），成矿与高分异花岗岩岩浆密切相关，钦杭成矿带北段低分异I型花岗岩发育，常见斑岩、矽卡岩或玢岩型矿化（毛景文等，2011；王炯辉等，2013）。中低温成矿热液系统流体温度、盐度均低于高温岩浆热液系统，流体中的Pb、Zn、Au、Ag、Sb、Hg、As、S等成矿金属元素可在流体通道内迁移较远距离。能够形成运移通道、屏蔽层位、汇聚空间、卸载位置的褶皱断裂系统是中低温热液矿化系统发育的理想区域，成矿元素在相对封闭的空间内不断汇聚、富集并沉淀，形成规模可观、厚大且连续的 Pb-Zn-Au-Ag、W-Au-Sb、Pb-Zn、Au-Ag 矿体，具有典型的层控特点（毛景文等，2004；胡瑞忠等，2010）。南岭成矿带湖南段铅锌多金属矿床兼具上述两类成矿体系矿化特征（表 6-3），是研究太平洋俯冲伸展背景下陆内多金属连续成矿作用最理想的区域，可为 W-Sn 矿床边部、Pb-Zn 矿床深部探获新类型矿体提供参考。

其次，南岭成矿带湖南段铅锌多金属成矿体系具有显著壳幔混合特点，是华南板块中晚侏罗世—早白垩世拉伸作用产物（图 6-25，图 6-26）。以黄沙坪为代表的铅锌钨多金属成矿体系是陆内初始拉张的典型代表，大量浅部物质发生重熔作用并成矿。以水口山为代表的铅锌铜多金属成矿体系是陆内拉伸彻底的产物，大量发育深部来源的基性和中酸性侵入岩，裂陷盆地发育，出现以 Cu、Au 为代表的高温成矿系统。南岭成矿带湖南段因而记录了陆内伸展过程中的成矿作用演变过程。由中侏罗世开始，太平洋板块不断向东南沿海后撤，华南板块内部渐次发育拉伸作用，与深部来源物质相关的岩浆作用由内陆向沿海扩展，自西向东由老到新发育了上千公里宽的侏罗纪—白垩纪中酸性岩浆带。板块后撤不仅伴随岩浆活动东移，成矿热液系统同样会发生迁移，类似的例子见诸于我国东北地区斑岩型铜钼矿，华北克拉通克拉通破坏性金矿等（Zhu et al.，2015；Shu et al.，2016）。华南板块内部同样发育有 164～153Ma、146～136Ma、129～122Ma、109～101Ma 和 97～87Ma 等 5 次伸展起岩浆成矿事件（Li，2000），强烈的壳幔相互作用是大规模爆发式成矿的关键因素，南岭成矿带湖南段的铅锌多金属矿化系统，可作为华南中生代陆内伸展成矿作用的早期范例，推广至白垩纪岩浆热液多金属成矿体系研究中。

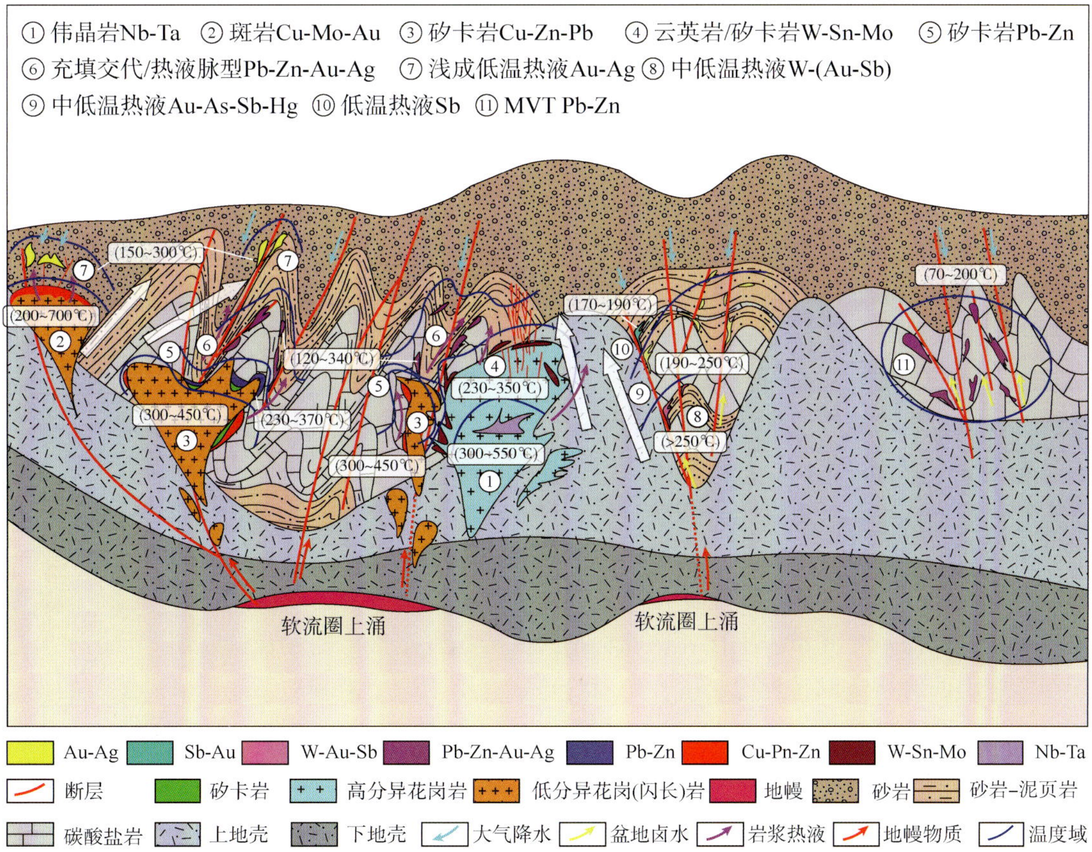

图 6-26 华南板块中生代典型成矿系统模式图及温度域结构图

第四节　南岭边深部铅锌多金属矿找矿方向

围绕水口山和黄沙坪铅锌多金属矿床开展的找矿工作成效显著，累计新增资源量相当于一个大型铅锌矿、一个大型金矿、一个大型银矿、一个大型钨矿，一个大型萤石矿和一个中型铜矿，验证了南岭湖南段铅锌矿床边深部找矿潜力。以水口山和黄沙坪为出发点，汇总南岭成矿带岩浆热液型铅锌多金属矿成矿规律，南岭成矿带边深部铅锌找矿工作应关注以下几个方向：

1）双重物质来源：成矿带水口山矿田和黄沙坪矿床分属陆内拉伸盆地和古老陆块边缘，中生代太平洋板片俯冲后撤背景下区内派生了不同类型的成矿母岩浆，具有显著的成矿专属性。黄沙坪花岗斑岩源区为高 W 背景值的古老地壳，岩浆沿古老陆块深大断裂向上运移过程中结晶分异明显，氧逸度较低，有利于 W、Sn、Bi、Nb、Ta 及稀散元素富集；水口山花岗闪长岩源区为基性下地壳，混染地幔物质，受俯冲带流体交代明显，具有岛弧岩浆较高的氧逸度和 Cu、Au 背景值，沿地壳拉伸部位快速就位，结晶分异程度较低，是区内 Cu、Au、Pb、Zn 的主要成矿岩体。南岭湖南地区新元古代经历板块拼贴作用、中生代早期发生陆内挤压造山作用、中生代晚期伴随太平洋板片回撤发生伸展减薄作用，区内上部地壳具有古老陆块属性，下部地壳受俯冲带流体改造，分别派生出两类成矿母岩浆，构成了南岭湖南地区中生代成矿的双重物质来源。

因此，南岭成矿带深部找矿既不同于岛弧地区寻找斑岩—矽卡岩铜金成矿体系，也不同于造山带内寻找高分异稀散元素成矿体系，需要根据带内岩体来源特征和演化程度，评估其深部 W、Sn、Cu、Au 成矿潜力，开展深部斑岩型 Cu-Au-Mo、矽卡岩型 Fe-Cu-Au 或矽卡岩型 W-Mo-Sn 找矿工作。围绕这一找矿方向，首先通过广域电磁和矽卡岩蚀变矿物分带定位深部潜在矿化区域，结合成矿岩体特征研判深部成钨或成铜潜力，围绕既有岩体与断裂、碳酸盐岩交汇部位施工，根据 W、Mo、Sn、Cu、Pb、Zn 分带规律追索近岩体侧矽卡岩型矿体。

2）褶皱断裂系统：华南板块古生代以来经历古特提斯洋、新特提斯洋、古太平洋构造体制改造，板块边缘发生大洋俯冲和陆陆碰撞作用，板块内部受汇聚板块边缘远场效应发生多期次陆内造山作用，大量古生代以来形成的基底盖层发生褶皱变形。南岭湖南地区古生代至中生代早期发育海相碳酸盐岩沉积；二叠纪晚期发育海陆交互相地层并受抬升剥蚀，形成不整合面；中生代区域伸展作用显著，大量断层发育，诱发深部岩浆上涌并就位于断层交汇部位；侏罗纪—白垩纪伴随地壳伸展陆内盆地发育，红层广泛分布，下部岩浆热液系统得以保留。其中古生代—侏罗纪是区内褶皱断裂最广泛发育的时期，且由坪宝断裂至雪峰山西缘褶皱发育程度递增，是南岭地区有别于造山带和岛弧地区成矿系统的重要特点。

相比斑岩型铜金矿床或矽卡岩型钨锡矿床，铅锌矿化在南岭地区的类型多样，在同一成矿序列中既可以出现近岩体侧矽卡岩型铅锌矿化，也可能发育围岩破碎带充填交代型铅锌矿化。由于南岭地区陆内盆地发育，矿山边浅部中低温成矿热液系统通常剥蚀程度较低，以铅锌金银为代表的成矿元素往往在远岩体侧富集保存，是矿山资源接续开发不可忽视的成矿类型。因此，南岭地区铅锌多金属矿找矿工作首要任务是确定区内有利赋矿空间及其展布范围，主要包括：由地层或构造断裂组成的流体通道、由地层或岩体组成的屏蔽层位、由背斜组成的流体汇聚部位、由断层控制的卸载空间。在已有矿体边部相似的层序构造格架区域，极有可能发育类似的铅锌矿化系统（如康家湾），具有广阔的矿山边部找矿潜力。围绕这一找矿方向，需结合广域电磁、构造地球化学填图及三维地质建模技术确定矿山边浅部地层构造格架，研判与已有矿体类似的潜在成矿空间或矿体延展方向，经由构造地球化学填图判断成矿元素分带特征，针对中低温或浅成低温热液矿化开展钻探工作。

3）成矿温度体系：由于南岭地区完整经历了区域造山隆起和拉伸减薄过程，不同地壳层位成矿元素均可能被岩浆携带至浅表集中富集，因此区内矿床共伴生元素组合较为多样；得益于区内发育由海相至陆相的沉积序列和褶皱断裂作用，中生代岩浆侵位及流体运移有利因素齐全；成矿前后区内强烈发育的盆地沉积作用为部分矿床提供了良好的埋藏空间，避免中低温成矿体系被剥蚀破坏。因此，南岭湖南段边深部找矿应当注重不同成矿元素在不同成矿温度体系中的分带性，借助全位温度域成矿、缺位温度域找矿理念开展找矿工作。例如：靠近华夏板块的陆块边缘断裂带派生多种类型岩浆活动，不同地壳层位成矿物质被携带至浅表，构成了深部高温 W-Sn-Mo 为主、Fe-Cu 为辅的矽卡岩矿化类型，远离岩体侧则可见中低温充填交代型 Pb-Zn 矿化，受区域断裂和隔水地层控制；远离坪宝地区进入衡阳盆地，深部新生地壳及地幔物质占据主导，矿山深部矽卡岩带由深至浅递次发育高温 Fe-Cu-Zn 矿化、中高温 Pb-Zn 矿化，远离岩体则可见中低温充填交代型 Pb-Zn-Au-Ag 矿化和浅成低温热液 Au-Ag 矿化，与区内钙硅界面及断层构造息息相关。

综上，南岭地区作为我国中东部最重要的有色金属矿集区，区内铅锌多金属成矿体系兼有成熟地壳和新生岛弧矿化特点，受控于陆内造山带广泛发育的褶皱断裂构造，发育有全温度域成矿谱系，构成了南岭铅锌多金属矿成矿类型多样、热液分带显著、共伴生矿种众多、边深部矿化发育的特点。加大南岭地区铅锌矿山边深部找矿工作，将有助于老矿山增储上产和资源接续，丰富学界对板块俯冲伸展机制下的陆内全温度域成矿认识。

结　论

南岭成矿带湖南段是我国铅锌钨多金属矿床集中成矿区带，围绕老矿山成矿理论研究与边深部找矿潜力巨大。本次工作以南岭成矿带典型岩浆热液铅锌多金属矿床（田）为对象，梳理前人研究成果，深度解剖水口山、黄沙坪等典型矿床，厘定了不同矿床的矿床特征、时空演化、物质来源、成矿机制、找矿特征等信息，识别典型矿床成矿要素；提炼了区域中生代多金属成矿系统的共性规律，建立典型矿床成矿模式指导边深部找矿工作，取得一批创新性认识和找矿成果；建立适用于华南板块伸展背景的陆内褶断系统全温度域成矿模式，助力新一轮找矿突破战略行动。本书取得的主要成果如下：

1. 水口山铅锌铜铁金银矿田：多期岩浆全温度域成矿模式

南岭成矿带衡阳盆地水口山矿田成矿花岗闪长岩具有多期次、低分异、强氧化、壳幔混源特征，岩浆铜金背景值较高。多期岩浆侵位于老鸦巢、鸭公塘、康家湾等矿区，各矿区均独立发育全温度域矿化：以成矿岩体为中心，深部接触带带发育高温矽卡岩型铜铁矿化，中上部接触带发育中高温矽卡岩型铅锌金银矿化，围岩破碎带或断裂—硅化角砾岩带交汇部位发育中低温充填交代型铅锌金银矿化，岩体顶部及破碎带浅部发育浅成低温热液金银矿化。矿区褶皱断裂系统有利于岩浆侵位、流体运移、热液汇聚、卸载成矿，水岩反应、流体混合、流体降温是水口山矿田主要成矿机制。

2. 黄沙坪铅锌钨钼铁铜矿床：小岩体多期次高侵位多金属成矿模式

南岭成矿带坪宝走廊黄沙坪矿床石英斑岩和花岗斑岩具有多期次、高分异、偏还原、壳源物质主导特征，石英斑岩成铜潜力较高，花岗斑岩主导钨钼矿化。早期石英斑岩侵位浅部，岩体深部接触带发育高温矽卡岩型铁铜铅锌矿化，上部接触带发育中高温矽卡岩型铅锌矿化，围岩破碎带及测水组底部发育中低温充填交代型铅锌银矿化。晚期花岗斑岩叠加侵位于矿区深部，岩体接触带发育高温矽卡岩型钨钼矿化，围岩破碎带叠加伴生中低温充填交代型铅锌矿化。水岩反应、流体沸腾、流体混合是黄沙坪矿床主要成矿机制。

3. 成矿物质域：差异岩浆源区决定多金属矿化组合

中生代陆内伸展背景下南岭成矿带发育两类岩浆活动：①以中上地壳加厚/热部分熔融形成的高分异 S/A 型花岗岩，富含 W、Sn、Nb、Ta、F 等成矿元素，侵位于地壳隆升区，主导高温矽卡岩型 W-Sn、云英岩型 W、伟晶岩型 Nb-Ta 矿化。②以下地壳加热部分熔融并混染地幔物质形成的低分异 I 型花岗岩，富含 Cu、Au 等成矿元素，利于 Pb、Zn 等元素迁移，侵位于地壳凹陷区，主导高温斑岩型 Cu-Au、矽卡岩型 Fe-Cu-Pb-Zn、中低温热液充填型 Pb-Zn-Au-Ag、浅成低温热液型 Au-Ag 矿化。两类岩浆分别具有陆内造山带及洋陆俯冲带的成矿特点，构成了南岭地区中生代岩浆热液成矿系统的基本样式。

4. 成矿构造域：构造格架控制成矿系统分带

南岭、成矿带典型岩浆热液型铅锌多金属矿化作用受控于区域深大断裂及褶皱系统。区域北西向和北东向深大断裂为中晚侏罗世岩浆上涌提供了通道，断裂交汇部位有利于多期岩浆叠加就位，常见中高温矽卡岩型成矿作用。矿区断层破碎带和钙硅界面为成矿流体向外运移和盆地流体向下运移提供通道，背斜两翼砂页岩层抑制流体散逸，常见中低温充填交代型成矿作用；断裂远端和岩体浅部流体混合显著，常见浅成低温热液型成矿作用。

5. 成矿温度域：元素差异演化主导金属矿化分带

不同金属元素在岩浆-热液成矿系统中具有显著分带特征。高分异偏还原的岩浆热液系统富集 W、Sn、Mo 等金属元素，这类元素在高温热液环境即以氧化物、硫化物形式沉淀，集中于深部岩体围岩接触带，以矽卡岩型矿化为主，云英岩型矿化次之，成矿机制为水岩反应、流体沸腾；低分异强氧化的岩浆热液系统利于 Cu、Pb、Zn、Au 金属元素迁移，由浅部侵位岩体中心至围岩依次发育矽卡岩型 Fe-Cu-Pb-Zn、中低温热液脉型 Pb-Zn-Au-Ag、浅成低温热液型 Au-Ag 矿化系统，成矿机制为流体沸腾、流体降温、水岩反应、流体混合作用。

6. 区域铅锌矿化规律：陆内褶断系统全温度域成矿模式

针对南岭成矿带复杂地质背景下岩浆期次多、构造活动久、金属分带强、矿化系统全的特点，围绕系列矿床物质域、构造域、温度域、成矿域演化脉络，提出适用于华南板块内部伸展背景下的陆内褶断系统全温度域成矿模式。该模式强调南岭成矿系统的物质属性，不同类型金属矿床对区域 S 型、A 型、I 型花岗岩浆具有明显选择性，指示伸展作用下不同地壳层次岩浆来源的多样性；强调南岭成矿系统的构造属性，古生代多期次发育的北东向、北西向断裂不仅形成了区域基本格架，还控制了中生代岩浆侵位和流体迁移通道，近南北走向复式褶皱为流体在盖层中的迁移就位提供保障，共同主导了成矿物质在特定位置的超常富集；强调南岭多金属成矿作用的温度属性，高温岩浆流体由岩体中心至浅表层位递次发育中高温矽卡岩型、中低温热液脉型、浅成低温热液型矿化系统，构成了褶皱断裂系统完整的矿化空间，同一矿田内往往出现多种成矿金属元素组合，共伴生矿种构成了区内矿山的基本面貌，主导了区内有色金属的开采布局。

7. 理论指导找矿突破：重点矿山增储上产

以陆内褶断系统全温度域成矿模式为出发点，围绕已有矿山岩浆作用识别、构造格架识别、成矿系统识别，提出了矿集区边深部找矿部署的技术方案和找矿方向。将此方案应用到水口山、黄沙坪边深部找矿勘查，探获了多个深部隐伏的铅锌、钨、铜等矿体。通过理论与实践相结合，水口山、黄沙坪边深部找矿项目累计投入钻探工作量 13 万余米，预计新增铅锌金属量 168×10^4t、金 38t、银 1100t、钨氧化物 5.6×10^4t、钼金属量 1.6×10^4t、磁铁矿 1570×10^4t，实现老矿山深部找矿新突破。同时，本著进一步指明了南岭复杂覆盖区“下部找钨锡钼、中部找铁铜金、中上部找铅锌金银，外边部找金银”的立体找矿思路。作为产学研用有机结合的典型案例，本书系统总结了勘查找矿团队理论创新与找矿突破的工作成果，对后续开展共伴生成矿作用研究和南岭复杂覆盖区矿山边深部找矿有着积极的指导意义。

参考文献

艾昊. 2013. 湖南黄沙坪多金属矿床成矿斑岩锆石 U-Pb 年代学及 Hf 同位素制约 [J]. 矿床地质, 32 (3): 545-563.
柏道远, 黄建中, 李金冬, 等. 2007. 华南中生代构造演化过程的多地质要素约束——湘东南及湘粤赣边区中生代地质研究的启示 [J]. 大地构造与成矿学, 31 (1): 1-13.
柏道远, 唐分配, 李彬, 等. 2022. 湖南省成矿地质事件纲要 [J]. 中国地质, 49 (1): 151-180.
毕华. 1995. 湖南康家湾铅锌金矿床成矿作用探讨 [J]. 黄金科学技术, 3 (1): 19-23.
蔡富成, 秦锦华, 覃金宁, 等. 2021. 湖南川口岩体型钨矿赋矿花岗岩地球化学特征及 LA-ICP-MS 锆石 U-Pb 定年 [J]. 中国地质, 48 (4): 1212-1224.
蔡明海, 陈开旭, 屈文俊, 等. 2006. 湘南荷花坪锡多金属矿床地质特征及辉钼矿 Re-Os 测年 [J]. 矿床地质, 25 (3): 263-268.
蔡明海, 韩凤彬, 何龙清, 等. 2008. 湘南新田岭白钨矿床 He, Ar 同位素特征及 Rb-Sr 测年 [J]. 地球学报, 29 (2): 167-173.
曹亮, 许国锋, 刘磊, 等. 2023. 湖南宝山地区燕山期成矿花岗岩岩浆作用研究 [J]. 岩石学报, 39 (3): 886-906.
陈必河, 肖冬贵, 周国祥. 2001. 湖南邵阳-郴州北西向构造带花岗岩成岩与成矿 [J]. 华南地质与矿产, 17 (4): 58-61.
陈德潜, 吴静淑. 1990. 离子吸附型稀土矿床的成矿机制 [J]. 中国稀土学报, 8 (2): 175.
陈迪, 刘珏懿, 王先辉, 等. 2017. 湖南五峰仙岩体岩石地球化学、SHRIMP U-Pb 年龄及 Hf 同位素特征 [J]. 地质科技情报, 36 (6): 1-12.
陈迪, 马铁球, 刘伟, 等. 2016. 湘东南万洋山岩体的锆石 SHRIMP U-Pb 年龄、成因及构造意义 [J]. 大地构造与成矿学, 40 (4): 873-890.
陈骏, 王汝成, 朱金初, 等. 2014. 南岭多时代花岗岩的钨锡成矿作用 [J]. 中国科学: 地球科学, 44 (1): 111-121.
陈荣华, 邓碧海, 龚述清, 等. 2013. 湖南黄沙坪铅锌多金属矿床地质特征及成矿规律 [J]. 华南地质与矿产, 29 (1): 46-53.
陈绍聪. 2022. 与高分异花岗岩有关的锡成矿机制 [D]. 中国地质大学.
陈希清, 付建明, 程顺波, 等. 2015. 湖南宝峰仙花岗岩地球化学特征与锆石 SHRIMP U-Pb 定年 [J]. 矿床地质, 34 (3): 602-616.
陈毓川, 裴荣富, 张宏良, 等. 1989. 南岭地区与中生代花岗岩类有关的有色及稀有金属矿床地质 [M]. 北京: 地质出版社.
陈毓川, 等. 2007. 中国成矿体系与区域成矿评价 [M]. 北京: 地质出版社, 1005.
池汝安, 田君. 2007. 风化壳淋积型稀土矿评述 [J]. 中国稀土学报, 25 (6): 641-650.
褚杨, 林伟, Michel F, 等. 2011. 雪峰山早中生代构造演化: 构造学和年代学分析 [J]. 地质科学, 46 (1): 146-160.
单强, 曾乔松, 李建康, 等. 2014. 骑田岭芙蓉锡矿的成岩和成矿物质来源: 锆石 Lu-Hf 同位素和矿物包裹体 He-Ar 同位素证据 [J]. 地质学报, 88 (4): 704-715.
地质部南岭项目花岗岩专题组. 1989. 南岭花岗岩地质及其成因和成矿作用 [M] //中华人民共和国地质矿产部地质专报 (三 岩石矿物地球化学). 北京: 地质出版社.
董超阁, 余阳春, 梁新权, 等. 2018. 湖南湘东钨矿含矿石英脉辉钼矿 Re-Os 定年及地质意义 [J]. 大地构造与成矿学, 42 (1): 84-95.
董少花, 毕献武, 胡瑞忠, 等. 2014. 湖南瑶岗仙复式花岗岩岩石成因及与钨成矿关系 [J]. 岩石学报, 30 (9):

2749-2765.
杜云，罗小亚，黄革非，等. 2017. 湖南省城步县落家冲钨矿床地质特征及找矿前景分析 [J]. 地质科技情报，36 (5)：187-194.
段其发，曹亮，曾健康，等. 2014. 湘西花垣矿集区狮子山铅锌矿床闪锌矿 Rb-Sr 定年及地质意义 [J]. 地球科学 (中国地质大学学报)，39 (8)：977-986，999.
范裕，刘一男，周涛发，等. 2014. 安徽庐枞盆地泥河铁矿床年代学研究及其意义 [J]. 岩石学报，30 (5)：1369-1381.
方维萱. 2019. 岩浆侵入构造系统 I：构造岩相学填图技术研发与找矿预测效果 [J]. 大地构造与成矿学，43 (3)：473-506.
付建明，程顺波，卢友月，等. 2012. 湖南锡田云英岩-石英脉型钨锡矿的形成时代及其赋矿花岗岩锆石 SHRIMP U-Pb 定年 [J]. 地质与勘探，48 (2)：313-320.
付建明，李华芹，屈文俊，等. 2007. 湘南九嶷山大坳钨锡矿的 Re-Os 同位素定年研究 [J]. 中国地质，34 (4)：651-656.
付建明，马丽艳，程顺波，等. 2013. 南岭地区锡 (钨) 矿成矿规律及找矿 [J]. 高校地质学报，19 (2)：202-212.
付胜云，陈启亮，邓蕾. 2022. 湖南省铅锌金银多金属矿床地质特征与成矿规律 [J]. 中国地质调查，9 (2)：50-62.
葛小月，李献华，陈志刚，等. 2002. 中国东部燕山期高 Sr 低 Y 型中酸性火成岩的地球化学特征及成因：对中国东部地壳厚度的制约 [J]. 科学通报，47 (6)：474-480.
顾晟彦，华仁民，戚华文. 2006. 广西姑婆山花岗岩单颗粒锆石 LA-ICP-MS U-Pb 定年及全岩 Sr-Nd 同位素研究 [J]. 地质学报，80 (4)：543-553.
郭爱民，王方有，肖颖斌，等. 2017. 湘东南张家垄钨矿床综合找矿模型及其意义 [J]. 矿产勘查，8 (5)：858-868.
郭福生，潘家永，刘林清，等. 2004. 浙江江山石炭-二叠系碳酸盐岩碳氧同位素特征研究 [J]. 地球化学，33 (1)：1-8.
郭剑豪，邹海洋. 2019. 鸭公塘铁铜矿床相关花岗闪长岩锆石 U-Pb 年龄、地球化学特征及地质意义 [J]. 南方金属，26 (4)：20-25.
韩润生，赵冻，吴鹏，等. 2020. 湘南黄沙坪铜锡多金属矿床构造控岩控矿机制及深部找矿勘查启示 [J]. 地学前缘，27 (4)：199-218.
何苗，刘庆，侯泉林，等. 2018. 湘东邓阜仙花岗岩成因及对成矿的制约：锆石/锡石 U-Pb 年代学、锆石 Hf-O 同位素及全岩地球化学特征 [J]. 岩石学报，34 (3)：637-655.
何卫红，唐婷婷，乐明亮，等. 2014. 华南南华纪—二叠纪沉积大地构造演化 [J]. 地球科学 (中国地质大学学报)，39 (8)：929-953.
胡瑞忠. 1990. 花岗岩型铀矿床一种可能的成矿模式 [J]. 科学通报，35 (7)：526-528.
胡瑞忠，毛景文，范蔚茗，等. 2010. 华南陆块陆内成矿作用的一些科学问题 [J]. 地学前缘，17 (2)：13-26.
胡瑞忠，彭建堂，马东升，等. 2007. 扬子地块西南缘大面积低温成矿时代 [J]. 矿床地质，26 (6)：583-596.
胡受奚，徐金芳. 2008. 区域成矿规律对华南大地构造属性的联系 [J]. 中国地质，35 (6)：1045-1053.
胡志科，龚述清，刘阳生. 2003. 骑田岭北部地区锡多金属矿成矿特征及找矿潜力分析 [J]. 华南地质与矿产，19 (1)：49-55.
湖南省地质调查院. 2017. 中国区域地质志·湖南志 [M]. 北京：地质出版社，1268.
湖南省地质矿产局. 1988. 湖南省区域地质志 [M]. 北京：地质出版社，721.
华仁民，李光来，张文兰，等. 2010. 华南钨和锡大规模成矿作用的差异及其原因初探 [J]. 矿床地质，29 (1)：9-23.
华仁民，陈培荣，张文兰，等. 2005. 南岭与中生代花岗岩类有关的成矿作用及其大地构造背景 [J]. 高校地质学报，11 (3)：291-304.
华仁民，毛景文. 1999. 试论中国东部中生代成矿大爆发 [J]. 矿床地质，18 (4)：300-307.
黄革非. 1999. 湘南地区"黄沙坪式"铅锌矿床地质特征及找矿方向 [J]. 湖南地质，18 (Z1)：18-24+49.
黄国龙，吴烈勤，邓平，等. 2006. 粤北花岗岩型铀矿找矿潜力及找矿方向 [J]. 铀矿地质，22 (5)：267-275+280.
黄金川，彭建堂，阳杰华，等. 2013. 湖南水口山老鸦巢铅锌金矿床碳、氧同位素特征 [J]. 中国矿物岩石地球化学学会第 14 届学术年会论文摘要专辑：211.

黄金川，彭建堂，阳杰华，等. 2015. 湖南水口山花岗闪长岩的地球化学特征及成因［J］. 地球化学，44（2）：131-144.
黄文海，杨齐智，严彦，等. 2019. 湖南彭公庙岩体外围高岭土矿床地质特征及控矿因素分析［J］. 矿产与地质，33（6）：1002-1008.
江西省地质矿产局编. 1984. 江西省区域地质志［M］. 北京：地质出版社.
蒋少涌，赵葵东，姜海，等. 2020. 中国钨锡矿床时空分布规律、地质特征与成矿机制研究进展［J］. 科学通报，65（33）：3730-3745.
焦守涛. 2016. 湖南锡田花岗岩浆演化与钨成矿作用研究［D］. 中国科学院大学.
孔华，奚小双，全铁军，等. 2019. 湘南燕山期区域成矿构造型式及成矿花岗岩成因研究［M］. 长沙：中南大学出版社.
来守华，李秋实，王浩然. 2022. 湖南省桂阳县黄沙坪矿区铅锌多金属矿资源储量核实报告［R］. 郴州.
雷泽恒，陈富文，陈郑辉，等. 2010. 黄沙坪铅锌多金属矿成岩成矿年龄测定及地质意义［J］. 地球学报，31（4）：532-540.
李红艳，毛景文，孙亚利，等. 1996. 柿竹园钨多金属矿床的 Re-Os 同位素等时线年龄研究［J］. 地质论评，42（3）：261-267.
李洪昌，彭国忠，杨树庄. 1985. 南岭地区铅锌矿床成矿规律［M］. 长沙：湖南科学技术出版社.
李建康，王登红，梁婷，等. 2013. 南岭区域成矿与深部探测的研究进展及其对西藏钨锡找矿的指示［J］. 地球学报，34（1）：58-74.
李建旭，方维萱，刘家军. 2011. 智利铁氧化物-铜-金矿床区域定位构造-矿田构造类型与特征［J］. 地质与勘探，47（2）：323-332.
李剑锋，付建明，马昌前，等. 2021. 南岭金鸡岭岩体锆石 U-Pb 年龄、地球化学特征及地质意义［J］. 地球科学，46（4）：1231-1247.
李能强，彭超. 1996. 湖南水口山铅锌金银矿床［M］. 北京：地震出版社，107.
李顺庭，王京彬，祝新友，等. 2011. 湖南瑶岗仙复式岩体的年代学特征［J］. 地质与勘探，47（2）：143-150.
李献华，李武显，李正祥. 2007. 再论南岭燕山早期花岗岩的成因类型与构造意义［J］. 科学通报，52（9）：981-991.
李献华，周汉文，刘颖，等. 1999. 桂东南钾玄质侵入岩带及其岩石学和地球化学特征［J］. 科学通报，44（18）：1992-1998.
李永胜，张帮禄，公凡影，等. 2021. 湖南康家湾大型隐伏铅锌矿床成因探讨：流体包裹体、氢氧同位素及硫同位素证据［J］. 岩石学报，37（6）：1847-1866.
李永胜，甄世民，公凡影，等. 2012. 湖南水口山铅锌金银矿田成矿物质来源探讨［J］. 矿床地质，31（S1）：571-572.
李永胜，甄世民，公凡影，等. 2011. 湖南省康家湾铅锌金银矿床成矿地质体的判定及其意义［J］. 矿物学报，31（S1）：964-965.
李永胜，甄世民，于晓飞，等. 2020. 湖南水口山铅锌多金属矿田成矿岩体花岗闪长岩锆石 U-Pb 年龄、Hf 同位素及地质意义［J］. 地学前缘，27（2）：332-352.
李勇，张岳桥，苏金宝，等. 2015. 湖南大义山、塔山岩体锆石 U-Pb 年龄及其构造意义［J］. 地球学报，36（3）：303-312.
李智，等. 1984. 湖南水口山矿田康家湾矿段铅锌矿石中伴生元素赋存状态与富集规律研究的阶段性报告［R］. 衡阳.
林师整. 1982. 磁铁矿矿物化学、成因及演化的探讨［J］. 矿物学报，2（3）：166-174.
刘宝珺，丘东洲. 1995. 中国南方岩相古地理与油气前景［J］. 南方油气地质，（1）：4-7，5，3.
刘国庆，伍式崇，杜安道，等. 2008. 湘东锡田钨锡矿区成岩成矿时代研究［J］. 大地构造与成矿学，32（1）：63-71.
刘建明，刘家军. 1997. 滇黔桂金三角区微细浸染型金矿床的盆地流体成因模式［J］. 矿物学报，17（4）：448-456.
刘瑞弟. 2002. 凡口铅锌矿的地质地球化学特征及成矿模式研究［D］. 中南大学.
刘伟，曾佐勋，陈德立，等. 2014. 湖南阳明山复式花岗岩的岩石成因：锆石 U-Pb 年代学、地球化学及 Hf 同位素约束［J］. 岩石学报，30（5）：1485-1504.
刘悟辉. 2007. 黄沙坪铅锌多金属矿床成矿机理及其预测研究［D］. 长沙：中南大学.
刘训，付德荣. 1986. 湖南衡阳盆地沉积相及构造发展的若干问题［J］. 中国地质科学院院报，8（2）：13-36.
刘英俊，曹励明，李兆鳞，等. 1984. 元素地球化学［M］. 北京：科学出版社，548.

卢焕章. 1975. 闪锌矿地质温度计和压力计 [J]. 地质地球化学, 3 (2): 6-9.
卢友月, 付建明, 谭仕敏, 等. 2017. 湘南大坊金银铅锌矿床花岗闪长斑岩锆石 U-Pb 定年、Hf 同位素组成及其找矿指示意义 [J]. 华南地质与矿产, 33 (3): 262-274.
卢友月, 杨长明, 程顺波, 等. 2022. 湘南黄沙坪和宝山铅锌多金属矿床成矿时代及成矿物质来源: 来自闪锌矿 Rb-Sr 同位素的证据 [J]. 华南地质, 38 (3): 472-485.
路睿. 2013. 湖南省常宁市水口山铅锌矿床地质特征及成因机制探讨 [D]. 南京: 南京大学.
路远发, 马丽艳, 屈文俊, 等. 2006. 湖南宝山铜-钼多金属矿床成岩成矿的 U-Pb 和 Re-Os 同位素定年研究 [J]. 岩石学报, 22 (10): 2483-2492.
罗鹏, 陈迪, 杨俊, 等. 2021. 湖南川口印支期花岗岩成因及与钨成矿关系 [J]. 华南地质, 37 (3): 247-264.
罗孝桓. 1997. 黔西南右江区金矿床控矿构造样式及成矿作用分析 [J]. 贵州地质, 14 (4): 312-320.
吕志成, 戴自希, 芮宗瑶, 等. 2004. 国内外铅锌矿床成矿理论与找矿方法 [R]. 北京.
马丽艳, 付建明, 伍式崇, 等. 2008. 湘东锡田垄上锡多金属矿床$^{40}Ar/^{39}Ar$同位素定年研究 [J]. 中国地质, 35 (4): 706-713.
马丽艳, 刘树生, 付建明, 等. 2016. 湖南塔山、阳明山花岗岩的岩石成因: 来自锆石 U-Pb 年龄、地球化学及 Sr-Nd 同位素证据 [J]. 地质学报, 90 (2): 284-303.
马丽艳, 路远发, 梅玉萍, 等. 2006. 湖南水口山矿区花岗闪长岩中的锆石 SHRIMP U-Pb 定年及其地质意义 [J]. 岩石学报, 22 (10): 2475-2482.
马丽艳, 路远发, 屈文俊, 等. 2007. 湖南黄沙坪铅锌多金属矿床的 Re-Os 同位素等时线年龄及其地质意义 [J]. 矿床地质, 26 (4): 425-431.
马收先, 李厚民, 孙燕, 等. 2021. 湘南地区锡石结晶控制因素——来自阴极发光图像、微量元素和年龄的证据 [J]. 地质通报, 40 (10): 1737-1756.
毛景文, 陈懋弘, 袁顺达, 等. 2011. 华南地区钦杭成矿带地质特征和矿床时空分布规律 [J]. 地质学报, 85 (5): 636-658.
毛景文, 胡瑞忠, 陈毓川, 等. 2006. 大规模成矿作用与大型矿集区 (下) [M]. 北京: 地质出版社.
毛景文, 李红艳, 裴荣富. 1995a. 湖南千里山花岗岩体的 Nd-Sr 同位素及岩石成因研究 [J]. 矿床地质, 14 (3): 235-242.
毛景文, 李红艳, 裴荣富. 1995b. 千里山花岗岩体地质地球化学及与成矿关系 [J]. 矿床地质, 14 (1): 12-25.
毛景文, 谢桂青, 郭春丽, 等. 2007. 南岭地区大规模钨锡多金属成矿作用: 成矿时限及地球动力学背景 [J]. 岩石学报, 23 (10): 2329-2338.
毛景文, 谢桂青, 郭春丽, 等. 2008. 华南地区中生代主要金属矿床时空分布规律和成矿环境 [J]. 高校地质学报, 14 (4): 510-526.
毛景文, 谢桂青, 李晓峰, 等. 2004. 华南地区中生代大规模成矿作用与岩石圈多阶段伸展 [J]. 地学前缘, 11 (1): 45-55.
毛景文, 华仁民, 李晓波. 1999. 浅议大规模成矿作用与大型矿集区 [J]. 矿床地质, 18 (4): 291-299.
毛景文, 李晓峰, Bernd Lehmann, 等. 2004. 湖南芙蓉锡矿床锡矿石和有关花岗岩的$^{40}Ar/^{39}Ar$年龄及其地球动力学意义 [J]. 矿床地质, 23: 164-175.
孟立丰. 2012. 华南中生代构造深化特征——来自沉积盆地的研究证据 [D]. 杭州: 浙江大学.
欧阳志强, 练翠侠, 宛克勇, 等. 2021. 湖南水口山典型矿床稀散元素分布特征及其找矿意义 [J]. 矿床地质, 40 (4): 857-872.
潘烨, 刘炜, 江河, 等. 2012. 广西佛子冲铅锌矿床地质地球化学特征 [J]. 华南地质与矿产, 28 (2): 160-167.
彭建堂, 胡瑞忠, 毕献武, 等. 2007. 湖南芙蓉锡矿床$^{40}Ar/^{39}Ar$同位素年龄及地质意义 [J]. 矿床地质, 26 (3): 237-248.
彭建堂, 胡瑞忠, 袁顺达, 等. 2008. 湘南中生代花岗质岩石成岩成矿的时限 [J]. 地质论评, 54 (5): 617-625.
秦德先, 谈树成, 范柱国, 等. 2004. 个旧—大厂地区地质构造演化及锡多金属成矿 [J]. 矿物学报, 24 (2): 117-123.
秦江锋, 赖绍聪. 2011. 秦岭造山带晚三叠世花岗岩成因与深部动力学 [M]. 北京: 科学出版社.
秦锦华, 王登红, 陈毓川, 等. 2020. 矿田尺度成矿规律与成矿系列研究——以湖南水口山为例 [J]. 地质学报, 94 (1): 255-269.

秦锦华，王登红，陈毓川，等. 2019. 试论湖南衡阳盆地与地幔柱的关系及其对关键矿产深部探测的意义［J］. 地质学报，93（6）：1501-1513.
秦锦华，王登红，王成辉，等. 2023. 湖南水口山矿田成岩成矿时代、地球化学和矿物学特征及其对铅锌多金属矿成矿作用的指示［J］. 地质通报，42（7）：1179-1202.
秦拯纬，付建明，邢光福，等. 2022. 南岭成矿带中——晚侏罗世成钨、成锡、成铅锌（铜）花岗岩的差异性研究［J］. 中国地质，49（2）：518-541.
邱检生，B. I. A. McInnes，蒋少涌，等. 2005. 江西会昌密坑山岩体的地球化学及其成因类型的新认识［J］. 地球化学，34（1）：20-32.
全铁军，曾维平. 2006. 水口山矿田找矿历史回顾及新一轮老矿山找矿方向［J］. 国土资源导刊，3（3）：70-74.
全铁军，孔华，费利东，等. 2012a. 宝山花岗闪长斑岩的岩石成因：地球化学、锆石 U-Pb 年代学和 Hf 同位素制约［J］. 中国有色金属学报，22（3）：611-621.
全铁军，孔华，王高，等. 2012b. 黄沙坪矿区花岗岩岩石地球化学、U-Pb 年代学及 Hf 同位素制约［J］. 大地构造与成矿学，36（4）：597-606.
全伟，邵拥军. 2014. 湘东南茶陵地区锡田岩体成因分析［J］. 南方金属，21（6）：13-21.
饶家荣，肖海云，刘耀荣，等. 2012. 扬子、华夏古板块会聚带在湖南的位置［J］. 地球物理学报，55（2）：484-502.
任纪舜，牛宝贵，刘志刚. 1999. 软碰撞、叠覆造山和多旋回缝合作用［J］. 地学前缘，6（3）：85-93.
石洪召，林方成，张林奎. 2009. 钨矿床的时空分布及研究现状［J］. 沉积与特提斯地质，29（4）：90-95.
舒良树. 2012. 华南构造演化的基本特征［J］. 地质通报，31（7）：1035-1053.
舒良树，陈祥云，楼法生. 2020. 华南前侏罗纪构造［J］. 地质学报，94（2）：333-360.
舒良树，周新民，邓平，等. 2006. 南岭构造带的基本地质特征［J］. 地质论评，52（2）：251-265.
舒良树，周新民. 2002. 中国东南部晚中生代构造作用［J］. 地质论评，48（3）：249-260.
舒良树，周新民，邓平，等. 2004. 中国东南部中、新生代盆地特征与构造演化［J］. 地质通报，23（9）：876-884.
孙占亮. 2014. 华南南岭地区中生代花岗岩体年代学及氧逸度特征［J］. 地球科学与环境学报，36（1）：141-151.
谭娟娟，刘重芃，杨红梅，等. 2018. 湘西花垣矿集区柔先山铅锌矿床的成矿时间和物质来源［J］. 地球科学，43（7）：2438-2448.
唐攀科，王春艳，梅友松，等. 2018. 中国铅锌矿产资源成矿特征与资源潜力评价［J］. 地学前缘，25（3）：31-49.
陶继华，李武显，蔡元峰，等. 2013. 南岭东段龙源坝印支和燕山期二云母花岗岩中白云母矿物化学特征及地质意义［J］. 中国科学：地球科学，43（10）：1659-1666，1717-1721.
王宾海，王诗潮，周倩，等. 2017. 衡阳盆地北缘盐田桥铜矿床成矿构造地质地球化学特征［J］. 地质科技情报，36（6）：232-238.
王登红，陈毓川，陈郑辉，等. 2007. 南岭地区矿产资源形势分析和找矿方向研究［J］. 地质学报，81（7）：882-890.
王登红，陈郑辉，黄国成，等. 2012. 华南“南钨北扩”、“东钨西扩”及其找矿方向探讨［J］. 大地构造与成矿学，36（3）：322-329.
王登红，李建康. 2017. 南岭成矿带深部探测的理论与实践［M］. 北京：地质出版社.
王登红，唐菊兴，应立娟，等. 2010. “五层楼+地下室”找矿模型的适用性及其对深部找矿的意义［J］. 吉林大学学报（地球科学版），40（4）：733-738.
王登红，王岩，秦锦华. 2022. 中国矿产地质志·南岭卷［M］. 北京：地质出版社，1060.
王登红，赵正，刘善宝，等. 2020. 南岭东段九龙脑矿田成矿规律与深部找矿示范［M］. 北京：科学出版社.
王甫仁. 1987. 试论湖南省北西向构造及其与成岩成矿的关系［J］. 湖南地质，6（2）：1-10.
王炯辉，李毅，黄冬梅，等. 2013. 基于普通克里格法的泥河铁矿床资源储量估算研究［J］. 地质与勘探，49（6）：1108-1113.
王炯辉，王志强，陈斌. 2014. 广西三叉冲钨矿有关岩体岩石成因：锆石 U-Pb 年代学、元素地球化学及 Nd 同位素制约［J］. 地球化学，43（6）：549-573.
王炯辉，张义，张成学，等. 2019. 湖南黄沙坪铅锌多金属矿深部找矿进展和找矿方向［J］. 矿产勘查，10（4）：

835-844.
王敏，白秀娟，云建兵，等. 2016. 柿竹园多金属矿床成矿作用——$^{40}Ar/^{39}Ar$ 年代学研究［J］. 地球化学，45（1）：41-51.
王顺金. 1987. 论磁铁矿的标型特征［M］//武汉地质学院矿物学岩石学论丛编辑部. 矿物学岩石学论丛（3）. 北京：地质出版社：139-154.
王永磊，裴荣富，李进文，等. 2009. 湘东南将军寨钨矿花岗岩地球化学特征及铼-锇同位素定年［J］. 岩矿测试，28（3）：274-278.
王勇，江军华，李秋实，等. 2022. 湖南省常宁市水口山矿区水口山铅锌矿资源储量核实报告［R］. 衡阳.
王岳军，范蔚茗，郭锋，等. 2001. 湘东南中生代花岗闪长岩锆石 U-Pb 法定年及其成因指示［J］. 中国科学（D 辑：地球科学），31（9）：745-751.
吴福元，李献华，郑永飞，等. 2007. Lu-Hf 同位素体系及其岩石学应用［J］. 岩石学报，23（2）：185-220.
吴胜华. 2016. 湖南柿竹园花岗岩体远接触带 Pb-Zn-Ag 矿脉成矿机理［D］. 北京：中国地质大学（北京）.
吴永乐，梅勇文，刘鹏程，等. 1984. 中华人民共和国地质矿产部地质专报（四）矿床与矿产第 2 号 西华山钨矿［M］. 北京：地质出版社.
伍光英. 2005. 湘东南多金属矿集区燕山期花岗岩类及其大规模成矿作用［D］. 北京：中国地质大学（北京）.
肖红全，赵葵东，蒋少涌，等. 2003. 湖南东坡矿田金船塘锡铋矿床铅同位素地球化学及成矿年龄［J］. 矿床地质，22（3）：264-270.
谢桂青. 2003. 中国东南部晚中生代以来的基性岩脉（体）的地质地球化学特征及其地球动力学意义初探——以江西省为例［D］. 贵阳：中国科学院地球化学研究所.
谢洪范. 1987. 湖南省常宁县水口山矿田康家湾铅锌金矿区 1987 年地质勘探施工方案［R］. 衡阳.
谢焱石，谭凯旋. 2008. 水口山铅锌金多金属矿田元素分布的分形特征［J］. 东华理工大学学报（自然科学版），31（1）：7-11.
谢银财，陆建军，马东升，等. 2013. 湘南宝山铅锌多金属矿区花岗闪长斑岩及其暗色包体成因：锆石 U-Pb 年代学、岩石地球化学和 Sr-Nd-Hf 同位素制约［J］. 岩石学报，29（12）：4186-4214.
徐先兵，梁承华，陈家驹，等. 2021. 南岭构造带基础地质特征与成矿地质背景［J］. 地球科学，46（4）：1133-1150.
徐志刚，陈毓川，王登红，等. 2008. 中国成矿区带划分方案［M］. 北京：地质出版社.
许建祥，曾载淋，王登红，等. 2008. 赣南钨矿新类型及“五层楼+地下室”找矿模型［J］. 地质学报，82（7）：880-887.
许以明，龚述清，江元成，等. 2007. 湖南黄沙坪铅锌矿深边部找矿前景分析［J］. 地质与勘探，43（1）：38-43.
轩一撒，袁顺达，原垭斌，等. 2014. 湘南尖峰岭岩体锆石 U-Pb 年龄、地球化学特征及成因［J］. 矿床地质，33（6）：1379-1390.
杨锋，冯佐海，汪钥龙，等. 2016. 粤西北太保花岗岩体 LA-ICP-MS 锆石 U-Pb 年代学研究［J］. 桂林理工大学学报，36（1）：160-169.
姚军明，华仁民，屈文俊，等. 2007. 湘南黄沙坪铅锌钨钼多金属矿床辉钼矿的 Re-Os 同位素定年及其意义［J］. 中国科学（D 辑：地球科学），37（4）：471-477.
宜昌地质矿产研究所. 1987. 南岭地质矿产科研报告集［M］. 武汉：武汉地质学院出版社，258.
喻亨祥，刘家远. 1997. 水口山矿田花岗质潜火山杂岩的成因特征［J］. 大地构造与成矿学，21（1）：32-40.
袁玲玲，王祎帆，刘建平，等. 2022. 湖南香花岭晚侏罗世高分异花岗岩的岩石地球化学特征：岩石成因与稀有金属成矿效应［J］. 岩石学报，38（7）：2113-2138.
袁顺达，张东亮，双燕，等. 2012. 湘南新田岭大型钨钼矿床辉钼矿 Re-Os 同位素测年及其地质意义［J］. 岩石学报，28（1）：27-38.
原垭斌，袁顺达，陈长江，等. 2014. 黄沙坪矿区花岗岩类的锆石 U-Pb 年龄、Hf 同位素组成及其地质意义［J］. 岩石学报，30（1）：64-78.
原垭斌，袁顺达，赵盼捞，等. 2018. 湘南黄沙坪多金属矿床花岗质岩浆性质及演化对成矿差异的约束［J］. 岩石学报，34（9）：2565-2580.

张德会. 1997. 流体的沸腾和混合在热液成矿中的意义 [J]. 地球科学进展, 12 (6): 49-55.
张德全, 王立华. 1988. 香花岭矿田矿床成矿分带及其成因探讨 [J]. 矿床地质, 7 (4): 33-42.
张国伟. 1988. 华北地块南部早前寒武纪地壳的组成及其演化和秦岭造山带的形成及其演化 [J]. 西北大学学报 (自然科学版), 18 (1): 21-23.
张国伟, 孟庆任. 1996. 秦岭造山带的造山过程及其动力学特征 [J]. 中国科学 (D辑: 地球科学), 26 (3): 193-200.
张少兵, 郑永飞. 2011. 低 $\delta^{18}O$ 岩浆岩的成因 [J]. 岩石学报, 27 (2): 520-530.
张少兵, 郑永飞. 2013. 华南陆块新元古代低 $\delta^{18}O$ 岩浆岩的时空分布 [J]. 科学通报, 58 (23): 2344-2350.
张文兰, 华仁民, 王汝成, 等. 2012. 赣南铁山垄钨矿成矿花岗岩的 SHRIMP 锆石 U-Pb 定年 [J]. 矿床地质, 31 (S1): 633-634.
张志. 2015. 湖南省黄沙坪钨多金属矿床成矿地质作用研究 [D]. 北京: 中国地质大学 (北京).
张梓贺. 2018. 湖南省康家湾铅锌矿床地质特征及成因探讨 [D]. 桂林: 桂林理工大学.
章荣清, 陆建军, 王汝成, 等. 2011. 湖南荷花坪锡铅锌矿区燕山期黑云母花岗岩的厘定 [J]. 高校地质学报, 17 (4): 513-520.
赵葵东, 蒋少涌, 姜耀辉, 等. 2006. 湘南骑田岭岩体芙蓉超单元的锆石 SHRIMP U-Pb 年龄及其地质意义 [J]. 岩石学报, 22 (10): 2611-2616.
赵盼捞, 袁顺达, 原垭斌. 2018. 湘南黄沙坪多金属矿床石榴子石地球化学特征及其对 Cu 与 W-Sn 复合成矿机理的指示 [J]. 岩石学报, 34 (9): 2581-2597.
赵一鸣, 丰成友, 李大新. 2017. 中国矽卡岩矿床找矿新进展和时空分布规律 [J]. 矿床地质, 36 (3): 519-543.
赵一鸣, 林文蔚. 2012. 中国矽卡岩矿床 [M]. 北京: 地质出版社.
赵增霞. 2017. 湘南中生代花岗岩成因及水口山矿床铅锌成矿作用 [D]. 南京: 南京大学.
赵增霞, 路睿, 左昌虎, 等. 2013. 湖南省常宁市水口山铅锌矿矿床成因探讨 [J]. 矿物学报, 33 (S2): 540-541.
赵振华. 2010. 副矿物微量元素地球化学特征在成岩成矿作用研究中的应用 [J]. 地学前缘, 17 (1): 267-286.
赵正, 王登红, 张长青, 等. 2014. 南岭地区与铅锌矿有关岩浆岩的成矿专属性研究 [J]. 大地构造与成矿学, 38 (2): 289-300.
甄世民, 祝新友, 李永胜, 等. 2012. 湖南仙人岩与金矿床有关的二长岩锆石 U-Pb 年龄、Hf 同位素及地质意义 [J]. 吉林大学学报 (地球科学版), 42 (6): 1740-1756.
钟江临, 李楚平. 2006. 湖南香花岭矽卡岩型锡矿床地质特征及控矿因素分析 [J]. 矿产与地质, 20 (2): 147-151.
周涛发, 范裕, 袁峰, 等. 2010. 庐枞盆地侵入岩的时空格架及其对成矿的制约 [J]. 岩石学报, 26 (9): 2694-2714.
周云, 段其发, 曹亮, 等. 2021. 湖南花垣矿集区李梅铅锌矿床闪锌矿 Rb-Sr 定年与成矿物质示踪 [J]. 地球科学与环境学报, 43 (4): 661-673.
朱金初, 王汝成, 陆建军, 等. 2011. 湘南癞子岭花岗岩体分异演化和成岩成矿 [J]. 高校地质学报, 17 (3): 381-392.
祝新友, 王京彬, 王艳丽, 等. 2015. 浆液过渡态流体在矽卡岩型钨矿成矿过程中的作用——以湖南柿竹园钨锡多金属矿为例 [J]. 岩石学报, 31 (3): 891-905.
左昌虎. 2015. 湖南常宁康家湾铅锌矿床成因及与周边岩浆作用关系研究 [D]. 南京: 南京大学.
左昌虎, 路睿, 赵增霞, 等. 2014. 湖南常宁水口山 Pb-Zn 矿区花岗闪长岩元素地球化学, LA-ICP-MS 锆石 U-Pb 年龄和 Hf 同位素特征 [J]. 地质论评, 60 (4): 811-823.
Akinfiev N N, Tagirov B R. 2014. Zn in hydrothermal systems: Thermodynamic description of hydroxide, chloride, and hydrosulfide complexes [J]. Geochemistry International, 52 (3): 197-214.
Akinfiev N N, Zotov A V. 2010. Thermodynamic description of aqueous species in the system Cu-Ag-Au-S-O-H at temperatures of 0-600℃ and pressures of 1-3000 Bar [J]. Geochemistry International, 48 (7): 714-720.
Altherr R, Siebel W. 2002. I-type plutonism in a continental back-arc setting: Miocene granitoids and monzonites from the central Aegean Sea, Greece [J]. Contributions to Mineralogy and Petrology, 143 (4): 397-415.
Barbarin B. 1999. A review of the relationships between granitoid types, their origins and their geodynamic environments [J]. Lithos, 46 (3): 605-626.
Brown P E. 1989. FLINCOR: A microcomputer program for the reduction and investigation of fluid-inclusion data [J].

American Mineralogist, 74 (11-12): 1390-1393.

Brügmann G, Brauns M, Maas R. 2019. Silver isotope analysis of gold nuggets: An appraisal of instrumental isotope fractionation effects and potential for high-resolution tracing of placer gold [J]. Chemical Geology, 516: 59-67.

Cai F, Qin J, Qin J, et al. 2021. Geochemical characteristics and LA-ICP-MS zircon U-Pb dating of ore-bearing granite of Chuankou intrusion-related tungsten deposit, Hunan Province [J]. Geology in China, 48 (4): 1212-1224.

Cao J Y, Yang X Y, Lu Y Y, et al. 2020. Zircon U-Pb and Sm-Nd geochronology andgeochemistry of the Sn-W deposits in the northern Guposhan ore field, Nanling Range, southern China [J]. Ore Geology Reviews, 118: 103323.

Chappell B W. 1999. Aluminium saturation in I- and S-type granites and the characterization of fractionated haplogranites [J]. Lithos, 46 (3): 535-551.

Chappell B W, White A J R. 1992. I- and S-type granites in the Lachlan Fold Belt [J]. Earth and Environmental Science Transactions of the Royal Society of Edinburgh, 83 (1-2): 1-26.

Chappell B W, White A J R. 2001. Two contrasting granite types: 25 years later [J]. Australian Journal of Earth Sciences, 48 (4): 489-499.

Chen B, Ma X, Wang Z. 2014. Origin of the fluorine-rich highly differentiated granites from the Qianlishan composite plutons (South China) and implications for polymetallic mineralization [J]. Journal of Asian Earth Sciences, 93: 301-314.

Chen P R, Hua R M, Zhang B T, et al. 2002. Early Yanshanian post-orogenic granitoids in the Nanling region-Petrological constraints and geodynamic settings [J]. Science in China Series D: Earth Sciences, 45 (8): 755-768.

Chen Y X, Li H, Sun W D, et al. 2016. Generation of Late Mesozoic Qianlishan A2-type granite in Nanling Range, South China: Implications for Shizhuyuan W-Sn mineralization and tectonic evolution [J]. Lithos, 266: 435-452.

Chu Y, Lin W, Faure M, et al. 2019. Cretaceous episodic extension in the South China Block, East Asia: Evidence from the Yuechengling massif of Central South China [J]. Tectonics, 38 (10): 3675-3702.

Clayton R N, O′neil J R, Mayeda T K. 1972. Oxygen isotope exchange between quartz and water [J]. Journal of Geophysical Research (1896-1977), 77 (17): 3057-3067.

Collins W J. 1998. Evaluation of petrogenetic models for Lachlan Fold Belt granitoids: Implications for crustal architecture and tectonic models [J]. Australian Journal of Earth Sciences, 45 (4): 483-500.

Collins W J, Beams S D, White A J R, et al. 1982. Nature and origin of A-type granites with particular reference to southeastern Australia [J]. Contributions to Mineralogy and Petrology, 80 (2): 189-200.

Del Real I, Thompson J F H, Simon A C, et al. 2020. Geochemical and isotopic signature of pyrite as a proxy for fluid source and evolution in the Candelaria-Punta del Cobre iron oxide copper-gold district, Chile [J]. Economic Geology, 115 (7): 1493-1518.

Dilek Y, Tang L. 2021. Magmatic record of the Mesozoic geology of Hainan Island and its implications for the Mesozoic tectonomagmatic evolution of SE China: Effects of slab geometry and dynamics in continental tectonics [J]. GEOLOGICAL MAGAZINE, 158 (1): 118-142.

Ding T, Ma D S, Lu J J, et al. 2016. Petrogenesis of Late Jurassic granitoids and relationship to polymetallic deposits in southern China: The Huangshaping example [J]. International Geology Review, 58 (13): 1646-1672.

Ding T, Tan T T, Wang J, et al. 2022. Ore genesis of the Huangshaping skarn W-Mo-Pb-Zn deposit, southern Hunan Province, China: Insights from in situ LA-MC-ICP-MS sulphur isotopic compositions [J]. GEOLOGICAL MAGAZINE, 159 (6): 981-995.

Dolejš D, Finger F, Frýda J, et al. 2004. Deciphering the petrogenesis of deeply buried granites: Whole-rock geochemical constraints on the origin of largely undepleted felsic granulites from the Moldanubian Zone of the Bohemian Massif [J]. Earth and Environmental Science Transactions of the Royal Society of Edinburgh, 95 (1-2): 141-159.

Dostal J, Chatterjee A K. 2000. Contrasting behaviour of Nb/Ta and Zr/Hf ratios in a peraluminous granitic pluton (Nova Scotia, Canada) [J]. Chemical Geology, 163 (1-4): 207-218.

Drummond M S, Defant M J. 1990. A model for Trondhjemite-Tonalite-Dacite Genesis and crustal growth via slab melting: Archean to modern comparisons [J]. Journal of Geophysical Research: Solid Earth, 95 (B13): 21503-21521.

Du Y, Lu Y Y, Zhang Z Z, et al. 2022. Indosinian magmatism and mineralization in the Banjiaoyuan tin deposit, middle

Nanling Range, South China: Constraints from zircon and cassiterite U-Pb ages, geochemistry and Sr-Nd-Hf isotopic compositions [J]. Ore Geology Reviews, 151: 105190.

Einaudi M T, Hedenquist J W, Inan E E 2005. Sulfidation state of fluids in active and extinct hydrothermal systems: Transitions from porphyry to epithermal environments//Simmons S F, etal., Volcanic, Geothermal, and Ore-Forming Fluids: Rulers and Witnesses of Processes within the Earth. Society of Economic Geologists.

Faure G, Mensing T M. 2005. Isotopes: Principles and applications [M]. Hoboken, New Jersey: John Wiley and Sons. Inc.

FengY N, Lan T G, Pan L C, et al. 2019. Metallogenic controls on the granite-related W-Sn deposits in the Hunan-Jiangxi region, China: Evidence from zircon trace element geochemistry [J]. Acta Geochimica, 38 (4): 530-540.

Gao P, Zheng Y F, Zhao Z F. 2016. Distinction between S-type and peraluminous I-type granites: Zircon versus whole-rock geochemistry [J]. Lithos, 258-259: 77-91.

Green T H. 1995. Significance of Nb/Ta as an indicator of geochemical processes in the crust-mantle system [J]. Chemical Geology, 120 (3-4): 347-359.

Gregory D D, Large R R, Halpin J A, et al. 2015. Trace element content of sedimentary pyrite in black shales [J]. Economic Geology, 110 (6): 1389-1410.

Gu S, Hua R, Qi H. 2007. Zircon LA-ICP-MS U-Pb dating and Sr-Nd isotope study of the Guposhan granite complex, Guangxi, China [J]. Chinese Journal of Geochemistry, 26 (3): 290-300.

Guo C L, Wang R C, Yuan S D, et al. 2015. Geochronological and geochemical constraints on the petrogenesis and geodynamic setting of the Qianlishan granitic pluton, Southeast China [J]. Mineralogy and Petrology, 109 (2): 253-282.

Guo L, Gao R, Shi L, et al. 2019. Crustal thickness and Poisson's ratios of South China revealed from joint inversion of receiver function and gravity data [J]. Earth and Planetary Science Letters, 510: 142-152.

Hammerli J, Spandler C, Oliver N H S, et al. 2015. Zn and Pb mobility during metamorphism of sedimentary rocks and potential implications for some base metal deposits [J]. Mineralium Deposita, 50 (6): 657-664.

Han J S, Chen H Y, Hong W, et al. 2020. Texture and geochemistry of multi-stage hydrothermal scheelite in the Tongshankou porphyry-skarn Cu-Mo (-W) deposit, eastern China: Implications for ore-forming process and fluid metasomatism [J]. American Mineralogist, 105 (6): 945-954.

Hoefs J. 1997. Stable isotope geochemistry [M]. Berlin, Heidelberg: Springer, 203.

Hoskin P W O, Schaltegger U. 2003. The composition of zircon and igneous and metamorphic petrogenesis [J]. Reviews in Mineralogy and Geochemistry, 53 (1): 27-62.

Hu X, Gong Y, Pi D, et al. 2017. Jurassic magmatism related Pb-Zn-W-Mo polymetallic mineralization in the central Nanling Range, South China: Geochronologic, geochemical, and isotopic evidence from the Huangshaping deposit [J]. Ore Geology Reviews, 91: 877-895.

Huang J C, Peng J T, Yang J H, et al. 2015. Precise zircon U-Pb and molybdenite Re-Os dating of the Shuikoushan granodiorite-related Pb-Zn mineralization, southern Hunan, South China [J]. Ore Geology Reviews, 71: 305-317.

Huang X D, Lu J J, Sizaret S, et al. 2017. Petrogenetic differences between the Middle-Late Jurassic Cu-Pb-Zn-bearing and W-bearing granites in the Nanling Range, South China: A case study of the Tongshanling and Weijia deposits in southern Hunan Province [J]. Science in China Series D: Earth Sciences, 60 (7): 1220-1236.

Huston D L, Sie S H, Suter G F, et al. 1995. Trace-elements in sulfide minerals from eastern Australian olcanic-hosted massive sulfide deposits . 1. proton microprobe analyses of pyrite, chalcopyrite, and sphalerite, and . 2. selenium levels in pyrite-comparison with delta-s-34 values and implications for the source of sulfur in volcanogenic hydrothermal systems [J]. Economic Geology and the Bulletin of the Society of Economic Geologists, 90 (5): 1167-1196.

Jackson N J, Walsh J N, Pegram E. 1984. Geology, geochemistry and petrogenesis of late Precambrian granitoids in the Central Hijaz Region of the Arabian Shield [J]. Contributions to Mineralogy and Petrology, 87 (3): 205-219.

Jiang H, Jiang S Y, Li W Q, et al. 2018a. Highly fractionated Jurassic I-type granites and related tungsten mineralization in the Shirenzhang deposit, northern Guangdong, South China: Evidence from cassiterite and zircon U-Pb ages, geochemistry and Sr-Nd-Pb-Hf isotopes [J]. Lithos, 312-313: 186-203.

Jiang W C, Li H, Wu J H, et al. 2018b. A newly found biotite syenogranite in the Huangshaping Polymetallic Deposit, South

China: Insights into Cu mineralization [J]. Journal of Earth Science, 29 (3): 537-555.

Jiang Y-H, Ling H-F, Jiang S-Y, et al. 2005. Petrogenesis of a Late Jurassic peraluminous volcanic complex and its high-Mg, potassic, quenched enclaves at Xiangshan, Southeast China [J]. Journal of Petrology, 46 (6): 1121-1154.

Jiang Y H, Jiang S Y, Dai B Z, et al. 2009. Middle to late Jurassic felsic and mafic magmatism in southern Hunan province, southeast China: Implications for a continental arc to rifting [J]. Lithos, 107 (3-4): 185-204.

Jiang Y H, Jiang S Y, Zhao K D, et al. 2006. Petrogenesis of Late Jurassic Qianlishan granites and mafic dykes, Southeast China: Implications for a back-arc extension setting [J]. GEOLOGICAL MAGAZINE, 143 (4): 457-474.

Karsli O, Dokuz A, Uysal İ, et al. 2010. Relative contributions of crust and mantle to generation of Campanian high-K calc-alkaline I-type granitoids in a subduction setting, with special reference to the Harşit Pluton, Eastern Turkey [J]. Contributions to Mineralogy and Petrology, 160 (4): 467-487.

Kaygusuz A, Arslan M, Siebel W, et al. 2014. LA-ICP MS zircon dating, whole-rock and Sr-Nd-Pb-O isotope geochemistry of the Camiboğazı pluton, Eastern Pontides, NE Turkey: Implications for lithospheric mantle and lower crustal sources in arc-related I-type magmatism [J]. Lithos, 192-195: 271-290.

Keith M, Smith D J, Doyle K, et al. 2020. Pyrite chemistry: A new window into Au-Te ore-forming processes inalkaline epithermal districts, Cripple Creek, Colorado [J]. Geochimica et Cosmochimica Acta, 274: 172-191.

Kempe U, Graupner T, Seltmann R, et al. 2016. The Muruntau gold deposit (Uzbekistan)-A unique ancient hydrothermal system in the southern TienShan [J]. Geoscience Frontiers, 7 (3): 495-528.

Kong H, Li H, Wu Q H, et al. 2018. Co-development of Jurassic I-type and A-type granites in southern Hunan, South China: Dual control by plate subduction and intraplate mantle upwelling [J]. Chemie Der Erde-Geochemistry, 78 (4): 500-520.

Kouzmanov K, Pokrovski G S, Hedenquist J W, et al. 2012. Hydrothermal controls on metal distribution in porphyry Cu (-Mo-Au) systems [M] //Geology and Genesis of Major Copper Deposits and Districts of the World: A Tribute to Richard H. Sillitoe. Society of Economic Geologists.

Large R R, Gemmell J B, Paulick H, et al. 2001. The alteration box plot: A simple approach to understanding the relationship between alteration mineralogy and lithogeochemistry associated with volcanic-hosted massive sulfide deposits [J]. Economic Geology, 96 (5): 957-971.

Large R R, Maslennikon V V, Robert F, et al. 2007. Multistage sedimentary and metamorphic origin of pyrite and gold in the giant Sukhoi Log deposit, Lena gold province, Russia [J]. Economic Geology, 102 (7): 1233-1267.

Li D F, Tan C Y, Miao F Y, et al. 2019. Initiation of Zn-Pb mineralization in the Pingbao Pb-Zn skarn district, South China: Constraints from U-Pb dating of grossular-rich garnet [J]. Ore Geology Reviews, 107: 587-599.

Li H, Watanabe K, Yonezu K. 2014. Geochemistry of A-type granites in the Huangshaping polymetallic deposit (South Hunan, China): Implications for granite evolution and associated mineralization [J]. Journal of Asian Earth Sciences, 88: 149-167.

Li S, Cao Y, Song Z, et al. 2021. Zircon U-Pb and pyrite Re-Os isotope geochemistry of 'Skarn-Type' Fe-Cu mineralization at the Shuikoushan Polymetallic Deposit, South China: Implications for an Early Cretaceous mineralization event in the Nanling Range [J]. Minerals, 11 (5): 480.

Li W-S, Ni P, Wang G-G, et al. 2020. A possible linkage between highly fractionated granitoids and associated W-mineralization in the Mesozoic Yaogangxian granitic intrusion, Nanling region, South China [J]. Journal of Asian Earth Sciences, 193: 104314.

Li X-H. 2000. Cretaceous magmatism and lithospheric extension in Southeast China [J]. Journal of Asian Earth Sciences, 18 (3): 293-305.

Li X-H, Li Z-X, Li W-X, et al. 2007a. U-Pb zircon, geochemical and Sr-Nd-Hf isotopic constraints on age and origin of Jurassic I- and A-type granites from central Guangdong, SE China: A major igneous event in response to foundering of a subducted flat-slab? [J]. Lithos, 96 (1): 186-204.

Li X, Chi G, Zhou Y, et al. 2017. Oxygen fugacity of Yanshanian granites in South China and implications for metallogeny [J]. Ore Geology Reviews, 88: 690-701.

Li X F, Huang C, Wang C Z, et al. 2016. Genesis of the Huangshaping W-Mo-Cu-Pb-Zn polymetallic deposit in

Southeastern Hunan Province, China: Constraints from fluid inclusions, trace elements, and isotopes [J]. Ore Geology Reviews, 79: 1-25.

Li X H, Fan H R, Yang K F, et al. 2018. Pyrite textures and compositions from the Zhuangzi Au deposit, southeastern North China Craton: Implication for ore-forming processes [J]. CONTRIBUTIONS TO MINERALOGY AND PETROLOGY, 173 (9): 73.

Li Z-L, Hu R-Z, Yang J-S, et al. 2007b. He, Pb and S isotopic constraints on the relationship between the A-type Qitianling granite and the Furong tin deposit, Hunan Province, China [J]. Lithos, 97 (1): 161-173.

Liang C H, Luo B J, Xu X B, et al. 2023. Geochronology, petrogenesis and tectonic implications of Late Triassic and Late Jurassic granitoids in the South China Block [J]. Journal of Asian Earth Sciences, 250: 105651.

Liao Y Z, Zhao B, Zhang D H, et al. 2021. Evidence for temporal relationship between the late Mesozoic multistage Qianlishan granite complex and the Shizhuyuan W-Sn-Mo-Bi deposit, SE China [J]. Scientific Reports, 11 (1): 5828.

Liu C-Z, Liu Z-C, Wu F-Y, et al. 2012. Mesozoic accretion of juvenile sub-continental lithospheric mantle beneath South China and its implications: Geochemical and Re-Os isotopic results from Ningyuan mantle xenoliths [J]. Chemical Geology, 291: 186-198.

Liu W H, Mcphail D C. 2005. Thermodynamic properties of copper chloride complexes and copper transport in magmatic-hydrothermal solutions [J]. Chemical Geology, 221 (1-2): 21-39.

Liu X, Xiao C. 2020. Wolframite solubility and precipitation in hydrothermal fluids: Insight from thermodynamic modeling [J]. Ore Geology Reviews, 117: 103289.

Liu X C, Yu P P, Xiao C H. 2023. Tin transport and cassiterite precipitation from hydrothermal fluids [J]. Geoscience Frontiers, 14 (6): 101624.

Mao J, Cheng Y, Chen M, et al. 2013. Major types and time-space distribution of Mesozoic ore deposits in South China and their geodynamic settings [J]. Mineralium Deposita, 48 (3): 267-294.

Mao J, Ouyang H, Song S, et al. 2019. Chapter 10 geology and metallogeny of tungsten and tin deposits in China [M] // Chang Z, et al. Mineral Deposits of China. Society of Economic Geologists: 411-482.

Mao J, Pirajno F, Cook N. 2011. Mesozoic metallogeny in East China and corresponding geodynamic settings — An introduction to the special issue [J]. Ore Geology Reviews, 43 (1): 1-7.

Meinert L D, Dipple G M, Nicolescu S. 2005. World Skarn Deposits [J]. Economic Geology, 100: 299-336.

Ohmoto H. 1972. Systematics of sulfur and carbon isotopes in hydrothermal ore-deposits [J]. Economic Geology, 67 (5): 551-572.

Ou J, Chen L J, Zhang B J, et al. 2022. The formation mechanism of the typical hot dry rocks in Hunan Province, China [J]. Journal of Geophysics and Engineering, 19 (6): 1246-1264.

Pal'yanova G. 2008. Physicochemical modeling of the coupled behavior of gold and silver in hydrothermal processes: Gold fineness, Au/Ag ratios and their possible implications [J]. Chemical Geology, 255 (3): 399-413.

Pearce J A, Harris N B W, Tindle A G. 1984. Trace element discrimination diagrams for the tectonic interpretation of granitic rocks [J]. Journal of Petrology, 25 (4): 956-983.

Peng J, Zhou M-F, Hu R, et al. 2006. Precise molybdenite Re-Os and mica Ar-Ar dating of the Mesozoic Yaogangxian tungsten deposit, central Nanling district, South China [J]. Mineralium Deposita, 41 (7): 661-669.

Pokrovski G S, Tagirov B R, Schott J, et al. 2009. An in situ X-ray absorption spectroscopy study of gold-chloride complexing in hydrothermal fluids [J]. Chemical Geology, 259 (1): 17-29.

Qin J-H, Wang D-H, Li C, et al. 2020. The molybdenite Re-Os isotope chronology, in situ scheelite and wolframite trace elements and Sr isotope characteristics of the Chuankou tungsten ore field, South China [J]. Ore Geology Reviews, 126: 103756.

Qin J, Huang F, Zhong S, et al. 2022. Unraveling evolution histories of large hydrothermal systems via garnet U-Pb dating, sulfide trace element and isotopic analyses: A case study of Shuikoushan polymetallic ore field, South China [J]. Ore Geology Reviews, 149: 105063.

Reed M H, Palandri J. 2006. Sulfide mineral precipitation from hydrothermal fluids [J]. Reviews in Mineralogy and

Geochemistry, 61 (1): 609-631.

Renmin H U A, Peirong C, Wenlan Z, et al. 2005. Metallogenesis related to Mesozoic granitoids in the Nanling Range, South China and their geodynamic settings [J]. Acta Geologica Sinica-English Edition, 79 (6): 810-820.

Rollinson H R. 1993. Using geochemical data: Evaluation, presentation, interpretation [M]. London: Pearson Education Limited, 384.

Shang L B, Williams-Jones A E, Wang X S, et al. 2020. An experimental study of the solubility and speciation of MoO3 (s) in hydrothermal fluids at temperatures up to 350℃-a reply [J]. Economic Geology, 115 (8): 1872-1873.

Shen H, Zhang Y, Zuo C, et al. 2022. Ore-forming process revealed by sphalerite texture and geochemistry: A case study at the Kangjiawan Pb-Zn deposit in Qin-Hang Metallogenic Belt, South China [J]. Ore Geology Reviews, 150: 105153.

Shu L, Yao J, Wang B, et al. 2021a. Neoproterozoic plate tectonic process and Phanerozoic geodynamic evolution of the South China Block [J]. Earth-Science Reviews, 216: 103596.

Shu L S, Wang B, Cawood P A, et al. 2015. Early Paleozoic and Early Mesozoic intraplate tectonic and magmatic events in the Cathaysia Block, South China [J]. TECTONICS, 34 (8): 1600-1621.

Shu L S, Yao J L, Wang B, et al. 2021b. Neoproterozoic plate tectonic process and Phanerozoic geodynamic evolution of the South China Block [J]. Earth-Science Reviews, 216: 103596.

Shu Q, Chang Z, Lai Y, et al. 2016. Regional metallogeny of Mo-bearing deposits in Northeastern China, with new Re-Os dates of porphyry Mo deposits in the Northern Xilamulun District [J]. Economic Geology, 111 (7): 1783-1798.

Shu X J, Wang X L, Sun T, et al. 2011. Trace elements, U-Pb ages and Hf isotopes of zircons from Mesozoic granites in the western Nanling Range, South China: Implications for petrogenesis and W-Sn mineralization [J]. Lithos, 127 (3-4): 468-482.

Stefánsson A, Seward T M. 2003. Experimental determination of the stability and stoichiometry of sulphide complexes of silver (I) in hydrothermal solutions to 400°C [J]. Geochimica et Cosmochimica Acta, 67 (7): 1395-1413.

Sun M G, Mathur R, Gao C H, et al. 2024. Equilibrium Sn isotope fractionation between aqueous Sn and Sn-bearing minerals: Constrained by first-principles calculations [J]. Amerian Mineralogist, 109: 265-273.

Sun S S, Mcdonough W F. 1989. Chemical and isotopic systematics of oceanic basalts: Implications for mantle composition and processes [J]. Geological Society, London, Special Publications, 42 (1): 313-345.

Tang Y Y, Kong H, Liu B A, et al. 2022. Geochronology, whole-rock geochemistry, and Sr-Nd-Hf isotopes of granitoids in the Tongshanling Ore Field, South China: Insights into Cu and W metallogenic specificity [J]. Minerals, 12 (7): 892.

Taylor H P. 1974. The application of oxygen and hydrogen isotope studies to problems of hydrothermal alteration and ore deposition [J]. Economic Geology, 69 (6): 843-883.

Taylor S R, Mclennan S M. 1985. The continental crust: Its composition and evolution [M]. United States: Blackwell Scientific Pub., Palo Alto, CA.

Tomkins A G. 2010. Windows of metamorphic sulfur liberation in the crust: Implications for gold deposit genesis [J]. Geochimica et Cosmochimica Acta, 74 (11): 3246-3259.

Ulrich T, Mavrogenes J. 2008. An experimental study of the solubility of molybdenum in H_2O and $KCl-H_2O$ solutions from 500℃ to 800℃, and 150 to 300MPa [J]. Geochimica et Cosmochimica Acta, 72 (9): 2316-2330.

Voisey C R, Tomkins A G, Brauns M, et al. 2019. Extreme silver isotope variation in orogenic gold systems implies multistaged metal remobilization during ore genesis [J]. Economic Geology, 114 (2): 233-242.

Wang D, Huang F, Wang Y, et al. 2020. Regional metallogeny of Tungsten-tin-polymetallic deposits in Nanling region, South China [J]. Ore Geology Reviews, 120: 103305.

Wang J, Du Y, Zhang F, et al. 2023. Deeply derived magma controlling the polymetallic mineralization at Shuikoushan, SouthChina: Constraints from mineral U-Pb dating and whole-rock geochemistry [J]. Minerals, 13 (12): 1508.

Wang Q, Xu J-F, Jian P, et al. 2006. Petrogenesis of adakitic porphyries in an extensional tectonic setting, Dexing, South China: Implications for the genesis of porphyry copper mineralization [J]. Journal of Petrology, 47 (1): 119-144.

Wang X-S, Williams-Jones A E, Hu R-Z, et al. 2021. The role of fluorine in granite-related hydrothermal tungsten ore genesis: Results of experiments and modeling [J]. Geochimica et Cosmochimica Acta, 292: 170-187.

Wang Y J, Fan W M, Zhang G W, et al. 2013. Phanerozoic tectonics of the South China Block: Key observations and controversies [J]. Gondwana Research, 23 (4): 1273-1305.

Whalen J B, Currie K L, Chappell B W. 1987. A-type granites: Geochemical characteristics, discrimination and petrogenesis [J]. Contributions to Mineralogy and Petrology, 95 (4): 407-419.

White L T, Ireland T R. 2012. High-uranium matrix effect in zircon and its implications for SHRIMP U-Pb age determinations [J]. Chemical Geology, 306-307: 78-91.

Williams-Jones A E, Bowell R J, Migdisov A A. 2009. Gold in solution [J]. Elements, 5 (5): 281-287.

Wu F Y, Liu X C, Ji W Q, et al. 2017. Highly fractionated granites: Recognition and research [J]. Science in China Series D: Earth Sciences, 60 (7): 1201-1219.

Xiao W Z, Liu C Y, Tan K X, et al. 2023. Two distinct fractional crystallization mechanisms of A-Type granites in the Nanling Range, South China: A case study of the Jiuyishan complex massif and Xianghualing intrusive stocks [J]. Minerals, 13 (5): 605.

Xiong Y-Q, Shao Y-J, Cheng Y, et al. 2020. Discrete Jurassic and Cretaceous mineralization events at the Xiangdong W (-Sn) deposit, Nanling Range, South China [J]. Economic Geology, 115 (2): 385-413.

Xu Y J, Cawood P A, Du Y S. 2016. Intraplate orogenesis in response to Gondwana assembly: Kwangsian orogeny, South China [J]. American Journal of Science, 316 (4): 329-362.

Yan D P, Zhou M F, Song H L, et al. 2003. Origin and tectonic significance of a Mesozoic multi-layerover-thrust system within the Yangtze Block (South China) [J]. TECTONOPHYSICS, 361 (3-4): 239-254.

Yang J-H, Kang L-F, Peng J-T, et al. 2018. In-situ elemental and isotopic compositions of apatite and zircon from the Shuikoushan and Xihuashan granitic plutons: Implication for Jurassic granitoid-related Cu-Pb-Zn and W mineralization in the Nanling Range, South China [J]. Ore Geology Reviews, 93: 382-403.

Yang J-H, Peng J-T, Zheng Y-F, et al. 2016. Petrogenesis of the Mesozoic Shuikoushan peraluminous I-type granodioritic intrusion in Hunan Province, South China: Middle-lower crustal reworking in an extensional tectonic setting [J]. Journal of Asian Earth Sciences, 123: 224-242.

Yang L, Wang Q, Large R R, et al. 2022. Texture and geochemistry of pyrite from the Jinya, Nakuang and Gaolong gold deposits in the Youjiang Basin: Implications for basin-scale gold mineralization [J]. Mineralium Deposita, 57 (8): 1367-1390.

Yang S-Y, Jiang S-Y, Zhao K-D, et al. 2012. Geochronology, geochemistry and tectonic significance of two Early Cretaceous A-type granites in the Gan-Hang Belt, Southeast China [J]. Lithos, 150: 155-170.

Yao J, Hua R, Qu W, et al. 2007. Re-Os isotope dating of molybdenites in the Huangshaping Pb-Zn-W-Mo polymetallic deposit, Hunan Province, South China and its geological significance [J]. Science in China Series D: Earth Sciences, 50 (4): 519-526.

Ye L, Cook N J, Ciobanu C L, et al. 2011. Trace and minor elements in sphalerite from base metal deposits in South China: A LA-ICPMS study [J]. Ore Geology Reviews, 39 (4): 188-217.

Yu Y, Zhou Y, Dai P, et al. 2022a. Triassic tungsten mineralization in Nanling metallogenic belt: A case study of the Zanshi tungsten deposit in the Yajiangqiao area, eastern Hunan Province, China [J]. Ore Geology Reviews, 142: 104710.

Yu Z, Ling H, Chen P, et al. 2022b. In situ elemental and Sr-Nd isotopic compositions of hydrothermal apatite from the Shazhou U deposit in the Xiangshan complex: Implications for the origins of ore-forming fluids of volcanic related U deposits in South China [J]. Journal of Asian Earth Sciences, 233: 105230.

Yu Z F, Peng Q M, Zhao Z, et al. 2020. Geochronology, geochemistry, and geodynamic relationship of the mafic dykes and granites in the Qianlishan complex, South China [J]. Minerals, 10 (12): 1069.

Yuan S, Peng J, Shen N, et al. 2007. $^{40}Ar-^{39}Ar$ isotopic dating of the Xianghualing Sn-polymetallic orefield in southern Hunan, China and its geological implications [J]. Acta Geologica Sinica-English Edition, 81 (2): 278-286.

Yuan S D, Peng J T, Hu R Z, et al. 2008. A precise U-Pb age on cassiterite from the Xianghualing tin-polymetallic deposit (Hunan, South China) [J]. Mineralium Deposita, 43 (4): 375-382.

Zeng Q D, Liu J M, Chu S X, et al. 2014. Re-Os and U-Pb geochronology of the Duobaoshan porphyry Cu-Mo- (Au) deposit, northeast China, and its geological significance [J]. Journal of Asian Earth Sciences, 79: 895-909.

Zhang L, Audétat A, Dolejš D. 2012. Solubility of molybdenite (MoS_2) in aqueous fluids at 600-800°C, 200MPa: A synthetic fluid inclusion study [J]. Geochimica et Cosmochimica Acta, 77: 175-185.

Zhang W, Jiang S-Y, Gao T, et al. 2020. The effect of magma differentiation and degassing on ore metal enrichment during the formation of the world-class Zhuxi W-Cu skarn deposit: Evidence from U-Pb ages, Hf isotopes andtrace elements of zircon, and whole-rock geochemistry [J]. Ore Geology Reviews, 127: 103801.

Zhang W, Zhang F Q, Dilek Y, et al. 2022a. Basin response to the Jurassic geodynamic turnover from flat subduction to normal subduction in South China [J]. Geological Society of America Bulletin, 134 (7-8): 1681-1700.

Zhang Y, Song S, Hollings P, et al. 2022b. In-situ UPb geochronology of vesuvianite in skarn deposits [J]. Chemical Geology, 612: 121136.

Zhao D, Han R, Wang L, et al. 2021a. Genesis of the Lehong large zinc-lead deposit in northeastern Yunnan, China: Evidences from geological characteristics and C-H-O-S-Pb isotopic compositions [J]. Ore Geology Reviews, 135: 104219.

Zhao K D, Jiang S Y, Zhu J C, et al. 2010. Hf isotopic composition of zircons from the Huashan-Guposhan intrusive complex and their mafic enclaves in northeastern Guangxi: Implication for petrogenesis [J]. Chinese Science Bulletin, 55 (6): 509-519.

Zhao P, Yuan S, Mao J, et al. 2016. Geochronological and petrogeochemical constraints on the skarn deposits in Tongshanling ore district, southern Hunan Province: Implications for Jurassic Cu and W metallogenic events in South China [J]. Ore Geology Reviews, 78: 120-137.

Zhao P L, Yuan S D, Williams-Jones A E, et al. 2022. Temporal separation of W and sn mineralization by temperature-controlled incongruent melting of a single protolith: Evidence from the Wangxianling Area, Nanling Region, South China [J]. Economic Geology, 117 (3): 667-682.

Zhao W W, Zhou M-F, Li Y H M, et al. 2017. Genetic types, mineralization styles, and geodynamic settings of Mesozoic tungsten deposits in South China [J]. Journal of Asian Earth Sciences, 137: 109-140.

Zhao Z, Fu T Y, Gan J W, et al. 2021b. A synthesis of mineralization style and regional distribution and a proposed new metallogenic model of Mesozoic W-dominated polymentallic deposits in South China [J]. Ore Geology Reviews, 133: 104008.

Zheng Y F, Wu Y B, Chen F K, et al. 2004. Zircon U-Pb and oxygen isotope evidence for a large-scale ^{18}O depletion event in igneous rocks during the neoproterozoic [J]. Geochimica et Cosmochimica Acta, 68 (20): 4145-4165.

Zhou X M, Sun T, Shen W Z, et al. 2006. Petrogenesis of Mesozoic granitoids and volcanic rocks in South China: A response to tectonic evolution [J]. Episodes, 29 (1): 26-33.

Zhou Y, Li X, Zheng Y, et al. 2017. Geological settings and metallogenesis of Qinzhou Bay-Hangzhou Bay orogenic juncture belt, South China [J]. Acta Petrologica Sinica, 33 (3): 667-681.

Zhou Y, Liang X Q, Wu S C, et al. 2015. Isotopic geochemistry, zircon U-Pb ages and Hf isotopes of A-type granites from the Xitian W-Sn deposit, SE China: Constraints on petrogenesis and tectonic significance [J]. Journal of Asian Earth Sciences, 105: 122-139.

Zhou Z, Chen Z, Zhang W, et al. 2022. Structural deformation and fluid evolution associated with the formation of the Sawayardun gold deposit in Southwestern Tianshan Orogen [J]. Geology in China, 49 (1): 181-200.

Zhu D P, Li H, Tamehe L S, et al. 2022. Two-stage Cu-Pb-Zn mineralization of the Baoshan deposit in southern Hunan, South China: Constraints from zircon and pyrite geochronology and geochemistry [J]. Journal of Geochemical Exploration, 241: 107070.

Zhu R, Fan H, Li J, et al. 2015. Decratonic gold deposits [J]. Science China Earth Sciences, 58 (9): 1523-1537.

附　　表

附表 1　水口山矿田花岗闪长岩锆石 LA-ICP-MS 定年结果

点号	Pb	Th	U	Th/U	$^{207}Pb/^{206}Pb$		$^{207}Pb/^{235}U$		$^{206}Pb/^{238}U$		$^{207}Pb/^{206}Pb$		$^{207}Pb/^{235}U$		$^{206}Pb/^{238}U$	
	10^{-6}				比值	1σ	比值	1σ	比值	1σ	年龄/Ma	1σ/Ma	年龄/Ma	1σ/Ma	年龄/Ma	1σ/Ma
LZS1-1	8.23	207	287	0.72	0.0498	0.0014	0.1827	0.0055	0.0266	0.0004	183	69	170	5	170	3
LZS1-2	15.1	526	494	1.06	0.0495	0.0011	0.1827	0.0065	0.0267	0.0007	172	56	170	6	170	4
LZS1-4	7.64	184	272	0.68	0.0469	0.0014	0.1683	0.005	0.0261	0.0002	43	80	158	4	166	2
LZS1-5	6.6	148	240	0.62	0.0491	0.0014	0.1762	0.0049	0.0261	0.0004	154	65	165	4	166	2
LZS1-6	7.99	185	288	0.64	0.0492	0.0014	0.1771	0.0046	0.0262	0.0004	167	67	166	4	167	2
LZS1-7	10.9	230	393	0.59	0.0495	0.0013	0.1799	0.0048	0.0264	0.0004	169	63	168	4	168	2
LZS1-8	9.61	211	352	0.6	0.0497	0.0013	0.1786	0.0055	0.026	0.0004	183	61	167	5	166	2
LZS1-9	8.99	176	332	0.53	0.0484	0.0012	0.1741	0.0045	0.0261	0.0003	120	64	163	4	166	2
LZS1-10	9.41	222	335	0.66	0.0491	0.0012	0.1812	0.0057	0.0268	0.0006	150	55	169	5	171	3
LZS1-11	10.2	224	374	0.6	0.0505	0.0014	0.1844	0.0061	0.0265	0.0004	217	67	172	5	169	3
LZS1-12	10.1	193	366	0.53	0.0493	0.0014	0.1844	0.0059	0.0271	0.0005	165	65	172	5	173	3
LZS1-13	9.51	189	337	0.56	0.0482	0.0012	0.1811	0.0052	0.0273	0.0005	109	59	169	4	174	3
LZS1-15	11.2	224	413	0.54	0.0487	0.0013	0.1781	0.0053	0.0266	0.0005	132	56	166	5	169	3
LZS1-16	15.4	337	545	0.62	0.0497	0.001	0.1794	0.0044	0.0261	0.0003	189	48	168	4	166	2
LZS1-17	22.4	548	794	0.69	0.0524	0.0012	0.188	0.006	0.0259	0.0004	302	52	175	5	165	3
LZS1-18	10.3	219	365	0.6	0.0494	0.0012	0.1783	0.0045	0.0262	0.0003	165	56	167	4	167	2
LZS1-21	9.77	205	336	0.61	0.0489	0.0013	0.1789	0.005	0.0265	0.0003	146	61	167	4	169	2
LZS1-22	14.6	287	508	0.56	0.0486	0.001	0.178	0.0044	0.0266	0.0004	132	55	166	4	169	3

续表

点号	Pb	Th	U	Th/U	$^{207}Pb/^{206}Pb$		$^{207}Pb/^{235}U$		$^{206}Pb/^{238}U$		$^{207}Pb/^{206}Pb$		$^{207}Pb/^{235}U$		$^{206}Pb/^{238}U$	
	10^{-6}				比值	1σ	比值	1σ	比值	1σ	年龄/Ma	1σ/Ma	年龄/Ma	1σ/Ma	年龄/Ma	1σ/Ma
LZS1-23	7. 28	153	251	0. 61	0. 048	0. 0017	0. 1812	0. 0077	0. 0274	0. 0007	102	86	169	7	174	5
LZS1-24	14	331	499	0. 66	0. 0491	0. 0011	0. 1754	0. 0043	0. 026	0. 0004	154	54	164	4	165	3
LZS1-25	12	208	420	0. 5	0. 0498	0. 0013	0. 1839	0. 0045	0. 0268	0. 0003	187	66	171	4	171	2
LZS1-26	11	211	373	0. 57	0. 0523	0. 0014	0. 1929	0. 005	0. 0268	0. 0004	298	64	179	4	171	2
LZS1-27	12. 6	276	434	0. 64	0. 0519	0. 0013	0. 1876	0. 0053	0. 0261	0. 0002	283	53	175	5	166	1
LZS1-28	9. 78	200	349	0. 57	0. 0496	0. 0012	0. 1791	0. 0057	0. 0261	0. 0004	176	57	167	5	166	3
LZS1-29	10. 6	280	354	0. 79	0. 049	0. 0012	0. 1802	0. 0053	0. 0267	0. 0004	146	56	168	5	170	3
LZS1-30	9. 46	186	311	0. 6	0. 0515	0. 0018	0. 1923	0. 0066	0. 0271	0. 0002	261	77	179	6	173	2
LZS1-31	8. 21	143	304	0. 47	0. 0497	0. 0012	0. 1747	0. 0047	0. 0255	0. 0003	189	54	164	4	162	2
LZS1-32	8. 76	183	309	0. 59	0. 0492	0. 0013	0. 1784	0. 0057	0. 0263	0. 0004	167	61	167	5	167	3
LZS1-33	9. 08	167	326	0. 51	0. 0496	0. 0015	0. 1792	0. 0052	0. 0263	0. 0003	176	77	167	5	167	2
LZS1-34	9. 09	184	321	0. 57	0. 05	0. 0015	0. 1793	0. 0055	0. 026	0. 0004	195	70	167	5	166	2
LZS1-35	11. 6	230	420	0. 55	0. 0493	0. 0016	0. 1776	0. 0059	0. 0262	0. 0004	161	76	166	5	167	3
LZS2-1	7. 73	200	282	0. 71	0. 0495	0. 0019	0. 1743	0. 0076	0. 0258	0. 0007	172	91	163	7	164	5
LZS2-2	8. 02	159	296	0. 54	0. 0491	0. 0014	0. 175	0. 0055	0. 0258	0. 0003	154	69	164	5	164	2
LZS2-3	8. 57	201	305	0. 66	0. 0495	0. 0016	0. 1741	0. 0053	0. 0258	0. 0006	172	78	163	5	164	3
LZS2-4	8. 63	155	304	0. 51	0. 0474	0. 0012	0. 1756	0. 0047	0. 027	0. 0006	78	63	164	4	172	4
LZS2-6	10. 7	262	377	0. 69	0. 0495	0. 0013	0. 1753	0. 005	0. 0257	0. 0003	169	63	164	4	164	2
LZS2-7	8. 32	170	295	0. 58	0. 0498	0. 0013	0. 1801	0. 0053	0. 0263	0. 0005	183	66	168	5	167	3
LZS2-8	7. 88	178	277	0. 64	0. 0494	0. 0016	0. 1748	0. 0056	0. 0257	0. 0003	169	71	164	5	164	2
LZS2-9	8	146	288	0. 51	0. 0484	0. 0012	0. 1723	0. 0047	0. 0258	0. 0003	120	57	161	4	164	2
LZS2-10	7. 34	162	256	0. 63	0. 0499	0. 0016	0. 1774	0. 0059	0. 0258	0. 0003	187	76	166	5	164	2
LZS2-11	12. 2	239	429	0. 56	0. 0494	0. 0015	0. 1777	0. 0049	0. 0262	0. 0003	169	70	166	4	167	2

续表

点号	Pb	Th	U	Th/U	$^{207}Pb/^{206}Pb$		$^{207}Pb/^{235}U$		$^{206}Pb/^{238}U$		$^{207}Pb/^{206}Pb$		$^{207}Pb/^{235}U$		$^{206}Pb/^{238}U$	
	10^{-6}				比值	1σ	比值	1σ	比值	1σ	年龄/Ma	1σ/Ma	年龄/Ma	1σ/Ma	年龄/Ma	1σ/Ma
LZS2-12	16. 4	335	594	0. 56	0. 0493	0. 001	0. 1733	0. 0041	0. 0255	0. 0004	161	44	162	4	162	2
LZS2-13	7. 03	171	246	0. 7	0. 0492	0. 0016	0. 1823	0. 0079	0. 0268	0. 0007	167	78	170	7	171	5
LZS2-14	12. 6	280	430	0. 65	0. 05	0. 0013	0. 1802	0. 0045	0. 0262	0. 0003	198	27	168	4	167	2
LZS2-15	11. 9	212	423	0. 5	0. 0493	0. 0013	0. 1759	0. 0048	0. 0259	0. 0003	161	61	165	4	165	2
LZS2-16	9. 12	184	323	0. 57	0. 0496	0. 0014	0. 1742	0. 0047	0. 0255	0. 0003	176	69	163	4	163	2
LZS2-17	9. 82	177	342	0. 52	0. 0494	0. 0011	0. 1784	0. 0046	0. 0262	0. 0003	169	50	167	4	167	2
LZS2-18	27. 4	868	857	1. 01	0. 0504	0. 0007	0. 1804	0. 0035	0. 026	0. 0004	213	33	168	3	165	2
LZS2-20	6. 32	121	222	0. 55	0. 0498	0. 0018	0. 1797	0. 0066	0. 0262	0. 0004	183	83	168	6	167	2
LZS2-21	9. 48	208	328	0. 63	0. 0489	0. 0013	0. 1735	0. 0047	0. 0258	0. 0003	143	66	162	4	164	2
LZS2-22	8. 79	191	296	0. 65	0. 0536	0. 0017	0. 1879	0. 0066	0. 0254	0. 0004	354	77	175	6	162	3
LZS2-23	11. 5	263	382	0. 69	0. 0495	0. 001	0. 1778	0. 0037	0. 0261	0. 0003	169	48	166	3	166	2
LZS2-24	8. 29	175	295	0. 59	0. 0496	0. 0013	0. 1757	0. 0059	0. 0259	0. 0007	176	58	164	5	165	5
LZS2-25	10. 6	193	388	0. 5	0. 0527	0. 0017	0. 1833	0. 0061	0. 0252	0. 0002	317	72	171	5	160	2
LZS2-26	15. 4	274	566	0. 48	0. 0495	0. 0009	0. 1744	0. 0055	0. 0256	0. 0007	172	46	163	5	163	4
LZS2-27	7. 18	151	253	0. 6	0. 052	0. 0015	0. 18	0. 0052	0. 0252	0. 0003	283	65	168	4	160	2
LZS2-29	10. 1	175	367	0. 48	0. 0514	0. 0015	0. 1796	0. 0057	0. 0253	0. 0004	257	67	168	5	161	2
LZS2-30	9. 11	235	303	0. 78	0. 052	0. 0014	0. 181	0. 0044	0. 0253	0. 0003	283	55	169	4	161	2
LZS2-31	7. 42	129	254	0. 51	0. 0501	0. 0016	0. 1808	0. 0054	0. 0262	0. 0003	198	105	169	5	167	2
LZS2-32	10. 9	246	378	0. 65	0. 0513	0. 0014	0. 1792	0. 0055	0. 0253	0. 0004	257	63	167	5	161	3
LZS2-33	7. 81	125	281	0. 44	0. 0518	0. 0017	0. 1801	0. 0063	0. 0252	0. 0002	276	74	168	5	160	1
LZS2-34	9. 37	224	316	0. 71	0. 0508	0. 0013	0. 178	0. 0054	0. 0254	0. 0003	232	66	166	5	162	2
LZS2-35	10. 1	241	344	0. 7	0. 0514	0. 0013	0. 1807	0. 0051	0. 0255	0. 0003	257	62	169	4	162	2
LZS3-1	12	284	353	0. 8	0. 0493	0. 0017	0. 1693	0. 0059	0. 0248	0. 0004	161	81	158	3	159	5

续表

点号	Pb	Th	U	Th/U	$^{207}Pb/^{206}Pb$		$^{207}Pb/^{235}U$		$^{206}Pb/^{238}U$		$^{207}Pb/^{206}Pb$		$^{207}Pb/^{235}U$		$^{206}Pb/^{238}U$	
	10^{-6}				比值	1σ	比值	1σ	比值	1σ	年龄/Ma	1σ/Ma	年龄/Ma	1σ/Ma	年龄/Ma	1σ/Ma
LZS3-2	8	120	271	0.44	0.0506	0.0023	0.1682	0.0077	0.024	0.0004	233	109	153	2	158	7
LZS3-3	17	488	518	0.94	0.0492	0.0015	0.1577	0.0047	0.0231	0.0003	167	70	147	2	149	4
LZS3-4	12	205	378	0.54	0.0511	0.002	0.1749	0.0066	0.0249	0.0003	256	82	159	2	164	6
LZS3-5	7	165	229	0.72	0.0521	0.0021	0.1774	0.0073	0.0247	0.0004	300	97	157	3	166	6
LZS3-6	10	233	305	0.76	0.0484	0.0021	0.1614	0.007	0.0245	0.0004	120	104	156	3	152	6
LZS3-8	11	297	343	0.87	0.0541	0.0024	0.1735	0.0075	0.0235	0.0004	376	98	150	2	162	6
LZS3-9	7	162	230	0.7	0.0476	0.0019	0.1559	0.0058	0.0241	0.0004	80	96	153	2	147	5
LZS3-10	13	312	408	0.76	0.0497	0.0016	0.165	0.0058	0.0239	0.0003	189	76	152	2	155	5
LZS3-11	18	340	561	0.61	0.0499	0.0014	0.1659	0.0047	0.0241	0.0003	191	65	153	2	156	4
LZS3-12	8	139	231	0.6	0.0545	0.003	0.1948	0.0109	0.026	0.0005	391	122	165	3	181	9
LZS3-13	11	285	350	0.81	0.0547	0.002	0.1805	0.0064	0.0241	0.0004	398	79	153	2	169	6
LZS3-14	12	264	387	0.68	0.0492	0.0017	0.1626	0.0057	0.0239	0.0003	167	80	152	2	153	5
LZS3-15	10	244	313	0.78	0.05	0.0018	0.1709	0.0066	0.0245	0.0004	195	83	156	2	160	6
LZS3-17	9	216	278	0.78	0.0504	0.0018	0.1725	0.0064	0.0246	0.0004	217	85	157	2	162	6
LZS3-18	6	108	195	0.55	0.0553	0.0038	0.1925	0.0116	0.0255	0.0006	433	152	162	4	179	10
LZS3-19	10	241	335	0.72	0.0503	0.0016	0.1627	0.0048	0.0237	0.0004	206	74	151	2	153	4
LZS3-20	20	495	626	0.79	0.0513	0.0016	0.1691	0.0057	0.0236	0.0003	254	68	150	2	159	5
LZS3-21	12	302	379	0.8	0.0478	0.0023	0.1685	0.0079	0.0256	0.0004	100	98	163	3	158	7
LZS3-22	8	172	258	0.67	0.0507	0.0019	0.1732	0.0063	0.0247	0.0004	228	85	157	2	162	5
LZS3-23	9	202	274	0.74	0.0509	0.0019	0.1705	0.0064	0.0242	0.0003	235	85	154	2	160	6
LZS3-24	20	567	614	0.92	0.049	0.0012	0.1611	0.0105	0.0237	0.0003	150	53	151	2	152	4
LZS3-25	11	216	352	0.61	0.0513	0.0019	0.1649	0.006	0.0233	0.0003	254	85	148	2	155	5

附表 2 水口山矿田花岗闪长岩锆石 LA-ICP-MS 微量元素分析结果（10^{-6}）

样品号	Ti	La	Ce	Pr	Nd	Sm	Eu	Gd	Tb	Dy	Ho	Er	Tm	Yb	Lu
LZS1-1	2.98	0.17	18.4	0.05	0.99	1.52	0.64	9.45	3.17	42.6	17.6	87.2	21.2	221	49.3
LZS1-2	3.59	0.35	30.3	0.15	1.07	2.34	1.23	15.5	5.37	69.9	28.6	140	32.6	326	73.2
LZS1-4	3.53	0.06	16.5	0.01	0.44	2.06	0.68	8.91	2.91	39.7	16.5	82.6	20	214	48.3
LZS1-5	3.35	0.92	16.7	0.22	1.52	1.04	0.55	6.76	2.15	28.8	12.1	63.7	15.1	168	38.6
LZS1-6	4.58	2.77	21.8	0.83	4.66	2.27	0.73	8.82	3.11	39.9	16.6	83.5	20.3	215	48.6
LZS1-7	6.62	0.86	23.6	0.4	3.33	3.88	1.14	15.5	6.08	80.2	33.5	176	43.9	460	102
LZS1-8	1.13	10.7	41.7	2.82	12.3	3.65	1.06	11.9	4.11	51.9	22	113	26.4	289	64.9
LZS1-9	1.16	—	15.6	0.08	0.61	1.33	0.75	8.46	3.46	46.8	20.1	102	25.8	279	62.2
LZS1-10	—	—	18.9	0.03	0.6	1.46	0.79	9.71	4.11	47.9	20.3	105	25.1	272	59.8
LZS1-11	1.35	0.39	18.9	0.17	1.21	1.95	0.92	11.7	4.12	58.8	24.5	123	29.8	311	68.8
LZS1-12	—	0.9	16.8	0.21	2	1.69	0.62	9.19	3.46	45.4	19.4	97.7	23.9	260	57.6
LZS1-13	2.54	0.06	17.1	0.09	0.92	2.31	0.99	13.5	5.3	72.5	30.7	159	38.1	404	92.6
LZS1-15	2.23	—	21.4	—	0.59	2.43	0.95	14.5	5.59	76.3	33	171	42	450	102
LZS1-16	4.09	1.76	24.2	0.65	3.71	2.67	1.14	14.4	5.67	74.4	31.6	163	38.6	401	87.8
LZS1-17	7.34	29.8	104	8.69	43.6	11.7	2.9	27.6	8.15	102	41	202	48	497	110
LZS1-18	0.73	0.21	15.8	0.12	1.05	1.25	0.69	9.49	3.43	47.1	19.5	99.1	24.2	251	56.9
LZS1-21	2.07	—	17.3	—	0.72	1.01	0.73	9.95	3.71	48.3	20.9	109	25.6	270	60.7
LZS1-22	—	1.04	25	0.48	3.18	2.74	1.23	15.7	5.97	82.3	35.5	179	43.8	447	99.3
LZS1-23	1.27	0.06	14.6	0.02	0.35	1.4	0.51	7.24	2.47	32.4	13.6	69.8	16.8	185	40.9
LZS1-24	2.21	0.27	19.5	0.11	0.62	1.78	0.98	11.5	4.26	58.1	23.7	121	28.7	307	67.8
LZS1-25	4.53	12.2	47.8	4.07	16.9	4.86	1.39	15	5.03	70.3	29.6	158	38.8	413	92.4
LZS1-26	1.53	8.86	35.3	2.35	10.7	2.55	0.84	9.76	3.56	44.4	19	99.1	23.5	255	56.8

续表

样品号	Ti	La	Ce	Pr	Nd	Sm	Eu	Gd	Tb	Dy	Ho	Er	Tm	Yb	Lu
LZS1-27	3. 67	7. 76	37. 5	2. 89	16. 1	4. 88	1. 39	13. 9	4. 65	60	24. 5	122	28. 7	295	65. 7
LZS1-28	0. 1	0. 06	20. 3	0. 11	0. 86	1. 8	0. 92	13. 5	4. 87	66. 6	29. 2	156	38	415	93. 2
LZS1-29	5. 76	1. 07	23. 2	0. 26	1. 51	1. 84	0. 94	10. 8	3. 84	47. 8	20. 4	105	25. 2	258	60. 2
LZS1-30	7. 51	32. 6	93. 1	9. 5	41. 7	9. 01	1. 74	16. 1	4. 33	52	19. 9	102	25	270	60. 4
LZS1-31	1. 01	—	14. 3	0. 08	0. 66	1. 51	0. 54	9. 31	3. 42	50. 7	22. 2	116	29. 4	327	74. 9
LZS1-32	—	0. 02	16. 3	0. 04	0. 5	2. 17	0. 69	10. 3	3. 97	51. 1	22. 5	120	28. 6	314	72. 5
LZS1-33	0. 73	—	13. 9	—	0. 01	1. 28	0. 65	10. 5	3. 89	55. 9	23. 6	121	30. 2	326	74. 5
LZS1-34	4. 23	1. 01	16. 9	0. 25	2. 43	1. 66	0. 88	8. 97	3. 3	48. 7	19. 3	98. 2	24. 3	265	58. 6
LZS1-35	3. 06	0. 24	18. 2	0. 06	0. 71	1. 97	0. 95	12. 2	4. 34	61. 6	26. 8	134	33. 4	345	79. 1
LZS2-1	1. 92	0. 76	18. 7	0. 23	0. 82	1. 49	0. 5	9. 08	3. 46	43. 9	18. 2	91. 8	22. 2	246	55. 2
LZS2-2	3. 75	0. 03	15. 4	—	0. 46	1. 61	0. 47	7. 32	3. 05	39. 5	16. 6	86. 9	22	237	54. 8
LZS2-3	4. 56	—	16. 6	0. 08	0. 55	1. 26	0. 58	9. 2	3. 16	43. 3	17. 4	87. 2	21	232	51. 2
LZS2-4	3. 41	1. 47	16. 8	0. 57	3. 15	0. 85	0. 75	8. 29	3. 13	42. 8	18. 1	93. 1	22. 7	235	53. 3
LZS2-6	1. 59	0. 22	15. 3	0. 06	0. 85	1. 6	0. 7	9. 25	3. 48	47. 3	20	101	23. 5	253	56. 2
LZS2-7	0. 05	0. 25	16	0. 11	1. 15	1. 55	0. 65	8. 95	3. 66	46. 4	20. 9	105	26	277	63. 4
LZS2-8	—	8. 91	35	2. 34	10	3	0. 74	9. 44	2. 91	36. 5	14. 7	74. 5	17. 6	190	43. 8
LZS2-9	3. 08	0. 48	14. 3	0. 21	0. 62	0. 72	0. 61	8. 38	2. 54	36	15. 1	80. 3	19. 9	218	49. 8
LZS2-10	3. 48	10. 9	37. 6	2. 72	12. 3	3. 41	0. 87	10. 3	3. 17	38. 7	15. 5	80. 2	19. 5	205	47. 1
LZS2-11	2. 98	0. 05	16	0. 02	0. 4	1. 7	0. 96	12	4. 75	63. 7	27	138	33. 5	358	80. 7
LZS2-12	10. 8	0. 45	22. 9	0. 2	1. 14	2. 54	1. 27	16. 3	6. 92	94. 2	40	205	47. 5	491	108
LZS2-13	0. 08	2. 5	20. 7	0. 71	3. 25	1. 87	0. 7	8. 69	2. 9	35. 9	15. 1	75. 3	19	203	46. 8
LZS2-14	5. 94	0. 25	23. 3	0. 07	1. 18	2. 34	0. 97	14. 7	6. 02	77. 6	32. 4	170	41. 9	437	98. 3

续表

样品号	Ti	La	Ce	Pr	Nd	Sm	Eu	Gd	Tb	Dy	Ho	Er	Tm	Yb	Lu
LZS2-15	6.84	0.38	19.1	0.24	1.27	1.63	0.88	11.7	4.66	64.4	26.8	138	33.5	355	79.6
LZS2-16	4.08	0.88	17.8	0.22	1.34	1.49	0.66	8.37	3.15	39.9	16.9	87	21.8	237	52.7
LZS2-17	4.06	0.05	14.3	0.06	0.43	1.24	0.48	8.74	3.16	42.1	18.3	97.7	24	250	57.7
LZS2-18	7.43	0.04	55.4	0.12	1.65	4.68	2.38	29.5	10.2	137	53.6	268	63.4	651	141
LZS2-20	5.67	—	12	—	0.29	0.92	0.45	5.73	2.18	28.6	11.5	61.8	14.5	167	37.3
LZS2-21	3.41	—	17.9	0.01	0.79	1.44	0.64	10.4	4.05	50.7	21	108	25.9	280	63.1
LZS2-22	2.5	26.5	77.2	7.57	36	7.94	1.87	14.2	3.87	42.1	16.6	79.5	19.2	195	44.7
LZS2-23	4.91	0.2	20.4	0.1	1.2	1.65	0.85	12.2	4.22	57.5	23.4	122	29.2	309	70.2
LZS2-24	0.69	1.27	16.9	0.49	2.64	1.71	0.6	7.87	2.66	35.1	14.5	76.7	19	200	45.8
LZS2-25	2.61	89.3	246	31.2	146	33.6	3.43	40.4	9.21	90.8	32.7	164	39.1	398	87.7
LZS2-26	5.45	2.25	21	0.69	2.98	2.29	0.72	10.1	4.45	60.2	24.1	124	29.1	313	68.7
LZS2-27	6.33	4.83	24.7	1.29	5.92	2.14	0.67	8.83	3.05	39.7	17.5	86.6	20.6	227	52.3
LZS2-29	1.78	5.81	25.8	1.84	9.44	3.61	0.83	9.14	3.18	44.1	17.5	91.7	22.1	237	54.4
LZS2-30	1.34	14.6	49.8	3.78	16.7	3.91	1.06	12.3	3.64	46.8	19.4	99.7	24.1	257	57.5
LZS2-31	—	0.44	12.9	0.15	0.72	0.9	0.41	6.35	2.32	30.3	12.6	65.5	16.6	179	41.7
LZS2-32	6.01	13.7	50.3	4.3	20.2	6.42	1.48	13.6	4.04	52.5	21.3	110	26.2	272	64.2
LZS2-33	4.65	—	13.5	0.08	0.72	1.22	0.81	9.16	3.45	45.7	20.1	108	27.4	296	70.3
LZS2-34	5.73	0.41	19.1	0.2	1.35	1.98	0.81	11.6	3.47	50.4	21.9	110	26.8	290	66.8
LZS2-35	4.08	0.03	17.5	0.05	0.56	1.55	0.63	9.22	3.3	44.8	18.6	96.4	23.7	249	56
LZS3-1	3.23	0.44	24.6	0.13	1.1	2.13	0.89	12.1	4.35	56.9	23.6	118	28.1	293	65.3
LZS3-2	5.48	0.12	13.1	0.03	0.54	1.28	0.77	9.98	4.09	58.1	25.6	134	33.2	349	78.9
LZS3-3	3.11	0.05	30.4	0.07	0.98	2.11	0.94	13.6	4.6	57.8	23.3	114	27.4	286	63.5

续表

样品号	Ti	La	Ce	Pr	Nd	Sm	Eu	Gd	Tb	Dy	Ho	Er	Tm	Yb	Lu
LZS3-4	3.47	—	16.4	0.04	0.66	2.04	0.96	14.7	5.65	76.6	32.7	168	40.1	425	93
LZS3-5	3.7	2.52	21.6	0.69	3.26	1.59	0.58	7.83	2.68	34.8	14.4	72.5	17.6	191	43.3
LZS3-6	2.86	0.13	21.4	0.08	1.1	1.81	0.84	11	4.01	53.5	22.3	114	27.8	296	67.2
LZS3-8	0.77	0.11	23.5	0.09	1.22	1.89	0.89	13	4.72	60.7	25.6	134	32.1	341	77.5
LZS3-9	2.98	11.5	41.3	3.06	14.2	3.77	0.9	9.84	3.11	37.1	15.1	75.6	18.2	196	43.7
LZS3-10	3.85	0.52	28	0.21	1.54	2.15	1.13	15.4	5.92	79.2	33.2	171	40.4	424	93.8
LZS3-11	1.58	0.02	22.7	0.04	0.67	2.11	1.27	17.3	6.73	93.3	38.8	199	46.7	482	104
LZS3-12	3.2	1.97	19.2	0.58	2.47	1.34	0.54	7.53	2.7	38.5	16	83.1	20.7	225	49.9
LZS3-13	45.2	33.6	94.1	8.82	37.4	8.3	1.71	17	4.76	57.5	22.9	114	26.6	282	62.3
LZS3-14	3.99	0.4	19.7	0.14	0.96	1.68	0.79	10.9	4.26	54.4	22.7	115	27.8	297	65.9
LZS3-15	4.93	0.42	21	0.16	1.25	1.64	0.77	10.4	3.75	48.2	20.1	99.7	24.2	256	56.3
LZS3-17	0.97	5.78	29.5	1.37	6.08	2.51	0.72	8.89	3.27	39.6	16.2	81.2	19.9	209	47.3
LZS3-18	0.21	0.01	13.7	0.02	0.38	0.81	0.47	6.42	2.43	30.2	13	68	16.6	180	41.1
LZS3-19	0.66	0.03	20.2	0.05	0.72	1.65	0.8	11.1	4.05	52.4	22	113	27.2	287	63.5
LZS3-20	3.26	8.07	45	2.36	11.4	4.4	1.42	19	6.74	88.3	36.7	184	43.7	445	95.7
LZS3-21	2.93	1.13	24.2	0.49	3.08	2.87	1.3	17.6	6.62	87	35.7	178	41.7	423	90.5
LZS3-22	2.21	—	16.1	0.04	0.56	1.24	0.56	7.65	2.83	35.9	15	77.2	18.8	203	46.3
LZS3-23	2.44	0.22	18.9	0.08	0.94	1.65	0.68	8.99	3.27	41.9	17.8	90.1	21.8	236	53.2
LZS3-24	4.31	11	66.5	3.39	16.4	6.23	2.11	24.5	8.61	111	45.4	224	51.8	543	117
LZS3-25	4.96	0.37	21	0.15	1.35	1.72	0.8	12.3	4.3	59.4	25.5	132	32	352	79.2

注：—表示低于检测限。

附表 3　水口山矿田老鸦巢矿区热液磷灰石离子探针定年结果

样品号	U	Th	Th/U	$f_{206_{Pb}}$	$f_{208_{Pb}}$	$^{238}U/^{206}Pb$	1σ	$^{207}Pb/^{206}Pb$	1σ	^{207}Pb 校正年龄/Ma	1σ/Ma
	10^{-6}			%			%		%		
B13-1K@02	124	228	1.84	3	13	32.7029	2.38	0.0708	6.21	187.7	8.3
B13-1K@03	144	140	0.97	21	70	30.5787	4.00	0.1768	4.50	165.4	10.2
B13-1K@04	264	349	1.32	1	5	36.9765	1.45	0.0558	4.00	170.3	4.7
B13-1K@05	28.6	46.7	1.64	23	55	28.1823	3.56	0.1892	15.00	174.9	9.3
B13-1K@06	38.5	139	3.61	11	20	35.2744	2.11	0.1174	5.23	160.7	5.8
B13-1K@07	322	257	0.80	6	39	37.3627	1.42	0.0848	11.50	160.7	4.2
B13-1K@09	37.8	119	3.15	13	20	33.9313	2.93	0.1285	9.88	163.7	8.1
B13-1K@11	5.11	16.9	3.31	12	21	33.9975	7.84	0.1247	21.60	164.5	21.9
B13-1K@12	23.8	126	5.31	15	16	41.3887	7.71	0.1425	15.00	130.9	16.6
B13-1K@13	42.9	111	2.58	12	24	34.4417	8.35	0.1223	23.10	163.1	23.3
B13-1K@14	309	366	1.19	1	4	37.0487	0.99	0.0540	4.38	170.5	3.2
B13-1K@15	72.7	87.9	1.21	2	9	40.4111	1.63	0.0589	5.65	155.1	4.8
B13-1K@17	275	387	1.41	1	3	37.1672	1.58	0.0533	2.11	170.1	5.2
B13-1K@18	155	272	1.75	29	68	25.0774	4.70	0.2263	8.04	181.3	11.8
B13-1K@19	69.9	198	2.84	5	12	39.4844	3.13	0.0806	9.59	153.2	8.8
B13-1K@20	33	185	5.62	13	15	38.0990	6.44	0.1272	9.97	146.2	16
B13-1K@21	19.2	38.8	2.01	30	64	23.9090	6.60	0.2384	3.98	185	16.4
B13-1K@22	230	230	1.00	1	6	35.1889	2.15	0.0550	6.47	179.1	7.4
B13-1K@23	733	197	0.27	0	8	39.3128	1.37	0.0516	1.50	161.3	4.3
B13-1K@29	37.4	209	5.59	29	27	35.3321	6.90	0.2320	29.40	127.3	12
B13-1K@31	120	106	0.88	6	35	35.0570	2.68	0.0873	9.85	170.4	8.3
B13-1K@33	99.4	125	1.26	22	81	30.2867	10.10	0.1881	25.30	163.2	24.8
B13-1K@34	42	138	3.29	13	39	20.7240	19.00	0.1297	16.50	266.2	84.9
B13-1K@38	208	256	1.23	13	50	34.6259	1.04	0.1272	15.50	160.8	2.8
B13-1K@41	58.3	276	4.74	13	22	23.0277	12.00	0.1285	16.80	240.4	48.5
B13-1K@42	88.7	133	1.50	25	63	29.4791	6.69	0.2065	14.80	161.3	15.6

续表

样品号	U	Th	Th/U	$f_{206_{Pb}}$	$f_{208_{Pb}}$	$^{238}U/^{206}Pb$	1σ/%	$^{207}Pb/^{206}Pb$	1σ/%	^{207}Pb 校正年龄/Ma	1σ/Ma
	10^{-6}			%							
B13-1K@45	61. 5	233	3. 78	21	33	33. 4461	5. 01	0. 1815	11. 70	149. 9	11. 4
B11-1K@06	5. 1	18. 5	3. 62	81	91	7. 4720	8. 75	0. 6963	5. 54	160. 3	5. 2
B11-1K@07	6. 52	10. 5	1. 60	58	99	21. 7708	3. 65	0. 5106	7. 81	142. 4	5
B11-1K@08	2. 91	3. 49	1. 20	90	79	0. 9094	35. 40	0. 7736	8. 29	172	3
B11-1K@09	18	27. 5	1. 53	78	77	3. 6982	10. 30	0. 6735	7. 97	182. 8	4
B11-1K@10	13. 4	22. 1	1. 65	59	86	17. 8949	2. 97	0. 5185	2. 09	154. 3	3. 9
B11-1K@11	16. 6	26. 6	1. 60	46	79	20. 5581	8. 19	0. 4198	9. 31	163. 1	13. 9
B11-1K@12	0. 45	1. 93	4. 29	97	109	3. 6123	22. 50	0. 8231	8. 67	151. 1	5. 8
B11-1K@13	5. 33	3. 39	0. 64	31	63	27. 3743	9. 23	0. 2976	11. 00	160. 2	20. 1
B11-1K@14	1. 98	4. 37	2. 21	66	98	7. 4792	8. 37	0. 5790	8. 42	187. 7	6. 8
B11-1K@15	20. 2	15. 6	0. 77	46	82	22. 3546	4. 24	0. 4151	3. 84	156. 9	7. 2
B11-1K@16	4. 28	3. 47	0. 81	66	88	11. 9928	2. 96	0. 5786	6. 09	165. 9	3
B11-1K@17	66. 7	940	1. 41	12	40	33. 9196	1. 20	0. 1435	6. 41	164. 8	3. 4
B11-1K@18	12. 2	0. 35	0. 03	9	123	39. 8868	5. 50	0. 1201	14. 10	146. 8	14. 7
B11-1K@19	14. 7	22. 6	1. 54	50	64	18. 5672	5. 69	0. 4474	8. 32	165. 7	9
B11-1K@20	10. 1	16	1. 58	64	92	12. 5492	13. 80	0. 5614	2. 87	167. 2	15
B11-1K@21	2. 54	11. 1	4. 37	67	81	19. 0110	5. 74	0. 5853	13. 50	139. 4	6. 6
B11-1K@22	4. 77	18. 6	3. 90	56	152	0. 3726	37. 20	0. 4945	10. 80	281. 2	3. 4
B11-1K@23	14. 6	21. 8	1. 50	56	83	17. 8857	5. 70	0. 5019	4. 17	157. 5	7. 8
B11-1K@24	2. 29	0. 32	0. 14	23	127	31. 8812	9. 05	0. 2375	24. 20	154. 4	21. 3
B11-1K@25	5. 24	12. 8	2. 45	88	90	4. 0411	5. 89	0. 7524	4. 26	162. 9	2
B11-1K@26	9. 78	18	1. 84	60	84	15. 7794	7. 70	0. 5313	3. 86	160	9. 7
B11-1K@27	6. 67	10. 6	1. 58	26	68	31. 5200	9. 36	0. 2605	11. 40	151. 5	21
B11-1K@28	17. 4	17. 2	0. 99	29	73	29. 0085	3. 81	0. 2837	3. 69	156. 5	8. 4
B11-1K@29	13. 4	29. 8	2. 22	64	75	14. 6549	9. 26	0. 5585	5. 66	159. 1	10. 7

附表 4　水口山矿田老鸦巢矿区热液石榴子石 LA-ICP-MS 定年结果

样品号	U	Th	Th/U	$f_{206_{Pb}}$/%	$^{238}U/^{206}Pb$	1σ	$^{207}Pb/^{206}Pb$	1σ	^{207}Pb 校正年龄	1σ
	10^{-6}					%		%	Ma	
BCK46904-12-01	3. 18	0. 22	0. 07	19	34. 86	0. 67	0. 2048	0. 0086	148. 9	4. 6
BCK46904-12-02	2. 4	0. 1	0. 04	29	28. 84	0. 48	0. 2921	0. 0090	156. 9	3. 7
BCK46904-12-03	3. 51	0. 32	0. 09	22	32. 29	0. 42	0. 2337	0. 0068	153. 9	3. 1
BCK46904-12-05	5. 93	0. 61	0. 1	25	30. 92	0. 44	0. 2626	0. 0071	153. 6	3. 2
BCK46904-12-07	2. 62	0. 14	0. 05	23	30. 46	0. 58	0. 2448	0. 0095	160. 3	4. 6
BCK46904-12-08	3. 19	0. 2	0. 06	16	34. 40	0. 60	0. 1818	0. 0074	155. 9	4. 5
BCK46904-12-10	2. 78	0. 13	0. 04	12	33. 90	0. 60	0. 1517	0. 0078	164. 9	5. 1
BCK46904-12-11	3. 65	0. 27	0. 07	30	27. 33	0. 46	0. 3040	0. 0100	162. 2	3. 8
BCK46904-12-12	3. 35	0. 23	0. 07	27	28. 42	0. 81	0. 2778	0. 0120	163. 0	6. 7
BCK46904-12-13	3. 25	0. 21	0. 06	18	33. 72	1. 10	0. 2007	0. 0150	154. 8	8. 2
BCK46904-12-14	3. 33	0. 19	0. 06	26	28. 81	0. 60	0. 2669	0. 0100	163. 6	5. 0
BCK46904-12-15	3. 29	0. 17	0. 05	19	32. 94	0. 55	0. 2127	0. 0096	155. 7	4. 1
BCK46904-12-16	3. 19	0. 13	0. 04	17	33. 21	0. 73	0. 1956	0. 0110	158. 3	5. 7
BCK46904-12-17	3. 16	0. 15	0. 05	19	32. 19	0. 67	0. 2051	0. 0100	161. 0	5. 4
BCK46904-12-18	3. 3	0. 17	0. 05	26	29. 10	0. 54	0. 2643	0. 0098	162. 7	4. 4
BCK46904-12-19	3. 39	0. 17	0. 05	16	32. 88	0. 66	0. 1826	0. 0097	162. 8	5. 4
BCK46904-12-20	9. 36	0. 74	0. 08	5	38. 12	0. 48	0. 0942	0. 0035	158. 1	3. 7

续表

样品号	U	Th	Th/U	$f_{206_{Pb}}$/%	$^{238}U/^{206}Pb$	1σ	$^{207}Pb/^{206}Pb$	1σ	^{207}Pb 校正年龄	1σ
	10^{-6}					%		%	Ma	
BCK46904-12-21	3.7	0.2	0.05	16	34.11	0.74	0.1840	0.0096	156.7	5.6
BCK46904-12-22	3.11	0.15	0.05	15	33.48	0.78	0.1756	0.0096	161.5	6.3
BCK46904-12-23	3.06	0.15	0.05	24	29.74	0.64	0.2466	0.0100	163.7	5.3
BCK46904-12-24	7.09	0.69	0.1	12	35.52	0.64	0.1505	0.0058	157.6	4.9
BCK46904-12-25	7.1	2.57	0.36	12	35.15	0.54	0.1514	0.0059	159.1	4.2
BCK46904-12-26	4.89	0.79	0.16	20	32.10	0.50	0.2137	0.0075	159.5	3.9
BCK46904-12-27	4.68	0.8	0.17	32	27.08	0.46	0.3211	0.0095	158.9	3.6
BCK46904-12-28	6.63	0.57	0.09	11	35.80	0.61	0.1382	0.0071	159.0	4.8
BCK46904-12-29	5.07	0.88	0.17	14	34.18	0.52	0.1636	0.0064	160.9	4.2
BCK46904-12-30	5.23	1.36	0.26	15	33.36	0.69	0.1765	0.0120	161.9	5.6
BCK46904-12-31	2.97	0.07	0.02	22	32.09	0.67	0.2337	0.0120	154.8	5.0
BCK46904-12-32	3.19	0.1	0.03	21	33.81	0.71	0.2224	0.0110	149.5	4.9
BCK46904-12-33	3.11	0.14	0.04	21	30.98	0.59	0.2239	0.0091	162.7	4.9
BCK46904-12-36	10.1	1.18	0.12	14	34.29	0.53	0.1671	0.0074	159.6	4.2
BCK46904-12-38	8.82	3.84	0.44	17	33.73	0.86	0.1922	0.0120	156.6	6.6
BCK46904-12-39	4.55	0.96	0.21	11	34.87	0.69	0.1456	0.0085	161.6	5.6
BCK46904-12-40	5.54	0.85	0.15	14	33.41	0.53	0.1707	0.0063	163.0	4.4

附表 5　水口山铅锌多金属矿田黄铁矿电子探针主量元素分析结果（%）

样号	序号	As	S	Fe	Co	Ni	Cu	Pb	Zn	总计	δS	δFe	S/Fe	Co/Ni
ZK2071-2	1	0.25	51.41	46.34	0.1	—	—	0.21	0.01	98.32	-3.82	-0.45	1.94	—
	2	0.21	51.35	46.77	0.13	0.04	—	0.33	0.03	98.86	-3.93	0.47	1.92	3.25
	3	0.26	51.98	46.36	0.14	0.06	—	0.01	—	98.8	-2.75	-0.41	1.96	2.33
	4	0.11	51.98	44.78	0.09	—	0.03	1.18	0.05	98.23	-2.75	-3.8	2.03	—
	5	0.24	52.63	45.79	0.06	0.04	0.08	1	—	99.84	-1.53	-1.63	2.01	1.5
ZK2071-5	6	0.23	52.85	46.21	0.02	0.01	—	0.65	—	99.97	-1.12	-0.73	2	2
	7	0.16	52.62	45.13	0.06	0.03	0.03	0.67	0.09	98.75	-1.55	-3.05	2.04	2
	8	0.17	52.97	46.22	0.07	0.04	—	0.23	—	99.7	-0.9	-0.71	2.01	1.75
	9	0.21	52.51	45.45	0.05	0.03	0.01	0.84	0.01	99.11	-1.76	-2.36	2.02	1.67
	10	0.16	52.26	45.76	0.03	0.01	—	0.64	0.08	98.93	-2.23	-1.7	2	—
	11	0.22	52.36	45.79	0.09	0.02	0.02	0.49	0.04	99.02	-2.04	-1.63	2	4.5
ZK2071-8	12	0.18	52.93	45.77	0.01	0.06	0.02	0.53	0.02	99.53	-0.97	-1.68	2.02	3
	13	0.23	52.09	45.67	0.04	0.04	0.03	0.5	0.01	98.61	-2.54	-1.89	2	1
	14	0.16	52.4	45.31	0.06	—	—	1.05	0.02	99.01	-1.96	-2.66	2.02	—
	15	0.15	51.92	44.86	0.03	0.02	0.01	1.1	—	98.09	-2.86	-3.63	2.03	1.5
SKS-1	16	0.15	53.09	46.95	0.04	—	—	—	—	100.23	-0.67	0.86	1.98	—
	17	0.13	52.96	47.19	0.09	0.04	0.09	—	—	100.47	-0.92	1.37	1.96	2.25
	18	0.2	52.8	47.62	0.1	—	0.08	—	0.09	100.89	-1.22	2.3	1.94	—
	19	0.11	53.61	46.82	0.04	0.02	—	—	—	100.6	0.3	0.58	2	2
	20	0.19	53.11	46.75	0.12	—	0.08	—	0.01	100.26	-0.64	0.43	1.99	—
	21	0.21	53.25	46.98	0.05	0.03	0.04	—	—	100.55	-0.37	0.92	1.98	1.67
SKS-2	22	0.16	52.77	47.03	0.02	—	—	—	0.06	100.03	-1.27	1.03	1.96	—
	23	0.17	52.99	47.35	—	0.02	0.02	—	—	100.54	-0.86	1.72	1.96	2
	24	0.19	52.09	47.13	0.14	0.07	0.09	—	0.08	99.79	-2	1.25	1.93	2
	25	0.14	52.34	46.56	0.08	—	—	—	0.09	99.2	-2.54	0.02	1.97	—
SKS-10	26	0.16	52.98	47.02	0.07	0.02	0.06	—	0.03	100.34	-0.88	1.03	1.97	3.5
	27	0.25	52.76	47.3	0.08	—	—	—	0.08	100.47	-1.29	1.61	1.95	—
	28	0.22	53.04	47.15	0.09	0.06	0.02	—	0.1	100.67	-0.77	1.29	1.97	1.5

注：—表示低于检测限。

附表 6 水口山矿田老鸦巢-鸭公塘矿区闪锌矿电子探针主量元素分析结果（%）

样号	序号	S	Zn	Fe	Cd	Mn	Ga	Ge	In	Se	总计	S/Zn	FeS 分子数
SKS-2	1	32.49	63.06	3.34	0.5	0.15	—	—	0.02	0.01	99.56	1.05	6
	2	32.35	63.8	2.41	0.49	0.13	—	—	0.05	0.01	99.23	1.03	4
	3	32.43	63.64	2.74	0.55	0.1	—	0.02	0.03	—	99.5	1.04	5
	4	31.97	64.66	2.61	0.46	0.12	—	0.03	0.02	0.03	99.9	1	4
	5	32.02	63.5	2.74	0.46	0.06	—	0.03	0.01	0.02	98.82	1.02	5
SKS-2	6	32.26	63.42	2.77	0.5	0.09	—	0.01	0.01	0.04	99.11	1.03	5
	7	32.29	64.15	2.66	0.51	0.09	—	0.04	0.03	—	99.76	1.02	5
	8	32.07	63.32	2.75	0.55	0.1	—	—	—	—	98.79	1.03	5
	9	31.84	62.82	2.8	0.46	0.1	—	—	0.01	0.02	98.03	1.03	5
	10	32.34	62.99	2.65	0.52	0.09	—	—	—	0.03	98.63	1.04	5
	11	32.38	64.35	2.55	0.5	0.09	—	—	0.02	—	99.91	1.02	4
	12	32.46	64.33	2.52	0.46	0.12	—	—	—	—	99.95	1.02	4
	13	32.24	64.08	2.63	0.54	0.11	—	—	0.01	—	99.67	1.02	5
SKS-10	14	32.49	63.04	2.95	0.38	0.06	—	—	0.01	—	99.09	1.05	5
	15	32.42	62.75	2.86	0.43	0.05	—	—	0.07	—	98.62	1.05	5
	16	32.14	64.34	2.78	0.47	0.11	—	—	—	—	99.85	1.01	5
	17	32.37	64.34	2.83	0.48	0.18	—	—	—	—	100.3	1.02	5
	18	32.28	64.51	2.69	0.5	0.11	—	—	0.04	—	100.12	1.02	5
	19	32.33	64.81	2.43	0.47	0.11	—	—	0.05	—	100.2	1.01	4
	20	32.44	64.37	2.25	0.48	0.06	—	—	0.03	—	99.7	1.02	4
	21	32.26	64.09	2.53	0.52	0.1	—	—	—	—	99.51	1.02	4
	22	32.01	63.15	2.83	0.54	0.14	—	—	—	—	98.79	1.02	5
	23	31.95	63.77	2.7	0.51	0.14	—	—	0.02	—	99.24	1.02	4
	24	32.12	63.42	2.74	0.51	0.1	—	—	0.01	—	98.98	1.03	5
	25	32.03	63.98	2.59	0.49	0.15	—	—	0.02	—	99.3	1.02	4

注：—表示低于检测限。

附表 7　水口山矿田热液磁铁矿电子探针主量元素分析结果（%）

序号	Na_2O	SiO_2	TiO_2	Al_2O_3	K_2O	Cr_2O_3	CaO	MnO	MgO	V_2O_5	FeO	Total	MnO+MgO	Ti+V	Ca+Al+Mn
1	—	—	—	0.13	—	—	—	0.28	0.03	—	91.00	91.41	0.31	—	0.29
2	0.02	0.05	0.01	0.15	—	—	0.02	0.16	0.12	0.03	90.77	91.17	0.28	0.03	0.2
3	—	—	—	0.11	—	0.03	—	0.13	0.1	0.01	91.34	91.61	0.23	0.01	0.16
4	0.01	0.53	—	0.17	0.04	—	0.18	0.1	0.06	—	89.95	90.96	0.16	—	0.17
5	0.02	—	0.04	0.1	—	0.03	—	0.25	0.02	0.01	92.37	92.79	0.27	0.03	0.24
6	0.03	0.01	0.05	0.07	0.01	0.05	0.06	0.2	0.01	0.05	88.83	89.31	0.21	0.06	0.19
7	0.01	0.57	0.07	0.2	0.03	—	0.07	0.26	0.05	0.03	90.60	92.18	0.31	0.06	0.3
8	—	0.42	—	0.21	0.03	0.03	0.03	0.21	0.08	—	90.60	91.52	0.29	—	0.27
9	—	0.04	0.01	0.1	—	0	0.01	0.23	0.03	0.02	91.96	92.35	0.26	0.02	0.23
10	0.01	1.26	0.01	0.31	0.05	0.04	0.11	0.28	0.04	—	88.51	90.57	0.32	0.01	0.38
11	—	—	—	0.1	0.02	—	—	0.23	0.02	—	90.79	91.15	0.25	—	0.23
12	0.01	0.14	0.05	0.06	—	0.01	0.02	0.27	0.03	0.03	91.52	92.08	0.30	0.05	0.24
13	—	0.4	0.03	0.08	—	0.22	0.07	0.3	0.04	0.01	89.26	90.36	0.34	0.03	0.27
14	0.01	0.01	—	0.08	—	—	—	0.28	0.05	—	90.43	90.80	0.33	—	0.26
15	—	0.59	0.02	0.15	0.01	0.02	0.07	0.23	0.03	0.06	91.69	92.78	0.26	0.04	0.26

注：—表示低于检测限。

附表 8　康家湾矿床闪锌矿电子探针主量元素分析结果（%）

样品号	类型	S	Zn	Fe	Cd	Mn	Cu	总计
k2-6-1	Sp2	33. 09	58. 92	4. 15	0. 22	0. 43	2. 9	99. 79
k2-6-2	Sp2	32. 99	59. 16	5. 30	0. 28	0. 62	1. 27	99. 63
k3-1-3	Sp2	33. 84	55. 84	8. 41	0. 23	0. 9	—	99. 24
k3-1-4	Sp2	32. 85	60. 76	4. 13	0. 28	0. 71	—	98. 77
k3-1-5	Sp2	33. 12	60. 24	4. 35	0. 26	1. 03	—	99. 02
k3-1-6	Sp2	33. 18	59. 94	4. 41	0. 22	1. 12	—	98. 87
k3-1-7	Sp2	33. 39	58. 34	5. 13	0. 23	0. 78	—	97. 86
k7-1-8	Sp3a	33. 45	60. 32	5. 25	0. 27	0. 22	0. 17	99. 8
k7-1-9	Sp3a	33	61. 17	3. 13	0. 29	1. 7	0. 01	99. 39
k7-1-10	Sp3a	32. 62	60. 87	3. 43	0. 28	1. 83	0. 05	99. 09
k7-1-11	Sp3a	33. 01	61. 82	2. 74	0. 29	1. 39	—	99. 32
k7-2-12	Sp3a	33. 25	60. 44	4. 93	0. 37	0. 5	0. 02	99. 52
k7-2-13	Sp3a	33. 39	60. 09	4. 94	0. 26	0. 62	0. 02	99. 4
k2-10-14	Sp3a	33. 09	56. 23	8. 33	0. 23	0. 99	0. 01	98. 88
k2-10-15	Sp3a	32. 92	61. 53	4. 06	0. 22	0. 78	0. 01	99. 54
k7-3-16	Sp3a	32. 78	61. 39	2. 97	0. 29	1. 26	0. 18	98. 89
k7-3-17	Sp3a	32. 82	60. 4	4. 5	0. 24	1. 05	0. 02	99. 04
k7-1-18	Sp3b	33. 18	59. 77	3. 78	0. 42	1. 5	0. 46	99. 11
k7-1-19	Sp3b	32. 7	58. 17	5. 26	0. 4	1. 58	0. 17	98. 29
k7-1-20	Sp3b	32. 96	61. 89	2. 84	0. 3	0. 92	0. 01	98. 93
k7-1-21	Sp3b	32. 86	62. 68	2. 27	0. 31	1. 35	—	99. 47
k7-2-22	Sp3b	32. 81	61. 78	3. 85	0. 3	0. 55	—	99. 29
k7-2-23	Sp3b	33. 57	61. 65	4. 23	0. 29	0. 63	—	100. 41

注：—表示低于检测限。

附表 9　黄沙坪矿床岩浆岩锆石 LA-ICP-MS 定年结果

样品号	$^{207}Pb/^{235}U$	2σ	$^{206}Pb/^{238}U$	2σ	rho	$U/10^{-6}$	$Th/10^{-6}$	$Pb/10^{-6}$	Th/U
H2-5	0. 1862	0. 0035	0. 0269	0. 0003	0. 3933	8070	4420	1989	0. 55
H2-5	0. 1888	0. 0037	0. 0262	0. 0003	0. 3771	6520	3430	1514	0. 53
H2-5	0. 1936	0. 0041	0. 0281	0. 0004	0. 5815	7190	3290	1533	0. 46
H2-5	0. 1804	0. 0036	0. 0264	0. 0004	0. 5280	7640	3490	1483	0. 46
H2-5	0. 1905	0. 0036	0. 0276	0. 0004	0. 4410	6830	3080	1444	0. 45
H2-5	0. 1770	0. 0034	0. 0256	0. 0003	0. 3452	7380	3337	1411	0. 45
H2-5	0. 1710	0. 0029	0. 0249	0. 0003	0. 4709	8770	4847	1972	0. 55
H2-5	0. 1855	0. 0041	0. 0265	0. 0004	0. 4719	6740	3422	1450	0. 51
H2-5	0. 1894	0. 0050	0. 0256	0. 0005	0. 7166	6940	3140	1463	0. 45
H2-5	0. 1749	0. 0032	0. 0254	0. 0003	0. 5915	9820	6110	2550	0. 62
H2-5	0. 1888	0. 0047	0. 0266	0. 0005	0. 6214	7240	3560	1573	0. 49
H2-5	0. 1784	0. 0039	0. 0260	0. 0004	0. 4670	6490	2570	1155	0. 40
H2-5	0. 1706	0. 0027	0. 0245	0. 0003	0. 4340	7140	2836	1182	0. 40
H2-5	0. 1701	0. 0029	0. 0248	0. 0003	0. 4345	11860	4990	2116	0. 42
H2-5	0. 1932	0. 0043	0. 0261	0. 0003	0. 5123	8010	4250	2075	0. 53
H2-5	0. 1918	0. 0040	0. 0274	0. 0004	0. 5609	9330	4880	2462	0. 52
H2-5	0. 1942	0. 0045	0. 0277	0. 0005	0. 6881	14600	7130	3400	0. 49
H2-5	0. 1729	0. 0040	0. 0252	0. 0003	0. 5994	8440	3910	1758	0. 46
H2-5	0. 2041	0. 0043	0. 0266	0. 0004	0. 1821	9530	5140	2686	0. 54
H5-14-3	0. 1820	0. 0110	0. 0247	0. 0006	0. 1504	634	557	231. 7	0. 88
H5-14-3	0. 1682	0. 0099	0. 0251	0. 0005	0. 2850	869	664	275. 2	0. 76
H5-14-3	0. 1680	0. 0130	0. 0252	0. 0008	0. 1111	369	323	133. 8	0. 88
H5-14-3	0. 1601	0. 0079	0. 0241	0. 0005	0. 2472	1049	894	361	0. 85
H2-5	0. 1862	0. 0035	0. 0269	0. 0003	0. 3933	8070	4420	1989	0. 55
H2-5	0. 1888	0. 0037	0. 0262	0. 0003	0. 3771	6520	3430	1514	0. 53
H2-5	0. 1936	0. 0041	0. 0281	0. 0004	0. 5815	7190	3290	1533	0. 46
H2-5	0. 1804	0. 0036	0. 0264	0. 0004	0. 5280	7640	3490	1483	0. 46
H2-5	0. 1905	0. 0036	0. 0276	0. 0004	0. 4410	6830	3080	1444	0. 45
H2-5	0. 1770	0. 0034	0. 0256	0. 0003	0. 3452	7380	3337	1411	0. 45
H2-5	0. 1710	0. 0029	0. 0249	0. 0003	0. 4709	8770	4847	1972	0. 55
H2-5	0. 1855	0. 0041	0. 0265	0. 0004	0. 4719	6740	3422	1450	0. 51
H2-5	0. 1894	0. 0050	0. 0256	0. 0005	0. 7166	6940	3140	1463	0. 45
H2-5	0. 1749	0. 0032	0. 0254	0. 0003	0. 5915	9820	6110	2550	0. 62
H2-5	0. 1888	0. 0047	0. 0266	0. 0005	0. 6214	7240	3560	1573	0. 49
H2-5	0. 1784	0. 0039	0. 0260	0. 0004	0. 4670	6490	2570	1155	0. 40
H2-5	0. 1706	0. 0027	0. 0245	0. 0003	0. 4340	7140	2836	1182	0. 40
H2-5	0. 1701	0. 0029	0. 0248	0. 0003	0. 4345	11860	4990	2116	0. 42

续表

样品号	$^{207}Pb/^{235}U$	2σ	$^{206}Pb/^{238}U$	2σ	rho	$U/10^{-6}$	$Th/10^{-6}$	$Pb/10^{-6}$	Th/U
H2-5	0. 1932	0. 0043	0. 0261	0. 0003	0. 5123	8010	4250	2075	0. 53
H2-5	0. 1918	0. 0040	0. 0274	0. 0004	0. 5609	9330	4880	2462	0. 52
H2-5	0. 1942	0. 0045	0. 0277	0. 0005	0. 6881	14600	7130	3400	0. 49
H2-5	0. 1729	0. 0040	0. 0252	0. 0003	0. 5994	8440	3910	1758	0. 46
H2-5	0. 2041	0. 0043	0. 0266	0. 0004	0. 1821	9530	5140	2686	0. 54
H5-14-3	0. 1820	0. 0110	0. 0247	0. 0006	0. 1504	634	557	231. 7	0. 88
H5-14-3	0. 1682	0. 0099	0. 0251	0. 0005	0. 2850	869	664	275. 2	0. 76
H5-14-3	0. 1680	0. 0130	0. 0252	0. 0008	0. 1111	369	323	133. 8	0. 88
H5-14-3	0. 1601	0. 0079	0. 0241	0. 0005	0. 2472	1049	894	361	0. 85
H5-14-3	0. 1790	0. 0110	0. 0250	0. 0006	0. 2931	771	394	159. 9	0. 51
H5-14-3	0. 1820	0. 0110	0. 0251	0. 0005	0. 3384	921	529	234. 3	0. 57
H5-14-3	0. 1770	0. 0110	0. 0243	0. 0007	0. 2890	764	484	204. 3	0. 63
H5-14-3	0. 1774	0. 0076	0. 0252	0. 0004	0. 2840	955	496	215. 9	0. 52
H5-14-3	0. 1700	0. 0087	0. 0253	0. 0005	0. 2880	1088	761	329. 3	0. 70
H5-14-3	0. 1790	0. 0110	0. 0247	0. 0006	0. 2623	460	537	227	1. 17
H5-14-3	0. 1741	0. 0086	0. 0252	0. 0005	0. 2722	884	809	336	0. 92
H5-14-3	0. 1840	0. 0120	0. 0250	0. 0006	0. 4451	749	411	183	0. 55
H5-14-3	0. 1740	0. 0130	0. 0250	0. 0007	0. 1491	412	394	160. 2	0. 96
H5-14-3	0. 1650	0. 0110	0. 0250	0. 0006	0. 1898	782	415	177. 6	0. 53
H5-14-3	0. 1765	0. 0063	0. 0245	0. 0005	0. 1692	1671	714	306	0. 43
H5-14-3	0. 1727	0. 0072	0. 0243	0. 0004	0. 3318	1419	917	383	0. 65
H5-14-3	0. 1657	0. 0084	0. 0245	0. 0005	0. 1919	1141	800	327	0. 70
H5-14-3	0. 1750	0. 0110	0. 0249	0. 0005	0. 2834	786	451	187. 3	0. 57
H5-14-3	0. 1642	0. 0093	0. 0243	0. 0005	0. 2322	928	411	162. 9	0. 44
H7-4-2	0. 1737	0. 0027	0. 0251	0. 0003	0. 4681	15340	3440	1524	0. 22
H7-4-2	0. 1692	0. 0047	0. 0216	0. 0005	0. 8463	17370	4450	2290	0. 26
H7-4-2	0. 2082	0. 0036	0. 0288	0. 0004	0. 7686	23100	6780	3880	0. 29
H7-4-2	0. 1921	0. 0040	0. 0260	0. 0004	0. 1403	5160	2290	1110	0. 44
H7-4-2	0. 1652	0. 0050	0. 0207	0. 0006	0. 8648	15050	4280	2040	0. 28
H7-4-2	0. 1747	0. 0083	0. 0232	0. 0006	0. 7245	7570	2979	971	0. 39
H7-4-2	0. 1739	0. 0055	0. 0221	0. 0007	0. 8465	9540	2830	1290	0. 30
H7-4-2	0. 1430	0. 0041	0. 0186	0. 0005	0. 8557	14500	4640	1860	0. 32
H7-4-2	0. 1500	0. 0038	0. 0190	0. 0006	0. 7130	15400	4720	1930	0. 31
H7-4-2	0. 1670	0. 0040	0. 0228	0. 0005	0. 7359	14300	4200	1810	0. 29
H7-4-2	0. 1771	0. 0084	0. 0196	0. 0007	0. 7815	15300	5070	2640	0. 33
H7-4-2	0. 1780	0. 0100	0. 0210	0. 0006	0. 7531	14200	4130	2120	0. 29
H7-4-2	0. 1675	0. 0054	0. 0199	0. 0006	0. 5637	12180	3590	1910	0. 29

续表

样品号	$^{207}Pb/^{235}U$	2σ	$^{206}Pb/^{238}U$	2σ	rho	$U/10^{-6}$	$Th/10^{-6}$	$Pb/10^{-6}$	Th/U
H7-4-2	0.1990	0.0064	0.0279	0.0004	0.3113	10150	2650	1187	0.26
H7-4-2	0.1447	0.0049	0.0187	0.0006	0.8847	15200	3860	1690	0.25
H7-4-2	0.1457	0.0051	0.0190	0.0006	0.8989	14820	4640	1950	0.31
H7-4-2	0.1512	0.0054	0.0188	0.0006	0.8069	13760	4250	1890	0.31
H7-4-2	0.1470	0.0089	0.0182	0.0007	0.8289	15400	4560	2110	0.30
H7-4-2	0.1640	0.0050	0.0212	0.0005	0.8353	14200	4250	2120	0.30
H7-4-2	0.1737	0.0023	0.0255	0.0003	0.5842	21130	5490	2468	0.26
H7-4-2	0.1500	0.0047	0.0193	0.0006	0.8445	17000	5180	2380	0.30
H7-4-2	0.1644	0.0050	0.0211	0.0006	0.8675	14630	3980	2110	0.27
H13-5	0.1755	0.0025	0.0254	0.0003	0.5103	18970	8313	3638	0.44
H13-5	0.1805	0.0047	0.0257	0.0004	0.6449	6950	3381	1534	0.49
H13-5	0.1746	0.0031	0.0250	0.0003	0.2162	9410	5200	2220	0.55
H13-5	0.2116	0.0051	0.0281	0.0004	0.7443	16540	7160	3980	0.43
H13-5	0.2121	0.0055	0.0272	0.0004	0.3208	5230	2780	1451	0.53
H13-5	0.2102	0.0043	0.0253	0.0005	0.8542	43700	22500	12020	0.51
H13-5	0.2125	0.0068	0.0260	0.0004	0.1433	5200	2810	1368	0.54
H13-5	0.2075	0.0070	0.0252	0.0006	0.0567	2550	1145	625	0.45
H13-5	0.2133	0.0063	0.0246	0.0004	0.6556	14700	8310	4250	0.57
H13-5	0.2051	0.0065	0.0249	0.0004	0.5439	6480	3140	1586	0.48
H13-5	0.1898	0.0035	0.0273	0.0004	0.5363	8750	5040	2318	0.58
H13-5	0.1798	0.0049	0.0264	0.0005	0.4787	3980	2035	913	0.51
H13-5	0.1814	0.0051	0.0256	0.0004	0.3579	7120	4380	1994	0.62
H5-14-3	0.1790	0.0110	0.0250	0.0006	0.2931	771	394	159.9	0.51
H5-14-3	0.1820	0.0110	0.0251	0.0005	0.3384	921	529	234.3	0.57
H5-14-3	0.1770	0.0110	0.0243	0.0007	0.2890	764	484	204.3	0.63
H5-14-3	0.1774	0.0076	0.0252	0.0004	0.2840	955	496	215.9	0.52
H5-14-3	0.1700	0.0087	0.0253	0.0005	0.2880	1088	761	329.3	0.70
H5-14-3	0.1790	0.0110	0.0247	0.0006	0.2623	460	537	227	1.17
H5-14-3	0.1741	0.0086	0.0252	0.0005	0.2722	884	809	336	0.92
H5-14-3	0.1840	0.0120	0.0250	0.0006	0.4451	749	411	183	0.55
H5-14-3	0.1740	0.0130	0.0250	0.0007	0.1491	412	394	160.2	0.96
H5-14-3	0.1650	0.0110	0.0250	0.0006	0.1898	782	415	177.6	0.53
H5-14-3	0.1765	0.0063	0.0245	0.0005	0.1692	1671	714	306	0.43
H5-14-3	0.1727	0.0072	0.0243	0.0004	0.3318	1419	917	383	0.65
H5-14-3	0.1657	0.0084	0.0245	0.0005	0.1919	1141	800	327	0.70
H5-14-3	0.1750	0.0110	0.0249	0.0005	0.2834	786	451	187.3	0.57
H5-14-3	0.1642	0.0093	0.0243	0.0005	0.2322	928	411	162.9	0.44

续表

样品号	$^{207}Pb/^{235}U$	2σ	$^{206}Pb/^{238}U$	2σ	rho	$U/10^{-6}$	$Th/10^{-6}$	$Pb/10^{-6}$	Th/U
H7-4-2	0.1737	0.0027	0.0251	0.0003	0.4681	15340	3440	1524	0.22
H7-4-2	0.1692	0.0047	0.0216	0.0005	0.8463	17370	4450	2290	0.26
H7-4-2	0.2082	0.0036	0.0288	0.0004	0.7686	23100	6780	3880	0.29
H7-4-2	0.1921	0.0040	0.0260	0.0004	0.1403	5160	2290	1110	0.44
H7-4-2	0.1652	0.0050	0.0207	0.0006	0.8648	15050	4280	2040	0.28
H7-4-2	0.1747	0.0083	0.0232	0.0006	0.7245	7570	2979	971	0.39
H7-4-2	0.1739	0.0055	0.0221	0.0007	0.8465	9540	2830	1290	0.30
H7-4-2	0.1430	0.0041	0.0186	0.0005	0.8557	14500	4640	1860	0.32
H7-4-2	0.1500	0.0038	0.0190	0.0006	0.7130	15400	4720	1930	0.31
H7-4-2	0.1670	0.0040	0.0228	0.0005	0.7359	14300	4200	1810	0.29
H7-4-2	0.1771	0.0084	0.0196	0.0007	0.7815	15300	5070	2640	0.33
H7-4-2	0.1780	0.0100	0.0210	0.0006	0.7531	14200	4130	2120	0.29
H7-4-2	0.1675	0.0054	0.0199	0.0006	0.5637	12180	3590	1910	0.29
H7-4-2	0.1990	0.0064	0.0279	0.0004	0.3113	10150	2650	1187	0.26
H7-4-2	0.1447	0.0049	0.0187	0.0006	0.8847	15200	3860	1690	0.25
H7-4-2	0.1457	0.0051	0.0190	0.0006	0.8989	14820	4640	1950	0.31
H7-4-2	0.1512	0.0054	0.0188	0.0006	0.8069	13760	4250	1890	0.31
H7-4-2	0.1470	0.0089	0.0182	0.0007	0.8289	15400	4560	2110	0.30
H7-4-2	0.1640	0.0050	0.0212	0.0005	0.8353	14200	4250	2120	0.30
H7-4-2	0.1737	0.0023	0.0255	0.0003	0.5842	21130	5490	2468	0.26
H7-4-2	0.1500	0.0047	0.0193	0.0006	0.8445	17000	5180	2380	0.30
H7-4-2	0.1644	0.0050	0.0211	0.0006	0.8675	14630	3980	2110	0.27
H13-5	0.1755	0.0025	0.0254	0.0003	0.5103	18970	8313	3638	0.44
H13-5	0.1805	0.0047	0.0257	0.0004	0.6449	6950	3381	1534	0.49
H13-5	0.1746	0.0031	0.0250	0.0003	0.2162	9410	5200	2220	0.55
H13-5	0.2116	0.0051	0.0281	0.0004	0.7443	16540	7160	3980	0.43
H13-5	0.2121	0.0055	0.0272	0.0004	0.3208	5230	2780	1451	0.53
H13-5	0.2102	0.0043	0.0253	0.0005	0.8542	43700	22500	12020	0.51
H13-5	0.2125	0.0068	0.0260	0.0004	0.1433	5200	2810	1368	0.54
H13-5	0.2075	0.0070	0.0252	0.0006	0.0567	2550	1145	625	0.45
H13-5	0.2133	0.0063	0.0246	0.0004	0.6556	14700	8310	4250	0.57
H13-5	0.2051	0.0065	0.0249	0.0004	0.5439	6480	3140	1586	0.48
H13-5	0.1898	0.0035	0.0273	0.0004	0.5363	8750	5040	2318	0.58
H13-5	0.1798	0.0049	0.0264	0.0005	0.4787	3980	2035	913	0.51
H13-5	0.1814	0.0051	0.0256	0.0004	0.3579	7120	4380	1994	0.62

（邵拥军等，未发表数据）

附表 10　黄沙坪矿床岩浆岩锆石 LA-ICP-MS 微量元素分析结果（10^{-6}）

样品号	Sc	Ti	Y	La	Ce	Pr	Nd	Sm	Eu	Gd	Tb	Dy	Ho	Er	Tm	Yb	Lu	Hf
H2-5-1	128	6.42	6031	0.09	17.6	0.38	5.06	17.5	0.2	117	44.3	544	201	893	183	1615	317	12397
H2-5-2	149	4.6	7356	0.34	20.5	0.52	5.91	22	0.2	150	57.3	667	234	1012	204	1804	343	15366
H2-5-3	152	6.81	7374	0.37	22.7	0.66	5.53	20.5	0.27	143	56.7	643	221	918	181	1588	302	13462
H2-5-4	160	19.6	5518	0.75	23.5	0.87	6.5	16.3	0.12	97.8	40.5	489	180	802	169	1515	294	15365
H2-5-5	169	4.74	5813	0.15	25	0.28	3.16	14.4	0.16	103	41.2	513	186	834	173	1542	310	15142
H2-5-6	181	5.1	4803	0.02	23.7	0.08	1.16	8.57	0.07	75.2	31.6	415	163	763	162	1486	303	16691
H2-5-7	153	8.03	4650	0.08	22.7	0.15	2.41	9.88	0.09	78.4	32.1	408	159	723	152	1378	276	16255
H2-5-8	175	16.6	6537	7.17	41.8	5.26	37.5	66	0.88	384	143	1475	457	1752	320	2630	466	16295
H2-5-9	148	10.9	9115	22.9	82.6	9.98	57.1	57.6	0.45	243	77.9	795	259	1047	219	1908	362	15315
H2-5-10	180	10.6	5488	0.03	28.4	0.14	2.22	10	0.07	91.5	37.9	480	186	854	178	1629	321	17301
H2-5-11	185	11.8	7091	0.3	24.6	0.49	5.21	17.1	0.14	127	50.4	631	241	1062	220	2011	400	15544
H2-5-12	186	4.81	4339	0.09	13.9	0.15	1.64	7.24	0.03	59.5	26.2	354	146	702	150	1392	288	16079
H2-5-13	178	5.13	4659	0.02	20.3	0.09	1.58	8.17	0.08	70.2	28.9	389	154	733	159	1479	300	17613
H2-5-14	180	3.84	5960	0.02	29.5	0.06	1.96	10.6	0.11	93.4	39.8	513	204	948	202	1866	376	16158
H2-5-15	153	9.08	5876	0.14	24.8	0.27	3.59	13.8	0.16	109	42	507	187	812	166	1458	292	13348
H2-5-16	148	4.84	5502	0.07	25	0.19	2.63	11.6	0.12	97.6	38.7	482	179	805	163	1466	286	13590
H2-5-17	167	4.87	7669	0.13	21.6	0.3	3.55	13.7	0.14	117	48.8	638	251	1150	245	2278	454	12645
H2-5-18	159	3.71	5137	0.09	21.5	0.15	2.12	8.9	0.09	83.6	34.2	440	169	788	164	1519	303	14158
H2-5-19	161	15.5	5221	0.15	22.3	0.21	3.02	9.74	0.1	84.1	35.4	454	178	820	174	1576	312	15545
H5-14-3-1	182	5.49	1172	21.6	64.6	6.13	32.4	10.9	0.95	31.2	9.7	106	39.9	179	37.8	344	71.3	12883
H5-14-3-2	184	3.58	1010	0.01	19.9	0.08	1.37	4.38	0.57	23.2	7.5	89.6	33.4	152	33.1	309	66.7	12545
H5-14-3-3	186	4.44	1096	0.02	12.3	0.11	1.67	4.05	0.51	24.1	8.1	98.8	37	167	35.1	324	67.3	10845
H5-14-3-4	177	5.08	1645	7.99	40.9	2.52	14.2	8.41	0.45	37.5	12.8	147	56.4	253	51.5	474	98.3	13128
H5-14-3-5	173	4.65	1040	46.8	124	15.1	69	17.2	1.3	33.2	8.4	88.6	33.4	158	36.5	355	77	14128
H5-14-3-6	172	4.67	1679	8.48	32.6	2.8	15.6	8.8	0.56	34.8	12.5	145	56.4	257	55.1	519	111	12083
H5-14-3-7	179	5.09	1126	0.08	16.1	0.12	1.63	4.09	0.46	19.7	7.4	91.2	36	171	38	374	80.9	14793

续表

样品号	Sc	Ti	Y	La	Ce	Pr	Nd	Sm	Eu	Gd	Tb	Dy	Ho	Er	Tm	Yb	Lu	Hf
H5-14-3-8	160	4.82	981	32.2	97.7	11.3	53.2	14.2	0.75	27.4	7.6	85	31.8	149	33.4	321	69.7	14136
H5-14-3-9	187	4.84	1487	0.04	20.4	0.12	2.06	5.48	0.37	30.7	10.7	130	50	227	49.6	469	96.5	13508
H5-14-3-10	192	4.42	2273	0.04	14.1	0.46	7.41	12.4	2.12	63.7	20.6	226	79.3	338	67.8	592	119	10460
H5-14-3-11	141	3.4	1306	33.4	95.1	11.2	53.7	16.4	0.69	38	11.3	123	44.5	191	41.6	373	74.8	10071
H5-14-3-12	178	4.54	1085	0.02	15.6	0.1	1.25	3.23	0.5	20.2	7.4	87.8	35	167	38.3	374	83.1	11959
H5-14-3-13	195	6.61	1205	0.02	13.1	0.11	2.24	5.54	0.62	28.8	9.3	114	41.1	191	39.8	364	73.9	10570
H5-14-3-14	186	3.26	895	0.01	11.9	0.04	0.74	2.26	0.38	16.3	6.2	73.8	28.9	134	29.7	296	62.6	13754
H5-14-3-15	174	6.46	2194	86.8	236	28.2	137	35.7	1.41	71.1	19.2	203	74.5	335	70.4	649	133	12284
H5-14-3-16	186	3.62	1009	0.01	14.4	0.07	1.12	2.96	0.64	18.7	6.9	84.9	32.7	158	35.5	347	77.1	11874
H5-14-3-17	185	4.08	1556	0.01	12.5	0.04	1.2	3.91	0.56	29.8	10.6	132	52	241	52.5	501	105	14036
H5-14-3-18	147	3.91	1234	30.4	90.5	10.7	48.9	15.4	0.81	32	9.7	107	41.2	188	40.4	379	79.1	12466
H5-14-3-19	162	3.54	1407	0.02	19.5	0.08	1.63	4.54	0.48	26.8	9.4	120	44.6	215	48	453	96.7	13134
H5-14-3-20	165	4.56	881	0.02	12.7	0.06	1.22	2.68	0.37	17.4	5.8	73.6	28.4	139	30.4	295	63.1	12748
H5-14-3-21	166	4.4	873	0.02	10.6	0.02	0.42	2.09	0.34	14.8	5.2	68.8	27.2	134	30.4	306	66.3	14368
H7-4-2-1	213	3.46	7800	0.02	24.7	0.03	1.19	9	0.01	93	43.8	602	243	1181	267	2521	499	20135
H7-4-2-2	199	100	9266	1.1	44.6	1	7.35	19.9	0.01	132	59.8	781	301	1408	314	2988	567	15818
H7-4-2-3	242	7.21	15717	1.32	48.4	0.9	7.81	23.4	0.02	201	91	1225	478	2279	504	4785	927	18628
H7-4-2-4	148	12.2	3617	1.21	20.1	0.79	5.04	9.27	0.02	53.4	24.8	320	126	580	131	1232	234	14073
H7-4-2-5	178	10.7	10567	1.82	46.4	2.48	23.6	41.8	0.02	197	75.3	924	347	1626	350	3235	632	15710
H7-4-2-6	146	18.2	8144	2.48	22.4	2.31	13.1	21.1	0.02	106	51.6	668	258	1229	295	2845	560	19116
H7-4-2-7	194	18.6	8546	1.22	28	1.09	6.93	17.9	0.02	113	53.5	712	278	1326	301	2820	548	16956
H7-4-2-8	254	35.6	12920	2.78	65.5	1.68	9.4	21.6	0.03	180	80.8	1058	399	1878	420	3915	761	21142
H7-4-2-9	200	13.9	10817	2.21	54.6	1.52	9.62	20.7	0.02	146	69.6	906	354	1625	370	3459	653	17548
H7-4-2-10	235	6.76	9873	7.79	63	2.91	14.3	18.8	0.02	141	62.5	816	322	1504	340	3107	602	20095
H7-4-2-11	188	11.9	10838	7.02	67.6	4.33	26.9	33.4	0.06	181	73.4	926	341	1577	352	3178	612	16253
H7-4-2-12	199	20.3	10479	1.6	49.5	1.31	11	21.9	0.02	154	66.2	865	330	1570	348	3281	626	17097

续表

样品号	Sc	Ti	Y	La	Ce	Pr	Nd	Sm	Eu	Gd	Tb	Dy	Ho	Er	Tm	Yb	Lu	Hf
H7-4-2-13	219	611	9538	9.86	70.8	3.86	21.1	23.4	0.02	136	59.6	789	306	1454	325	3060	593	16804
H7-4-2-14	164	8.76	6331	0.53	21.1	0.55	4.91	11.8	0.02	77.4	35.9	489	196	947	218	2055	403	16786
H7-4-2-15	324	20.3	15772	304	891	112	477	207	0.04	400	125	1382	504	2330	510	4691	907	24624
H7-4-2-16	235	110	12112	0.78	57.4	0.62	5.04	18.3	0.03	166	75	992	384	1799	400	3681	704	20407
H7-4-2-17	166	10.7	10636	5.56	47.9	3.4	21.6	39.2	0.06	183	76.8	943	357	1619	352	3270	618	12390
H7-4-2-18	260	24.1	15231	11.1	87.6	8.08	50.3	55.6	0.02	258	106	1295	502	2310	513	4816	905	22483
H7-4-2-19	253	9.03	12737	2.41	57.3	2.02	11.6	26.5	0.04	187	81.6	1081	415	1927	429	4063	768	20250
H7-4-2-20	196	4.11	8680	0.1	38.6	0.14	2.08	11.8	0.02	113	52.3	695	280	1322	291	2740	533	17477
H7-4-2-21	220	97.8	15869	9.82	92.8	10	76.1	129	0.12	445	157	1644	550	2359	515	4605	840	16647
H7-4-2-22	217	19.7	12725	1.94	49	2.21	14.8	30.2	0.02	191	85.6	1088	411	1953	431	4052	762	18477
H13-15-1	287	83.6	6711	13.5	105	14.7	82.3	104	0.93	378	198	2311	716	2795	549	4365	711	14875
H13-15-2	221	4.24	5356	0.3	31.7	0.55	4.84	15.4	0.12	100	43.9	527	191	823	172	1511	293	14513
H13-15-3	217	8.74	5262	0.08	34.9	0.17	2.71	11.2	0.05	103	38.9	484	189	845	175	1600	315	13972
H13-15-4	622	209	7623	37.6	299	47.3	289	412	2.98	1496	797	8850	2526	9341	1722	13265	1984	20565
H13-15-5	587	280	1638	34.4	295	51.5	285	408	3.3	1443	698	7591	2138	7958	1493	11893	1815	16657
H13-15-6	182	5.62	4772	1.31	31.7	1.63	11.1	19.3	0.16	98.1	42.8	511	175	739	146	1281	236	12472
H13-15-7	258	5.32	3198	7.66	89	5.38	29.1	49	0.06	401	176	2237	849	3660	782	6929	1240	17148
H13-15-8	192	11.5	6201	1.27	29.3	1.88	13.8	24.6	0.19	126	58.6	708	232	904	185	1583	276	13445
H13-15-9	243	7.76	3474	1.06	20.3	1.39	10	16.8	0.18	79.7	35.6	407	133	539	110	946	178	13771
H13-15-10	197	32	7860	5.29	44.6	5.38	31.1	47.6	0.38	198	93.3	1069	320	1251	236	1927	317	11293
H13-15-11	210	8.59	6800	0.28	37.5	0.58	7.37	20.6	0.13	135	53.3	656	245	1063	225	1943	374	13055
H13-15-12	187	4.82	2808	0.08	19.5	0.16	2.53	8.02	0.11	54.2	22	264	98	426	90.4	790	158	11898
H13-15-13	398	223	7507	24.4	196	29.9	181	248	1.67	802	398	4435	1280	4879	917	7434	1190	17316
H13-15-14	179	3.57	7092	24.8	96.7	11.9	74.3	44.2	0.21	171	60.3	706	251	1089	219	1925	371	13410

（邵拥军等，未发表数据）

附表 11　黄沙坪矿床岩浆岩锆石 LA-MC-ICP-MS Hf 同位素分析结果

样品号	$^{176}Lu/^{177}Hf$	$^{176}Hf/^{177}Hf$	$\varepsilon_{Hf}(t)$	T_{DM}/Ma	T_{2DM}/Ma	$\delta^{18}O$/‰	2σ
H2-5	0.003903	0.282423	-9.2	1268	1786	7.72	0.14
H2-5	0.003865	0.282398	-10.1	1306	1843	8.03	0.21
H2-5	0.003379	0.282430	-8.9	1240	1768	7.92	0.21
H2-5	0.003395	0.282399	-10	1286	1836	7.88	0.19
H2-5	0.003162	0.282430	-8.9	1233	1767	7.89	0.27
H2-5	0.002594	0.282467	-7.5	1158	1679	8	0.13
H2-5	0.003336	0.282413	-9.5	1264	1806	7.98	0.19
H2-5	0.005569	0.282357	-11.7	1437	1943	7.97	0.23
H2-5	0.003770	0.282422	-9.3	1266	1788	7.71	0.19
H2-5	0.004115	0.282377	-10.9	1346	1889	7.82	0.21
H2-5	0.003047	0.282433	-8.8	1223	1758	8.06	0.13
H2-5	0.003822	0.282406	-9.8	1292	1824	7.96	0.27
H2-5	0.003796	0.282399	-10.1	1302	1840	7.5	0.13
H2-5	0.003072	0.282456	-8	1191	1708	7.69	0.14
H2-5	0.003542	0.282436	-8.7	1236	1755	7.96	0.24
H2-5	0.003975	0.282412	-9.6	1288	1811	7.77	0.13
H2-5	0.003540	0.282422	-9.2	1258	1787	7.99	0.19
H2-5	0.003420	0.282430	-8.9	1242	1769	7.76	0.16
H2-5	0.003251	0.282437	-8.7	1225	1752	7.58	0.21
H2-5	0.005454	0.282385	-10.7	1388	1881	7.37	0.19
H2-5	0.003576	0.282418	-9.4	1265	1796	7.65	0.24
H2-5	0.003629	0.282408	-9.7	1281	1818	7.7	0.32
H2-5	0.004253	0.282373	-11.1	1359	1900	7.6	0.25
H2-5	0.004011	0.282400	-10.1	1308	1838	7.73	0.24
H5-14-3	0.001137	0.282470	-7.3	1110	1666	9.09	0.13
H5-14-3	0.000826	0.282524	-5.4	1026	1545	8.91	0.13
H5-14-3	0.000853	0.282473	-7.2	1098	1658	9.17	0.25
H5-14-3	0.000884	0.282504	-6.1	1055	1589	8.48	0.21
H5-14-3	0.001356	0.282498	-6.4	1077	1605	8.44	0.16
H5-14-3	0.001958	0.282460	-7.8	1148	1692	8.85	0.16
H5-14-3	0.000932	0.282479	-7	1091	1644	9.16	0.19
H5-14-3	0.001590	0.282517	-5.7	1056	1564	8.2	0.13
H5-14-3	0.000812	0.282499	-6.3	1059	1598	8.64	0.16
H5-14-3	0.000779	0.282477	-7.1	1090	1648	8.6	0.17
H5-14-3	0.000974	0.282495	-6.4	1070	1609	8.69	0.18
H5-14-3	0.001690	0.282510	-6	1069	1580	8.73	0.19
H5-14-3	0.001042	0.282502	-6.2	1061	1593	8.84	0.2
H5-14-3	0.000959	0.282479	-7	1092	1644	8.67	0.17
H5-14-3	0.001019	0.282528	-5.3	1025	1536	8.42	0.23
H5-14-3	0.000757	0.282490	-6.6	1070	1618	8.92	0.16
H5-14-3	0.000928	0.282407	-9.5	1192	1804	9.15	0.21
H5-14-3	0.001309	0.282492	-6.6	1084	1619	8.26	0.21
H5-14-3	0.000919	0.282482	-6.9	1087	1638	8.42	0.19

续表

样品号	$^{176}Lu/^{177}Hf$	$^{176}Hf/^{177}Hf$	ε_{Hf} (t)	T_{DM}/Ma	T_{2DM}/Ma	$\delta^{18}O$/‰	2σ
H5-14-3	0.001617	0.282431	-8.8	1179	1755	8.28	0.22
H5-14-3	0.000887	0.282485	-6.8	1082	1631	8.55	0.14
H5-14-3	0.000979	0.282499	-6.3	1064	1600	8.24	0.24
H5-14-3	0.001030	0.282503	-6.2	1061	1592	8.46	0.18
H5-14-3	0.000747	0.282527	-5.3	1019	1537	8.3	0.16
H5-14-3	0.000719	0.282482	-6.9	1081	1636	8.08	0.34
H7-4-2	0.003710	0.282396	-10.2	1302	1845	7.99	0.23
H7-4-2	0.005690	0.282304	-13.7	1528	2063	4.62	0.24
H7-4-2	0.003430	0.282406	-9.8	1277	1821	7.72	0.27
H7-4-2	0.006109	0.282289	-14.3	1571	2098	5.06	0.19
H7-4-2	0.005882	0.282277	-14.7	1579	2123	4.09	0.19
H7-4-2	0.004200	0.282356	-11.7	1382	1937	6.95	0.13
H7-4-2	0.006348	0.282280	-14.6	1597	2120	4.42	0.23
H7-4-2	0.006346	0.282288	-14.3	1584	2102	4.13	0.26
H7-4-2	0.005787	0.282301	-13.8	1536	2069	3.89	0.15
H7-4-2	0.005628	0.282315	-13.3	1507	2038	5.52	0.19
H7-4-2	0.005918	0.282297	-13.9	1548	2078	4.78	0.17
H7-4-2	0.005607	0.282298	-13.9	1533	2076	4.57	0.13
H7-4-2	0.005704	0.282306	-13.6	1525	2058	4.3	0.2
H7-4-2	0.006479	0.282249	-15.7	1654	2189	3.84	0.18
H7-4-2	0.003578	0.282388	-10.5	1310	1864	7.3	0.2
H7-4-2	0.006201	0.282270	-14.9	1605	2140	3.89	0.19
H7-4-2	0.006206	0.282286	-14.4	1580	2104	3.63	0.16
H7-4-2	0.005976	0.282294	-14.1	1556	2086	3.87	0.19
H7-4-2	0.006081	0.282270	-14.9	1600	2140	4.32	0.29
H7-4-2	0.005251	0.282290	-14.1	1529	2090	7.02	0.21
H7-4-2	0.006384	0.282252	-15.6	1644	2180	3.32	0.22
H7-4-2	0.005905	0.282315	-13.3	1519	2039	4.34	0.21
H13-5	0.006005	0.282355	-11.8	1460	1950	7.35	0.24
H13-5	0.005979	0.282276	-14.6	1586	2124	8.43	0.14
H13-5	0.004634	0.282371	-11.1	1377	1905	8.31	0.16
H13-5	0.004207	0.282388	-10.4	1334	1864	6.74	0.19
H13-5	0.007483	0.282268	-15	1675	2151	8.31	0.19
H13-5	0.005469	0.282353	-11.8	1439	1950	8.6	0.25
H13-5	0.003762	0.282414	-9.5	1278	1805	7.84	0.19
H13-5	0.003176	0.282415	-9.4	1255	1798	7.79	0.18
H13-5	0.005167	0.282348	-12	1435	1960	5.66	0.18
H13-5	0.004311	0.282384	-10.6	1344	1874	7.84	0.3
H13-5	0.006459	0.282295	-14	1578	2085	7.52	0.21
H13-5	0.003451	0.282408	-9.7	1276	1816	7.81	0.26
H13-5	0.003095	0.282415	-9.4	1253	1798	7.93	0.22
H13-5	0.003559	0.282412	-9.5	1273	1806	8.1	0.25

（邵拥军等，未发表数据）

附表 12 黄沙坪矿床热液石榴子石 LA-ICP-MS 定年结果

样品号	$^{238}U/^{206}Pb$		$^{207}Pb/^{206}Pb$		rho	^{207}Pb 校正年龄/Ma	1σ/Ma
	值	2σ	值	2σ			
W-Sn 系统							
H3-8-1	19.8661	1.9496	0.4718	0.0448	0.6681	154.9	7.3
H3-8-2	4.4517	0.4631	0.7543	0.0210	0.2703	159.5	1.8
H3-8-3	31.0021	1.3935	0.2383	0.0364	0.1230	157.2	5.3
H3-8-4	41.4124	1.9086	0.0465	0.0148	0.1912	154.3	7.1
H3-8-5	24.4129	1.8973	0.3694	0.0371	0.1412	157.2	7.3
H3-8-6	39.3029	1.5194	0.0388	0.0123	0.3761	164.2	6.4
H3-8-7	12.4833	0.6091	0.6124	0.0341	0.1020	156.0	2.3
H3-8-8	11.9000	0.7249	0.5675	0.0313	0.1629	167.6	3.2
H3-8-9	10.4913	0.8832	0.6406	0.0271	0.2856	158.2	3.4
H3-8-10	13.6963	1.2459	0.6055	0.0635	0.3006	152.8	4.5
H3-8-11	12.5038	1.2388	0.6058	0.0428	0.3592	157.2	4.8
H3-8-12	2.9585	0.1957	0.8340	0.0677	0.6914	150.1	0.7
H3-8-13	17.5135	2.1991	0.5781	0.0744	0.7564	144.4	7.1
H3-8-14	4.2906	0.4679	0.7708	0.0830	0.5839	156.9	1.8
H3-8-15	15.1301	1.4639	0.5800	0.0433	0.1627	152.3	5.3
H3-8-16	13.5902	0.7150	0.5708	0.0349	0.0961	159.9	2.8
H3-8-17	39.9198	1.6407	0.0539	0.0130	0.2786	158.6	6.4
H3-8-18	27.4137	1.7035	0.3386	0.0328	0.1988	151.8	6.1
H3-8-19	15.5777	1.7947	0.5096	0.0415	0.0230	164.3	7.5
H3-8-20	19.4348	1.5402	0.4688	0.0658	0.6307	157.1	5.9
Cu 系统							
WK-1-1	0.2205	0.0304	0.8744	0.0459	0.2302	156.5	0.1
WK-1-2	1.1212	0.2242	0.8436	0.0690	0.1697	158.8	0.9
WK-1-3	0.4482	0.2883	0.7993	0.0956	0.3871	170.9	1.3
WK-1-4	0.6185	0.0313	0.8445	0.0154	0.1852	160.7	0.1
WK-1-5	16.9434	2.8354	0.4755	0.1748	0.0279	168.1	12.4
WK-1-6	5.9101	0.8515	0.7383	0.0546	0.4497	160.3	3.4
WK-1-7	3.3176	1.0241	0.7905	0.2542	0.3478	160.5	4.1
WK-1-8	0.0667	0.0079	0.8576	0.0378	0.3269	160.3	0.1
WK-1-9	6.5453	1.3194	0.7552	0.0970	0.8116	154.7	4.9
WK-1-10	23.4423	1.9853	0.3655	0.0567	0.2316	163.4	8.2
WK-1-11	15.3045	2.1121	0.5323	0.0674	0.0730	163.2	8.7
WK-1-12	2.8714	0.2915	0.7570	0.0271	0.1552	169.3	1.3
WK-1-13	13.7209	0.9961	0.6171	0.0494	0.1265	153.2	3.6
WK-1-14	10.7642	1.0429	0.6238	0.0401	0.0559	163.5	4.3
WK-1-15	12.9922	2.3410	0.6066	0.0764	0.8789	157.9	9.1

附表 13　黄沙坪矿床不同成矿热液系统黄铁矿 LA-ICP-MS 微量元素分析结果（10^{-6}）

类型	V	Mn	Co	Ni	Cu	Zn	Ga	Ge	As	Se	Mo	Ag	Cd	In	Sn	Sb	Te	W	Au	Tl	Pb	Bi
301-PyI	—	119	—	—	143	99. 1	—	—	135	—	0. 66	99. 4	0. 66	0. 32	32. 1	151	—	15. 5	—	6. 88	1722	—
301-PyI	—	135	0. 56	—	171	197	—	—	164	7. 78	0. 71	126	0. 57	0. 28	33. 9	182	—	23. 6	0. 02	9. 56	1958	—
301-PyI	—	425	0. 46	—	138	333	—	—	133	—	0. 82	112	0. 14	0. 28	35. 7	265	—	13. 4	—	6. 44	3176	—
301-PyI	0. 24	163	0. 87	—	129	146	—	—	156	10. 5	0. 84	116	0. 29	0. 21	29. 3	191	0. 21	15. 1	0. 02	6. 68	1830	0. 12
301-PyI	—	360	0. 37	—	132	147	—	—	151	—	0. 73	134	0. 15	0. 2	33. 6	284	—	12. 7	—	7. 25	1788	0. 19
301-PyI	—	263	—	5. 71	136	296	—	—	145	—	0. 69	121	0. 4	0. 23	31. 9	234	—	13. 9	—	6. 96	1988	—
301-PyI	—	415	0. 37	—	113	108	—	—	120	—	0. 57	98. 2	0. 45	0. 18	25. 2	226	—	13. 7	—	5. 17	1919	—
301-PyI	0. 17	378	0. 59	—	122	218	—	5. 49	128	—	0. 71	97. 2	0. 39	0. 22	29. 9	207	—	12. 4	—	5. 75	1694	—
301-PyI	—	500	0. 76	—	142	372	—	—	194	—	0. 73	126	0. 24	0. 31	39. 1	374	0. 18	12. 5	—	8. 25	2286	—
301-PyI	—	480	0. 52	—	142	268	—	—	172	—	0. 87	116	0. 31	0. 3	35. 5	302	—	10	0. 01	7. 94	2221	0. 07
301-PyI	0. 51	71. 4	—	—	176	35. 5	—	—	41. 3	—	3. 38	403	0. 4	0. 38	91. 5	646	—	16. 8	—	15. 9	1688	—
301-PyI	0. 38	99. 9	—	—	188	—	0. 24	4. 04	116	—	3. 81	486	—	1. 34	316	756	—	29. 8	—	20. 9	2132	—
301-PyI	—	92. 8	—	11	168	—	—	—	108	—	3. 63	444	0. 22	1. 3	318	694	—	13. 4	—	20. 4	2018	—
301-PyI	0. 33	107	—	13	158	—	0. 42	—	79. 6	—	6. 96	390	0. 32	2. 06	489	578	—	15	0. 01	16. 7	1804	—
301-PyI	0. 42	105	—	—	148	—	0. 34	—	72. 3	—	5. 04	352	0. 39	0. 67	167	564	0. 2	23. 2	—	15. 4	1682	—
301-PyI	0. 41	114	—	—	193	81. 1	0. 36	—	107	—	9. 57	431	0. 3	1. 03	250	674	0. 22	27. 4	0. 01	20. 8	2202	0. 1
301-PyII	—	64. 7	—	—	6. 45	243	—	—	2. 05	—	0. 53	0. 1	0. 62	0. 05	2. 87	0. 11	—	0. 36	—	0. 84	17. 6	—
301-PyII	0. 25	198	—	7. 51	5. 72	—	—	4. 49	3. 4	—	0. 54	0. 1	—	—	2. 08	0. 1	0. 3	2. 23	—	0. 16	22. 5	0. 07
301-PyII	—	56. 8	—	—	—	44. 3	—	—	2. 74	—	0. 5	—	—	0. 01	0. 68	1. 31	—	30. 8	—	0. 02	3. 35	—
301-PyII	—	57. 1	—	—	4. 04	—	—	—	—	—	0. 66	—	—	—	0. 39	0. 27	—	50. 2	—	0. 03	0. 45	—
301-PyII	—	61. 7	2. 12	—	—	40	—	—	—	—	0. 57	—	—	—	2. 01	2. 23	0. 39	5. 98	0. 01	—	2. 41	—
301-PyII	—	65. 4	—	—	20	35. 4	—	—	1. 93	—	0. 67	0. 31	0. 19	0. 02	1. 34	0. 05	0. 16	81. 5	0. 01	0. 37	36. 5	0. 24
301-PyII	—	59. 5	0. 61	—	—	—	—	—	—	—	0. 45	—	—	—	0. 55	1. 37	—	1. 92	—	0. 05	5. 92	—

续表

类型	V	Mn	Co	Ni	Cu	Zn	Ga	Ge	As	Se	Mo	Ag	Cd	In	Sn	Sb	Te	W	Au	Tl	Pb	Bi
301-PyII	—	60. 3	—	—	1. 78	—	—	—	3. 61	—	0. 54	—	—	—	—	1. 3	—	1. 43	—	—	4. 03	—
301-PyII	—	59. 7	—	—	6. 18	43	—	2. 89	2. 54	—	0. 81	—	—	0. 01	0. 42	0. 41	0. 16	15. 9	—	0. 03	2. 86	—
301-PyII	—	59. 4	—	—	3. 46	—	—	—	2. 63	—	0. 56	0. 07	0. 3	0. 01	4. 27	0. 76	—	53. 8	—	0. 28	1. 79	—
301-PyII	—	89	—	—	—	—	—	—	4. 3	—	0. 81	0. 41	—	—	0. 46	0. 99	—	45. 7	—	1. 07	8. 5	—
301-PyII	—	97. 4	—	—	2. 54	—	—	—	7. 16	—	0. 5	0. 42	—	0. 02	3. 18	1. 12	0. 34	93	—	4. 16	10. 3	—
301-PyII	—	97. 1	—	—	2. 91	122	—	—	20. 9	—	0. 65	1. 77	—	—	2. 49	6. 28	—	101	—	5. 23	26. 1	0. 1
301-PyII	—	98. 9	—	—	—	—	—	—	—	—	0. 42	0. 05	0. 29	0. 51	125	1. 65	—	34. 4	0. 02	2. 06	9. 2	—
301-PyII	—	97. 4	—	—	1. 18	—	—	—	4. 25	—	0. 48	0. 19	—	0. 1	17. 2	3. 22	—	13. 1	—	1. 82	34. 5	—
301-PyII	—	65. 7	—	20. 1	—	21. 9	0. 48	—	—	—	0. 69	—	0. 19	0. 09	13. 8	0. 93	—	0. 24	—	0. 2	2. 25	—
301-PyII	—	52. 5	0. 39	—	—	—	—	—	3. 24	—	0. 61	—	—	—	0. 39	0. 76	—	0. 65	0. 01	—	0. 79	—
301-PyII	—	59. 6	—	—	2. 34	—	—	—	4. 41	—	0. 63	—	—	0. 02	—	0. 15	0. 19	43. 6	—	0. 22	8. 47	0. 33
301-PyII	—	55	—	7. 47	0. 9	—	—	—	2. 03	7. 75	0. 68	—	—	0. 08	23. 6	1. 33	0. 2	1. 76	—	0. 01	14. 3	—
301-PyII	—	61. 2	0. 88	—	0. 91	25. 2	—	—	—	—	0. 72	0. 08	—	0. 01	0. 96	0. 81	—	6. 75	—	—	2. 16	—
301-PyII	—	64. 2	0. 51	—	—	—	—	—	4. 1	—	0. 53	—	—	—	1. 03	1. 07	—	11. 2	—	0. 02	0. 71	—
301-PyII	—	63. 7	—	—	1. 91	40. 5	0. 22	—	—	—	0. 56	—	0. 14	—	0. 32	2. 05	—	3. 14	—	—	2. 24	—
301-PyII	—	62. 8	—	—	8. 89	—	—	—	—	—	0. 84	0. 07	—	—	0. 42	0. 28	—	51. 4	—	0. 12	1. 37	—
301-PyII	—	132	—	—	4. 49	46	—	—	7. 64	—	0. 37	1. 86	—	0. 09	17. 9	6. 86	—	40. 5	—	2. 06	12. 3	0. 08
301-PyII	—	80	—	—	—	16. 5	—	—	5. 79	—	0. 66	0. 06	—	0. 01	0. 78	0. 37	—	114	—	1. 46	1. 86	—
301-PyII	—	73. 1	—	—	2. 1	—	—	—	6. 47	—	0. 81	—	—	—	1. 82	1. 71	—	62. 4	—	0. 7	3. 83	—
301-PyII	—	74	0. 72	—	—	20. 4	—	—	5. 91	—	0. 56	—	—	—	1. 18	1. 26	—	111	—	2. 09	14. 2	—
301-PyII	—	90. 3	—	—	—	—	—	—	3. 53	—	0. 52	—	—	0. 03	3. 33	1. 62	—	33. 7	0. 01	0. 71	4. 75	—
301-PyII	0. 22	96. 6	—	—	2. 38	—	—	3. 5	2. 54	—	0. 53	2. 27	—	0. 08	20. 5	2. 07	—	14	—	1. 41	9. 98	0. 08
301-PyII	0. 35	358	—	—	—	—	—	—	6. 73	—	0. 55	0. 74	—	0. 14	31. 6	5. 3	—	6. 76	0. 01	1. 25	10. 5	—

续表

类型	V	Mn	Co	Ni	Cu	Zn	Ga	Ge	As	Se	Mo	Ag	Cd	In	Sn	Sb	Te	W	Au	Tl	Pb	Bi
304-PyI	—	289	—	13. 3	921	—	—	—	105	—	1. 08	198	0. 81	0. 69	13	1711	—	13. 3	0. 78	39. 3	2168	1. 05
304-PyI	—	312	—	—	942	—	0. 3	5. 36	85. 7	—	1. 17	202	0. 83	0. 78	17. 5	1833	—	14. 8	1	33. 4	2120	0. 13
304-PyI	0. 54	292	—	—	940	26. 5	0. 47	—	94. 2	—	0. 84	191	0. 87	0. 87	16. 4	1836	—	14. 4	0. 86	33. 2	2097	0. 42
304-PyI	0. 54	556	0. 63	—	965	170	—	—	61. 5	8. 19	0. 86	184	0. 37	2. 61	21. 2	1490	—	17. 4	0. 82	26. 8	2012	1. 48
304-PyI	—	324	—	—	810	—	—	—	53. 2	—	0. 88	177	0. 69	1. 24	14. 8	1582	1. 59	19. 6	0. 95	32. 8	1926	7. 63
304-PyI	—	302	—	—	675	72. 3	—	4. 39	79. 6	—	1. 17	159	0. 35	1. 24	14. 1	1495	0. 49	20. 3	0. 88	33. 4	1550	1. 64
304-PyI	—	525	—	—	989	—	—	—	38. 8	—	0. 8	188	0. 64	2. 36	20. 7	1477	0. 44	15. 8	0. 72	28. 5	1935	3. 39
304-PyI	—	380	—	—	661	279	—	—	51. 8	—	1. 23	148	1. 36	0. 72	7. 47	1139	5. 67	13. 5	0. 95	24	1081	1. 09
304-PyI	—	405	0. 76	—	665	—	—	—	39. 7	—	0. 59	128	1. 04	0. 82	12. 4	1025	0. 33	13. 7	0. 78	21. 1	1020	1. 8
304-PyI	—	479	—	—	1086	332	—	—	81. 6	—	0. 8	220	0. 92	1. 24	15. 9	1814	3. 57	21. 7	1. 51	33. 4	1559	4. 6
304-PyI	—	296	—	—	722	1	—	—	64. 9	—	0. 75	155	0. 66	0. 92	10. 9	1271	—	20. 2	1	38. 3	1775	1. 26
304-PyII	—	86. 1	—	5. 96	8. 83	—	—	—	—	—	0. 59	1. 53	—	0. 02	4. 18	6. 53	—	0. 78	0. 01	0. 59	76. 9	0. 07
304-PyII	0. 36	80. 5	—	—	20. 3	86. 6	—	—	2. 62	—	0. 39	1. 49	0. 16	0. 05	12. 6	2. 37	—	0. 43	0. 01	0. 14	108	0. 07
304-PyII	—	91. 2	0. 7	—	13. 1	—	—	3. 69	—	—	0. 57	2. 16	0. 34	0. 05	10. 5	3. 3	—	0. 47	—	0. 89	195	0. 43
304-PyII	0. 28	67. 5	—	—	16. 7	—	—	—	—	—	0. 48	2. 82	—	0. 07	11. 4	3. 68	—	0. 45	—	1. 03	217	—
304-PyII	0. 29	86	—	—	—	46. 2	0. 29	—	3. 99	—	0. 49	1. 08	—	—	3. 38	9. 14	—	0. 11	0. 03	1. 11	16. 4	—
304-PyII	0. 38	72	—	—	7. 47	—	—	—	5. 91	—	0. 32	0. 66	—	0. 03	7. 67	20. 9	—	0. 26	0. 01	2. 22	60. 7	—
304-PyII	0. 28	2110	—	—	8. 93	—	—	—	2. 46	—	0. 54	2. 92	—	0. 08	21. 1	5. 97	—	0. 65	—	0. 98	142	—
304-PyII	—	78. 1	59. 4	107	429	172	1. 67	—	983	12. 7	0. 45	8. 06	1	29. 7	228	15. 6	3. 12	—	0. 36	0. 06	338	37. 2
304-PyII	—	101	0. 59	7. 95	10. 9	—	—	—	245	—	0. 56	15. 3	—	0. 03	0. 75	18. 8	2. 52	0. 01	0. 07	0. 32	882	44. 6
304-PyII	0. 29	101	129	90. 2	6. 95	—	—	—	148	—	0. 49	4. 04	0. 12	0. 01	0. 17	9. 52	0. 6	0. 03	0. 08	0. 17	247	12
304-PyII	—	97. 3	4. 14	—	3. 83	13. 8	—	11. 8	134	—	0. 34	2. 36	0. 28	—	—	9. 73	1. 39	0. 26	0. 04	0. 15	141	7. 74
304-PyII	—	110	8. 11	24	2. 37	26. 7	—	—	153	—	0. 43	2. 97	—	0. 02	0. 38	4. 83	0. 71	0. 46	0. 03	0. 27	401	9. 22

续表

类型	V	Mn	Co	Ni	Cu	Zn	Ga	Ge	As	Se	Mo	Ag	Cd	In	Sn	Sb	Te	W	Au	Tl	Pb	Bi
304-PyII	0. 2	124	22. 5	20. 2	38. 1	69. 2	—	—	268	—	0. 65	5. 06	—	0. 02	0. 57	12. 2	0. 58	2. 63	0. 05	65. 9	400	13. 9
304-PyII	—	103	158	112	14. 1	—	0. 21	—	9. 97	8. 32	0. 49	18. 1	—	0. 02	1. 27	10. 9	0. 6	0. 02	0. 03	0. 37	1004	98. 7
304-PyII	—	300	90. 6	96. 4	—	66	—	—	43. 1	17	0. 9	2. 21	0. 26	—	—	2. 75	—	—	0. 05	0. 02	73	15. 3
304-PyII	0. 36	214	—	—	8. 97	—	—	—	—	—	0. 98	3. 81	—	0. 07	1. 71	35. 2	—	0. 02	0. 03	0. 26	203	39. 3
304-PyII	0. 56	91. 5	—	9. 67	7. 99	85. 5	—	—	—	—	0. 56	2. 37	0. 21	—	2. 43	12. 1	—	0. 89	—	0. 69	119	—
304-PyII	0. 24	86. 2	—	6. 85	18	—	—	—	39. 7	—	0. 68	6. 27	—	0. 02	5. 43	61. 7	—	—	—	0. 14	1017	1. 28
304-PyII	1. 05	95. 9	3. 05	—	291	81. 3	0. 71	—	1336	—	0. 59	18. 8	—	0. 31	69. 1	110	—	0. 85	0. 12	20. 6	1572	0. 61
304-PyII	0. 29	78. 3	—	—	44. 1	—	0. 41	—	530	8. 95	0. 43	3. 91	—	0. 02	8. 19	125	—	0. 84	—	9. 26	298	1. 14
304-PyII	—	69. 9	—	13. 3	6. 37	78. 2	—	—	—	—	0. 61	0. 41	—	0. 02	2. 88	7. 32	—	—	0. 01	0. 8	16. 5	—
304-PyII	—	59	—	—	3. 56	—	—	—	—	—	0. 47	0. 69	—	0. 03	5. 36	16	—	0. 06	—	2. 04	32. 7	—
304-PyII	0. 4	79. 9	—	—	34. 7	139	—	—	194	—	0. 68	5. 64	—	0. 05	7. 76	105	—	0. 02	0. 02	0. 69	705	0. 44
304-PyII	—	88. 7	13. 4	17	4. 56	—	—	—	995	7. 03	0. 48	0. 45	—	—	—	2. 78	1. 2	0. 38	0. 19	0. 04	22. 4	4. 87
304-PyII	—	88. 8	6. 17	—	8. 19	—	—	—	1258	—	0. 48	0. 75	—	—	—	13. 1	1. 31	—	0. 5	0. 19	15. 6	1. 96
304-PyII	—	98. 1	—	—	3. 8	—	—	—	183	—	0. 65	1. 88	—	0. 03	0. 17	5. 01	0. 52	—	0. 02	0. 05	85. 1	7. 81
304-PyII	0. 97	93. 9	7. 65	—	8. 57	44	—	—	133	—	—	1. 51	0. 26	—	—	18. 7	—	0. 03	0. 02	0. 07	146	9. 46
304-PyII	—	99. 9	23. 5	163	80. 9	183	—	—	165	—	0. 54	12. 4	0. 77	11. 4	21. 3	10. 6	3. 5	0. 02	0. 04	0. 22	591	28. 6
304-PyII	—	86	—	—	4. 84	—	—	—	64. 1	—	0. 51	4. 48	—	0. 02	0. 37	8. 34	—	0. 02	0. 08	0. 14	180	16. 7
304-PyII	—	112	57. 4	105	14. 9	—	—	—	9. 01	—	0. 65	6. 37	—	0. 04	2. 82	10. 4	—	—	0. 04	0. 28	351	54. 8
304-PyII	—	326	2. 85	15. 5	4. 51	43. 8	—	—	108	—	0. 98	22. 4	0. 3	—	1. 09	14. 2	5. 32	—	0. 03	0. 42	1128	59
304-PyII	—	278	1. 07	—	5. 87	115	—	—	4. 46	—	0. 8	4. 35	0. 26	0. 04	1. 1	18. 7	—	0. 03	—	0. 21	219	27. 1
304-PyII	—	248	1. 4	—	7. 97	94. 3	—	4. 82	—	—	0. 56	1. 16	—	0. 04	1. 19	26. 5	0. 81	0. 02	0. 05	0. 11	93. 6	13

注：—表示低于检测限。

（含部拥军等，未发表数据）

附表 14　黄沙坪矿床不同成矿热液系统白钨矿 LA-ICP-MS 微量和稀土元素分析结果（10^{-6}）

类型	Na	Si	P	V	Mn	Fe	Cu	Rb	Sr	Y	Zr	Nb	Mo	Sn	Ba	Hf	Ta	Pb	Th	U
301-1	492	—	—	0.27	4.04	—	—	0.24	43	20.5	0.06	65.3	—	—	0.26	—	0.24	1.04	0.92	0.17
301-1	454	—	27.2	0.23	58.7	646	—	—	37.6	9.38	0.15	33.5	19975	—	0.42	0.02	0.22	0.82	0.19	0.11
301-1	488	—	—	0.25	4.54	—	—	0.22	40.9	15.6	—	35.5	—	0.74	0.3	—	—	1.4	0.26	0.18
301-1	489	—	—	—	3.51	—	—	—	37.3	5.3	0.1	26.3	32153	—	0.44	—	—	0.57	0.15	0.11
301-1	505	—	—	0.26	2.82	—	—	—	40	18.6	—	153	15449	—	0.41	0.01	1.84	0.78	0.28	0.08
301-1	503	—	—	0.25	3.5	—	—	—	40.8	10.7	—	35.4	—	—	0.88	0.02	0.53	0.72	0.32	0.17
301-1	506	—	—	0.25	2.37	—	—	—	39.9	14.1	—	37.9	—	—	0.23	—	0.53	0.59	0.13	0.16
301-1	543	—	29.1	0.27	3.67	—	2.48	—	42.1	9.44	—	69.8	—	—	0.29	0.02	1.02	1.22	0.17	0.07
301-1	322	—	14.7	0.16	3.92	—	—	0.21	20.7	10.6	—	51.5	20282	—	0.22	0.01	1.26	0.8	0.22	0.03
301-1	—	—	—	—	1.53	—	—	0.12	15.8	38.7	—	282	3971	—	0.15	0.01	2.74	0.3	0.54	0.11
301-1	—	—	17.7	—	1.73	—	—	—	18.1	5.85	—	70.2	—	—	0.32	—	0.36	0.62	0.06	0.02
301-1	—	—	—	0.24	2.04	—	1.14	0.12	17	36.7	—	246	4948	—	0.16	0.01	0.99	0.48	0.41	0.12
301-1	—	—	—	—	2.26	63	1.21	0.31	20.9	13	0.08	41.1	—	—	0.16	0.01	0.64	0.94	0.03	0.02
301-1	—	—	—	—	3.23	—	1.63	0.4	35.3	6.33	0.1	63.8	25208	—	0.33	—	—	1.32	0.2	0.05
301-1	—	—	—	—	3.3	—	1.72	0.46	21.3	11.6	0.11	142	—	—	0.29	0.02	0.58	1.95	0.19	0.04
301-1	—	—	—	—	9.67	—	1.01	0.11	48.2	6.77	0.06	1.39	114711	0.46	1.46	0.02	0.16	1.8	0.21	0.04
301-1	—	—	15.8	—	7.95	—	1.07	—	49.2	5.09	0.07	2.42	89971	—	1.2	0.02	0.17	1.34	0.12	0.02
301-1	—	—	—	—	8.21	—	1.06	—	50.6	3.31	0.07	1.05	123503	0.34	1.5	0.02	0.44	1.77	0.08	0.01
301-1	—	—	—	—	10.3	—	1.07	—	55.4	3.52	0.07	1.04	103060	—	1.35	0.01	0.18	1.37	0.14	0.02
301-1	—	—	—	—	9.27	—	1.12	—	44.7	5.5	0.08	2.21	85760	—	1.11	0.01	—	1.49	0.05	0.01
301-1	—	—	—	—	8.75	—	1.06	—	51.5	2.9	0.11	0.52	128616	—	1.49	0.01	—	1.44	0.14	0.01

续表

类型	Na	Si	P	V	Mn	Fe	Cu	Rb	Sr	Y	Zr	Nb	Mo	Sn	Ba	Hf	Ta	Pb	Th	U
301-1	—	—	—	—	9. 43	—	1. 04	—	43. 2	2. 11	0. 08	3. 18	105321	—	1. 25	0. 01	—	1. 76	0. 1	0. 01
301-1	—	—	—	—	18. 2	—	1. 14	—	49. 6	3. 07	0. 07	0. 3	108382	—	1. 35	0. 01	0. 21	1. 75	0. 17	0. 02
301-1	436	469	—	—	11. 2	—	1. 41	—	47. 7	8. 05	0. 09	4. 42	67436	0. 38	0. 72	—	—	1. 49	0. 18	0. 02
301-2	529	—	—	0. 28	6. 48	—	—	0. 94	36. 7	4. 87	—	73	20991	0. 8	0. 47	0. 02	—	2. 51	0. 05	0. 02
301-2	495	—	—	0. 35	62. 4	162	—	15. 4	43	4. 25	—	59. 8	12013	—	0. 2	0. 02	—	—	0. 06	0. 01
301-2	428	—	19. 8	0. 23	3. 57	—	—	0. 28	36. 5	20. 2	—	79. 6	12547	—	0. 16	0. 02	0. 64	0. 9	0. 22	0. 08
301-2	449	—	—	0. 23	1. 05	—	—	—	37. 6	10. 1	—	55. 8	—	—	0. 25	0. 01	1. 12	0. 98	0. 02	—
301-2	450	—	—	0. 39	3. 76	—	—	—	34. 2	4. 25	—	45. 2	17336	—	0. 2	0. 02	0. 48	0. 76	0. 03	0. 01
301-2	514	—	—	—	2. 7	—	—	1. 1	38. 7	4. 55	—	59. 5	11215	0. 87	0. 22	—	0. 26	2. 72	0. 05	—
301-2	456	—	—	0. 23	2. 9	—	—	—	34	2. 51	—	42. 5	20941	—	0. 18	—	0. 56	0. 47	0. 02	—
301-2	330	—	19. 1	0. 17	2. 15	—	—	—	19. 4	3. 03	—	34. 7	8069	—	0. 16	0. 01	0. 17	0. 7	0. 02	—
301-2	—	—	—	0. 16	1. 6	—	—	—	20. 1	5. 84	—	54. 1	8500	0. 63	0. 14	0. 01	0. 34	0. 59	0. 03	0. 01
301-2	—	266	—	—	0. 73	—	—	—	9. 78	6. 78	0. 04	56. 1	5053	—	0. 07	—	0. 31	0. 34	0. 04	0. 01
301-2	—	—	17	—	1. 75	—	—	—	18. 6	37	—	93. 7	3856	—	0. 12	0. 01	1. 07	0. 56	0. 16	0. 06
301-2	—	—	—	—	1. 03	—	—	—	16. 9	1. 83	0. 11	44. 1	9983	—	0. 15	0. 01	—	0. 46	0. 01	—
301-2	—	—	—	—	2. 54	—	—	—	15. 8	23. 2	—	51	4711	—	0. 15	0. 01	—	0. 68	0. 08	0. 02
301-2	—	—	—	—	2. 67	—	1. 27	—	25. 3	49. 5	0. 09	119	8004	—	0. 18	0. 01	0. 85	0. 62	0. 12	0. 02
301-2	—	—	—	—	1. 43	—	1. 4	—	15. 7	12. 2	0. 09	92. 7	4500	—	0. 2	—	0. 97	0. 49	0. 04	0. 01
301-2	—	—	—	—	8. 91	49. 9	1. 08	—	50. 2	1. 04	0. 08	6. 83	43326	—	0. 48	0. 02	—	1. 55	0. 01	—
301-2	—	1005	25. 4	—	11. 3	—	1. 18	—	43. 8	51	0. 08	141	52667	0. 33	1. 04	0. 01	4. 7	1. 23	0. 19	0. 03
301-2	—	—	—	—	12. 1	—	1. 14	—	47. 7	1. 42	0. 08	2. 4	95159	0. 32	1. 2	—	0. 38	1. 62	0. 08	—

续表

类型	Na	Si	P	V	Mn	Fe	Cu	Rb	Sr	Y	Zr	Nb	Mo	Sn	Ba	Hf	Ta	Pb	Th	U
301-2	—	—	14.7	—	8.22	—	1.15	0.15	50.4	6.94	0.07	78	134148	—	1.5	—	0.4	1.58	0.06	0.02
301-2	—	419	—	—	12.4	—	1.26	—	51.1	1.55	0.09	2.67	102973	0.35	1.2	0.02	0.42	1.74	0.04	0.01
301-2	—	449	—	0.23	15.9	—	1.34	—	50.4	5.14	0.09	13.8	125618	0.36	1.79	0.02	0.23	1.99	0.08	0.01
301-2	—	572	17.3	—	13.3	—	1.68	—	65.3	1.1	0.12	52.4	56722	0.46	0.84	—	0.29	2.36	0.09	0.05
301-3	565	—	—	0.3	2.35	—	2.02	—	45.6	12.7	0.07	53.5	—	—	0.2	0.02	—	0.97	—	0.04
301-3	540	—	—	0.28	2.05	—	—	0.2	30.3	23.4	—	11.9	481	1.68	0.2	0.02	—	1.17	—	—
301-3	494	—	—	0.26	2.53	—	2.03	0.17	18.3	8.73	—	9.83	989	1.13	0.2	0.02	—	0.7	—	—
301-3	497	—	—	0.27	2.86	—	—	0.19	24.5	28.4	—	24.1	498	—	0.17	0.02	—	0.58	0.02	—
301-3	457	—	—	—	2.21	—	—	0.59	24.6	27.3	—	28.4	—	—	0.16	0.02	0.27	0.9	0.03	—
301-3	453	—	23	0.23	2.01	—	—	—	22	21.6	—	9.83	—	—	0.16	0.02	0.22	0.48	—	0.15
301-3	481	—	—	—	4.12	—	—	0.53	21.2	8.49	—	18.8	—	—	0.16	0.03	—	0.96	0.01	0.01
301-3	464	—	—	0.25	1.81	—	—	—	34.2	8.78	—	23	2576	—	0.18	0.01	—	0.27	0.01	0.01
301-3	473	—	—	0.25	1.02	—	—	—	19.1	12.5	—	19.4	971	—	0.17	0.01	—	0.76	0.02	0.01
301-3	525	—	—	—	0.99	—	—	—	29.2	19.6	—	21.9	1636	—	0.21	0.02	—	0.83	0.01	0.01
301-3	—	—	—	0.15	2.15	—	—	—	24.8	7.27	0.07	26.1	8081	—	0.17	0.01	0.52	0.73	0.01	—
301-3	—	—	—	—	8.84	—	—	0.24	19.4	11.6	—	48.9	—	—	0.15	0.01	0.36	8.62	0.02	0.01
301-3	788	—	—	0.2	26.1	—	—	18.6	18.7	10.7	—	97.8	4637	—	0.19	0.01	1.05	0.84	0.06	0.02
301-3	—	—	14.8	—	1.82	—	1.13	—	14.8	13.1	0.07	91.2	4364	—	0.17	0.01	0.94	0.55	0.05	0.01
301-3	—	554	—	—	1.33	—	—	—	21	7.7	—	38.8	—	0.39	0.16	0.01	0.53	0.46	0.05	0.02
301-3	420	600	—	—	1.49	—	1.3	—	21.6	2.6	0.08	3.75	544	0.4	0.17	—	0.44	0.73	0.03	0.01
301-3	—	—	—	—	6.9	—	1.59	1.37	27.7	0.68	0.09	7.19	3297	—	0.22	0.02	0.77	2.3	0.03	0.01

续表

类型	Na	Si	P	V	Mn	Fe	Cu	Rb	Sr	Y	Zr	Nb	Mo	Sn	Ba	Hf	Ta	Pb	Th	U
301-3	—	—	—	—	0.98	—	1.58	—	16.6	12.6	0.11	58.2	—	—	0.22	0.03	0.6	0.46	0.04	0.01
301-3	—	425	18	0.22	10.4	—	1.28	—	36.4	1.92	0.08	23.1	—	0.34	1.51	0.01	0.44	1.61	0.03	0.01
304-1	—	724	13.2	—	24.7	—	1.25	—	29.9	6.82	0.15	60.6	17807	0.35	0.47	—	0.22	0.85	0.19	0.02
304-1	508	436	—	—	6.58	—	1.23	1.71	27.4	8.85	0.08	51.2	18512	0.35	0.16	—	0.21	2.56	0.12	0.02
304-1	—	555	—	—	2.47	—	1.26	—	17.6	20.4	0.07	41.3	5994	0.35	0.15	—	—	0.67	0.03	0.02
304-1	—	450	—	—	3.03	—	1.34	0.29	34.6	5.95	0.09	36.7	24491	0.37	0.25	0.01	0.67	1.01	0.12	0.02
304-1	—	439	—	—	1.41	—	1.26	—	16.3	8.46	0.1	39.3	9043	0.45	—	—	0.64	0.47	0.04	0.02
304-1	—	459	—	—	2.53	—	1.35	—	28.8	13.8	0.09	72.4	16681	0.36	—	0.02	0.68	0.65	0.25	0.03
304-1	—	440	—	—	3.12	—	1.34	0.29	21.3	18.3	0.1	94.8	27244	0.37	0.48	0.02	0.66	0.46	0.38	0.07
304-1	—	442	—	—	1.96	—	1.38	—	29.3	6.93	0.09	86.8	21067	0.35	0.28	0.01	0.47	0.67	0.17	0.03
304-1	—	410	—	—	3.09	—	1.23	0.23	37.4	0.72	0.09	5.83	—	0.33	0.94	—	—	1.03	0.07	0.01
304-1	—	425	—	—	11.2	—	1.36	—	35.3	3.11	0.1	13.3	—	0.73	0.14	0.01	—	0.68	0.07	0.01
304-1	—	467	—	—	2.89	—	1.48	—	33	3.45	0.1	38.8	31407	0.48	0.24	0.01	0.24	0.84	0.11	0.01
304-1	—	497	—	—	2.92	—	1.52	—	34.6	5.71	0.1	49.4	—	0.41	0.4	0.01	0.26	0.74	0.19	0.04
304-1	—	523	—	—	3.27	—	1.69	0.16	31.4	6.63	0.12	60.5	20356	0.42	0.31	0.01	0.27	0.99	0.13	0.02
304-1	—	524	15.7	—	12.4	—	1.76	2.68	19	5.84	0.12	63.2	11029	0.41	—	0.03	0.56	4.47	0.03	0.01
304-1	—	511	—	—	2.68	—	1.83	—	37.3	4.32	0.12	22.4	—	0.42	0.36	0.02	—	0.57	0.12	0.02
304-1	—	514	—	—	2.28	—	1.76	—	32.8	5.27	0.11	39.2	22184	0.4	0.26	—	1.08	0.74	0.16	0.03
304-1	—	555	—	—	3.9	—	1.96	—	36.7	0.33	0.12	2.81	67650	0.43	0.49	—	—	0.82	0.03	0.01
304-1	—	621	—	—	3.17	—	1.9	—	30.2	36.7	0.12	129	—	0.44	—	0.02	1.6	0.63	0.37	0.12
304-1	—	593	—	—	2.14	—	1.96	—	30.3	6.32	0.13	46.2	—	0.47	0.33	0.02	0.3	0.78	0.14	0.03

续表

类型	Na	Si	P	V	Mn	Fe	Cu	Rb	Sr	Y	Zr	Nb	Mo	Sn	Ba	Hf	Ta	Pb	Th	U
304-1	490	606	—	—	3. 78	—	1. 99	—	33. 8	1. 53	0. 14	9. 12	—	0. 48	0. 27	0. 01	—	0. 56	0. 06	0. 01
304-1	—	666	—	—	1. 16	—	2. 19	—	33. 3	2. 48	0. 14	29. 1	—	0. 51	0. 22	0. 03	—	0. 57	0. 1	0. 02
304-1	—	691	—	—	3. 44	—	2. 23	—	29. 6	3. 9	0. 12	26	—	0. 52	0. 24	0. 02	—	0. 98	0. 07	0. 01
304-1	—	664	23. 7	0. 26	3. 45	—	2. 18	—	37. 6	0. 88	0. 14	1. 33	44487	0. 5	0. 45	0. 02	—	1. 07	0. 05	0. 01
304-2	—	423	—	—	55. 5	104	1. 32	5. 06	16	12	0. 09	97. 4	6595	0. 35	0. 12	0. 02	1. 1	13. 7	0. 05	0. 02
304-2	—	477	—	—	5. 52	—	1. 24	0. 94	26	14	0. 09	141	13493	0. 34	0. 18	0. 01	1. 05	2. 14	0. 17	0. 05
304-2	—	461	—	—	1. 29	—	1. 4	0. 18	17. 2	13. 4	0. 09	102	9071	0. 38	0. 29	—	1. 42	0. 43	0. 05	0. 02
304-2	—	446	—	—	1. 52	—	1. 37	—	16. 9	10. 2	0. 1	85. 7	8169	0. 35	0. 23	0. 02	0. 71	0. 4	0. 07	0. 02
304-2	—	431	13. 3	—	1. 92	—	1. 34	0. 12	18. 8	4. 57	0. 1	32. 6	12074	0. 35	—	—	—	0. 69	0. 02	0. 01
304-2	—	445	—	0. 25	1. 08	—	1. 43	—	16. 5	1. 63	0. 09	24. 5	—	0. 36	—	0. 01	0. 24	0. 97	0. 01	0. 01
304-2	—	518	—	—	4. 4	—	1. 64	—	17. 5	3. 65	0. 1	58. 5	—	0. 41	0. 19	—	0. 28	0. 72	0. 04	—
304-2	—	523	—	—	1. 45	—	1. 59	—	23	9. 2	0. 1	111	14824	0. 42	—	0. 02	0. 77	0. 81	0. 13	0. 02
304-2	—	511	—	—	1. 2	—	1. 69	—	17	23. 4	0. 12	104	—	0. 4	—	0. 02	0. 55	1. 01	0. 03	0. 01
304-2	—	482	—	—	0. 86	—	1. 51	—	18. 9	2. 03	0. 11	47. 7	—	0. 38	—	—	0. 26	0. 68	0. 03	0. 01
304-2	—	517	—	—	3. 48	—	1. 75	0. 48	17. 9	4. 55	0. 11	46. 1	—	0. 41	—	0. 01	—	1. 12	0. 01	—
304-2	—	517	—	—	1. 93	—	1. 78	—	36. 7	1. 78	0. 12	25	39444	0. 41	0. 43	—	—	0. 75	0. 04	0. 02
304-2	—	930	—	—	2. 27	—	1. 92	—	16. 9	19. 8	0. 13	64. 5	7883	0. 43	0. 38	0. 01	0. 54	0. 59	0. 01	0. 01
304-2	—	580	15. 5	—	3. 07	—	2. 28	—	16. 3	17	0. 12	118	5573	0. 44	—	—	2	0. 6	0. 07	0. 02
304-2	—	821	—	—	7. 25	—	2. 32	0. 21	17. 4	8. 5	0. 14	69. 3	7811	0. 51	0. 24	0. 02	1. 36	4. 06	0. 04	0. 01
304-2	—	701	—	—	2. 02	—	2. 37	—	16. 5	2. 58	0. 14	35. 7	10721	0. 71	—	0. 01	0. 37	2. 61	0. 03	—
304-2	—	756	—	0. 33	10. 6	—	2. 61	1. 55	32. 5	17	0. 18	174	—	0. 56	—	0. 02	0. 78	3. 65	0. 22	0. 03

续表

类型	Na	Si	P	V	Mn	Fe	Cu	Rb	Sr	Y	Zr	Nb	Mo	Sn	Ba	Hf	Ta	Pb	Th	U
304-2	—	834	—	—	34.7	—	2.85	2.27	14.9	16.7	0.19	107	—	1.7	—	0.01	—	2.94	0.06	0.01
304-2	—	852	—	—	2.97	—	3.02	—	17.2	1.1	0.15	39.1	—	0.64	0.5	0.03	—	1.04	0.05	0.01
304-3	—	869	—	0.28	1.37	—	1.23	—	22.1	11.6	0.14	16.3	485	0.34	0.16	0.01	—	0.54	0.01	—
304-3	—	634	—	—	0.76	—	1.25	—	23.2	4.11	0.09	6.89	—	0.5	0.15	0.01	—	0.81	0.02	—
304-3	—	473	15.1	—	1.86	—	1.4	—	21.9	1.88	0.1	6.25	—	0.39	0.17	0.01	—	0.5	0.01	—
304-3	—	461	—	—	1.97	—	1.42	—	24.1	3.48	0.1	8.76	1428	0.37	—	0.02	0.23	0.69	0.03	—
304-3	—	450	—	—	1.14	—	1.4	—	25.5	1.86	0.09	14.9	2846	0.37	0.2	—	0.23	0.44	0.01	0.01
304-3	—	443	—	—	4.18	—	1.43	—	17.6	9.88	0.1	17.9	721	0.36	—	0.01	—	3.48	0.01	—
304-3	—	447	—	0.2	70.1	—	1.37	0.25	23.2	10.2	0.13	64.8	—	0.36	—	0.01	0.75	9.34	0.04	0.02
304-3	—	437	—	—	1.48	—	1.36	—	21.4	3.79	0.1	33.2	—	0.35	—	0.01	—	0.48	0.02	0.01
304-3	—	434	—	—	1.71	51.9	1.39	—	51.7	15.7	0.08	49.3	4452	0.34	—	0.01	—	0.86	0.02	0.02
304-3	—	452	—	—	3.9	—	1.45	0.35	23.3	5.82	0.09	37.3	2789	0.68	—	0.01	0.24	400	0.03	0.01
304-3	—	493	13.8	—	1.35	—	1.54	—	21.2	11.6	0.09	56.9	—	0.4	—	0.02	0.5	0.45	0.03	—
304-3	—	509	—	—	3.16	—	1.61	0.98	22.1	22.6	0.1	47.6	—	0.41	—	0.02	0.26	6.91	0.05	0.01
304-3	—	506	—	—	20.2	—	1.71	2.71	19.3	4.51	0.11	36.5	3074	0.41	—	0.02	0.25	3.55	0.02	0.02
304-3	—	505	—	—	4.8	—	1.6	0.21	22.7	11.1	0.1	24.8	2039	0.38	—	0.02	0.26	0.96	0.02	0.01
304-3	—	529	—	—	1.78	—	1.78	—	20.7	5.67	0.12	10.3	486	0.41	—	0.02	—	0.75	0.02	0.01
304-3	—	536	22.5	—	11.1	—	1.86	3.64	14.5	13.9	0.11	71.7	5352	0.41	—	0.01	0.64	8.46	0.03	0.01
304-3	—	586	18.1	—	9.53	153	1.95	—	22.7	9.74	0.26	40.9	—	0.88	—	0.02	—	1.33	0.08	0.01
304-3	—	699	—	—	2.34	—	2.3	—	23.1	19.6	0.13	27.5	604	0.55	—	—	—	2.3	0.01	0.01
304-3	—	913	—	—	6.83	—	3.27	—	23.5	15.7	0.19	71.7	—	0.71	—	—	—	0.81	0.13	0.03
304-3	—	871	—	—	5.2	—	3.11	0.5	19.1	2.86	0.18	48.5	—	0.64	0.32	—	0.5	1.16	0.03	0.01

续表

类型	La	Ce	Pr	Nd	Sm	Eu	Gd	Tb	Dy	Ho	Er	Tm	Yb	Lu	∑REE	LREE/HREE	$(La/Yb)_N$	δEu	δCe
301-1	74.4	215	29.4	127	19.6	0.18	12.4	1.25	5.85	0.91	1.75	0.17	0.64	0.03	488	20.3	78.8	0.03	1.11
301-1	41.3	116	14.7	63.2	10.3	0.22	6.43	0.66	2.56	0.39	0.76	0.05	0.26	0.03	257	22.1	109	0.08	1.14
301-1	50.3	133	17.9	74.5	14.3	0.23	9.68	1.04	4.43	0.66	1.31	0.1	0.29	0.03	307	16.5	118	0.06	1.07
301-1	47.4	127	16.8	62.8	8.77	0.13	4.75	0.47	1.62	0.22	0.43	0.03	0.23	0.02	271	33.9	143	0.06	1.09
301-1	28.1	93.7	13.9	64.9	13.9	0.15	10.4	1.03	5.35	0.82	1.84	0.17	0.62	0.03	235	10.6	31	0.04	1.14
301-1	52.7	138	17.8	69.3	11.2	0.24	7.48	0.75	2.97	0.43	0.71	0.07	0.44	0.02	303	22.5	80.9	0.08	1.09
301-1	59.9	139	15.9	56.6	7.93	0.27	7	0.7	3.46	0.56	0.92	0.07	0.28	0.02	293	21.5	143	0.11	1.07
301-1	31.3	67.2	7.85	27.4	4.24	0.12	2.99	0.41	1.87	0.38	0.8	0.05	0.21	0.01	145	20.5	99.3	0.1	1.01
301-1	50.7	155	23.3	118	22.7	0.12	13.8	1.09	4.04	0.46	0.99	0.07	0.23	0.03	391	18	149	0.02	1.09
301-1	41.4	137	23.3	119	30.3	0.13	25.9	2.81	12.5	1.7	3.4	0.29	0.77	0.05	399	7.42	36.4	0.01	1.05
301-1	18.1	63.3	10.3	55.2	14.7	0.08	11.7	0.91	2.56	0.26	0.36	0.03	0.13	0.01	177	10.1	92.9	0.02	1.1
301-1	31.6	112	18.6	101	27.5	0.11	24.9	2.75	12.3	1.69	3.42	0.23	0.78	0.04	337	6.3	27.7	0.01	1.1
301-1	22.5	95.2	16.5	88.9	20.3	0.11	13.2	1.23	4.83	0.58	0.91	0.11	0.25	0.03	265	11.5	60.9	0.02	1.14
301-1	35.4	116	17.4	84.3	17.7	0.11	9.43	0.78	2.27	0.24	0.41	0.02	0.07	0.02	284	20.5	325	0.02	1.13
301-1	25.6	80.2	12.8	65.8	17.4	0.07	12.7	1.31	4.65	0.58	1.01	0.09	0.27	0.02	223	9.78	64.2	0.01	1.06
301-1	20.2	59.4	8.35	32.9	6.94	0.01	3.46	0.49	1.6	0.33	0.86	0.13	1.01	0.16	136	15.9	13.6	0.01	1.11
301-1	19.2	52.5	7.05	28.4	6.62	0.01	3.58	0.4	1.69	0.2	0.57	0.07	0.53	0.06	121	16	24.7	0.01	1.09
301-1	15.3	46.5	5.94	21.2	3.63	—	1.98	0.22	1.31	0.18	0.52	0.06	0.56	0.06	97.5	18.9	18.5	—	1.18
301-1	16.8	48.8	6.54	23.9	5.21	0.01	2.6	0.28	1.1	0.16	0.45	0.04	0.43	0.06	106	19.8	26.9	0.01	1.12
301-1	17.4	50.5	6.96	27.1	6.92	0.01	4.39	0.41	1.76	0.23	0.62	0.08	0.45	0.06	117	13.6	26.2	0.01	1.11
301-1	14.1	37.5	4.67	17.5	3.4	0.01	1.86	0.24	0.82	0.12	0.28	0.04	0.53	0.04	81.1	19.6	18.1	0.01	1.11
301-1	9.82	27.3	3.7	14.7	3.34	0.01	1.58	0.17	0.78	0.11	0.26	0.05	0.25	0.02	62	18.4	27	0.01	1.1

续表

类型	La	Ce	Pr	Nd	Sm	Eu	Gd	Tb	Dy	Ho	Er	Tm	Yb	Lu	∑REE	LREE/HREE	$(La/Yb)_N$	δEu	δCe
301-1	22.6	56.1	6.7	25.2	5.6	0.01	2.44	0.25	0.92	0.14	0.36	0.04	0.43	0.05	121	25.2	35.8	0.01	1.09
301-1	21	63.4	8.47	37.5	10.7	0.01	6.28	0.64	2.49	0.3	0.83	0.1	0.67	0.05	152	12.4	21.2	—	1.15
301-2	17.6	53.4	8.07	35.8	6.5	0.08	4.2	0.46	1.68	0.19	0.42	0.04	0.03	0.02	129	17.3	387	0.05	1.08
301-2	15.1	46.4	6.58	28	4.96	0.04	3	0.27	1.21	0.2	0.58	0.04	0.25	0.02	107	18.1	40.8	0.03	1.12
301-2	32	93.9	13.8	61.5	13.6	0.19	10.7	1.15	5.21	0.88	2.18	0.12	0.48	0.04	236	10.4	45.8	0.05	1.08
301-2	22.3	119	21.1	114	18.2	0.08	10.6	0.85	2.95	0.42	0.86	0.05	0.23	0.02	310	18.4	66.7	0.02	1.21
301-2	13.4	44.7	6.68	29.3	6.16	0.09	3.49	0.39	1.45	0.18	0.34	0.04	0.08	0.01	106	16.8	120	0.05	1.13
301-2	13	38.7	5.65	26.1	5.3	0.07	3.58	0.38	1.48	0.22	0.42	0.04	0.16	0.01	95.1	14.1	54	0.05	1.09
301-2	12.4	35.2	5.15	21.7	4.13	0.05	2.83	0.23	0.99	0.15	0.17	0.02	0.05	0.01	83.1	17.7	172	0.04	1.06
301-2	8.15	27.2	4.54	23	6.19	0.04	4.65	0.37	1.27	0.14	0.32	0.02	0.08	0.01	76	10.1	73.8	0.02	1.06
301-2	10.6	37.7	6.22	33.5	8.98	0.07	6.59	0.56	2.31	0.27	0.47	0.05	0.23	0.03	108	9.24	31	0.03	1.1
301-2	9.6	35.6	6.07	33.9	9.24	0.05	7.64	0.72	2.64	0.34	0.66	0.06	0.26	0.01	107	7.66	24.8	0.02	1.1
301-2	13.9	70.8	14.3	91.5	27.7	0.17	26.6	2.99	12.5	1.71	3.37	0.24	0.86	0.05	267	4.52	11	0.02	1.09
301-2	9.16	34.4	5.48	28.6	6.09	0.03	3.38	0.24	0.81	0.08	0.11	0.01	0.05	0.01	88.5	17.9	120	0.02	1.15
301-2	18.7	82.9	15.4	90.7	23.7	0.11	20	2.1	8.63	1.09	2.08	0.16	0.54	0.04	266	6.68	23.7	0.01	1.11
301-2	10.6	35.6	5.87	30	11.8	0.07	15.1	2.11	12	2.26	5.52	0.42	1.69	0.1	133	2.4	4.26	0.02	1.07
301-2	15.1	51.2	9.1	44.2	12.4	0.03	9.38	1.01	4.51	0.64	1.19	0.08	0.38	0.02	149	7.68	27.2	0.01	1.03
301-2	7.25	19.7	2.49	9.74	2.24	0.01	1.11	0.12	0.44	0.06	0.13	0.01	0.04	0.01	43.4	21.6	123	0.02	1.12
301-2	11.5	48.8	9.62	51.3	21.8	0.01	21.4	3.15	15.6	2.1	4.16	0.31	1.15	0.1	191	2.98	6.82	—	1.04
301-2	6.54	17.5	2.26	10.3	2.05	—	1.21	0.1	0.45	0.07	0.13	0.02	0.14	0.01	40.8	18.1	31.3	0.01	1.1
301-2	12.7	51.1	8.42	37.7	11.8	—	8.08	0.95	3.19	0.29	0.54	0.04	0.13	0.01	135	9.2	67.1	—	1.16
301-2	5.51	14.1	1.88	7.28	1.55	0.01	1.13	0.12	0.6	0.07	0.11	0.02	0.03	0.05	32.5	14.3	110	0.01	1.06

续表

类型	La	Ce	Pr	Nd	Sm	Eu	Gd	Tb	Dy	Ho	Er	Tm	Yb	Lu	∑REE	LREE/HREE	$(La/Yb)_N$	δEu	δCe
301-2	4.84	16.3	2.75	12.7	3.9	—	2.45	0.43	2.32	0.3	0.96	0.1	0.38	0.03	47.4	5.8	8.63	—	1.06
301-2	9.65	34.7	4.98	20.2	5.06	0.03	2.22	0.15	0.55	0.35	0.08	0.01	0.01	—	77.9	22.2	504	0.02	1.2
301-3	19	55.3	8.48	40.2	11.1	0.24	8.64	0.99	3.96	0.44	1.26	0.17	0.55	0.01	150	8.38	23.3	0.07	1.05
301-3	0.61	3.43	0.77	4.68	2.18	0.08	3.76	0.67	4.59	0.9	2.19	0.2	0.84	0.05	25	0.89	0.49	0.09	1.03
301-3	0.07	0.42	0.09	0.55	0.28	0.03	0.97	0.18	1.33	0.33	1.04	0.14	0.47	0.05	5.95	0.32	0.1	0.17	1.05
301-3	1.58	7.21	1.52	10.1	5.16	0.08	8.17	1.39	7.01	1.33	3.41	0.3	1.48	0.11	48.8	1.1	0.73	0.04	1.02
301-3	1.32	5.36	1.04	6.3	2.94	0.13	5.72	0.95	6.81	1.23	2.91	0.21	0.93	0.1	35.9	0.91	0.97	0.09	1.04
301-3	1.87	7.06	1.33	9.18	4.21	0.22	7.18	0.89	4.98	0.73	1.81	0.18	0.61	0.08	40.3	1.45	2.07	0.12	1.04
301-3	1.09	4.42	0.93	6.52	2.31	0.06	3.43	0.42	2.28	0.34	0.74	0.05	0.2	0.02	22.8	2.05	3.74	0.06	0.99
301-3	6.14	22.8	3.88	21.7	5.6	0.08	4.64	0.56	2.44	0.3	0.79	0.07	0.28	0.01	69.3	6.64	14.7	0.05	1.1
301-3	1.52	6.19	1.16	7.07	2.07	0.07	3.05	0.48	2.92	0.56	1.44	0.16	0.65	0.06	27.4	1.94	1.6	0.08	1.07
301-3	2.75	6.42	0.82	4.15	0.99	0.21	1.64	0.42	3.32	0.86	2.57	0.19	0.77	0.05	25.2	1.56	2.41	0.15	1.03
301-3	4.08	13.6	2.07	11.3	3.59	0.08	3.82	0.53	2.93	0.43	0.93	0.07	0.23	0.02	43.7	3.87	11.9	0.07	1.12
301-3	5.29	21.6	4.21	26.2	10.2	0.05	8.97	0.98	4.73	0.63	1.12	0.07	0.31	0.01	84.4	4.02	11.6	0.01	1.04
301-3	21	71	11.5	57.9	14.1	0.08	11.2	1.06	3.93	0.49	0.79	0.07	0.34	0.01	193	9.84	42.2	0.02	1.09
301-3	14.5	52	9.22	49	13.9	0.07	10.6	1.12	4.89	0.66	1.15	0.08	0.33	0.02	158	7.36	30.2	0.02	1.06
301-3	4.08	15.8	3.21	20.3	8.03	0.2	7.28	0.73	2.73	0.36	0.57	0.05	0.2	0.01	63.5	4.33	14	0.08	1
301-3	0.68	2.89	0.55	3.71	1.65	0.1	2	0.18	0.92	0.13	0.18	0.02	0.06	0.01	13.1	2.74	7.56	0.17	1.08
301-3	2.39	8.76	1.51	7.23	2.06	0.08	1.18	0.08	0.22	0.04	0.06	—	0.01	—	23.6	13.8	125	0.14	1.08
301-3	5.06	18.4	3.96	26.6	12.9	0.03	14.1	1.37	4.85	0.56	0.81	0.07	0.25	0.02	89	3.03	13.9	0.01	0.94
301-3	8.88	31.7	4.42	15.1	2.71	0.01	1.13	0.14	0.47	0.07	0.16	0.02	0.1	—	64.9	30.1	58	0.02	1.21
304-1	35.2	116	17.6	88.4	16.2	0.12	9.33	0.78	2.97	0.35	0.55	0.04	0.17	0.02	288	19.3	141	0.03	1.12

续表

类型	La	Ce	Pr	Nd	Sm	Eu	Gd	Tb	Dy	Ho	Er	Tm	Yb	Lu	∑REE	LREE/HREE	$(La/Yb)_N$	δEu	δCe
304-1	42	131	20	98.2	19.3	0.1	11.4	1.03	3.74	0.42	0.69	0.06	0.32	0.02	329	17.6	88.2	0.02	1.09
304-1	18.7	82.4	15.7	95.6	22.7	0.13	19.4	1.8	7.34	0.93	1.58	0.15	0.29	0.03	267	7.46	44.2	0.02	1.09
304-1	45.4	152	21.1	104	16.4	0.1	9.12	0.77	2.71	0.29	0.49	0.04	0.12	0.02	352	25	255	0.02	1.18
304-1	23.7	88.2	13.9	73.8	16.5	0.07	11.5	1.02	3.77	0.5	0.75	0.06	0.24	0.01	234	12.1	66.1	0.01	1.15
304-1	41.8	145	22.3	113	22.2	0.18	15.6	1.56	6.01	0.78	1.29	0.08	0.41	0.02	370	13.4	70	0.03	1.13
304-1	48.6	173	29.4	159	38.2	0.19	28.6	2.49	8.53	1.01	1.59	0.1	0.46	0.04	491	10.5	71.7	0.02	1.08
304-1	32.5	109	15.9	77	14	0.07	8.26	0.72	2.84	0.33	0.49	0.04	0.2	0.03	261	19.2	110	0.02	1.15
304-1	46.9	148	20.8	93.5	8.44	0.04	2.16	0.13	0.36	0.03	0.06	—	—	—	321	116	—	0.02	1.15
304-1	31.7	99.4	14.9	67.8	14.2	0.11	7.86	0.61	1.72	0.17	0.22	0.03	0.04	0.02	239	21.4	490	0.03	1.1
304-1	37.7	128	18.9	89.4	14.6	0.1	7.3	0.49	1.72	0.15	0.28	0.01	0.04	—	299	28.9	657	0.02	1.15
304-1	30.4	119	19.2	101	17.1	0.15	10.6	0.86	2.73	0.32	0.59	0.04	0.1	0.02	302	18.8	217	0.03	1.16
304-1	37.8	121	17.6	82.3	15.4	0.1	9.1	0.76	3.13	0.31	0.52	0.03	0.24	0.02	288	19.4	107	0.02	1.13
304-1	10.7	40	6.62	37.8	10.9	0.06	8.98	0.81	2.73	0.26	0.42	0.03	0.02	0.01	119	8	426	0.02	1.12
304-1	26	96.3	15.9	74	15.5	0.08	9.1	0.55	2.09	0.21	0.33	0.01	0.06	—	240	18.4	310	0.02	1.12
304-1	36.7	133	20	99.7	19.5	0.12	11	0.73	2.69	0.26	0.25	0.03	0.11	—	324	20.5	220	0.02	1.17
304-1	35.3	109	16.2	66.4	7.02	0.02	1.27	0.07	0.2	0.02	0.04	—	0.06	0.01	236	141	420	0.01	1.1
304-1	42.1	161	29.9	170	51.4	0.21	46.5	4.68	19	2.16	2.94	0.23	0.62	0.06	531	5.97	46.4	0.01	1.05
304-1	32.3	123	19.4	111	20.4	0.15	13.2	0.84	3.19	0.32	0.48	0.02	0.14	0.01	324	16.9	155	0.03	1.16
304-1	23.5	86.8	13.4	63.7	9.41	0.02	4.37	0.31	0.76	0.09	0.14	0.01	0.05	—	203	34.4	340	0.01	1.16
304-1	29.6	91.3	12.5	54.8	8.79	0.06	4.34	0.38	1.04	0.09	0.1	0.02	0.06	—	203	32.7	314	0.02	1.15
304-1	33.6	115	16	73.7	11	0.06	6.56	0.45	1.98	0.2	0.26	0.03	0.08	—	259	26	275	0.02	1.19
304-1	30.1	99.9	13.3	55.9	5.69	0.07	1.92	0.1	0.36	0.03	0.05	0.01	0.02	—	208	82.3	1204	0.05	1.21

续表

类型	La	Ce	Pr	Nd	Sm	Eu	Gd	Tb	Dy	Ho	Er	Tm	Yb	Lu	ΣREE	LREE/HREE	$(La/Yb)_N$	δEu	δCe
304-2	17.5	62.5	10.3	52	13.3	0.06	10.5	1.08	4.56	0.55	0.94	0.08	0.28	0.02	174	8.64	43.1	0.02	1.11
304-2	30	103	17.5	99	29.8	0.2	22.8	1.93	6.68	0.72	1.07	0.1	0.26	0.03	313	8.31	79.6	0.02	1.06
304-2	19.8	71.2	11.3	60.4	14.6	0.04	12.6	1.21	4.83	0.65	1.03	0.1	0.34	0.01	198	8.52	39.9	0.01	1.13
304-2	11.5	42.7	7.23	42.9	12.4	0.07	10.8	1.05	4.63	0.59	0.97	0.08	0.27	0.02	135	6.35	29.5	0.02	1.1
304-2	9.46	35.9	5.8	31.5	7.95	0.04	5.56	0.54	1.95	0.25	0.44	0.05	0.11	—	99.6	10.2	58.4	0.02	1.14
304-2	7.71	22.9	3.72	18.8	4.41	0.04	3.19	0.25	0.95	0.09	0.08	—	0.02	0.01	62.2	12.6	349	0.03	1.03
304-2	14.3	44.9	6.6	34.1	7.95	0.03	6.14	0.61	1.63	0.19	0.19	0.01	0.07	0.01	117	12.2	131	0.01	1.11
304-2	28.3	86.6	14.2	68.9	14.5	0.12	9.44	0.95	3.72	0.43	0.78	0.07	0.23	0.03	228	13.6	84.8	0.03	1.04
304-2	9.87	37	6.68	40.6	14.2	0.05	15.5	1.84	8.13	1.22	1.76	0.13	0.46	0.03	137	3.73	14.5	0.01	1.06
304-2	19	65.9	9.88	46	8.52	0.09	5.22	0.38	1.23	0.09	0.11	0.01	0.05	0.01	156	21	248	0.04	1.15
304-2	11.3	38	6.42	34.7	9.3	0.06	8	0.64	2.18	0.21	0.4	0.03	0.07	—	111	8.65	113	0.02	1.06
304-2	16.4	53.7	6.49	27.7	3.9	0.08	3.14	0.22	0.67	0.06	0.12	0.01	0.13	—	112	24.9	88.2	0.07	1.26
304-2	8.61	32.3	5.89	35.4	10.4	0.05	12.2	1.24	6.47	1.07	1.92	0.1	0.55	0.02	116	3.93	10.6	0.01	1.06
304-2	18.8	69.3	11.5	62.6	16.5	0.08	12.8	1.33	5.48	0.76	1.59	0.08	0.33	0.01	201	7.98	38.7	0.02	1.11
304-2	17.3	63.5	9.66	50.1	13.7	0.03	10.3	1.14	4.91	0.58	0.98	0.08	0.36	0.02	173	8.41	32.2	0.01	1.17
304-2	15.6	51.7	7.9	40.5	9.59	0.03	7.94	0.84	3.37	0.45	0.91	0.06	0.12	0.03	139	9.12	89.6	0.01	1.12
304-2	9.64	29.4	4.69	23.2	5.52	0.06	4.11	0.32	1.15	0.15	0.22	0.01	0.03	—	78.5	12.1	218	0.03	1.05
304-2	34.2	116	19.4	104	25.2	0.01	17.1	1.55	5.54	0.68	1.46	0.1	0.28	0.04	326	11.2	82.8	—	1.07
304-2	16.6	69.1	10.7	62	15	0.05	14	1.34	6.12	0.73	1.26	0.1	0.33	0.02	197	7.27	34.7	0.01	1.22
304-3	0.1	0.74	0.27	3.12	4.16	0.16	7.38	0.99	4.2	0.62	0.9	0.07	0.16	0.01	22.9	0.6	0.43	0.09	0.72

续表

类型	La	Ce	Pr	Nd	Sm	Eu	Gd	Tb	Dy	Ho	Er	Tm	Yb	Lu	∑REE	LREE/HREE	$(La/Yb)_N$	δEu	δCe
304-3	1. 44	5. 53	1. 05	6. 58	2. 91	0. 04	2. 6	0. 31	1. 61	0. 23	0. 3	0. 01	0. 12	0. 01	22. 7	3. 39	8. 43	0. 05	1. 04
304-3	0. 39	1. 63	0. 36	2. 3	1. 29	0. 08	1. 54	0. 14	0. 58	0. 1	0. 2	0. 01	0. 04	—	8. 65	2. 32	7. 4	0. 16	0. 97
304-3	1. 87	6. 37	1. 06	6. 56	2. 35	0. 14	3. 18	0. 33	1. 12	0. 17	0. 29	0. 01	0. 09	0. 01	23. 6	3. 52	14. 4	0. 15	1. 08
304-3	2. 28	9. 22	1. 82	10. 1	3. 28	0. 04	2. 12	0. 23	0. 76	0. 07	0. 1	0. 01	0. 02	0. 01	30	8. 03	73. 8	0. 05	1. 03
304-3	0. 18	2	0. 78	8. 02	5. 31	0. 12	7. 18	0. 9	4. 41	0. 55	1	0. 07	0. 32	0. 02	30. 9	1. 14	0. 38	0. 06	0. 71
304-3	12. 4	42. 5	6. 92	38. 3	10. 5	0. 05	7. 95	0. 8	3. 54	0. 49	0. 95	0. 08	0. 35	0. 02	125	7. 81	24. 1	0. 02	1. 09
304-3	5. 57	21. 1	4. 21	26. 1	10. 7	0. 15	6. 85	0. 52	1. 51	0. 16	0. 28	0. 03	0. 15	0. 01	77. 4	7. 14	24. 6	0. 05	1
304-3	5. 27	20. 9	3. 56	23. 4	8. 82	0. 28	10. 5	1. 44	6. 52	0. 91	2. 19	0. 15	1. 25	0. 09	85. 3	2. 69	2. 86	0. 09	1. 12
304-3	6. 09	22. 7	3. 95	22. 9	6. 82	0. 11	5. 12	0. 58	2. 4	0. 34	0. 61	0. 06	0. 47	0. 06	72. 2	6. 5	8. 86	0. 05	1. 09
304-3	6. 77	27. 1	5. 18	36. 6	12. 6	0. 11	11. 1	1. 05	4. 28	0. 64	1. 2	0. 1	0. 61	0. 03	107	4. 64	7. 49	0. 03	1. 05
304-3	3. 97	17	3. 14	22. 6	8. 81	0. 12	11. 5	1. 61	8. 07	1. 14	2. 08	0. 22	0. 59	0. 03	80. 9	2. 21	4. 58	0. 04	1. 1
304-3	6. 09	19. 6	3. 53	21. 9	7. 09	0. 15	4. 61	0. 44	1. 3	0. 25	0. 47	0. 03	0. 32	0. 02	65. 8	7. 84	13	0. 08	1
304-3	1. 76	7. 22	1. 37	8. 82	4. 31	0. 07	6. 77	0. 83	3. 53	0. 59	1. 07	0. 07	0. 27	0. 02	36. 7	1. 79	4. 44	0. 04	1. 06
304-3	0. 13	0. 37	0. 08	0. 7	0. 35	0. 03	0. 97	0. 13	1. 23	0. 27	0. 47	0. 03	0. 09	0. 01	4. 86	0. 52	0. 97	0. 16	0. 9
304-3	14. 4	53. 5	8. 94	51. 2	12. 3	0. 09	10. 2	1. 02	4. 89	0. 68	1. 12	0. 1	0. 61	0. 03	159	7. 51	15. 9	0. 02	1. 11
304-3	4. 52	14. 9	2. 31	11	3. 45	0. 06	4. 92	0. 73	3. 42	0. 58	1. 05	0. 06	0. 28	0. 02	47. 3	3. 28	11. 1	0. 05	1. 11
304-3	0. 34	1. 99	0. 83	7. 42	6. 23	0. 33	7. 86	1. 45	7. 69	1. 22	2. 26	0. 18	0. 74	0. 04	38. 6	0. 8	0. 31	0. 14	0. 63
304-3	11. 2	42. 4	7. 2	42. 2	10. 5	0. 12	10. 6	1. 23	5. 43	0. 71	1. 37	0. 07	0. 45	0. 03	133	5. 72	16. 8	0. 03	1. 11
304-3	7. 6	30. 5	6. 16	32. 4	6. 53	0. 09	3. 95	0. 31	1. 64	0. 21	0. 45	0. 03	0. 13	0. 02	90	12. 4	40	0. 05	1. 01

注：—表示低于检测限。

（含部拥军等，未发表数据）

附表 15　黄沙坪矿床不同热液系统闪锌矿电子探针主量元素分析结果（%）

序号	样品	S	Mn	Cd	Fe	In	Cu	Zn	总计
1	H2-2	34. 63	0. 43	0. 09	15. 55	—	0. 07	49. 46	100. 22
2	H2-2	34. 51	0. 18	0. 06	16. 08	—	0. 08	49. 01	99. 91
3	H2-2	34. 69	0. 32	0. 08	16. 5	—	—	48. 61	100. 2
4	H2-2	34. 48	0. 39	0. 05	15. 65	—	0. 04	49. 14	99. 76
5	H2-2	34. 41	0. 19	0. 11	16. 11	—	0. 04	48. 55	99. 42
6	H2-2	34. 27	0. 18	0. 11	16	—	0. 03	48. 19	98. 78
7	H2-2	34. 62	0. 2	0. 11	16. 24	—	0. 21	49. 15	100. 53
8	H2-2	34. 4	0. 43	0. 12	15. 31	—	0. 06	49. 56	99. 88
9	H2-2	34. 27	0. 31	0. 11	13. 56	—	0. 03	51. 5	99. 79
10	H2-2	34. 45	0. 16	0. 02	15. 54	—	0. 03	49. 85	100. 05
11	H2-2	34. 4	0. 12	0. 09	13. 88	—	—	51. 57	100. 06
12	H2-2	34. 61	0. 18	0. 05	16. 07	—	0. 05	48. 72	99. 68
13	H4-3	34. 51	0. 15	0. 09	16. 23	—	0. 06	49. 25	100. 3
14	H4-3	34. 38	0. 2	0. 07	15. 98	0. 04	0. 06	48. 2	98. 92
15	H4-3	34. 52	0. 16	0. 09	15. 57	0. 01	—	49. 43	99. 77
16	H4-3	34. 27	0. 15	0. 06	15. 51	0. 02	0. 07	49. 66	99. 73
17	H4-3	34. 35	—	0. 07	12. 59	—	0. 4	52. 06	99. 48
18	H4-3	34. 14	0. 03	0. 12	12. 79	—	1. 64	49. 63	98. 34
19	H4-3	34. 45	—	0. 11	12. 37	—	0. 57	51. 05	98. 55
20	H4-3	34. 43	—	0. 11	13. 27	—	0. 34	50. 91	99. 06
21	H4-3	34. 5	—	0. 16	13. 33	—	0. 23	50. 8	99. 01
22	H4-3	34. 56	0. 02	0. 12	12. 05	—	0. 36	52. 74	99. 86
23	H4-3	34. 41	0. 02	0. 13	12. 08	—	0. 04	52. 81	99. 5
24	H4-3	34. 66	—	0. 12	13. 21	—	0. 35	50. 76	99. 1
25	H4-3	34. 23	—	0. 14	12. 06	—	0. 15	52. 87	99. 45
26	H4-3	34. 3	0. 15	0. 15	13. 46	—	0. 11	50. 42	98. 59
27	H4-3	34. 31	0. 2	0. 12	15. 72	—	0. 02	49. 14	99. 51
28	H4-3	34. 43	0. 18	0. 14	16. 45	0. 06	0. 03	48. 81	100. 09
29	H4-3	34. 63	0. 26	0. 12	18. 13	0. 05	0. 01	46. 17	99. 39
30	H4-17	34. 5	0. 3	0. 13	19. 12	0. 02	0. 02	46. 1	100. 2
31	H4-17	34. 6	0. 25	0. 17	18. 48	0. 03	—	46. 44	99. 98
32	H4-17	34. 77	0. 16	0. 11	17. 44	0. 04	0. 08	47. 64	100. 24
33	H4-17	34. 73	0. 19	0. 1	17. 23	0. 02	0. 1	47. 54	99. 92
34	H4-17	34. 78	0. 22	0. 13	16. 42	0. 03	—	48. 39	99. 97
35	H4-17	34. 62	0. 19	0. 1	16. 38	0. 02	0. 03	48. 77	100. 11
36	H4-17	34. 49	0. 18	0. 1	16. 43	0. 08	0. 07	48. 27	99. 61
37	H4-17	34. 42	0. 27	0. 07	17. 62	0. 03	—	47. 74	100. 14
38	H4-17	34. 44	0. 15	0. 09	17. 97	—	0. 04	46. 97	99. 65
39	H4-17	34. 37	0. 19	0. 11	16. 57	0. 04	—	48. 67	99. 93
40	H4-17	34. 54	0. 2	0. 14	16. 49	0. 04	—	48. 26	99. 67

注：—表示低于检测限。